全国高职高专机电类专业规划教材

电子技术基础

主　编　刘德旺　殷晓安
副主编　陈贤章　胡　瑞
主　审　肖春芳

黄河水利出版社
·郑州·

内 容 提 要

本书是高职高专机电类专业规划教材，是根据全国水利水电高职教研会制定的电子技术基础课程教学大纲编写完成的。全书共分11章，主要介绍模拟电子技术和数字电子技术方面的基本原理、典型电路、基本应用电路，具体内容包括：半导体及其元器件、集成运算放大电路及其应用、功率放大器、直流电源、信号发生器、晶闸管及其电路、数字电路基础、组合逻辑电路、触发器和时序逻辑电路、电子线路读图等。

本书是以介绍应用知识为主的实践性教材，可作为高职高专机电类、材料类、动力能源类、计算机类等非电子信息类专业的教材，亦可供相关工程技术人员参考。

图书在版编目(CIP)数据

电子技术基础/刘德旺，殷晓安主编．—郑州：黄河水利出版社，2013.10

全国高职高专机电类专业规划教材

ISBN 978－7－5509－0586－3

Ⅰ.①电…　Ⅱ.①刘…　②殷…　Ⅲ.①电子技术－高等职业教育－教材　Ⅳ.①TN

中国版本图书馆CIP数据核字(2013)第256984号

策划组稿：王路平　电话：0371－66022212　E-mail：hhslwlp@126.com

简　群　66026749　w_jq001@163.com

出 版 社：黄河水利出版社

地址：河南省郑州市顺河路黄委会综合楼14层　邮政编码：450003

发行单位：黄河水利出版社

发行部电话：0371－66026940、66020550、66028024、66022620(传真)

E-mail：hhslcbs@126.com

承印单位：河南承创印务有限公司

开本：787 mm×1 092 mm　1/16

印张：17.75

字数：410千字　印数：1—4 000

版次：2013年10月第1版　印次：2013年10月第1次印刷

定价：32.00元

前 言

本书是根据《教育部关于全面提高高等职业教育教学质量的若干意见》(教高[2006]16号)、《教育部关于推进高等职业教育改革创新引领职业教育科学发展的若干意见》(教职成[2011]12号)等文件精神,由全国水利水电高职教研会拟定的教材编写规划,在中国水利教育协会指导下,由全国水利水电高职教研会组织编写的机电类专业规划教材。该套规划教材是在近年来我国高职高专院校专业建设和课程建设不断深化改革和探索的基础上组织编写的,内容上力求体现高职教育理念,注重对学生应用能力和实践能力的培养;形式上力求做到基于工作任务和工作过程编写,便于"教、学、练、做"一体化。该套规划教材是一套理论联系实际、教学面向生产的高职高专教育精品规划教材。

高等职业教育是高等教育的一个重要方面,近年来在我国得到蓬勃发展。其目标是培养具有高尚职业道德、具有大学专科理论水平、具有较强动手操作能力,工作在职业现场第一线的技术人员和管理人员。本书是为高等职业技术院校机电专业编写的电子技术教材,也可以作为发配电、输电线路、自动控制等专业的电子技术教材。

电子技术是一门实践性很强的课程,学生通过本课程的学习不但应该掌握必要的基础理论知识,而且还应在分析问题、解决问题和实际动手等能力方面得到锻炼和提高。对于这些能力的培养,理论教学与实践性教学环节必须密切联系、互相配合,才会取得比较好的效果。本书主要从以下几个方面来加强这些能力的培养:

(1)在分析问题方法上,注重讲清基本电路的基本原理,然后通过实验验证理论的正确性,增加感性认识,体会抽象概念的实际含义。在联系实际方面,不过多地分析具体细节,着重引导学生分析电路,并进行电路性能估算,选择电路的元器件。

(2)注重与实践课程相配合。理论教学主要介绍基本原理、典型电路、基本应用电路等,而相关电路的调试、测试的方法以及元器件的参数选择在电子技术实践教学中得到认识和提高,故这方面的内容本书没有作深入的探讨。

(3)各章均有一定数量的习题,力求突出本课程的特点和基本要求,尽量做到与实践相结合。

本书编写人员及编写分工如下:第1、2、3、4、6章由福建水利电力职业技术学院刘德旺编写,第5、9章由湖南水利水电职业技术学院殷晓安编写,第7、8章由福建水利电力职业技术学院陈贤章编写,第10、11章由三峡电力职业学院胡瑞编写。本书由刘德旺、殷晓安担任主编,由陈贤章、胡瑞担任副主编,由三峡电力职业学院肖春芳担任主审。

本书编写过程中得到相关学院领导的大力支持和帮助,在此一并致以衷心的感谢。

限于编者的水平,加之时间仓促,书中错误和不妥之处在所难免,敬请读者批评指正。

编 者

2013年6月

前　言

目 录

第1章 半导体及其元器件

学习指导

半导体器件是构成电子电路的重要器件，只有掌握半导体器件的结构、性能、工作原理，才能正确分析电子电路的工作原理，正确选择和合理使用半导体器件。本章在介绍二极管的原理、主要参数的基础上，着重讨论二极管伏安特性曲线。本章主要学习晶体三极管的原理、特性曲线及主要参数。场效应管是一种新型的半导体器件，它是利用电场来控制半导体中的多数载流子运动的，又称为单极型晶体管。根据结构不同，场效应管分成两大类：结型场效应管（JFET）和绝缘栅型场效应管（MOSFET），本章主要介绍场效应管的结构、基本特性，着重与三极管进行比较。

1.1 半导体基本知识

1.1.1 半导体的导电特性

物质按其导电能力可分为导体、绝缘体和半导体。导体的导电性能很好，如金、银、铜等；绝缘体导电性能很差，如塑料、云母、陶瓷等；半导体的导电性能介于导体和绝缘体之间。常用的半导体材料有硅、锗和砷化镓等。

半导体之所以得到广泛应用是因为其具有以下特性：

（1）热敏性。半导体对温度很敏感，电阻率随温度升高而减小，呈负温度系数特性。利用半导体的热敏特性，可制造热敏元件。

（2）光敏性。半导体对光照也很敏感，其电阻率随光照而变化，利用半导体的光敏性，可制造光敏元件。

（3）可掺杂性。半导体的电阻率随掺入的微量杂质而发生显著变化。利用这一特性，通过工艺手段，可以制造出各种性能和用途的半导体器件。

除以上三个主要特性之外，压力、磁场、电场等都对半导体的导电性能有影响，利用这些特性，可以制成热敏、光敏、磁敏、压敏等半导体器件，广泛应用于电子技术的各个领域。

1.1.2 PN结及其单向导电特性

1.1.2.1 P型半导体和N型半导体

常温下，本征半导体中载流子（带负电的自由电子和带正电的空穴）的浓度很低，其导电能力很弱（本征半导体是指纯净的、不含杂质且以晶体结构存在的半导体）。但是如果有选择地加入某些其他元素（称为杂质），就会使它的导电能力大大增强，这样的半导体称为杂质半导体。

如果在半导体硅、锗中掺入微量三价元素（硼），就会产生大量空穴。半导体中的多数载流子是空穴，少数载流子是自由电子。这种半导体主要是带正电的空穴参与导电，所以称其为空穴型半导体，或P型半导体。

如果在半导体硅、锗中掺入微量五价元素（磷），将会使自由电子大量增加。半导体中多数载流子是自由电子，少数载流子是空穴。半导体主要依靠自由电子导电，这种半导体称为电子型半导体，或N型半导体。

1.1.2.2　PN结的形成

在一块本征半导体硅或锗上，采用掺杂工艺，使一边形成N型半导体，另一边形成P型半导体。由于P区空穴浓度比N区空穴浓度大，N区自由电子浓度比P区自由电子浓度大，在N型半导体和P型半导体的交界面，产生多数载流子的扩散运动。由于载流子的扩散运动，P区一侧失去空穴，剩下负离子；N区一侧失去自由电子，剩下正离子。结果在交界面形成一个空间电荷区，这个空间电荷区就是PN结，如图1-1所示。

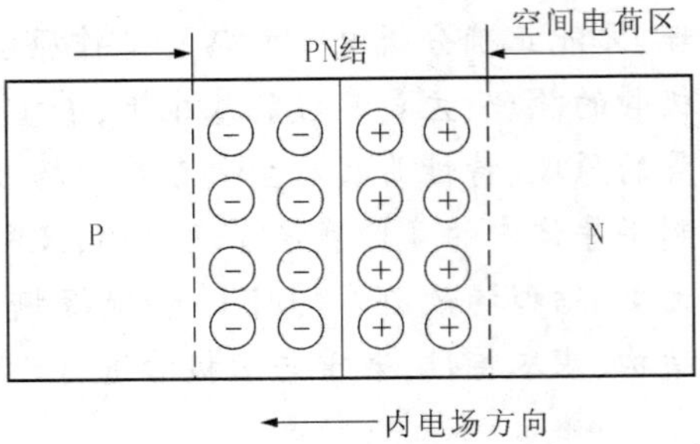

图1-1　PN结的形成

1.1.2.3　PN结的单向导电性

当PN结外加正向电压时，有较大电流通过PN结，而且通过的电流随外加电压的升高而迅速增大；而当PN结外加反向电压时，通过PN结的电流非常微小，而且电流几乎不随外加电压的增加而变化。这就是PN结的单向导电性。

（1）PN结的正向导通特性。当PN结正向偏置（简称正偏），即把电源正极接P区，电源负极接N区。这时外电场与内电场方向相反，PN结变窄，N区的多数载流子自由电子和P区的多数载流子空穴进行扩散运动，在回路中形成较大的正向电流 I_F。PN结正向导通，呈低阻状态，如图1-2（a）所示。

（2）PN结的反向截止特性。当PN结为反向偏置（简称反偏），即把电源正极接N区，电源负极接P区。这时外电场与内电场方向相同，PN结变宽，N区的少数载流子空穴和P区的少数载流子自由电子，在强电场作用下，在回路中形成非常小的反向电流 I_R。PN结反向截止，呈高阻状态，如图1-2（b）所示。

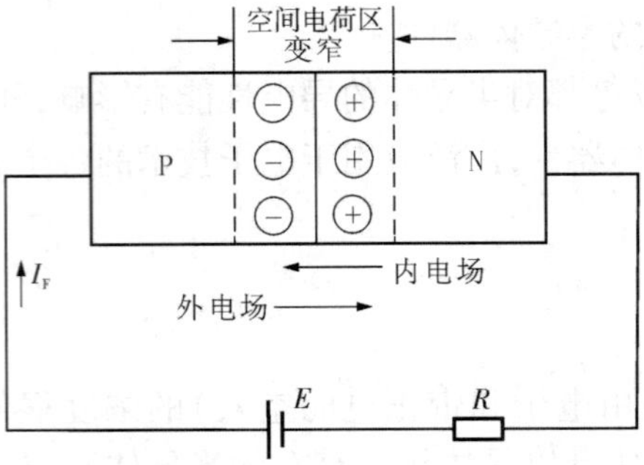

（a）正向导通

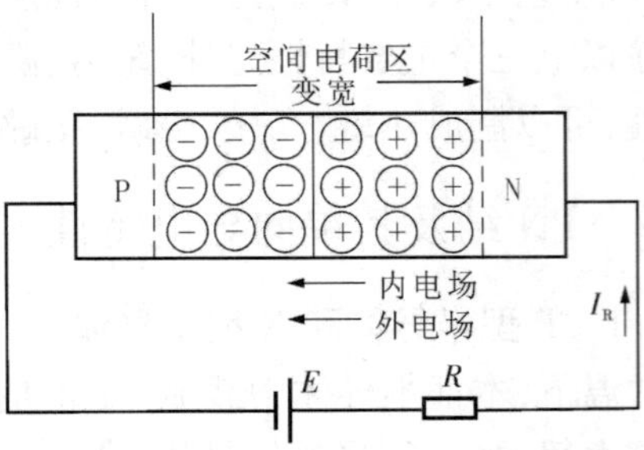

（b）反向截止

图1-2　PN结的单向导电性

综上所述，外加正向电压时，PN 结的正向电阻较小，正向电流 I_F 较大；外加反向电压时，PN 结的反向电阻很大，反向电流 I_R 很小，即 PN 结具有单向导电性。

1.2 晶体二极管

1.2.1 晶体二极管的结构、符号和类型

晶体二极管由一个 PN 结，加上电极引线和管壳构成。它有两个电极，由 P 区引出的是正极（又称阳极），由 N 区引出的是负极（又称阴极）。二极管结构和符号如图 1-3 所示。

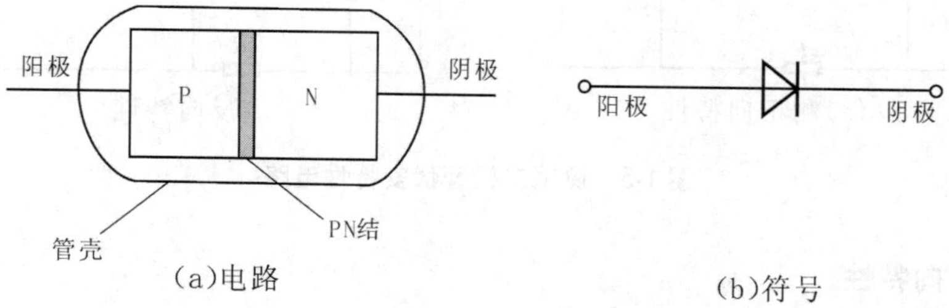

图 1-3 二极管的结构和符号

二极管的类型较多，按制作二极管的半导体材料分为硅二极管和锗二极管，按结构分为点接触型二极管和面接触型二极管。点接触型二极管的特点是：接触面小，不能通过大电流，但是结电容小，适用于高频电路，主要用于高频检波、脉冲电路和小电流整流等。面接触型二极管因为接触面大，可以通过较大电流，但结电容大，不宜在高频电路中使用，主要用于低频大电流整流。

小功率二极管多采用玻璃或塑料封装，大功率二极管一般使用金属外壳，并制作成螺栓式或平板压接式。图 1-4 从左至右是从小功率到大功率的各种二极管封装形式。

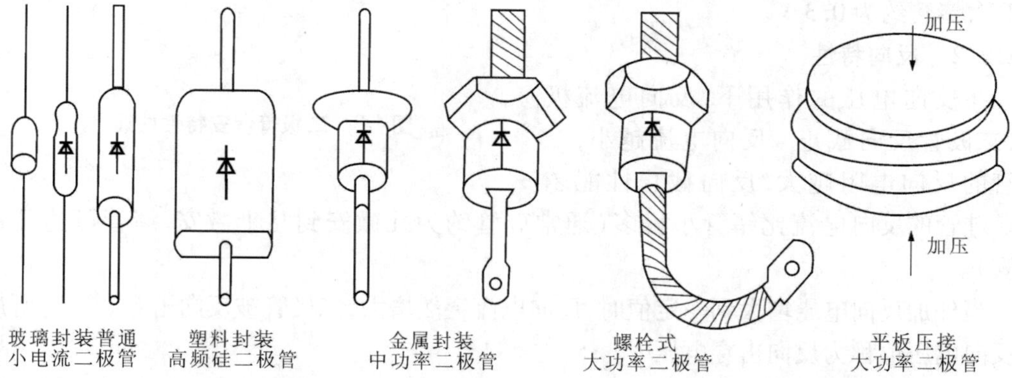

图 1-4 二极管的常见封装形式

1.2.2 二极管的伏安特性

二极管的伏安特性是指通过二极管的电流与其两端电压之间的关系。二极管的伏安特性,可以用图 1-5 所示电路测定。改变电位器 R_W,从电压表和电流表上可以读出二极管两端的电压和电流值,每改变一次电位器,可以读出一组对应电压、电流值,把若干组数值绘制在 $I-U$ 直角坐标系中,就可以得到二极管的伏安特性曲线,如图 1-6 所示。

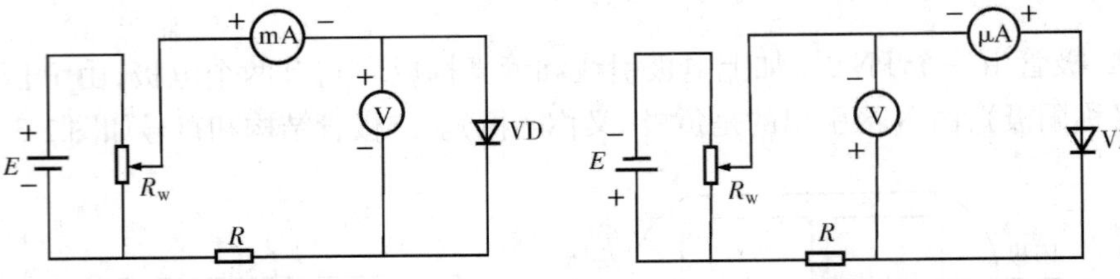

图 1-5 测试二极管伏安特性电路

1.2.2.1 正向特性

在正向特性曲线的起始段(*OA* 段),由于正向电压较小,外电场不足以克服内电场的作用。正向电流很小,称为死区。通常将 *A* 点对应的电压称为死区电压,硅管死区电压约为 0.5 V,锗管死区电压约为 0.1 V。当正向电压超过死区电压后,外电场抵消了内电场,正向电流迅速增大,二极管正向电阻变得很小,二极管导通,二极管导通后两端的电压变化很小,基本上是个常数,通常硅管电压降约为 0.7 V,锗管约为 0.3 V。

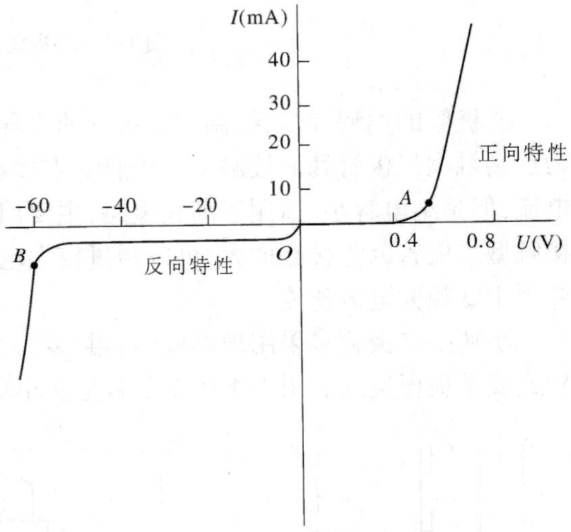

图 1-6 二极管伏安特性曲线

1.2.2.2 反向特性

在反向电压的作用下,反向电流极小,二极管反向截止。反向电流越小,二极管的反向电阻越大,反向截止性能越好。硅管的反向电流比锗管小得多(通常硅管约为几微安到几十微安,锗管可达几百微安)。

当外加反向电压增大到一定值时,反向电流突然增大,二极管被反向击穿。这时所加的反向电压值称为反向击穿电压 U_B。

二极管的特性随温度变化很敏感。当温度升高时,正、反向电流都随之增大。温度每升高 10 ℃,二极管的反向电流约增大一倍。另外,二极管的反向击穿电压会随温度升高而变化。

1.2.3 二极管的主要参数和使用常识

1.2.3.1 二极管的主要参数

二极管的主要参数可从晶体管手册中查到。二极管有以下主要参数：

(1)最大整流电流 I_{FM}。I_{FM}是指在规定的环境温度下，二极管长期运行时允许通过的最大正向电流的平均值。使用时不能超过此值，否则会导致二极管过热烧坏。在选用二极管时，工作电流不允许超过 I_{FM}。

(2)最高反向工作电压 U_{RM}。U_{RM}是指允许加在二极管上的最大反向电压。为了防止二极管因反向击穿而损坏，通常将 U_{RM}规定为反向击穿电压 U_B的一半。

1.2.3.2 二极管的型号

二极管的品种很多，各类二极管用不同型号来表示，国产二极管的名称由五部分组成，其符号意义见表 1-1。

表 1-1 二极管型号的表示意义

第一部分（数字）	第二部分（汉语拼音字母）	第三部分（汉语拼音字母）	第四部分（数字）	第五部分（汉语拼音字母）
电极数目： 2—二极管	材料与极性： A—N 型锗 B—P 型锗 C—N 型硅 D—P 型硅	二极管类型： P—普通管 W—稳压管 Z—整流管 K—开关管 B—发光管	二极管序号： 表示同一类型中某些性能与参数的差别	规格号： 表示同型号中的挡别

例如：2DP6 是 P 型硅普通二极管，2AK6 是 N 型锗开关二极管。

1.2.3.3 二极管的检测

在实际电路中，二极管损坏是常见的故障，在使用二极管时，必须注意极性不能接错。因此，用万用表判别二极管的好坏和管脚极性是二极管应用中的一项基本技能。

(1)判别二极管的好坏。将万用表的电阻挡置 $R\times100$ 或 $R\times1k$ 量程（一般不用 $R\times1$ 或 $R\times10k$），如果测得二极管的正向电阻为几百欧到几千欧，反向电阻在几百千欧以上，则可确定二极管是好的；如果测得正、反向电阻均很小，则管子内部短路；如果测得正、反向电阻差别不大，则管子性能变坏；如果测得正、反向电阻均很大，则管子内部开路。

需要说明的是，使用万用表的不同量程测量同一只二极管时，测得的正向电阻是有一定差异的。这是因为二极管是一种非线性器件，其正向电阻值与流过它的电流有关，电流愈大，电阻愈小。万用表不同量程对应的电流不同，所以测出的电阻也就不同。另外，如果用 $R\times1$ 或 $R\times10k$ 挡测量小功率二极管，有可能损坏管子。

(2)判别二极管的管脚极性。用万用表 $R\times100$ 或 $R\times1k$ 挡测量二极管的正、反向电阻，当测得电阻较小时，黑表笔所接的是二极管正极，红表笔所接的是二极管负极。反过来，当测得电阻很大时，红表笔所接的是二极管正极，而黑表笔所接的是二极管负极。

1.3 特殊二极管

具有某种特殊用途的二极管称为特殊二极管,如稳压二极管、发光二极管、光电二极管及变容二极管等。

1.3.1 稳压二极管

稳压二极管是用特殊工艺制成的硅平面二极管。它的正向特性与普通二极管相似,但其反向击穿特性比一般的二极管陡直。稳压管通常工作在反向击穿状态,为了防止稳压管热击穿而损坏,电路中要串联限流电阻。由反向击穿特性可知,当流过稳压管的反向电流在一定范围内有较大变化时,管子两端的反向电压却变化很小,利用这一恒压特性可以实现稳压。稳压管的伏安特性曲线和符号如图 1-7 所示。常用的稳压管有 2CW 和 2DW 系列。

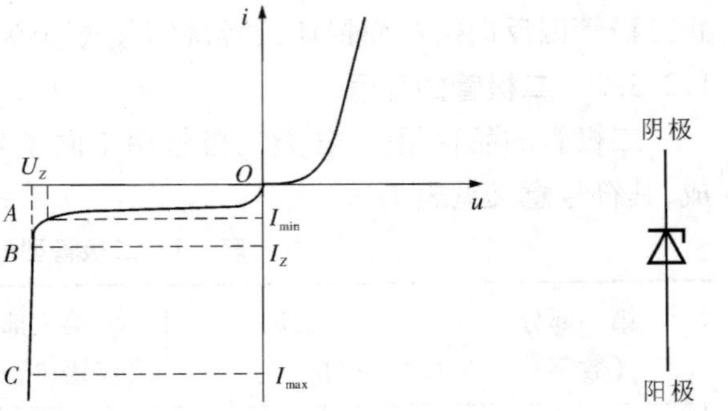

(a)伏安特性曲线　　(b)符号

图 1-7　稳压管的伏安特性曲线和符号

稳压管的主要参数有:

(1)稳定电压 U_Z。U_Z是稳压管反向击穿时的稳定工作电压,U_Z随工作电流不同略有变化。管子型号不同,U_Z也不同,即使是同一型号的管子,U_Z值也会略有差异。

(2)稳定电流 I_Z。I_Z是稳压管保持稳定电压 U_Z值时的电流,工作电流若小于 I_Z,稳压管性能较差。

(3)动态内阻 r_Z。r_Z是指稳压管两端电压的变化量 ΔU_Z与相应电流变化量 ΔI_Z之比,即

$$r_Z = \Delta U_Z / \Delta I_Z \tag{1-1}$$

r_Z是稳压管的重要参数,r_Z越小稳压性能越好。

(4)最大耗散功率 P_{ZW}。P_{ZW}是由管子允许温升决定的最大损耗功率,一般稳压管的最大耗散功率为几百毫瓦到几瓦。稳压管消耗的电功率超过 P_{ZW}时,管子将过热损坏。

1.3.2 发光二极管

1.3.2.1 **普通发光二极管**

发光二极管由磷砷化镓等半导体材料制成,是一种将电能转换成光能的半导体器件,管芯仍是一个 PN 结,通常用透明塑料封装,简称“LED”。外形及符号如图 1-8 所示。发光二极管加正向电压,且电流达到一定值(几毫安至几十毫安)时就能正常发光,正向压降一般为

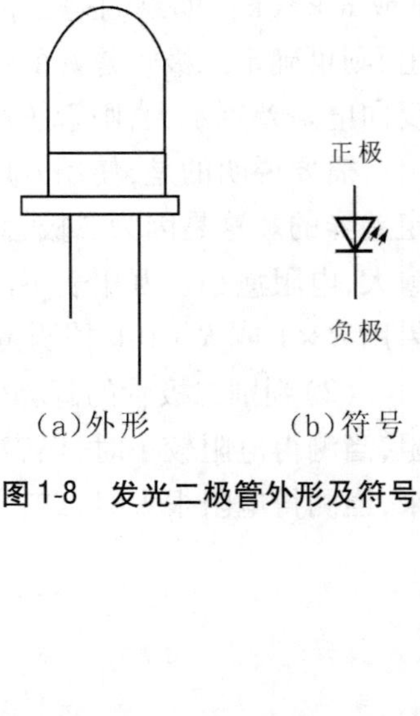

(a)外形　　(b)符号

图 1-8　发光二极管外形及符号

2～3 V。发光二极管所发光的颜色由其材料决定，通常有红色、绿色、蓝色、橙色等。一般管脚引线较长的为正极，较短的为负极。

发光二极管用途很广泛，可作为电源指示，还可用多只发光二极管构成数码管，用于各种数显装置中。

1.3.2.2 红外发光二极管

红外发光二极管是一种能将电信号转换成红外光信号的半导体器件。其外形和发光二极管相似，电路符号相同。用红外发光二极管发射的红外线去控制相应的受控装置，即可实现遥控（如电视机中的遥控电路）。

1.3.2.3 激光二极管

激光二极管是一种能将电能转换成激光的半导体器件，简称 LD。激光二极管类似于普通发光二极管，都是由 PN 结构成的，但由于两者材料以及工艺不同，前者发出的是单一波长的激光束。如 VCD 和 DVD 等数字视听设备，应用光头中的激光二极管发射的激光束来读取光盘上记录的数字音视频信息。

1.3.3 光电二极管和变容二极管

1.3.3.1 光电二极管

光电二极管也称光敏管。它是一种将光信号转换成电信号的半导体器件，符号如图 1-9 所示。

图 1-9 光电二极管的符号

光电二极管正常工作时，需加反向电压，当无光照射管子时，暗电流很小，有光照射时，亮电流较大，并且光照越强，电流越大。

图1-10是光电二极管的简单应用电路，无光照时，R上无电压，有光照时，亮电流在 R 上产生电压。由于亮电流随光的强弱变化，所以 R 上的电压 u_R也随光的强弱变化，实现了光信号到电信号的转换。光电管主要用于光电控制系统中。

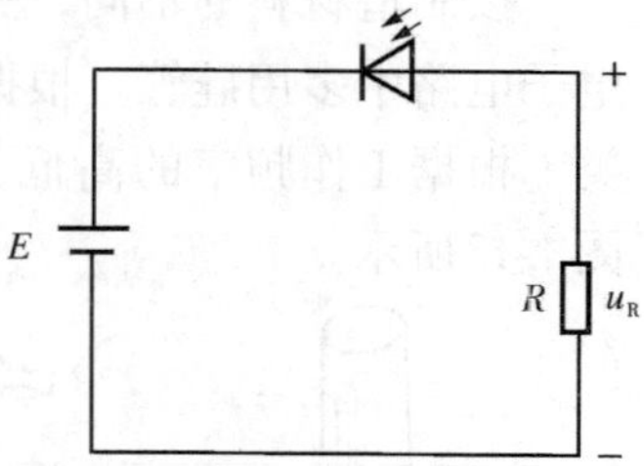

图 1-10 光电二极管的应用

使用光电管时应注意以下几点：

（1）为了使光电流与光强度保持一定线性关系，加在光电二极管上的反向电压不得小于5 V。

（2）光电管的外壳或窗口应保持清洁，否则光电灵敏度会下降。

1.3.3.2 变容二极管

由于 PN 结存在电容效应，类似一个平行板电容器，利用 PN 结的这种电容效应，可制成变容二极管。当加在变容二极管两端的反向电压在 0～30 V 范围变化时，变容二极管的电容量可在几百皮法到几十皮法之间改变，反向电压越大，电容量越小。变容二极管的符号如图 1-11 所示。电视中的高频调谐器，就是用0～30 V 的调谐电压来调节变容二极管的电容，从而改变振荡电路的频率，达到选择电视信号的目的的。

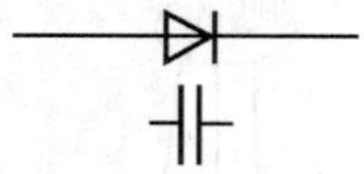

图 1-11 变容二极管符号

1.4 晶体三极管

1.4.1 三极管的结构和分类

1.4.1.1 三极管的结构、符号

晶体三极管是构成放大电路的关键元器件,它的主要作用是放大电流。三极管分为NPN型和PNP型两种结构,结构和符号如图1-12所示。NPN型和PNP型三极管符号的区别是发射极箭头的方向不同。箭头方向代表发射结正偏时发射极的电流方向。

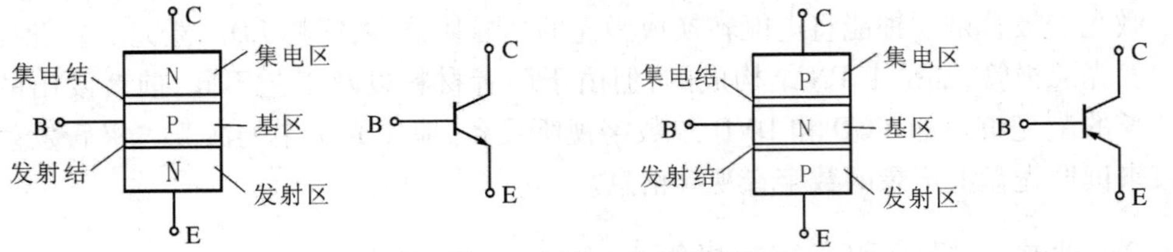

图1-12 三极管的结构与符号

三极管有三个区:集电区、基区和发射区,分别从这三个区引出三个电极:集电极C、基极B和发射极E,它还有两个PN结:集电区与基区之间的PN结称为集电结,基区与发射区之间的PN结称为发射结。三极管的结构特点是:基区很薄,发射区掺杂浓度高,集电区面积较大。在使用三极管时,发射极和集电极不能互换,否则三极管的放大能力会下降。

1.4.1.2 三极管的分类和型号

1. 分类

按制造材料的不同,三极管分为硅管和锗管两类,硅管的热稳定性比锗管好,所以在电子电路中多用硅管。根据功率大小差异,三极管分为小功率管、中功率管和大功率管三类。根据工作频率的高低,三极管又可以分成低频管和高频管。常见三极管的外形如图1-13所示。

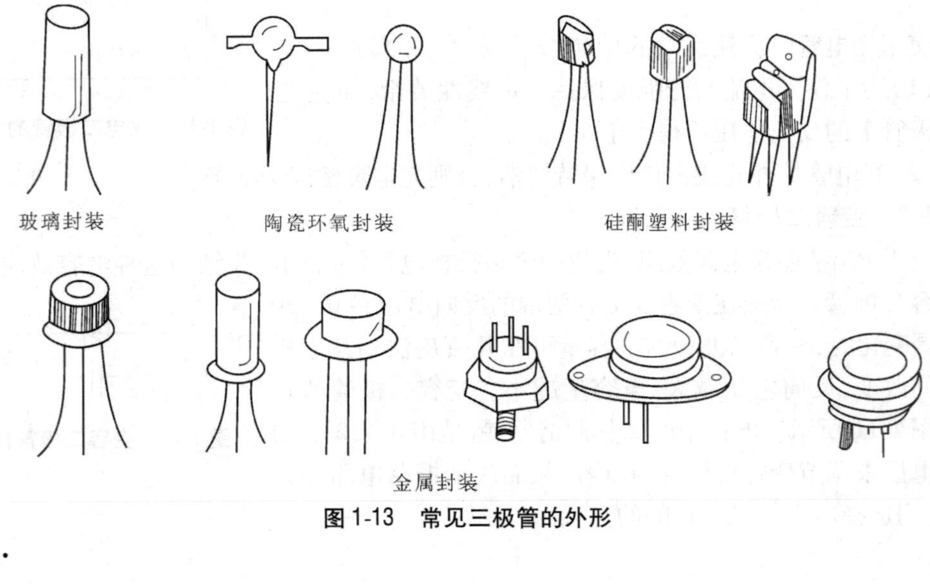

图1-13 常见三极管的外形

2. 三极管的型号

按照国家标准的规定,国产三极管的型号由五部分组成,各部分的意义见表 1-2。

表 1-2　三极管型号的表示意义

第一部分 (数字)	第二部分 (汉语拼音字母)	第三部分 (汉语拼音字母)	第四部分 (数字)	第五部分 (汉语拼音字母)
电极数目: 3—三极管	材料与极性: A—PNP 型锗 B—NPN 型锗 C—PNP 型硅 D—NPN 型硅 K—开关管	三极管类型: X—低频小功率管 A—高频大功率管 G—高频小功率管 D—低频大功率管 U—光电器件	三极管序号: 表示某些性能与参数的差别	规格号: 表示同型号中的挡别

例如:3DG100A 是 NPN 型高频小功率硅管,3AD50A 是 PNP 型低频大功率锗管。

1.4.2　三极管的电流放大作用

三极管的电流放大作用是指三极管基极电流的微小变化,将引起其集电极电流较大的变化,也就是集电极电流的变化量 ΔI_C 比引起它变化的基极电流的变化量 ΔI_B 要大许多倍。

1.4.2.1　三极管的电流分配关系

三极管要具有一定的放大作用,其外部条件是发射结正向偏置,集电结反向偏置。只要满足这个条件,三极管内部载流子就会按一定的规则运动,载流子的运动,就形成集电极电流 I_C、基极电流 I_B 和发射极电流 I_E。图 1-14 为测量三极管电极电流的实验电路。电源 U_B、R_W 使三极管发射结正偏,U_C、R_C 使集电结反偏,三极管处于放大状态。调整 R_W 可以调节基极电流 I_B。三只电流表分别测量三个电极的电流。实验数据如表 1-3 所示。

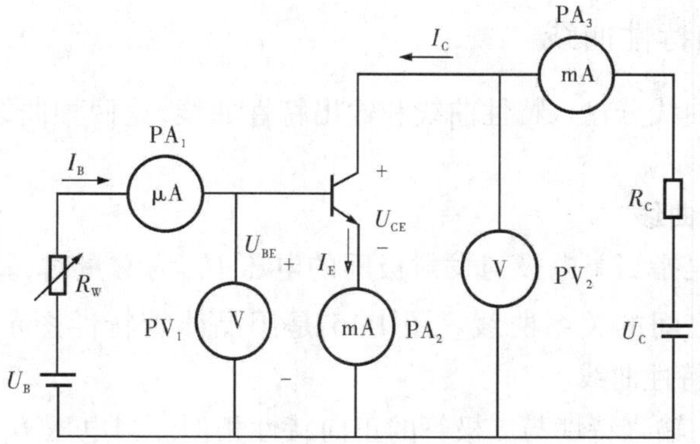

图 1-14　测量三极管电极电流的实验电路

表 1-3　三极管电极电流测量数据

电流(mA)	测量次数				
	1	2	3	4	5
I_B	0	0.01	0.02	0.04	0.06
I_C	0.2	0.96	1.95	3.96	5.98
I_E	0.2	0.97	1.97	4.00	6.04

由表 1-3 可知，每一组数据都满足以下关系式

$$I_E = I_B + I_C \tag{1-2}$$

式(1-2)说明流入三极管的电流等于流出三极管的电流，满足基尔霍夫电流定律。

1.4.2.2　三极管的电流放大作用

从表 1-3 的数据看，当基极电流 I_B 由 0.02 mA 上升到 0.04 mA 时，集电极电流 I_C 由 1.95 mA 上升到 3.96 mA，则集电极电流的变化量与基极电流变化量之比为

$$\Delta I_C / \Delta I_B = (3.96 - 1.95)/(0.04 - 0.02) \approx 100$$

这说明 I_C 的变化量近似为 I_B 变化量的 100 倍，也就是说，I_B 的微小变化可以控制 I_C 的较大变化。这就是三极管的电流放大作用。三极管是一种电流控制器件。

$\Delta I_C / \Delta I_B$ 反映了三极管放大能力的强弱，该比值越大，放大能力越强，反之越弱，定义三极管的共发射极交流电流放大系数 β 为

$$\beta = \Delta I_C / \Delta I_B \tag{1-3}$$

β 是三极管主要参数之一。小功率三极管的 β 值通常在几十至几百。β 表征三极管放大交流电流的能力，而三极管放大直流电流的能力则用共发射极直流电流放大系数 $\bar{\beta}$ 来表示，即

$$\bar{\beta} = I_C / I_B \tag{1-4}$$

一般情况下，β 与 $\bar{\beta}$ 差异很小，可以认为 $\beta \approx \bar{\beta}$。

1.4.3　三极管的特性曲线

三极管的特性曲线分输入特性曲线和输出特性曲线，这两种曲线都能用晶体管特性图示仪直接观察。

1.4.3.1　输入特性曲线

输入特性曲线是指当集电极与发射极间的电压 U_{CE} 为常量时，基极电流 I_B 与基极和发射极的电压 U_{BE} 之间的关系曲线。图 1-15 是用晶体管特性图示仪观察到的三极管(3DG141A)的输入特性曲线。

由图 1-15 可知，输入特性与二极管的正向特性相似。当电压 U_{BE} 小于三极管的死区电压(硅管约为 0.5 V，锗管约为 0.1 V)时，基极电流 I_B 几乎为零。当 U_{BE} 大于死区电压后，基极电流 I_B 才随 U_{BE} 迅速增大，三极管导通。管子导通后，硅管的发射结电压 U_{BE} 约为 0.7 V，锗管 U_{BE} 约为 0.3 V。

1.4.3.2　输出特性曲线

输出特性曲线是指当基极电流 I_B 为常量时，集电极电流 I_C 与输出电压 U_{CE} 之间的关系曲线。用晶体管特性图示仪观察到的三极管(3DG141A)的输出特性曲线如图 1-16 所示。

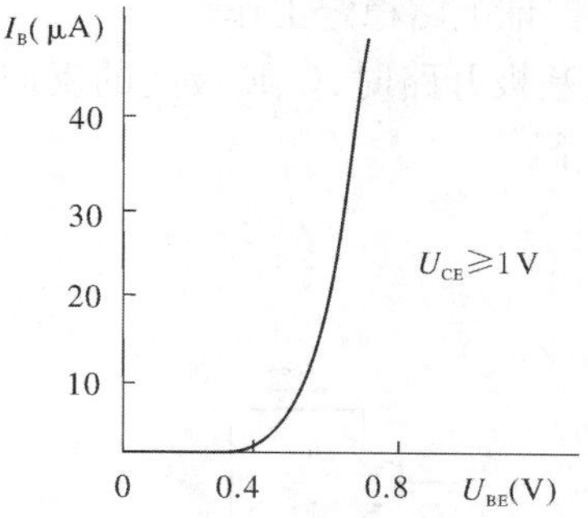

图 1-15　输入特性曲线

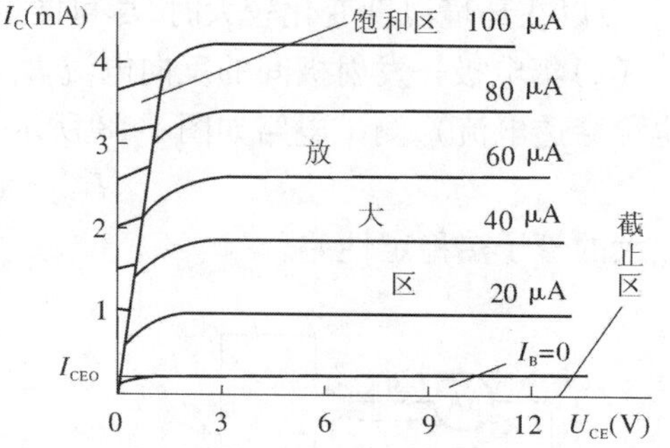

图 1-16　输出特性曲线

三极管输出特性曲线可以分为三个工作区：

(1)截止区。当 $I_B=0$ 时，$I_C=I_{CEO}\approx 0$，I_{CEO} 叫三极管的穿透电流，三极管工作于截止状态，管子的集电极与发射极之间接近开路，等效于开关断开状态，三极管无放大作用。所以，将 $I_B=0$ 对应曲线以下的区域称为截止区。三极管工作在截止状态的外部条件是：发射结反偏(或零偏)，集电结反偏。

(2)放大区。当 $I_B>0$，$U_{CE}>1$ V 时，每条曲线几乎与横轴平行。I_C 不受 U_{CE} 的影响，I_C 只受 I_B 的控制，并且 I_B 微小的变化就能控制 I_C 较大的变化，三极管工作在放大状态，具有电流放大能力。三极管工作于放大状态的外部条件是：发射结正偏，集电结反偏。

(3)饱和区。当 $I_B>0$，且 $U_{CE}<1$ V 时，特性曲线的起始上升部分，I_C 不受 I_B 控制，但随 U_{CE} 增大而迅速增大，三极管工作在饱和状态，无放大作用。因为 U_{CE} 值很小，三极管的集电极和发射极电位近似相等，C、E 电极之间接近短路，等效于开关闭合状态。三极管工作于饱和状态的外部条件是：发射结正偏，集电结正偏。

综上所述，三极管工作在放大区时，才有电流放大作用，各种放大电路中的三极管，通常就工作于放大区。三极管工作于饱和区和截止区时，它起电子开关的作用。由于电子开关的开关速度极高，常用于数字电路中。

1.4.4　三极管的主要参数

1.4.4.1　共发射极电流放大系数

(1)交流电流放大系数为

$$\beta=\Delta I_C/\Delta I_B$$

(2)直流电流放大系数为

$$\bar{\beta}\approx I_C/I_B$$

虽然 β 与 $\bar{\beta}$ 在概念上不同，但一般情况下 $\beta\approx\bar{\beta}$。需要指出的是，β 的大小并不是一个不变的常数，它受 I_C 的影响，I_C 过大或过小都会使 β 值减小，在选择三极管时，β 值不宜太大，以免影响电路的稳定性。

1.4.4.2　**极间反向电流**

(1)集电极—基极间的反向饱和电流 I_{CBO}。I_{CBO}是在发射极开路情况下,集电极与基极之间的反向电流。I_{CBO}可由图1-17测得。I_{CBO}受温度影响较大,硅管的I_{CBO}比锗管小得多。所以在环境温度变化较大时,尽可能选用硅管,以保证电路稳定工作。

(2)集电极—发射极间的反向电流 I_{CEO}。I_{CEO}是在基极开路时,C、E极间的反向电流(也称穿透电流),测试电路如图1-18所示。通常情况下

$$I_{CEO} = (1+\beta)I_{CBO} \tag{1-5}$$

I_{CEO}大的管子热稳定性差。

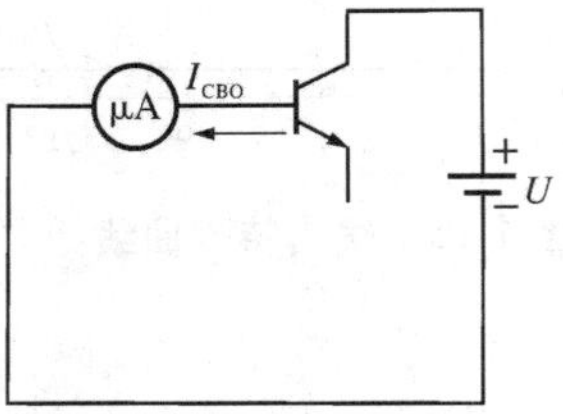

图1-17　I_{CBO}测试电路

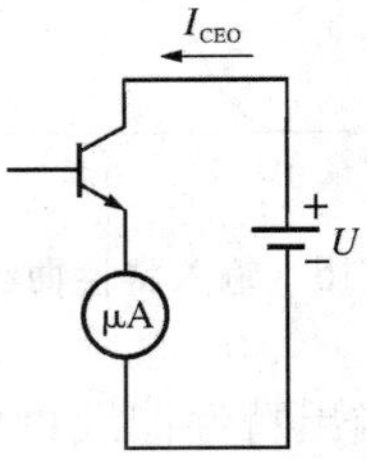

图1-18　I_{CEO}测试电路

1.4.4.3　**极限参数**

(1)集电极最大允许电流 I_{CM}。当I_C过大时,β将下降,使β下降至正常值的2/3时所对应的I_C定义为I_{CM}。实际应用时,不允许工作电流超过I_{CM},以免使三极管放大能力显著下降,甚至造成三极管损坏。

(2)反向击穿电压 $U_{(BR)CEO}$。$U_{(BR)CEO}$是指当基极开路时,集电极与发射极之间能承受的最大电压。当电压$U_{CE} > U_{(BR)CEO}$时,三极管将被击穿。

(3)集电极最大允许耗散功率 P_{CM}。P_{CM}是指集电结上允许耗散的最大功率,因此使用中加在三极管上的电压U_{CE}和通过集电极的电流I_C的乘积($U_{CE}I_C$)不能大于P_{CM};否则,三极管会过耗而烧坏。

由于半导体材料对温度比较敏感,因此三极管的参数要随温度发生变化,而其中I_{CBO}、I_{CEO}、β及U_{BE}受温度的影响最大。

1.5　光电耦合器

光电耦合器是近年发展起来的一种半导体器件,它具有如下特点:①输入和输出端绝缘,靠光为媒质传输;②具有传输单向性;③可以抑制干扰,消除噪音;④响应速度快;⑤结构简单,体积小,寿命长,无触点。

由于光电耦合器具有上述特点,在计算机电路及其他控制电路上得到广泛的应用,可以代替继电器、变压器、斩波器等,被应用于隔离开关、数据转换、逻辑转换、长线传输、过流保护、高压控制、线性放大及电平匹配等电路。

光电耦合器由发光源及受光器组成,并将它们封装在同一密封体内。发光器件多用砷化镓发光二极管。受光器件则有多种形式,以满足不同的使用条件与要求。它的工作

原理是电信号输给发光源(通常是红外发光管),使之发光,受光器件(光敏器件)受光后,又输出电信号,这个电→光→电的过程实现了输入电信号与输出电信号间既可用光来传输,又可通过光隔离,从而提高了线路的抗干扰能力。光电耦合器的常见结构见图1-19,由于结构上不同,电气性能(如负荷能力)有所不同。

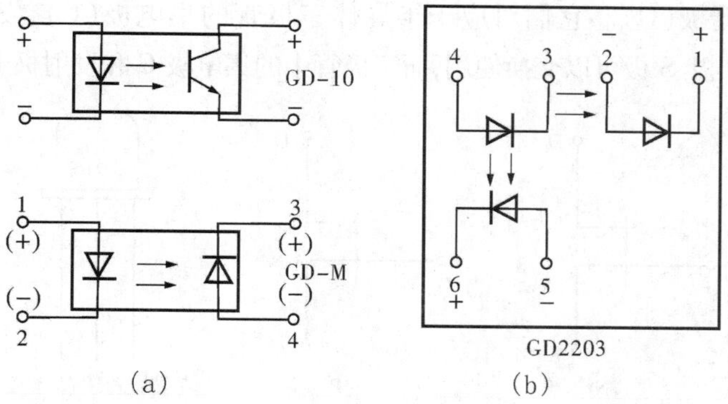

图1-19 光电耦合器的常见结构

光电耦合器的封装形式一般有管型、双列直插式和光导纤维连接式等三种。光电耦合器的应用如图1-20所示。

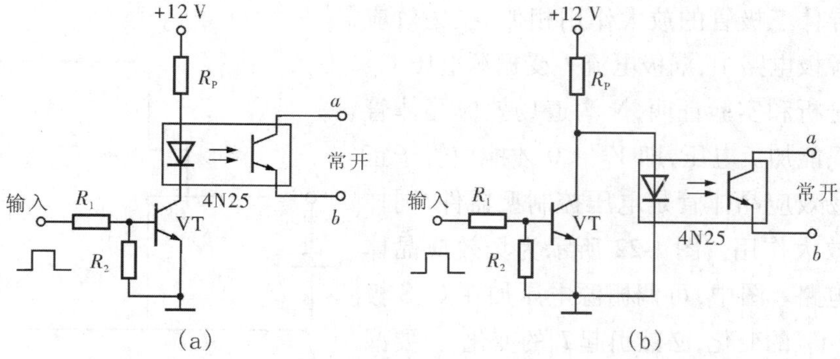

图1-20 光电耦合器的应用

1.6 场效应晶体管

半导体三极管是利用输入电流控制输出电流的半导体器件,称为电流控制型器件。场效应晶体管(FET)是利用输入电压产生电场效应来控制输出电流的器件,称为电压控制型器件。与三极管相比,它具有输入电阻高、制造工艺简单、功耗低、特别适合大规模集成等诸多优点,因此得到广泛的应用。

根据结构和工作原理不同,场效应晶体管分为结型(JFET)和绝缘栅型(MOSFET)两大类型。本节侧重介绍应用极为广泛的绝缘栅型场效应晶体管。

1.6.1 结型场效应晶体管

1.6.1.1 符号和分类

结型场效应晶体管的电路符号和外形如图 1-21 所示，它也有三个电极，分别叫漏极(D)、源极(S)和栅极(G)。它们对应于半导体三极管的集电极(C)、发射极(E)和基极(B)。不同的是，D 极、S 极可以交换使用，而三极管中的集电极 C 和发射极 E 不能交换使用。

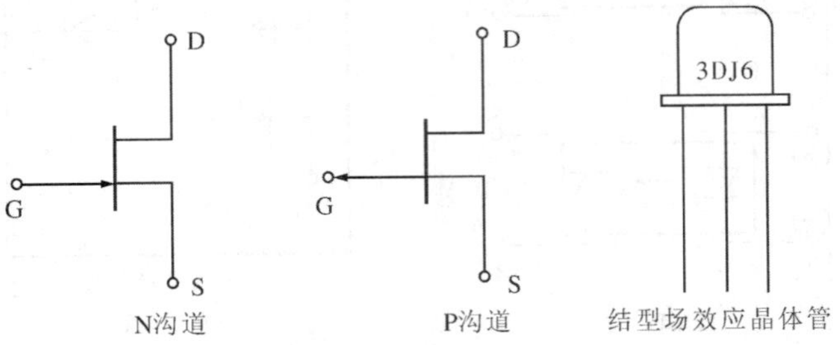

图 1-21 结型场效应晶体管符号及实物外形

结型场效应晶体管分为 P 沟道和 N 沟道两种，在电路符号中用箭头加以区别。

1.6.1.2 电压放大作用

与半导体三极管的放大作用相似，在场效应晶体管共源极电路中，漏极电流 I_D受栅源电压 V_{GS}的控制。分析和实验证明，N 沟道场效应晶体管栅源之间只能加负电压，即 $V_{GS}<0$ 才能使管子正常工作。场效应晶体管是电压控制型器件，同样具有电压放大作用。图 1-22 所示为场效应晶体管的放大电路。图中，可调栅源电压加在 G、S 极之间，由于 V_{GS}的变化，必然引起 I_D的变化，只要漏极电阻 R_D选得合适，即可在 R_D上获得被放大的电压变化量。

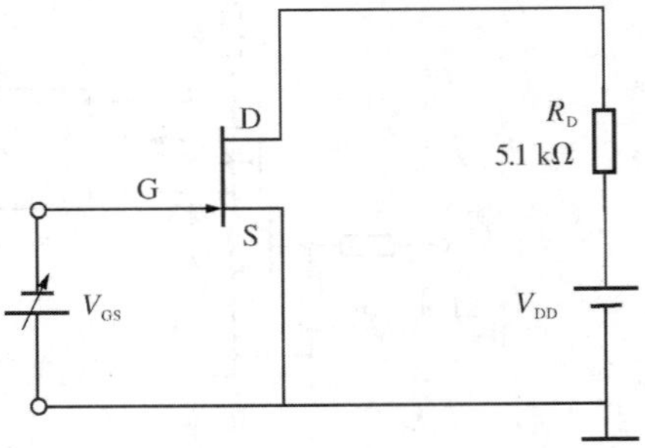

图 1-22 场效应晶体管的放大电路

1.6.2 绝缘栅型场效应晶体管

结型场效应晶体管的输入电阻是 PN 结的反向电阻，可高达 $1\times10^8\ \Omega$，加上反向电压时，还存在微弱的反向电流。为进一步提高其输入电阻，采用绝缘栅型场效应晶体管，它的栅极与漏极、源极完全绝缘，其输入电阻在 $1\times10^{12}\Omega$ 以上。它也有 N 沟道和 P 沟道两大类，每一类型中又分增强型和耗尽型两种。

1.6.2.1 电路符号和分类

四种场效应晶体管的电路符号如图 1-23所示。图中除漏极 D、栅极 G 和源极 S 以外，还加有衬底，它是因管子生产工艺需要而设置的。图中栅极与沟道不相接触，表示绝缘。箭头指向内为 N 沟道型，指向外为 P 沟道型，沟道用虚线为增强型，用实线为耗尽型。这类场效应晶体管由金属(电极)、氧化物(绝缘层)和半导体组成,又称 MOS 场效应晶体管。N 沟道称 NMOS 管,P 沟道称 PMOS 管。

1.6.2.2 结构和工作原理

下面以 N 沟道增强型 MOSFET 为例,简单介绍它的结构和工作原理。

1. 结构

它是在一块 P 型硅片上扩散两个 N 型区(用 N^+ 表示),并分别从两个 N 型区引出两个电极:源极与漏极,在源区和漏区之间的衬底表面覆盖一层很薄的绝缘层,再在绝缘层上覆盖一层金属薄层,形成栅极,因此栅极与其他电极之间是绝缘的,故输入电阻很高,从衬底基片上引出一个电极,称为衬底电极(B)(在分立元件中,常将 B 与源极 S 相连,而在集成电路中,B 和 S 一般不相连)。由图 1-24 可见,源区和漏区之间被 P 型衬底隔开,形成两个"背对背"连接的二极管。

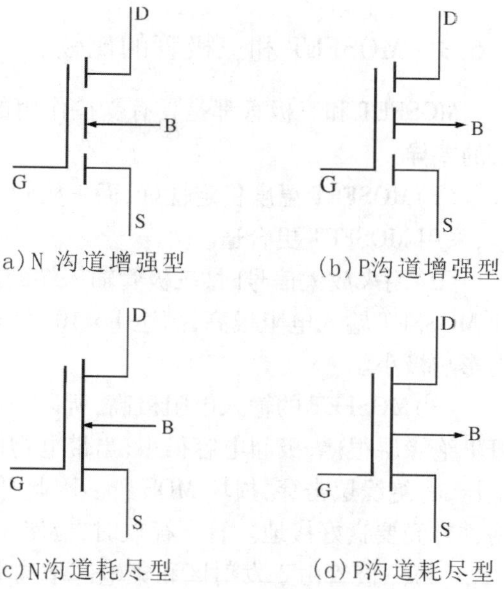

图 1-23 绝缘栅场效应晶体管符号

2. 工作原理

NMOSFET 工作原理如图 1-25 所示,当栅源之间的电压 $V_{GS}=0$ 时,不论漏源之间加什么电压,由于存在"背对背"连接的二极管,因此总有一个 PN 结处于反偏,所以漏极电流 $I_D\approx0$,即处于截止状态。当 $V_{GS}>0$ 并将衬底与源极短接时,则在栅极金属箔与半导体之间绝缘层(类似于一平板电容器)产生一个垂直电场,这个电场将吸引衬底和两个 N^+ 区的电子,V_{GS}越大,吸引的自由电子越多,表面层空穴数越少,当 V_{GS}超过某一临界值 V_T(称为开启电压)时,将最终使表面层的电子数多于空穴数,使衬底表面层由原来的 P 型转为 N 型,与两个 N^+ 区连通,形成漏区和源区间的导电沟道(N 沟道)。此时,如果在漏极和源极之间加正向电压($V_{DS}>0$),就会有电流经沟道到达源极,形成漏极电流 I_D,MOS 管处于导通状态,如图 1-25 所示。显然,V_{GS}越大,导电沟道越宽,沟道电阻越小,I_D越大,这就是增强型 MOSFET 管 V_{GS}控制漏极电流 I_D的基本原理。

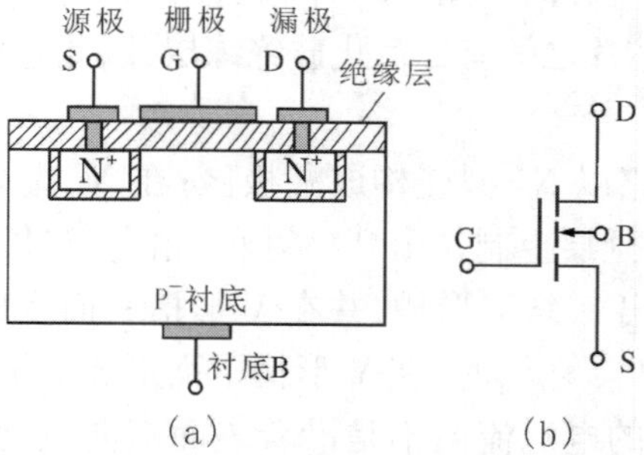

图 1-24 N 沟道增强型 MOSFET 结构

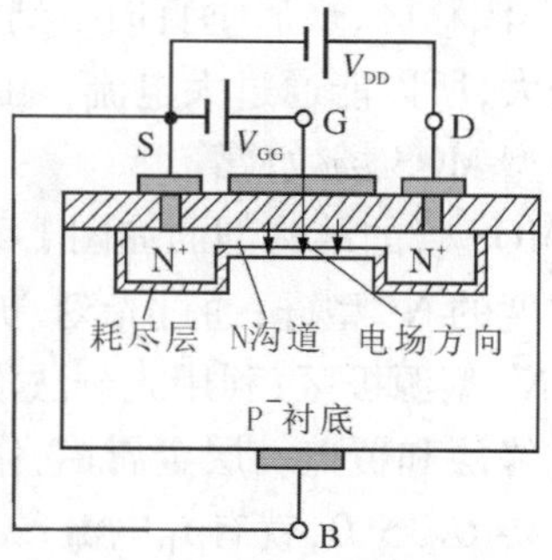

图 1-25 NMOSFET 工作原理图

1.6.3 MOSFET 和三极管的比较

MOSFET 和三极管都是具有受控作用的半导体器件，但在具体性能上两者表现出较大的差异。

(1) MOSFET 温度稳定性好，而三极管受温度影响较大，因此环境温度变化较大的场合，采用 MOSFET 更合适。

(2) 用来放大信号时，三极管输入端的发射结为正向偏置，输入电阻较小，约几千欧。而 MOSFET 输入电阻极高，高达 $1\times10^{10}\,\Omega$ 以上。因此，MOSFET 放大级对前级的放大能力影响极小。

(3) MOSFET 的输入电阻极高，所以一旦栅极上感应少量电荷，就很难泄放掉。MOSFET 绝缘层很薄，极间电容很小，当带电物体靠近栅极时，感应少量电荷就会产生很高的电压，将绝缘层击穿，损坏 MOS 管。因此，使用 MOS 管时要特别小心，焊接 MOS 管时，电烙铁外壳要良好接地。管子存放时，应使 MOS 管栅极与源极短接，避免栅极悬空。

(4) 三极管由于发射区和集电区结构上不对称，所以正常使用时，发射极和集电极是不能互换的。而 MOSFET 在结构上是对称的，所以源极和漏极可以互换使用。但要注意，分立元件的 MOSFET，有时已将衬底和源极在管内短接，漏极和源极就不能互换使用。

1.7 VMOS 管简介

为了适合大功率运行，于 20 世纪 70 年代末研制出了具有垂直沟道的绝缘栅型场效应管，即 VMOS 管。VMOS 管或功率场效应管，其全称为 V 形槽 MOS 场效应管。它是继 MOSFET 之后新发展起来的高效功率开关器件。它不仅继承了 MOS 场效应管输入阻抗高、驱动电流小的特点，还具有耐压高、工作电流大、输出功率高、跨导的线性好、开关速度快等优良特性。正是由于它将电子管与功率晶体管之优点集于一身，因此在电压放大器（电压放大倍数可达数千倍）、功率放大器、开关电源和逆变器中正获得广泛应用。

传统的 MOS 场效应管的栅极、源极和漏极大致处于同一水平面的芯片上，其工作电流基本上是沿水平方向流动的。VMOS 管则不同，从图 1-26 上可以看出其两大结构特点：一是金属栅极采用 V 形槽结构；二是具有垂直导电性。由于漏极是从芯片的背面引出的，所以 I_D 不是沿芯片水平流动，而是自重掺杂 N^+ 区（源极 S）出发，经过 P 沟道流入轻掺杂 N^- 漂移区，最后垂直向下到达漏极 D。电流方向如图 1-26 中箭头所示，因为流通截面积增大，所以能通过大电流。由于在栅极与芯片之间有二氧化硅绝缘层，因此它仍属于绝缘栅型 MOS 场效应管。

VMOS 管的结构剖面如图 1-26（a）所示。它以 N^+ 型硅构成漏极区；在 N^+ 上外延一层低浓度的 N^- 型硅；通过光刻、扩散工艺，在外延层上制作出 P 型衬底（相当于 MOS 管 B 区）和 N^+ 型源极区；利用光刻法沿垂直方向刻出一个 V 形槽，并在 V 形槽表面生成一层 SiO_2 绝缘层和覆盖一层金属铝，作为栅极。当 $U_{GS} > U_T$ 时，在 V 形槽下面形成导电沟道。这时只要 $U_{DS} > 0$，就有 i_D 电流产生。VMOS 管的电流流向不是沿着表面横向流动，而是垂直表面纵向流动。VMOS 管的电路符号如图 1-26（b）所示。

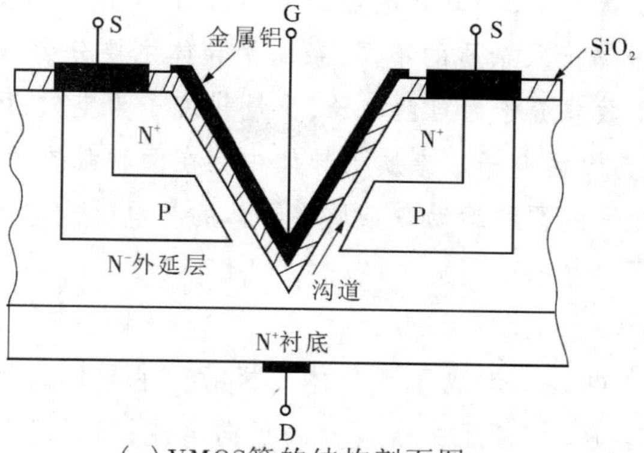

(a) VMOS管的结构剖面图

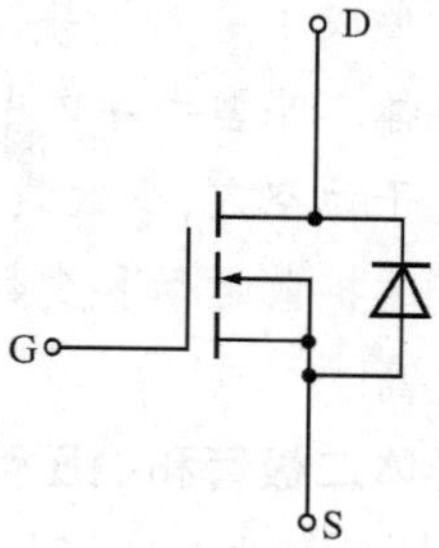

(b) 电路符号

图 1-26　VMOS 管

由于 VMOS 管独特的结构设计,使得它具有以下一些优点:

(1) U_{GS}控制沟道的厚度。导电沟道在 P 型衬底区打开了漏极到源极的电子导电通道,使电流 i_D流通。当 U_{GS}增大到饱和状态后,这一通道与 U_{DS}关系很小,即沟道调制效应极小,恒流特性非常好。

(2) 在恒流区,当 U_{DS}较小时,i_D随 U_{DS}的升高呈平方律增长,与一般的 MOS 管相同。当 U_{DS}增大到某一数值后,其导电沟道不再为楔形,而近于矩形,且矩形的高度随 U_{DS}线性增加,故转移特性也为线性增加。

(3) VMOS 管的漏区面积大,散热面积大(它的外形与三端稳压器相似便于安装散热器),沟道长度可以做得比较短,而且利用集成工艺将多个沟道并联,所以允许流过的漏极电流 i_D很大(可达 200 A),其最大耗散功率可达数百瓦乃至上千瓦。

(4) 因为轻掺杂的外延层电场强度低,电阻率高,使 VMOS 管所能承受的反向电压可达上千伏。

(5) 因金属栅极与低掺杂外延层相覆盖的部分很小,所以栅、漏极之间的电容很小,因而 VMOS 管的工作速度很快(其开关时间只有数十纳秒),允许的工作频率可高达数十兆赫。

VMOS 管的的上述性能不仅使 MOS 管跨入了功率器件的行列,而且在计算机接口、通信、微波、雷达等方面获得了广泛的应用。

本章小结

本章主要介绍了电子电路中几种常用的半导体器件,如半导体二极管、三极管、场效应管等的基本结构、工作原理、工作特性曲线及主要参数。

1. 半导体的基本知识

半导体存在着自由电子和空穴两种载流子。本征半导体是指纯净的、不含杂质且以晶体结构存在的半导体。本征半导体中存在着数量或浓度相等的自由电子和空穴。由于通常情况下本征半导体的载流子数量不多,它的导电能力较差。在本征半导体中掺入少量的杂质就形成了杂质半导体。根据掺入杂质的不同,杂质半导体主要分为N型半导体和P型半导体。N型半导体中的多数载流子为自由电子,少量载流子为空穴;P型半导体的多数载流子为空穴,少数载流子为自由电子。杂质半导体中存在两种载流子的运动,即多数载流子的扩散运动和少数载流子的漂移运动。杂质半导体的导电性能与本征半导体相比大大提高。

2. 半导体二极管和稳压管

一个PN结加上外壳,引出两个电极就形成了半导体二极管。半导体二极管具有单向导电性,即二极管两端加上正向电压时,管子中有较大的正向电流;当两端加上反向电压时,管子中的反向电流很小。

稳压管是根据二极管工作在反向击穿区时,管子中电流变化很大但两端电压变化很小这一特性制成的。

3. 三极管

三极管是电流控制型放大元件,依靠两种载流子导电。其主要有两种类型:PNP型和NPN型。两种类型的三极管内部都应有集电区、发射区、基区三个区,集电极、发射极、基极三个电极,集电结、发射结两个结。三极管实现放大作用的内部条件是:发射区掺杂浓度高;基区很薄且掺杂浓度很低;集电区面积很大,掺杂浓度低。实现放大作用的外部条件是:外加电源的极性应保证发射结正向偏置,集电结反向偏置。三极管利用基极电流对集电极电流的控制作用来实现放大。描述三极管放大作用的重要参数是共发射极电流放大系数β。三极管的输入特性和输出特性描述了三极管各级电流和电压之间的关系。通常为了使三极管具有电流放大作用,应使其工作在放大区。

4. 场效应管

场效应管是一种电压控制型放大元件,仅依靠一种载流子导电,故也称为单极型三极管。场效应管的主要特点是输入电阻高,而且易于大规模集成。

场效应管分为结型场效应管和绝缘栅型场效应管两种类型,这两种类型根据导电沟道的不同可分为N沟道场效应管和P沟道场效应管。绝缘栅型场效应管又分为增强型和耗尽型两种形式。结型场效应管只有耗尽型一种。

实训1　常用电子仪器的认识与使用

1. 实训目的

(1)认识实验室的仪器,了解其功能、面板标识、换挡开关与显示。

(2)做简单的测量练习,了解仪器的操作要领与注意事项。

2. 预习要求

学生课前预习本实验的问题,初步认识本实验室基本仪器的功能、接线方法、换挡开关的操作,如有条件最好能阅读仪器的说明书。准备画仪器面板图的纸笔,以备上课用。

每组准备一台小收音机,供测量波形用。

3. 实训内容

教师介绍本实验室各种仪器(外观、型号、功能、面板、参数、特性、接线和测量的方法、使用注意事项等);学生分组,每组一套仪器,按照实验习题和教师的要求,边操作边记录。

按照教师的要求完成实验报告。

4. 实训步骤建议

(1)用万用表测量直流稳压电源的输出电压,记录其可调范围。

(2)用示波器测量低频信号的信号波形,初步掌握示波器的使用方法,调出3~5个完整周期、幅度适中的稳定波形,估测信号的频率和幅度。详细记录操作过程和出现的问题。

(3)用示波器测量正弦波信号,记录其波形、幅度、频率。再用毫伏表测量同一个波形,对其幅度的结果进行核对(注意:毫伏表的读数是有效值)。

(4)用示波器测量小收音机的音频输出(从扬声器的音圈接点上引出信号),观察屏幕上的波形与扬声器中声音的音量、音质的对应关系,并作记录。

(5)每人画一套仪器面板图,详细标注所有的文字符号。

(6)在实验报告中对每种仪器的“使用步骤”和“注意事项”作简明扼要的描述。

5. 思考题

(1)用毫伏表测量交、直流混合波形的信号,读数代表什么含义?

(2)用毫伏表测量非正弦波形的信号,读数代表什么含义?

(3)用示波器测量直流信号时应注意什么问题?

(4)用示波器测量交、直流混合的信号,从不同的输入端(AC端或DC端)输入信号,屏幕波形各代表什么含义?

实训2　简单电路的构成与测量

1. 实训目的

(1)了解电路四个基本要素(电源、负载、控制元件、回路)的作用。

(2)熟悉万用表的用法。

(3)与电阻相比,体会非线性元件的特点。

2. 实训内容

(1)按图1-27接线,用发光二极管作负载,逐步改变电位器的数值,测量并记录负载、$(R+R_P)$两端的电压以及回路电流。

(2)将负载改为稳压二极管,测量负载、电阻两端的电压以及回路电流。注意,负载改变后,电阻R和电位器的数值也要相应改变。

(3)按教师的要求完成实验报告。

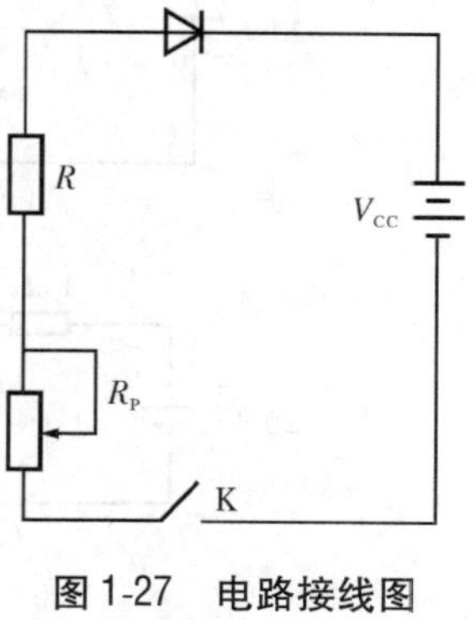

图1-27　电路接线图

3. 思考题

(1)将开关断开,测开关两端电压值,并作出说明。

(2)电路中已经有了电位器，为什么还要串联一个固定电阻 R？R 的数值应当怎样选取？电位器的数值怎样选取？

(3)实验中，电位器的数值怎样测量？在开关接通时用万用表的欧姆挡测量可以吗？为什么？

(4)同是二极管，发光二极管、稳压二极管与你所知道的普通二极管有什么不同？

(5)在实验中，直接用万用表的欧姆挡测量开关的通断行吗？

习　题

1-1　什么是 N 型半导体和 P 型半导体？其多数载流子和少数载流子各是什么？能否说 N 型半导体带负电，P 型半导体带正电？

1-2　杂质半导体中，多数载流子和少数载流子的浓度由什么决定？和温度有什么关系？

1-3　解释下列二极管型号的意义：2CZ14F，2AP9，2CZ55A。

1-4　为什么用万用表的 $R\times100\ \Omega$ 或 $R\times1\text{k}$ 测量二极管的正向电阻时呈不同的阻值？

1-5　设二极管为理想二极管，其反向击穿电压为 25 V，试求图 1-28 所示各电路中的电流 I。

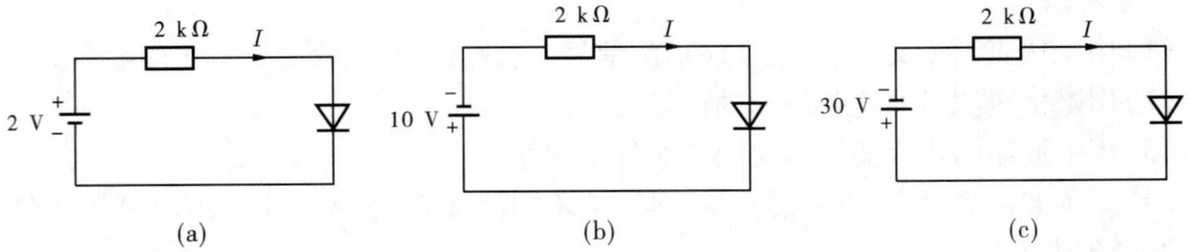

图 1-28　习题 1-5 图

1-6　图 1-29 所示各电路中的稳压管 VD_{Z1} 和 VD_{Z2} 的稳定电压分别为 6.3 V 和 6 V，稳定电流均为 10 mA，最大稳定电流均为 30 mA。正向压降均为 0.7 V，试求各电路的输出电压 U_o 的大小。

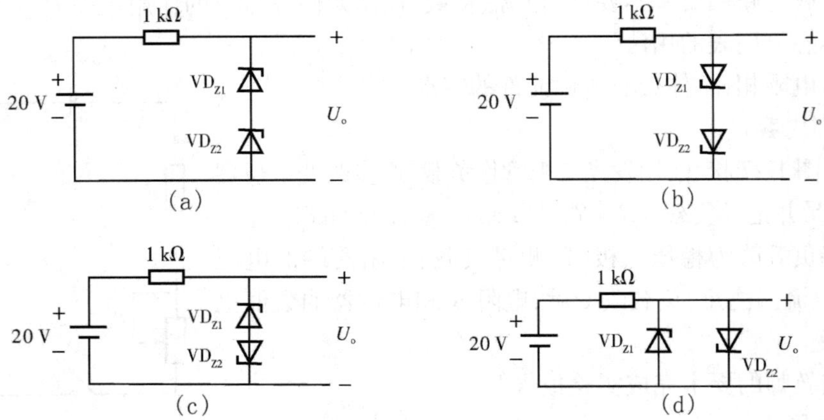

图 1-29　习题 1-6 图

1-7　三极管主要功能是什么？放大的实质是什么？放大的能力用什么来衡量？

1-8　解释下列三极管型号的意义:3AG56C,3BX31B,3CD5E,3DA150B。

1-9　某三极管管脚①流进 2.4 mA 电流,管脚②流出 2.35 mA 电流,管脚③流出 0.05 mA电流,判断各管脚名称并指出是 PNP 型还是 NPN 型三极管。

1-10　两个同型号的三极管,一个三极管的 $\beta=200$, $I_{CEO}=200\ \mu A$;另一个三极管的 $\beta=60$, $I_{CEO}=60\ \mu A$,其他参数相同,你认为哪个三极管工作可靠？为什么？

1-11　两三极管管脚电流如图 1-30 所示,判断各管脚名称并指出是 PNP 型还是 NPN 型三极管。

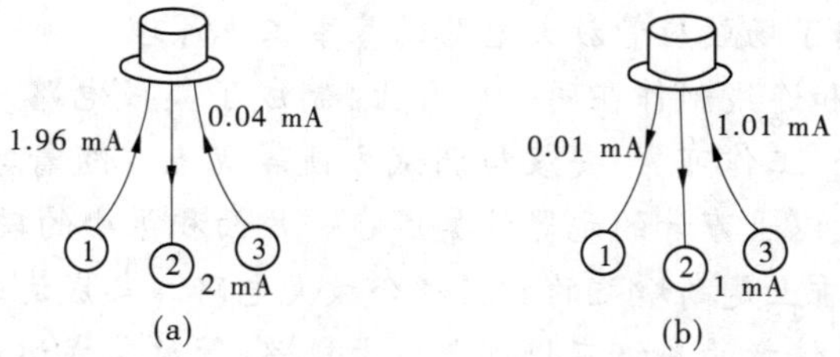

图 1-30　习题 1-11 图

1-12　在电路中测出各三极管的三个电极对地电位如图 1-31 所示,试判断各三极管处于何种工作状态。

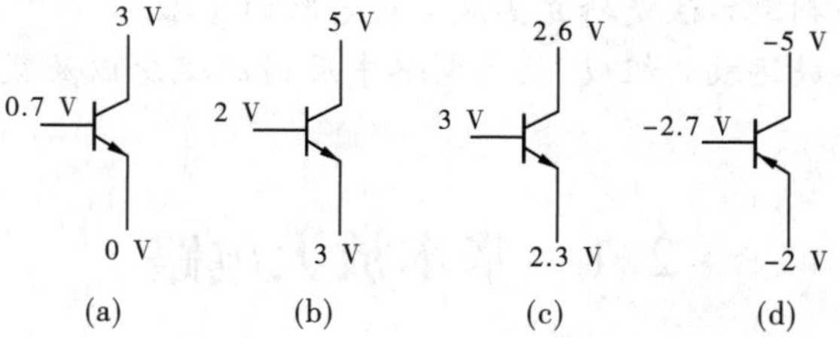

图 1-31　习题 1-12 图

1-13　在电路中测出各三极管的三个电极对地电位如图 1-32 所示,试判断各三极管处于何种工作状态。

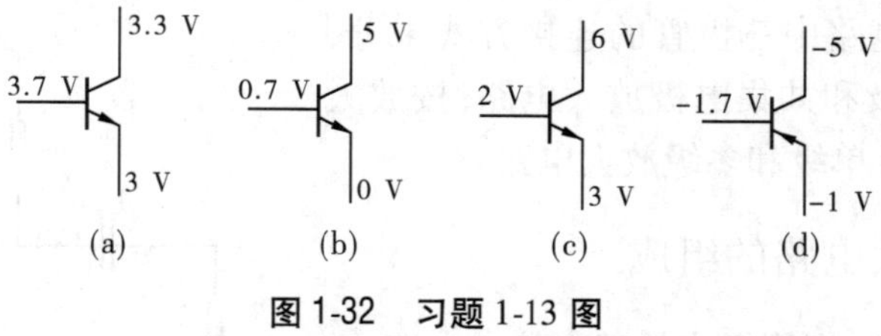

图 1-32　习题 1-13 图

1-14　试述光电耦合器的结构和特点。

1-15　比较结型场效应管与普通晶体三极管的主要差别是什么。

1-16　VMOS 管是什么器件？有何特点？

第 2 章　放大电路和集成运算放大电路及其应用

学习指导

本章以共发射极放大电路为主，着重介绍放大电路的微变等效电路法，对多级放大电路作必要介绍，并介绍了场效应管放大电路的基本工作原理。

将电路的元器件和连线制作在同一硅片上，制成了集成电路。它与分立元件电路相比具有体积小、重量轻、工作可靠、安装与调试方便等优点。随着集成电路制造工艺的日益完善，目前已能将数以千万计的元器件集成在一片面积很小的硅片上。

运算放大电路实质上是高增益的直接耦合放大电路。集成运算放大电路是集成电路的一种，是具有高放大倍数的多级直接耦合放大电路，简称集成运放。它常用于各种模拟信号的运算，例如比例运算、微分运算、积分运算等。由于发展初期主要用于模拟计算机的数学运算，所以至今仍保留着运算放大电路的名称，而其目前的应用实际上已远远超出数学运算的范围。

实际应用中，在使用集成运放的电路中，总要引入反馈，以改善放大电路性能，因此掌握反馈的基本概念与判断方法是研究集成运放电路的基础。

本章主要学习集成运放的组成、放大电路中反馈的概念以及集成运放的线性和非线性应用等内容。

2.1　基本放大电路

放大电路的作用，是把微弱的电信号进行放大。比如收音机天线接收的电信号只有微伏数量级，必须经过放大后，才能激励扬声器发出声音。

放大电路的形式和种类很多。按放大的对象分，有电压、电流和功率放大电路；按工作频率来分，有低频、中频和高频放大电路；按输入电信号的强弱来分，有小信号和大信号放大电路；按放大电路中三极管的连接方式来分，有共发射极、共基极和共集电极放大电路；按放大电路的级数来分，有单级和多级放大电路。

2.1.1　基本放大电路的组成

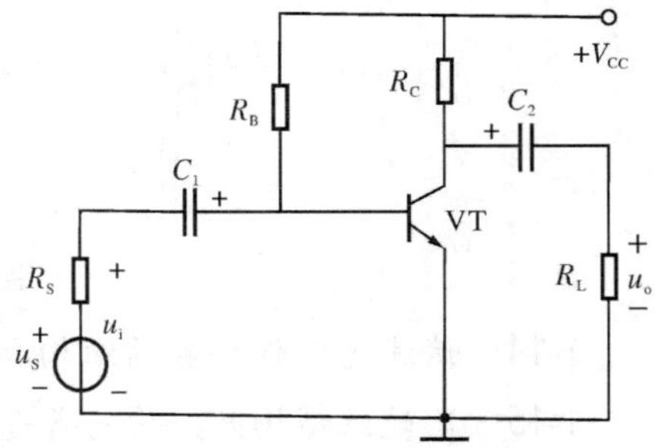

图 2-1　基本放大电路

图 2-1 是由 NPN 型管组成的基本放大电路，u_S 是信号源，R_S是信号源内阻，交流信号 u_i 从基极回路中输入，输出信号 u_o取自集电极，三极管的发射极接地（图 2-1 中“⊥”表示公共端，也称接地），它

作为输入、输出的公共端,所以这种电路称为共发射极电路(简称共射电路)。根据不同要求,也可分别把三极管的集电极或基极作为输入和输出回路的公共端,从而组成共集电极放大电路和共基极放大电路。

下面说明图 2-1 中各元器件的名称和作用。

(1)三极管 VT。它是放大电路的核心器件,具有放大电流的作用。

(2)基极偏流电阻 R_B。其作用是向三极管的基极提供合适的偏置电流,并使发射结正向偏置。选择合理的 R_B 值,可使三极管有恰当的静态工作点。通常 R_B 的取值为几十千欧到几百千欧。

(3)集电极负载电阻 R_C。R_C 的作用是把三极管的电流放大转换为电压放大,如果 $R_C=0$,则集电极电压等于电源电压,即使由输入信号 u_i 引起集电极电流变化,集电极电压也保持不变,因此负载上将不会有交流电压 u_o,一般 R_C 的值为几百欧到几千欧。

(4)直流电源 V_{CC}。V_{CC} 的正极经 R_C 接三极管集电极,负极接发射极。V_{CC} 有两个作用,一是通过 R_B 和 R_C 使三极管发射结正偏、集电结反偏,使三极管工作在放大区;二是给放大电路提供能源。V_{CC} 是整个放大电路的能源,V_{CC} 的电压一般为几伏到几十伏。

(5)电容 C_1 和 C_2。它们起"隔直通交"的作用,避免放大电路的输入端与信号源之间,输出端与负载之间直流分量的互相影响。一般 C_1 和 C_2 选用电解电容器,取值为几微法到几十微法。用 PNP 型三极管组成放大电路时,电源的极性和电解电容极性,正好与 NPN 型电路相反。

2.1.2 放大电路的直流工作状态

当输入电压 u_i 等于零时,放大电路中的电流和电压均为不变的直流量,放大电路处于直流工作状态(又称静态)。

用解析法确定静态工作点:放大电路的直流通路,是指静态时放大电路中直流电流流经的路径。

画直流通路的方法为:将放大电路中的电容器视为开路,其他不变。图 2-2 为图 2-1 放大电路的直流通路。

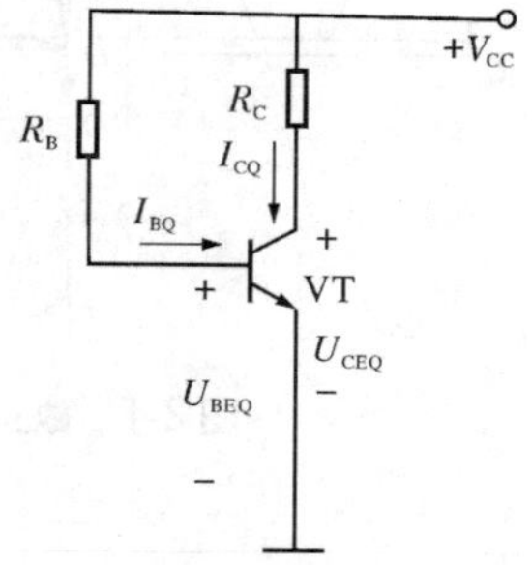

图 2-2 基本放大电路的直流通路

计算静态工作点(I_{BQ}、I_{CQ}、U_{CEQ})时用直流通路。由图 2-2 可得

$$V_{CC}=R_BI_{BQ}+U_{BEQ}$$

$$I_{BQ}=(V_{CC}-U_{BEQ})/R_B(U_{BEQ}\text{很小,硅管约为 0.7 V,锗管约为 0.3 V}) \tag{2-1}$$

$$I_{CQ}=\beta I_{BQ}$$

$$V_{CC}=I_{CQ}R_C+U_{CEQ}$$

$$U_{CEQ}=V_{CC}-I_{CQ}R_C \tag{2-2}$$

【例 2-1】 在图 2-3 所示电路中,设三极管 $\beta=50$,其余参数见图。试求静态工作点。

解:用解析法求出:

$$I_{BQ}=(V_{CC}-U_{BEQ})/R_B\approx V_{CC}/R_B=12\ \text{V}/270\ \text{k}\Omega=44.4\ \mu\text{A}$$

$$I_{CQ}=\beta I_{BQ}=50\times 44.4\ \mu\text{A}=2.2\ \text{mA}$$

$$U_{CEQ}=V_{CC}-I_{CQ}R_C=12\ \text{V}-2.2\ \text{mA}\times 3\ \text{k}\Omega=5.4\ \text{V}$$

2.1.3 放大电路的非线性失真

放大电路输出电压的波形与输入电压波形不一致,称为失真。下面讨论两种主要的非线性失真。

(1)截止失真。如果电路中 R_B 的阻值太大,则 I_{BQ} 过小,造成电路静态工作点 Q 靠近截止区。在输入信号 u_i 的负半周,基极电流 i_B 的波形出现"削顶"失真,对应的 i_C、u_{CE} 的波形也出现"削顶"失真,如图 2-4 所示。这种失真是由于工作点进入截止区引起的,所以称为截止失真。

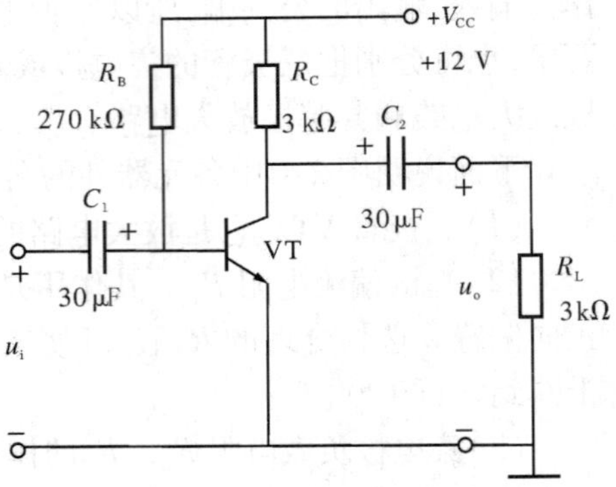

图 2-3 例 2-1 图

(2)饱和失真。如果偏置电阻 R_B 太小,则 I_{BQ} 过大,会使电路的工作点 Q 上移而靠近饱和区。在输入信号 u_i 的正半周,工作点进入饱和区,三极管失去放大能力,引起 i_C、u_{CE} 的波形出现"削顶"失真。这种失真是因为工作点进入饱和区造成的,所以称为饱和失真,如图 2-5 所示。

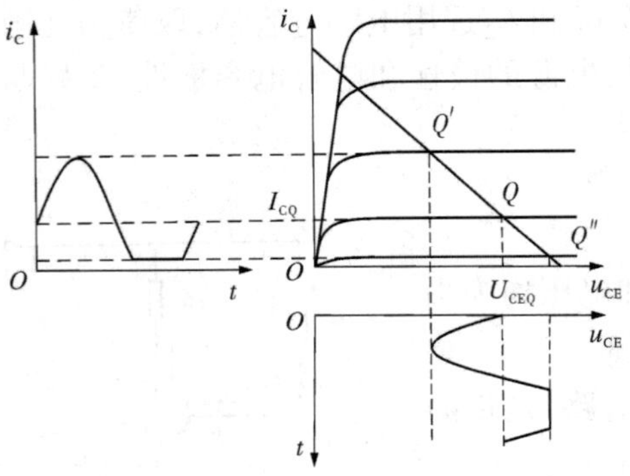

图 2-4 截止失真

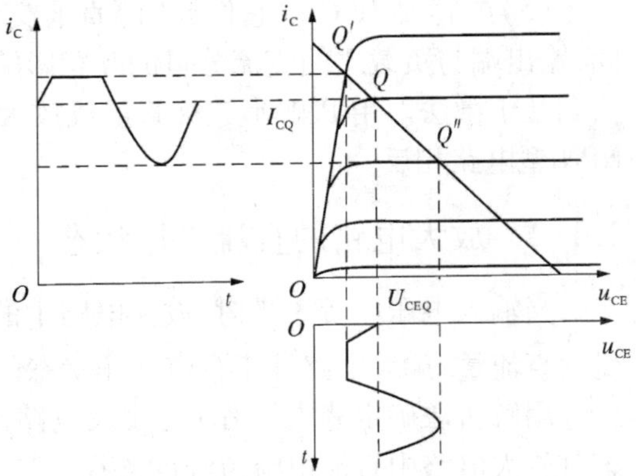

图 2-5 饱和失真

2.2 微变等效电路法

在定量估算放大电路的放大倍数、输入电阻及输出电阻等性能指标时,通常采用微变等效电路法。

在小信号的条件下,三极管的电流和电压仅在其特性曲线上一个较小范围内变化,可以把非线性元件三极管近似地用一线性电路等效替代。利用线性电路的分析方法,求解放大电路的各项性能指标,这种方法称为微变等效电路法(这里的微变,就是小信号的意思)。

2.2.1 三极管的微变等效电路

2.2.1.1 三极管输入回路的等效电路

三极管的输入特性曲线如图 2-6(a)所示。但当输入信号很小时,在静态工作点 Q 附近的工作段可看成直线。ΔU_{BE} 与 ΔI_B 之比,称为三极管的输入电阻,用 r_{be} 表示,即

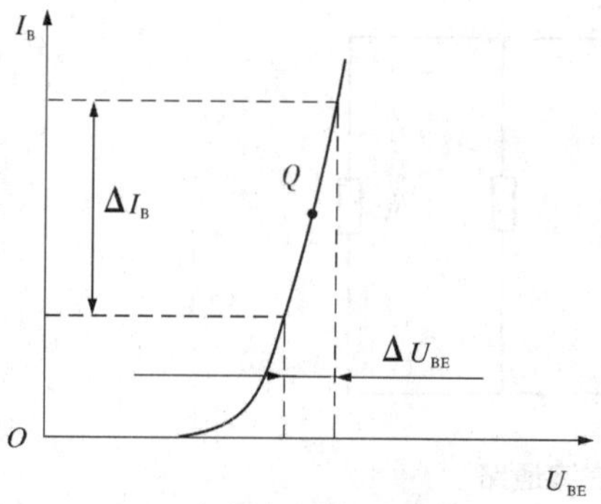

(a)输入特性曲线

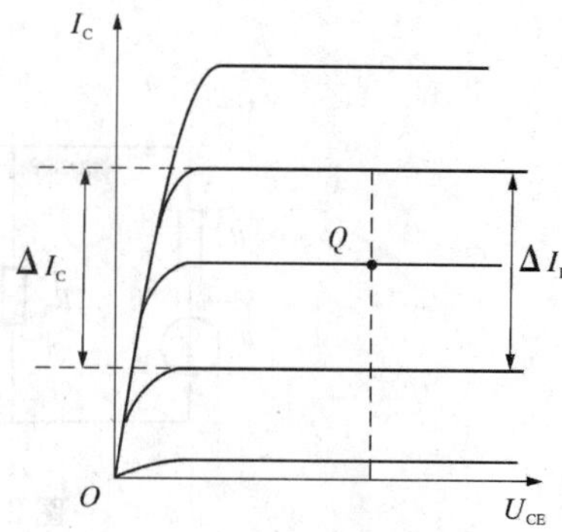

(b)输出特性曲线

图 2-6　三极管的特性曲线

$$r_{be} = \Delta U_{BE}/\Delta I_B \tag{2-3}$$

因此,三极管的输入回路可用 r_{be} 等效,如图 1-25(b)所示。在工程上,小功率管的 r_{be} 可用下列公式计算

$$r_{be} = 300 + (1+\beta) \times 26/I_E \tag{2-4}$$

式中　I_E——发射极电流的静态值。

2.2.1.2　三极管输出回路的等效电路

由三极管的输出特性曲线图 2-6(b)可知,在放大区内,I_C 只受 I_B 的控制,与 U_{CE} 几乎无关。因此,三极管的输出回路可用一受控电流源 $i_c = \beta i_b$ 代替,如图 2-7(b)所示。

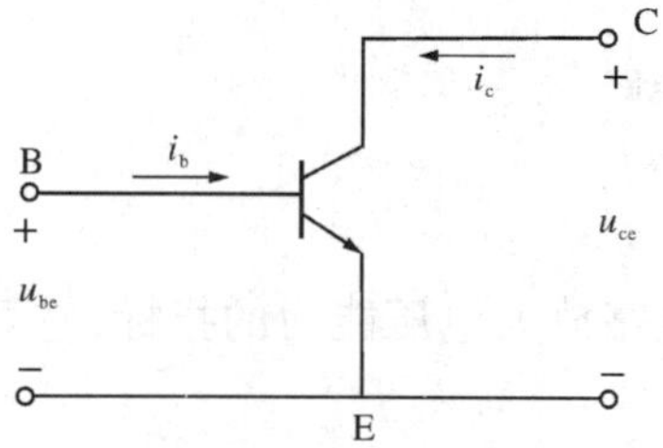

(a)三极管

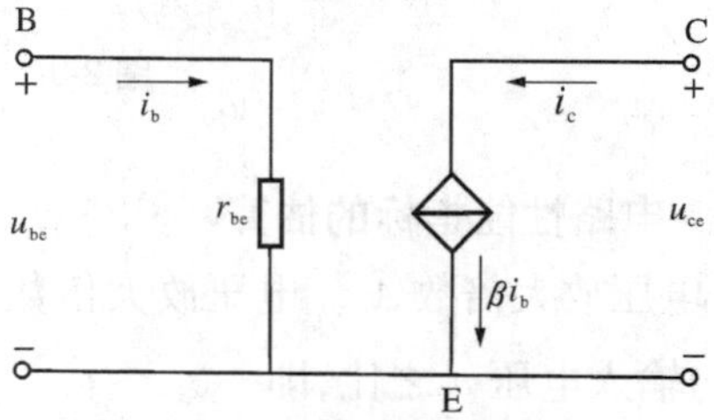

(b)微变等效电路

图 2-7　三极管及其微变等效电路

2.2.2　共发射极放大电路性能指标的估算

放大电路的性能指标是量化电路性能的参数,我们只讨论其中的电压放大倍数 A_u、输入电阻 r_i 及输出电阻 r_o 三项性能指标。

下面以图 2-1 所示的基本放大电路为例,分析、估算电路的 A_u、r_i 和 r_o 三项指标。

2.2.2.1　放大电路的交流通路

交流通路是放大电路中的交流分量流经的路径。画交流通路时,将电容 C_1 和 C_2 视作短路,直流电源的内阻很小,也可认为是短路的。图 2-8 为基本放大电路的交流通路。

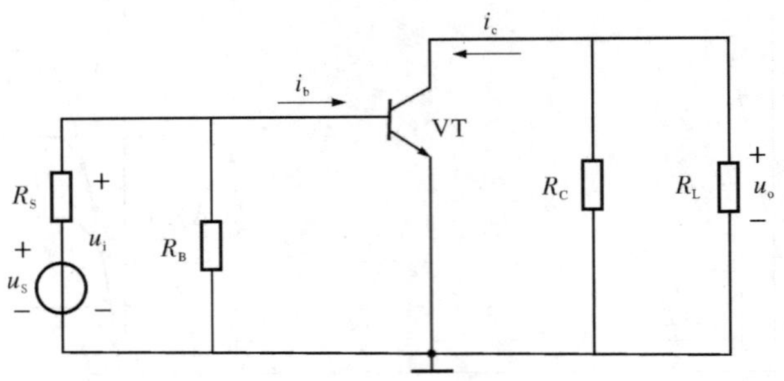

图 2-8　基本放大电路的交流通路

2.2.2.2　放大电路的微变等效电路

将交流通路中的三极管用其微变等效电路代替,即得到放大电路的微变等效电路。图 2-9 是基本放大电路的微变等效电路。

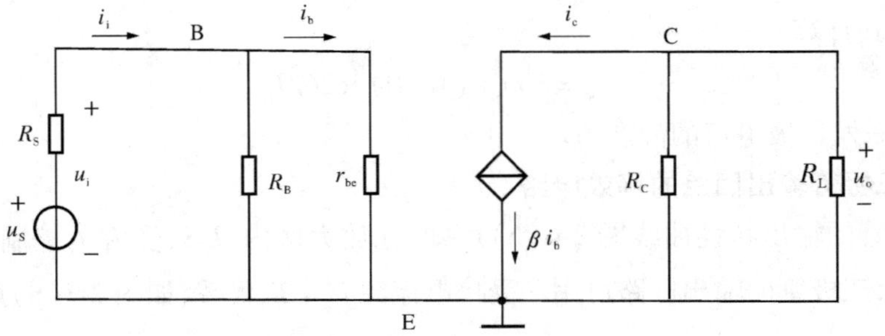

图 2-9　微变等效电路

2.2.2.3　电路性能指标的估算

(1)电压放大倍数 A_u。电压放大倍数是表征电路放大电压能力的指标,它等于输出电压 u_o与输入电压 u_i之比,即

$$A_u = u_o/u_i$$

由图 2-9 可得

$$A_u = \frac{u_o}{u_i} = -i_c\frac{R_C//R_L}{i_b r_{be}} = -\frac{\beta i_b R'_L}{i_b r_{be}} = -\beta\frac{R'_L}{r_{be}} \tag{2-5}$$

式(2-5)中的“ - ”表明 u_o与 u_i相位相反,共射极放大电路具有倒相作用($R_C//R_L$表示电阻 R_C、R_L并联时的等效电阻,本书后均同)。

(2)输入电阻 r_i。放大电路输入端的等效电阻,称为输入电阻,即

$$r_i = u_i/i_i = R_B//r_{be} \tag{2-6}$$

r_i越大,信号源供给放大电路的输入电压 u_i的值越大,信号源的利用率越高。因此,通常要求放大电路的 r_i值大一些。

(3)输出电阻 r_o。从放大电路的输出端看进去的等效电阻,就是输出电阻 r_o。由于三

极管集电极与发射极之间的等效电阻 r_{ce}很大，因此 r_o近似等于 R_C，即

$$r_o \approx R_C$$

对负载而言，放大电路可视为一信号源，其内阻就是 r_o。因此，r_o反映放大电路带负载的能力，r_o越小，电路带负载的能力越强。通常希望放大电路的输出电阻低一些。

【例 2-2】 已知基本放大电路，$R_B = 300\ k\Omega$，$R_C = 2\ k\Omega$，$R_L = 4\ k\Omega$，$V_{CC} = 12\ V$，三极管为 3DG100，$\beta = 50$，试求 A_u，r_i，r_o。

解：由估算静态工作点的公式得

$$I_{BQ} = (V_{CC} - U_{BEQ}) / R_B \approx V_{CC} / R_B = 12\ V/300\ k\Omega = 40\ \mu A$$

$$r_{be} = 300 + (1+\beta) \times 26/I_E = 300 + (1+50) \times 26\ mV/(1+50)40\ \mu A = 0.95\ k\Omega$$

$$A_u = -\beta R'_L/r_{be} = \frac{-50 \times \frac{2 \times 4}{2+4}}{0.95} \approx -71$$

$$r_i = R_B // r_{be} \approx r_{be} = 0.95\ k\Omega$$

$$r_o \approx R_C = 2\ k\Omega$$

2.2.3 共集电极放大电路性能指标估算

2.2.3.1 电路组成与静态工作点

电路如图 2-10(a)所示，输入信号 u_i加在基极，输出信号 u_o取自发射极，所以又称射极输出器。由如图 2-10(b)所示的微变等效电路可知，输入回路与输出回路的公共端是集电极，因此称为共集电极电路。

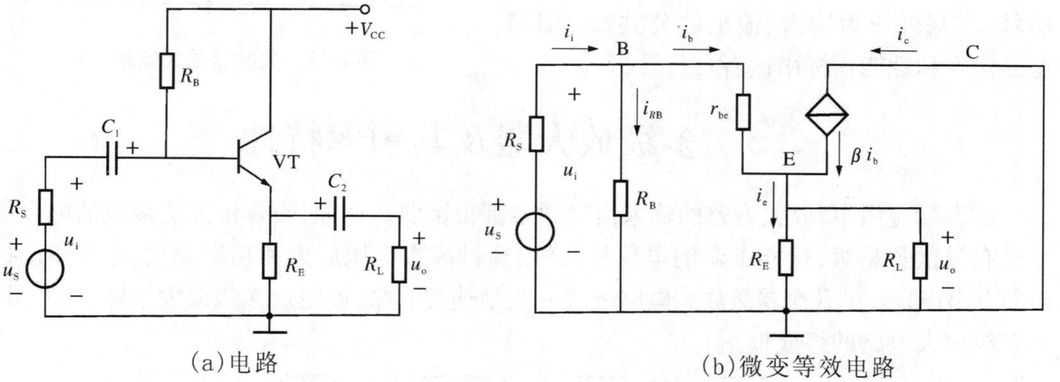

图 2-10 共集电极放大电路

电路的静态工作点可由直流通路列出方程，即

$$V_{CC} = R_B I_{BQ} + U_{BEQ} + R_E I_{EQ} = R_B I_{BQ} + U_{BEQ} + R_E (1+\beta) I_{BQ} \tag{2-7}$$

$$I_{BQ} = (V_{CC} - U_{BEQ}) / [R_B + (1+\beta) R_E]$$

$$I_{CQ} = \beta I_{BQ}$$

$$U_{CEQ} = V_{CC} - I_{EQ} R_E \approx V_{CC} - I_{CQ} R_E \tag{2-8}$$

2.2.3.2 电路的性能指标

共集电极放大电路的微变等效电路如图 2-10(b)所示。

(1)电压放大倍数为

$$A_u = u_o / u_i = i_e(R_E // R_L) / [\,i_b r_{be} + i_e(R_E // R_L)\,]$$
$$= (1+\beta)(R_E // R_L) / [\,r_{be} + (1+\beta)(R_E // R_L)\,] \tag{2-9}$$

式(2-9)表明共集电极电路的电压放大倍数 A_u 的值小于1,但是,由于 $(1+\beta)(R_E//R_L) \geqslant r_{be}$ 因此,A_u 又非常接近于1,并且 A_u 为正值,表明 u_o 与 u_i 同相位,所以又称为射极跟随器。

(2)输入电阻 r_i 为

$$r_i = R_B // [\,r_{be} + (1+\beta)(R_E // R_L)\,] \tag{2-10}$$

式(2-10)表明 r_i 比较大,一般为几十千欧。

(3)输出电阻 r_o 为

$$r_o = R_E // [\,r_{be} + (R_B // R_S)\,] / (1+\beta) \tag{2-11}$$

式(2-11)表明 r_o 比较小,通常为几十欧。

由于射极输出器的输入电阻高,输出电阻低,故常用做多级放大电路的输入级和输出级,并接在两级放大电路之间,作为缓冲级,以减小后级对前级的影响。

2.2.4 共基极放大电路

图2-11为共基极放大电路。从图2-11中可知,输入信号 u_i 由发射极输入,集电极输出信号 u_o,基极作为输入、输出的公共端。其静态工作点和性能指标由读者自行分析。

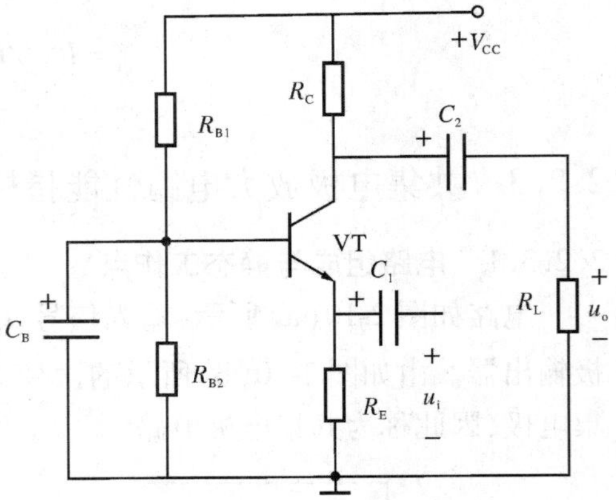

图2-11　共基极放大电路

2.3　多级放大器及其频率特性

在实际应用中,放大电路的输入信号通常都很微弱。例如,收音机天线接收的电台信号只有微伏数量级,这样微弱的电信号,必须经过多次电压放大和功率放大,才能驱动扬声器发出声音。把几个单级放大电路一级一级地连接起来,就组成多级放大电路。图2-12为多级放大电路的组成框图。

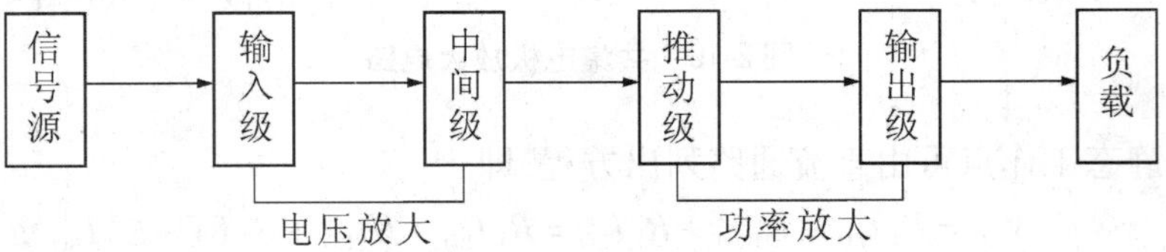

图2-12　多级放大电路框图

2.3.1　多级放大电路的耦合方式

耦合方式是指多级放大电路中的前级与后级、信号源与放大电路、放大电路与负载之间的连接方式。最常用的耦合方式有阻容耦合、变压器耦合和直接耦合三种。

耦合电路的作用是把前一级的输出信号传送到下一级作为输入信号。对耦合电路的基本要求是：尽量减小信号在耦合电路上的损失，信号在通过耦合电路时不产生失真。

2.3.1.1 阻容耦合

前后级之间通过电阻、电容连接起来，称为阻容耦合，如图2-13(a)所示。阻容耦合的特点是：由于电容 C 具有隔直通交的作用，因此阻容耦合放大电路只能放大交流信号，不能放大直流信号，前后级放大电路的直流通路互不影响，各级放大电路的静态工作点相互独立。

2.3.1.2 变压器耦合

前后级之间通过变压器连接，称为变压器耦合，如图2-13(b)所示。由于变压器是利用电磁感应原理在初、次级绕组之间传送交流信号的，而直流信号不能通过变压器，因此只能用在交流放大器中。变压器耦合最主要的特点是能改变阻抗，这在功率放大器中具有特别重要的意义。为了得到最大输出功率，要求放大器的输出阻抗等于负载阻抗，变压器可以实现阻抗匹配。

比如前级放大电路的输出阻抗为400 Ω，负载电阻 $R_L = 4\ \Omega$，为了使负载获得最大功率，应该使 R_L 反射到变压器初级的阻抗 $R'_L = 400\ \Omega$，达到阻抗匹配。根据变压器阻抗变换公式，可得变比 n，即

$$n = N_1/N_2 = \sqrt{R'_L/R_L} = \sqrt{400/4} = 10$$

式中 N_1、N_2——变压器初、次级匝数；

R'_L——次级负载阻抗 R_L 反射到初级的阻抗值。

2.3.1.3 直接耦合

直接耦合是通过导线(或电阻)把前级的输出端与后级的输入端直接连接起来，如图2-13(c)所示。阻容耦合和变压器耦合方式都只能放大交流信号，但是，在自动控制和测量技术中，通过各类传感器采集的电信号许多是直流信号，要放大这类电信号只能采用直接耦合方式。

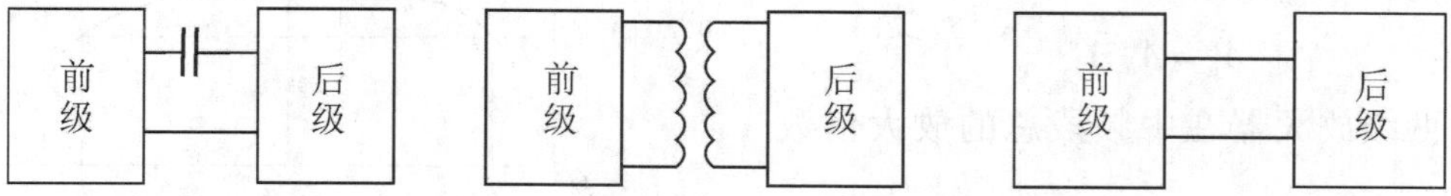

(a)阻容耦合　　(b)变压器耦合　　(c)直接耦合

图2-13　三种耦合方式

直接耦合虽然简单，但存在的问题是，前、后级的静态工作点相互影响，给静态工作点的设置和稳定都造成一定的困难，尤其是温度对各级静态工作点的影响，会引起零点漂移。现在由于集成电路技术和工艺发展的进步，直接耦合产生的零点漂移已能得到很好的抑制。因此，直接耦合方式在集成电路中得到广泛应用。

2.3.2 多级放大电路的指标估算

2.3.2.1 电压放大倍数 A_u

由于后级的输入电压等于前级的输出电压，因此可以证明，n 级放大电路的电压放大

倍数等于各级放大电路的电压放大倍数的乘积，即

$$A_u = A_{u_1} A_{u_2} \cdots A_{u_n} \tag{2-12}$$

在计算每级电压放大倍数时，必须考虑后级的输入电阻是前级的负载电阻。

2.3.2.2 输入电阻和输出电阻

多级放大电路的输入电阻，在级间不存在交流负反馈时，就等于第一级的输入电阻。输出电阻就等于末级的输出电阻。

2.3.3 多级放大器的频率特性

多级放大器的电压放大倍数是各级电压放大倍数的乘积，即

$$\dot{A}_u = \dot{A}_{u_1} \dot{A}_{u_2} \dot{A}_{u_3} \cdots \dot{A}_{u_n} \tag{2-13}$$

也可写成 $\dot{A}_u = A_u \angle \Phi = A_{u_1} \angle \Phi_1 \cdot A_{u_2} \angle \Phi_2 \cdots A_{u_n} \angle \Phi_n$

则

$$A_u = A_{u_1} A_{u_2} \cdots A_{u_n}$$

$$\Phi = \Phi_1 + \Phi_2 + \cdots + \Phi_n \tag{2-14}$$

就是说，总的电压放大倍数幅值是各级电压放大倍数幅值的乘积，总的相角是各级相角的代数和。

必须指出，多级放大器的通频带总是比单级的通频带更窄。图 2-14 表示两级放大器的幅频特性。假设两级的幅频特性相同，如图 2-14（a）、（b）所示，其上限频率为 f_H、下限频率为 f_L。两级总的放大倍数为

$$A_u = A_{u_1} A_{u_2}$$

两级放大器在中频段总的放大倍数为

$$A_{um} = A_{um_1} A_{um_2}$$

在单级放大器的上、下限频率处，总的放大倍数为

$$A_u = 0.707\, A_{um_1} \times 0.707 A_{um_2} \approx 0.5\, A_{um}$$

这说明总的幅频特性在高低频两端下降得更快，对应于 0.707 A_{um} 时的上限频率变低了，即 $f'_H < f_H$；下限频率变高了，即 $f'_L > f_L$。所以，通频带变窄了。因此，在选择各级电路元件时要注意这个问题。

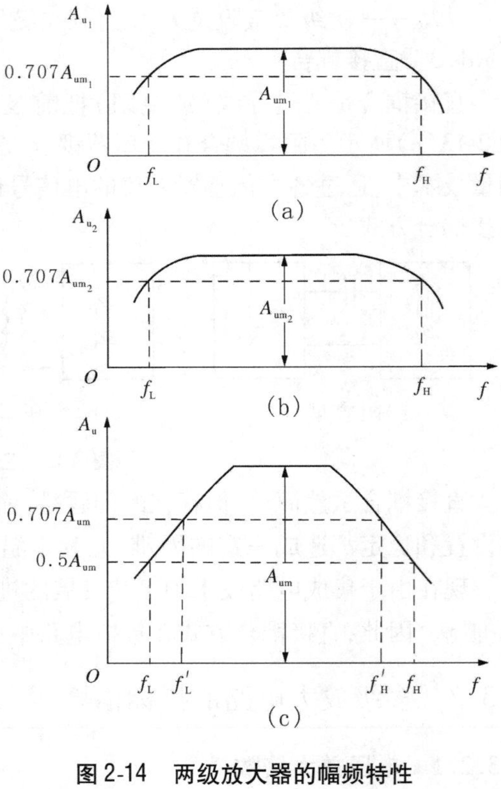

图 2-14 两级放大器的幅频特性

2.4 场效应管放大电路

场效应管除作为集成电路的基本单元外，也可像普通三极管那样，单个作为放大管使用。与普通晶体管放大电路相比较，场效应管具有输入电阻高、噪声低等优点，尤其作为整个电子设备的输入级，可获得普通晶体管难以达到的性能。

2.4.1 场效应管的直流偏置电路

场效应管放大电路必须建立合适的静态工作点。共源极 N 沟道耗尽型场效应管放大电路如图 2-15(a)所示，它是分压式偏置电路。漏极电源 V_{DD}经分压电阻 R_{G1}和 R_{G2}分压后，通过 R_{G3}供给栅极电压，$V_G = R_{G2}V_{DD}/(R_{G1}+R_{G2})$，同时漏极电流在源极电阻 R_S上也产生压降 $V_S = I_D R_S$，因此静态时加在场效应管上的栅源电压为

$$V_{GS} = V_G - V_S = R_{G2}V_{DD}/(R_{G1}+R_{G2}) - I_D R_S$$

2.4.2 等效电路法分析场效应管放大电路

如果用 $g_m V_{GS}$表示栅源电压 V_{GS}控制的电流源。图 2-15(a)所示作为有输入、输出端口的有源器件场效应管，如果输入信号很小，场效应管工作在线性放大区时，和半导体三极管一样可用微变等效电路来分析。低频时可用图 2-15(b)所示的微变等效电路来表示。由于场效应管为电压控制器件，G、S 间阻值极大，为简化起见，通常 G、S 间可视为开路。

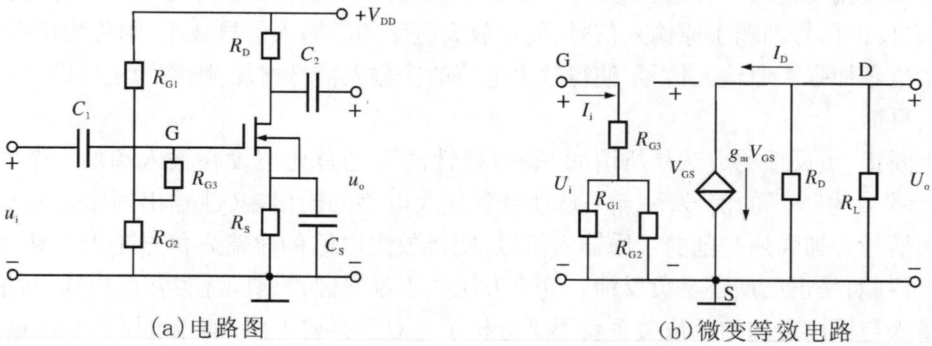

图 2-15　场效应管共源极放大电路

(1)电压放大倍数 A_u。由场效应管放大器的微变等效电路可以看出

$$U_o = -g_m V_{GS}(R_D//R_L) = -g_m U_i(R_D//R_L)$$

$$A_u = U_o/U_i = -g_m(R_D//R_L)$$

式中负号表示输出电压与输入电压反相。

(2)输入电阻 R_i。由等效电路可见

$$R_i = R_{G3} + (R_{G1}//R_{G2})$$

(3)输出电阻 R_o为

$$R_o = R_D$$

2.5　反馈的基本原理

反馈在电子电路中得到了非常广泛的应用。在放大电路中引入负反馈可以稳定放大倍数、改变输入输出电阻、展宽频带、减小非线性失真及稳定静态工作点等。因此，几乎所有的实用放大电路中都引入了这样或那样的负反馈，以达到改善多方面性能的目的。本节重点介绍反馈的定义、反馈的组态及其判别方法、负反馈对放大电路性能的影响。

2.5.1　反馈的基本概念

2.5.1.1　反馈的定义及判别

反馈就是将放大电路的输出量（输出电压或输出电流）的一部分或全部，通过一定的电路（反馈网络）反送到放大电路的输入端或输入回路。因此，判断有无反馈的方法就是观察放大电路的输出与输入之间是否有反馈网络相联系，若有联系就有反馈，反之则无反馈。

如果反馈回来的信号只有直流成分，称为直流反馈；如果反馈回来的信号只有交流成分，称为交流反馈；若直流、交流成分都有，则称为交直流反馈。判断交、直流反馈的方法是观察从输出端或输出回路取得的输出量都含有什么成分，若只含有交流成分则为交流反馈，若交直流成分都有，则为交直流反馈。

1. 正反馈与负反馈

引入交流反馈以后，放大电路输入端或输入回路的信号除输入信号之外还有反馈信号，如果反馈信号削弱了原输入信号，使得放大电路的净输入信号减小，则称为负反馈；如果反馈信号加强了原输入信号，使得放大电路的净输入信号增加，则称为正反馈。本节只研究负反馈。

判断正、负反馈的方法是所谓的“瞬时极性法”，即首先假设在输入端加一个瞬时对地为“＋”或为“－”的信号，一点一点地看到放大电路的输出端（或输出回路），然后再判断反馈信号是加强还是削弱了原输入信号，使得放大电路的净输入信号是增加还是减小了，即可判断是正反馈还是负反馈。这个方法并不难掌握，只要记住共射、共基、共集三种电路输入与输出之间的相位关系就不难分析了。对于共射电路，信号电压从基极输入、集电极输出，二者反相；对于共基电路，信号从射极输入、集电极输出，二者同相；对于共集电路，信号从基极输入、射极输出，二者同相。这样就不难一级一级地看下去，从而确定反馈信号的瞬时极性。

2. 电压反馈与电流反馈

反馈网络或反馈元件是联系放大电路输入与输出的电路，因此两头都有一个连接问题。在输出端：若反馈信号取自输出电压 u_o，则称为电压反馈，此时反馈元件连接在 u_o 点或取自 u_o 的一部分。若反馈信号取自输出电流 i_o，则称为电流反馈，此时反馈元件将不是从 u_o 点取出。

判断方法常用的有两种：一是写出反馈信号的表达式，若反馈信号正比于 u_o，则为电压反馈；若反馈信号正比于 i_o，则为电流反馈。二是将放大电路的输出端交流短路，即令

$u_o=0$,若反馈信号也随之为零,则为电压反馈;如果反馈信号不为零,则为电流反馈。

3. 串联反馈与并联反馈

反馈元件如何接到放大电路的输入端,也有一个连接问题。如果反馈信号与输入信号在输入回路中串联,则为串联反馈,此时反馈信号与输入信号均以电压形式出现,并在放大电路的输入回路中相加减。如果反馈信号与输入信号在放大电路的输入端并联,则称为并联反馈,此时反馈信号与输入信号均以电流形式出现,并在放大电路的输入端相加减。以下为叙述方便,信号均以正弦向量表示。

2.5.1.2 反馈电路的框图及一般表达式

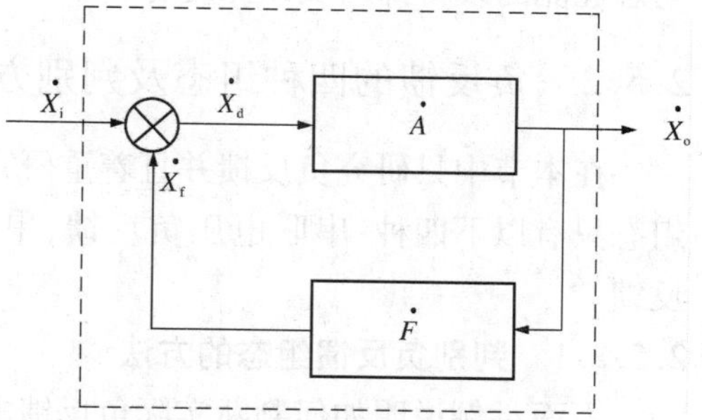

图 2-16 反馈放大电路的框图

任何一个反馈放大电路均可用图 2-16 表示。⊗表示信号相叠加,图中箭头表示信号传输方向,输入、输出和反馈信号分别用 $\dot{X}_i$、$\dot{X}_o$ 和 $\dot{X}_f$表示,用 X 作为代号是因为它们可能是电压信号也可能是电流信号。设输入信号为正弦波,故用相量表示。图 2-16 中,$\dot{A}$ 框为没有反馈的基本放大电路,$\dot{F}$ 框为反馈网络。虚线框内则是完整的反馈放大电路,也叫闭环系统。$\dot{X}_i$和 $\dot{X}_f$在输入端比较,根据图中所示的极性可得净输入信号 $\dot{X}_d$,$\dot{X}_d=\dot{X}_i-\dot{X}_f$,如果三者同相,则有

$$X_d=X_i-X_f \tag{2-15}$$

可见,$X_d<X_i$,即反馈信号 X_f削弱了输入信号,使放大电路的净输入信号减小,是负反馈。

闭环系统的放大倍数记作 $\dot{A}_f$,则

$$\dot{A}_f=\frac{\dot{X}_o}{\dot{X}_i} \tag{2-16}$$

由图 2-16 可知

$$\dot{A}=\frac{\dot{X}_o}{\dot{X}_d},\ \dot{F}=\frac{\dot{X}_f}{\dot{X}_o}$$

则

$$\dot{X}_f=\dot{F}\dot{X}_o$$

由式(2-15)得 $\dot{X}_i=\dot{X}_d+\dot{X}_f=\left(1+\dot{A}\dot{F}\right)\dot{X}_d$,代入式(2-16)有

$$\dot{A}_f=\frac{\dot{X}_o}{\left(1+\dot{A}\dot{F}\right)\dot{X}_d}=\frac{\dot{A}}{1+\dot{A}\dot{F}} \tag{2-17}$$

其中

$$\dot{A}\dot{F} = \frac{\dot{X}_f}{\dot{X}_d} \tag{2-18}$$

$\dot{A}\dot{F}$ 称为环路系数。对于负反馈，$\dot{X}_d$与 $\dot{X}_f$同是电压或电流且同相，故 $\dot{A}\dot{F}$ 为正实数。由式(2-17)可知：$|\dot{A}_f| < |\dot{A}|$，也就是引入负反馈以后，放大倍数降低至无反馈时放大倍数的$1/\left(1+\dot{A}\dot{F}\right)$。$\left(1+\dot{A}\dot{F}\right)$称为反馈深度，由下面的分析可以知道，放大电路一切动态性能的改善都与反馈深度有关。

2.5.2 负反馈的四种组态及判别方法举例

在本节中只研究负反馈并且着重研究动态性能的影响，即研究交流负反馈，那么它的组态只有以下四种：串联电压负反馈，串联电流负反馈，并联电压负反馈和并联电流负反馈。

2.5.2.1 判别负反馈组态的方法

下面举例说明如何判断实际负反馈电路的组态。

【例 2-3】 电路如图 2-17 所示，试说明其反馈组态。

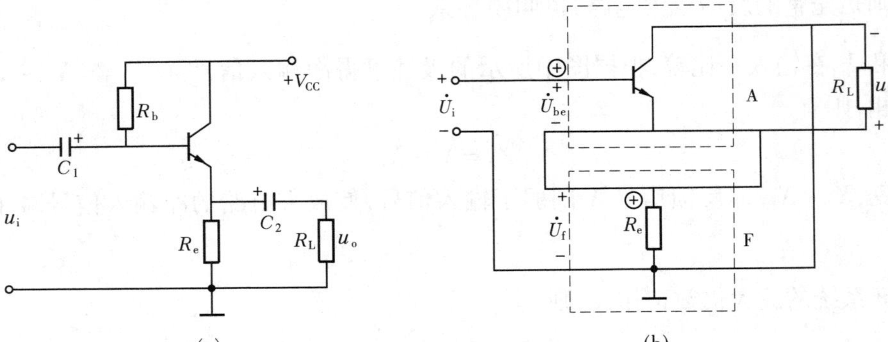

图 2-17 串联电压负反馈电路

解：(1)输出端到输入端回路之间有联系元件，因此有反馈，而且 $\dot{U}_o$中的交流和直流成分均可反馈回来，故为交直流反馈。

(2)由瞬时极性来看，若 $\dot{U}_i$瞬时对地为+，则$\dot{U}_o$也为+，R_e 上的电压即为反馈电压 $\dot{U}_f$，瞬时也为+，净输入信号为 $\dot{U}_{be} = \dot{U}_i - \dot{U}_f$，由于 $\dot{U}_f$的存在使净输入减小，故为负反馈。

(3) $\dot{U}_f = \dot{U}_o$，$\dot{U}_f \propto \dot{U}_o$，为电压反馈。

(4)反馈信号和输入信号均以电压形式出现，并在输入回路中串联相减，故为串联反馈。

结论：此电路的反馈组态为交直流串联电压负反馈。可用简单的判断方法这样判断：反馈元件在输出端接在 $\dot{U}_o$点为电压反馈，输入端没有接在 $\dot{U}_i$点而接到与之相位相反的另一端——反向端，应为串联反馈。反馈信号 $\dot{U}_f$接到反相输入端故为负反馈，结论同样是串联电压负反馈。

【例 2-4】 电路如图 2-18 所示,试说明该电路有哪些反馈,各是什么状态。设输入为正弦信号。

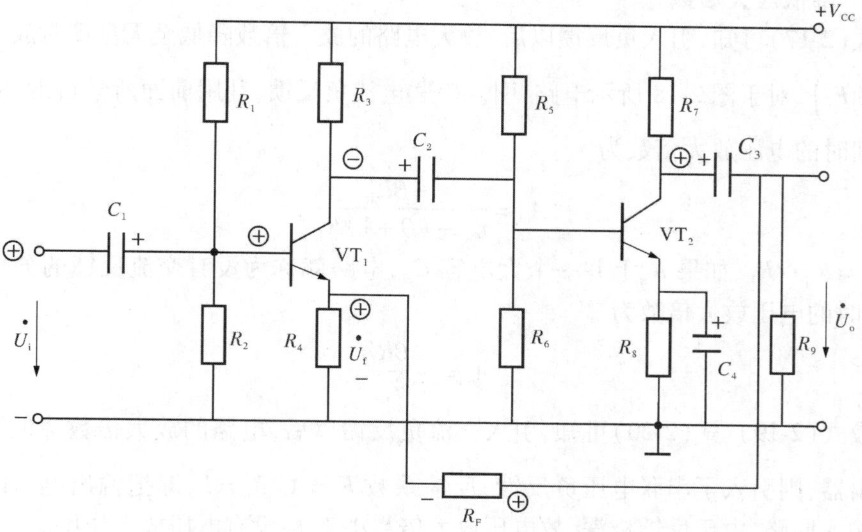

图 2-18 带有串联电压负反馈的两级放大电路

解:(1)R_4 是第一级的负反馈电阻,引入交直流串联负反馈;R_8 为第二级的负反馈电阻,由于有 C_4 与之并联,故没有交流反馈,引入的是直流串联电流负反馈。R_F是联系输出端与输入回路的反馈电阻,由图 2-18 可知,反馈信号取自 $\dot{U}_o$,故为电压反馈,此时输入信号、反馈信号均以电压形式出现,且在输入回路中叠加,故为串联反馈。R_F右端接在输出端 C_3 的右边,只有交流信号,故为交流反馈。

(2)瞬时极性:当 $\dot{U}_i$瞬时为 + 时,VT$_1$ 集电极信号 $\dot{U}_{C1}$为 -,此信号又加至 VT$_2$ 放大,则 VT$_2$ 集电极信号 $\dot{U}_{C2}$为 +,此信号经 C_3 后只有交流成分,即 $\dot{U}_o$瞬时也为 +,$\dot{U}_o$经 R_F、R_4 分压,在 R_4 上产生反馈电压 $\dot{U}_f$瞬时同样也为 +。各点电压瞬时极性如图 2-18 所示。忽略第一级的本级负反馈,则有净输入信号 $U_{BE1} = U_i - U_f$,可见,由于级间反馈的存在,放大电路的净输入减小,故级间反馈为交流串联电压负反馈。

2.5.2.2 负反馈的特性

为了叙述和书写的方便,均按输入正弦信号进行分析。

(1)直流负反馈稳定放大电路的静态工作点,交流负反馈可改善放大电路的动态性能。前者可由分压式偏置稳定电路得到证明,后者则在 2.5.3 中详细阐述。

(2)由瞬时极性法可以方便地确定放大电路输入端和输出端的相位关系。只有将输出信号经反馈网络引到相位与输出信号相反的那个输入端时,才能得到负反馈。

(3)电压反馈可以稳定输出电压,电流反馈可以稳定输出电流。

(4)串联负反馈应采用电压源激励,信号源内阻愈小,反馈效果愈好。并联负反馈应采用电流源激励,信号源内阻愈大,反馈效果愈好。

2.5.3 负反馈对放大电路性能的影响

2.5.3.1 **降低放大倍数**

由式(2-17)可知,引入负反馈以后,放大电路的放大倍数降低至无反馈时放大倍数的 $1/\left(1+\dot{A}\dot{F}\right)$,对于图 2-18 所示电路,引入串联电流负反馈,利用前面所学过的知识,不难得出反馈时的电压放大倍数为

$$\dot{A}_{\mathrm{uf}}=\frac{-\beta R_{\mathrm{L}}'}{r_{\mathrm{be}}+(\beta+1)R_{\mathrm{E}}} \tag{2-19}$$

其中,$R_{\mathrm{L}}'=R_{\mathrm{C}}//R_{\mathrm{L}}$,如果 R_{E}上并一个大电容 C_{E},电路就称为没有交流反馈的分压式偏置电路,此时的电压放大倍数为

$$\dot{A}_{\mathrm{u}}=-\frac{\beta R_{\mathrm{L}}'}{r_{\mathrm{be}}} \tag{2-20}$$

比较式(2-19)、式(2-20)可知,引入交流负反馈以后,电路的放大倍数降低了。对于射极输出器,则引入了串联电压负反馈,反馈系数 $\dot{F}=\dot{X}_{\mathrm{f}}/\dot{X}_{\mathrm{o}}=1$,即把输出电压的全部都反馈到输入回路,由于反馈极深,故电压放大倍数小于 1,没有电压放大作用。

2.5.3.2 **提高放大倍数的稳定性**

当外界条件变化时,诸如环境温度变化、管子老化、元件参数变化、电源电压波动等,即使输入信号一定,输出信号也将会发生变化,也就是放大倍数不稳定。如果使这种相对变化减小,则说明电路的稳定性提高了。

由于电压反馈可以稳定输出电压,电流反馈可以稳定输出电流,输出信号稳定了,则电路工作稳定。因此,引入负反馈可以提高放大倍数的稳定性。

在负反馈情况下,$\dot{X}_{\mathrm{i}}$、$\dot{X}_{\mathrm{f}}$、$\dot{X}_{\mathrm{d}}$三者同相,$\dot{A}\dot{F}$ 为正实数,则式(2-17)可写成

$$A_{\mathrm{f}}=\frac{A}{1+AF} \tag{2-21}$$

对上式求导,得

$$\frac{\mathrm{d}A_{\mathrm{f}}}{\mathrm{d}A}=\frac{1}{(1+AF)^2}$$

即

$$\mathrm{d}A_{\mathrm{f}}=\frac{1}{(1+AF)^2}\mathrm{d}A$$

利用式(2-21)的 A_{f}除 $\mathrm{d}A_{\mathrm{f}}$式的两边,得

$$\frac{\mathrm{d}A_{\mathrm{f}}}{A_{\mathrm{f}}}=\frac{1}{1+AF}\frac{\mathrm{d}A}{A} \tag{2-22}$$

式中 $\frac{\mathrm{d}A_{\mathrm{f}}}{A_{\mathrm{f}}}$——有负反馈以后放大倍数的相对变化量;

$\frac{\mathrm{d}A}{A}$——无负反馈时放大倍数的相对变化量。

可知引入负反馈以后放大倍数的相对变化量减小为原放大倍数相对变化量的 1/(1 +

AF),即放大倍数的稳定性提高了($1+AF$)倍。反馈深度愈深,放大倍数愈稳定。

【例 2-5】 一个无反馈的放大电路,放大倍数 $A=90$,由于外界条件的变化,放大倍数的相对变化为 ±50%,当引入反馈系数为 0.1 的负反馈后,放大倍数是多少?放大倍数相对变化量又是多少?

解:

$$A_f=\frac{A}{1+AF}=\frac{90}{1+90\times0.1}=9$$

$$\frac{dA_f}{A_f}=\frac{1}{1+AF}\frac{dA}{A}=\pm\frac{1}{1+90\times0.1}\times50\%=\pm5\%$$

即闭环放大倍数为 9,相对变化量降至 ±5%。

2.5.3.3 减小非线性失真

工作点选择不当或输入信号过大,将引起信号波形的非线性失真。引入负反馈以后,反馈信号随输出信号的失真,也产生了失真,在输入端反馈信号与输入信号叠加,就使净输入信号产生了与输出方向相反的预失真,因而使输出信号的失真减小。如图 2-19 所示,图中虚线表示无反馈时净输入信号 u_{id} 和输出信号 u_o 的波形,实线则是引入负反馈后 u_{id} 和 u_o 的波形。

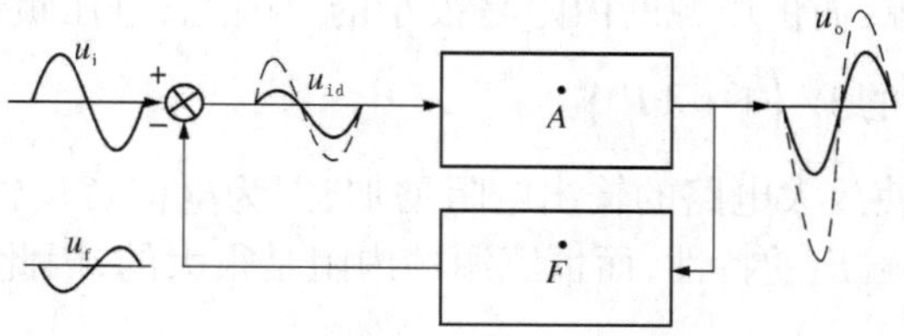

图 2-19 负反馈可减小本级非线性失真的示意图

2.5.3.4 展宽放大电路的通频带

阻容耦合放大电路在低频段和高频段放大倍数 $|\dot{A}_u|$ 要下降,运算放大器在频率较高时 A_{u0} 也要下降。引入负反馈以后,当 $|\dot{A}_u|$ 下降时,$|\dot{U}_o|$ 必然减小,导致反馈信号 $|\dot{U}_f|$ 减小,因此在输入信号不变的情况下,放大电路的净输入电压增加,因此减缓了输出电压下降的速度,也就是展宽了频带。应当指出,在不同的反馈组态下,$\dot{A}_f$ 的意义不同,因此频带展宽的对象也不同。

2.5.3.5 改变放大电路的输入电阻和输出电阻

1. 负反馈对放大电路输入电阻的影响

电路的输入电阻是增加还是降低,只与反馈网络在输入端的连接方式有关。

(1)串联负反馈使放大电路的输入电阻增加,图 2-17 电路为串联电压负反馈电路,在无反馈时,电路的输入电压 $u_{id}=u_i$,此时的输入电阻 $r_i=r_{id}=U_{id}/I_{id}$。当引入负反馈后,输入电压 $U_i=U_{id}+U_f$,则输入电阻为

$$r_{if}=\frac{U_i}{I_i}=\frac{U_{id}+U_f}{I_{id}}=\frac{U_{id}\left(1+\dot{A}\dot{F}\right)}{I_{id}}=\left(1+\dot{A}\dot{F}\right)r_i \tag{2-23}$$

可知引入串联负反馈后电路的输入电阻增加 $\left(1+\dot{A}\dot{F}\right)$ 倍。

(2)并联负反馈使放大电路的输入电阻降低。图 2-20 电路为并联电压负反馈电路，无反馈时，$r_i = r_{id} = U_{id}/I_i$，此时，$I_i = I_{id}$。引入并联反馈以后，从 R_1 右端看入的输入电阻为 $r_{if} = U_{id}/I_i$，而

$$I_i = I_{id} + I_f = \left(1 + \dot{A}\dot{F}\right) I_{id}$$

则输入电阻为

$$r_{if} = \frac{U_{id}}{I_i} = \frac{U_{id}}{\left(1 + \dot{A}\dot{F}\right) I_{id}} = \frac{r_i}{1 + \dot{A}\dot{F}} \quad (2\text{-}24)$$

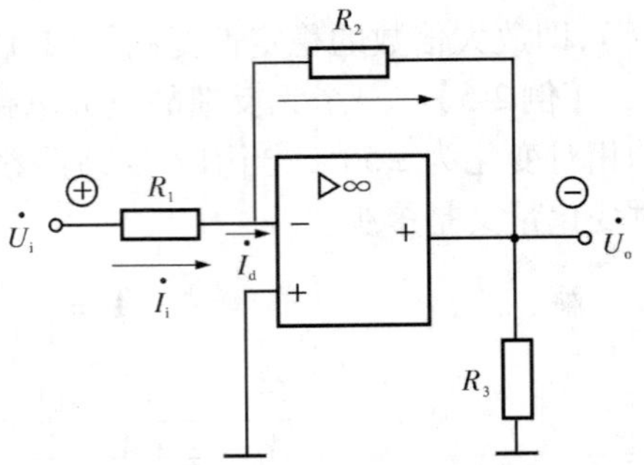

图 2-20　并联电压负反馈电路

可知引入并联负反馈后电路的输入电阻降低为原输入电阻的 $1/\left(1 + \dot{A}\dot{F}\right)$。若从 R_1 左端看入，则还应加上 R_1。

2. 负反馈对放大电路输出电阻的影响

电路的输出电阻是增加还是降低，只与反馈网络在输出端的连接方式有关。

(1)电压负反馈使放大电路的输出电阻降低，因为电压反馈有稳定输出电压 u_o 的作用，使电路更像恒压源，而恒压源的内阻是很小的。因此，电压负反馈时放大电路的输出电阻降低到无反馈时的 $1/\left(1 + \dot{A}\dot{F}\right)$。

(2)电流负反馈使放大电路的输出电阻增加，因为电流负反馈可以稳定输出电流 i_o，使放大电路具有恒流输出的特性，而恒流源的内阻是很大的，因此电流负反馈使放大电路的输出电阻提高 $\left(1 + \dot{A}\dot{F}\right)$ 倍。

2.6　差分放大电路

在第 1 章我们介绍了组容耦合放大电路，这种电路只能有效地放大交流信号，而对于在工程中经常遇到的缓慢变化的信号(称做直流信号)则几乎没有放大作用。其原因在于直流信号无法通过耦合电容。因此，为了放大直流信号，经常使用直接耦合放大电路，即把第一级的输出直接加到第二级的输入端而不经过耦合电容，这种放大电路称做直流放大电路。

集成运算放大器，实质上就是一个完整的多级直接耦合放大电路，利用半导体集成工艺把整个电路的管子、电阻、电容、连接线等都制作在一块硅片上，引出若干个引出端，再加以封装，当做一个器件来使用，这就是集成运算放大器，简称集成运放。集成电路有如下几个特点：

(1)在集成电路中，相邻元件具有良好的对称性，环境温度变化或干扰影响所产生的变化大体相同。另外，由于通过集成工艺制造出来的元器件参数受温度的影响较大，导致精度不高。为了减小上述因素对电路的影响，集成运放电路大多采用差分形式。

(2)由集成工艺制造的电阻和电容的值受到一定的限制，制造电感器则更困难。电阻值一般在几十欧姆到几百万欧姆之间，电容器的容量一般为几十皮法。由于集成电路中不能制造大电容，因此各放大级之间不能采用组容耦合方式，而采用直接方式。

（3）在集成电路中，三极管的制造比电阻更方便。当集成电路中需要用到高阻值电阻时，常用双极型三极管或场效应管来代替。

2.6.1 差分放大电路的组成及特性分析

集成运放是具有高放大倍数的多级直接耦合放大电路，在直接耦合放大电路中存在零点漂移问题。所谓零点漂移，就是当放大电路的输入端短路时，输出端由于某种原因（例如温度变化、电源电压波动等）有缓慢变化的电压产生，并且该电压上下变动偏离原值。由于温度变化时，直接耦合多级放大电路中的第一级静态集电极电流、电流放大系数及发射结上所加电压都将发生变化，从而使静态工作点有偏移。第一级输出电压的微小变化被逐级放大，导致集成运放电路的输出端产生较大的漂移电压。这种由于温度变化引起的输出电压漂移称为温度漂移（也称零点漂移），简称温漂或零漂。

由于差分放大电路具有抑制零点漂移的能力，因此集成运放的输入级广泛采用差分放大电路。

2.6.1.1 基本式差分放大电路

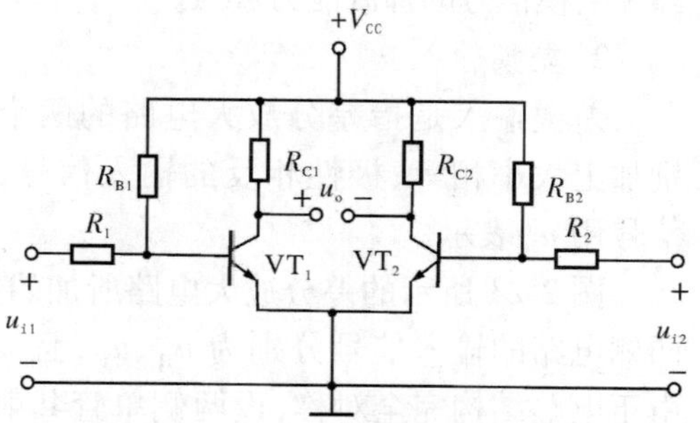

图 2-21 基本式差分放大电路

图 2-21 是最简单的差分放大电路。该电路由两个电路结构、参数相同的单管共射极放大电路组成，在理想情况下，电路中的两个三极管 VT_1、VT_2 特性完全相同，对应的电流放大系数 $\beta_1 = \beta_2$，集电极电阻 $R_{C1} = R_{C2}$，基极电阻 $R_{B1} = R_{B2}$，信号源内阻 $R_1 = R_2$，并且各元件的温度大体相同。该差分放大电路中的输入信号被加到两个三极管的基极，两个三极管的集电极电压之差作为输出电压。

1. 静态分析

静态时，交流输入信号 $u_{i1} = u_{i2} = 0$，相当于两个输入端均接地，由于电路参数对称，管子特性相同，则静态基极电流 $I_{BQ1} = I_{BQ2}$，静态集电极电流 $I_{CQ1} = I_{CQ2}$，则 $U_{CQ1} = U_{CQ2}$，输出电压 $U_o = U_{CQ1} - U_{CQ2} = 0$。

对于单管共射极放大电路，当温度变化时，由于两管所处的环境一样，温度变化相同，则两管的集电极电流变化相等，即 $\Delta I_{C1} = \Delta I_{C2}$，故两管的集电极电位的变化也相同，即 $\Delta U_{C1} = \Delta U_{C2}$，由此可知：$U_o = (U_{C1} + \Delta U_{C1}) - (U_{C2} + \Delta U_{C2}) = 0$。可见，虽然差分放大电路中的两管各自仍存在零点漂移，但由于电路对称，零点分放大电路具有抑制零漂的作用。

2. 动态分析

根据两管基极所加输入信号极性的不同，差分放大电路有两种输入信号，即共模输入信号、差模输入信号。

1）共模输入

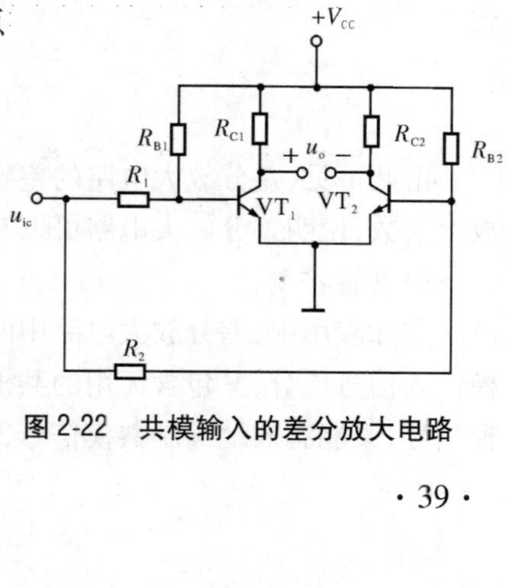

图 2-22 共模输入的差分放大电路

若差分放大电路的两个输入端分别加入大小相等、极性相同的输入信号 u_{i1}、u_{i2}，则将这类输入信号称为共模输入信号，用 u_{ic} 表示，在图 2-22 所示电路中，输入信号 $u_{i1}=u_{i2}=u_{ic}$，显然，由于两管所加信号完全一样，则两管的 I_C 和 U_C 的变化也相同，在电路理想对称的情况下，共模输出信号 $u_{oc}=u_{C1}=u_{C2}=0$，也就是说，这种放大电路对共模信号有很强的抑制作用，共模电压放大倍数 $\dot{A}_c=u_{oc}/u_{ic}=0$。实际上，差分电路对零点漂移的抑制作用就是抑制共模信号的一个特例。因为如果将每个管的集电极的漂移电压折合到各自的输入端，就相当于给这个放大电路加了一对共模信号，理想情况下 $\dot{A}_c=0$，所以输出电压没有漂移。

对于实际电路，由于对应元件不可能完全相同，两管特性不可能绝对相同，因此 $\dot{A}_c\neq0$，但很小，在 $1\times10^{-2}\sim1\times10^{-4}$ 的范围内。显然 $\dot{A}_c$ 愈小，电路对零漂和共模信号的抑制能力愈强。

2）差模输入

差模输入是指差分放大电路的两个输入端分别加上大小相等、极性相反的输入信号，差模输入信号用 u_{id} 表示。

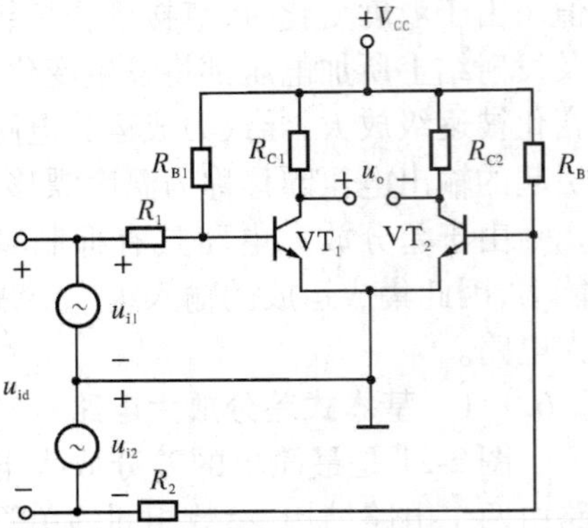

图 2-23　差模输入的差分放大电路

图 2-23 所示的差分放大电路所加的差模信号，两侧电路的输入信号分别为 u_{i1}、u_{i2}，且 $u_{i1}=-u_{i2}$，由于电路结构完全对称，设两侧单管共射极放大电路的电压放大倍数均为 A_u，左边单管放大电路的对地输出电压为 u_{o1}，右边的单管放大电路的对地输出电压为 u_{o2}。两者可分别表示为

$$\Delta u_{o1}=\Delta u_{i1}A_u,\Delta u_{o2}=\Delta u_{i2}A_u$$

由于两输入信号大小相等、方向相反，则

$$\Delta u_{i1}=-\Delta u_{i2}$$

差分放大电路的输出电压

$$u_o=\Delta u_{o1}-\Delta u_{o2}=A_u(\Delta u_{i1}-\Delta u_{i2})=2A_u\Delta u_{i1}$$

在差模输入时，差分放大电路输出电压与输入电压的变化量的比值称为差模放大倍数，用 A_d 表示，由于

$$u_{id}=\Delta u_{i1}-\Delta u_{i2}=2\Delta u_{i1}=-2\Delta u_{i2}$$

则

$$A_d=\frac{u_o}{u_{id}}=\frac{2A_u\Delta u_{i1}}{2\Delta u_{i1}}=A_u \tag{2-25}$$

由此可见，差分放大电路的差模电压放大倍数仍然等于单管共射极放大电路的电压放大倍数，说明差分放大电路可以有效地放大差模信号。

3）共模抑制比

实际应用中，差分放大电路中两输入端所加的输入信号中既包含作为有用信号的差模输入信号成分，又包含无用的共模输入信号成分。而差模放大电路既能有效地放大差模信号，又能有效地抑制共模信号，为了综合衡量这两方面的质量，引入了共模抑制比这

一参数,用 K_{CMR} 表示,并且通常用对数表示,即

$$K_{CMR}=20\lg\left|\frac{A_d}{A_c}\right| \tag{2-26}$$

在理想情况下,差分放大电路完全对称,共模电压放大倍数为零,即电路对共模信号具有抑制作用,共模抑制比 $K_{CMR}\to\infty$。实际上,当输入共模信号时,由于差分放大电路不可能完全对称,两集电极电位不等,输出电压不等于零,因此共模电压放大倍数不等于零,共模抑制比不可能趋于无穷大,电路对共模信号的抑制作用也相对降低。

可见,K_{CMR} 越大,差分放大电路对差模信号的放大能力越强,对共模信号的抑制能力也越强,对于零点漂移的抑制能力也越强,因此希望 K_{CMR} 越大越好。

2.6.1.2 长尾式差分放大电路

为了提高共模抑制比及减小各管子本身的温度漂移,在基本式差分放大电路两放大管的发射极接入长尾电阻 R_E,改进后的电路称为长尾式差分放大电路,如图 2-24 所示。

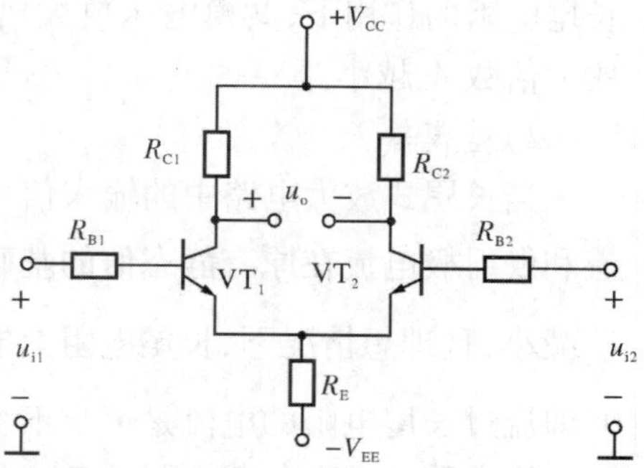

图 2-24 长尾式差分放大电路

1. 静态分析

当输入信号为零时,从图 2-24 中可以看出来,流过电阻 R_E 的电流 I_{EQ} 等于 VT_1 管的发射极电流 I_{EQ1} 和 VT_2 管的发射极电流 I_{EQ2} 之和。理想情况下,左右两个放大电路的参数完全匹配,即 $R_{B1}=R_{B2}=R_B$,$R_{C1}=R_{C2}=R_C$,$I_{BQ1}=I_{BQ2}=I_{BQ}$,$I_{CQ1}=I_{CQ2}=I_{CQ}$,$\beta_1=\beta_2=\beta$。

流过电阻 R_E 的电流为

$$I_{EQ}=I_{EQ1}+I_{EQ2}=2I_{EQ1}$$

在图 2-24 基极回路中

$$I_{BQ}R_B+U_{BEQ}+2I_{EQ}R_E=0-(-V_{EE})$$

$$I_{BQ}=\frac{V_{EE}-U_{BEQ}}{R_B+2(1+\beta)R_E}$$

$$I_{CQ}\approx\beta I_{BQ}$$

$$U_{CQ}=V_{CC}-I_{CQ}R_C$$

$$U_{BQ}=-I_{BQ}R_B$$

2. 动态分析

1)共模输入

基本式差分放大电路对共模信号有抑制作用,主要是通过电路结构、参数的对称性来实现的,长尾式差分放大电路与之不同,通过两条路径对共模信号进行抑制。

一方面,长尾式差分放大电路利用与基本差分放大电路相同的电路参数的对称性所产生的相互补偿作用来抑制共模信号。另一方面,长尾式差分放大电路还利用了长尾电阻 R_E 的负反馈作用对共模信号进行抑制。设输入端所加的共模信号为正,则在这样的输入信号作用下,两管的基极电流、集电极电流和发射极电流都将在原有的基础上有所增

加，且变化量为 $\Delta i_{E1}=\Delta i_{E2}$，则由于长尾电阻上的电流也是两管发射极电流之和，故长尾电阻是两个的变化量 $\Delta i_E=\Delta i_{E1}+\Delta i_{E2}=2\Delta i_{E1}$，使长尾电阻上的压降增加，其变化量为 $\Delta u_E=2\Delta i_{E1}R_E$，发射极的电位将升高，导致两管发射结上所加电压 u_{BE1}、u_{BE2}减小，从而使两管基极电流、集电极电流在初上升的基础上又有所降落。可见，长尾电阻的引入不仅减小了两管的零点漂移，稳定了工作点，而且实现了对共模信号的抑制，将长尾电阻这一作用称为长尾电阻的共模负反馈作用。长尾电阻越大，则对共模负反馈的作用越强，工作点越稳定。为了不使管子动态范围太小，引入了负电源 V_{EE}，使电路有合适的静态工作点。

当长尾式差分放大电路中加上共模信号时，理想情况下，输出电压为零，共模电压放大倍数为零。实际电路的结构和参数不可能完全匹配，则共模电压放大倍数不为零，但在长尾电阻的作用下，共模电压放大倍数比未引入长尾电阻时要小。R_E越大，则共模电压放大倍数 A_c越小。

2）差模输入

当长尾式放大电路中的输入信号为差模输入时，VT_1、VT_2 两管的基极电流、集电极电流和发射极电流在原有静态值的基础上变化的趋势相反。设 i_{B1}增大，i_{B2}减小，则 i_{E1}增大，i_{E2}减小，且理想情况下，长尾电阻上电流的变化量 $\Delta i_E=\left|\Delta i_{E1}\right|+\left|\Delta i_{E2}\right|=\Delta i_{E1}-\Delta i_{E2}=0$，即流过长尾电阻的电流是恒定不变的，因此长尾电阻对于差模信号不具有负反馈作用。

当电路中接上负载电阻 R_L时，由于电路中所加的信号是差模输入信号，当其中一管的集电极电位在输入信号作用下升高时，另一管的集电极电位必定降低，使得负载电阻两端电位一端升高，一端降低，而中点处的电位几乎不变，相当于交流的地电位。在以后对差分放大电路进行动态分析时，可认为双端输出时所接负载电阻的中点交流接地，因此根据电路结构的对称性，对于两侧的放大电路均具有一半的负载，即 $R_L/2$，见图 2-25。

输入的差模信号同时使长尾电阻上的电流不发生变化，则发射极对地电位不会变化，因此在画交流通路时可看做交流短路。

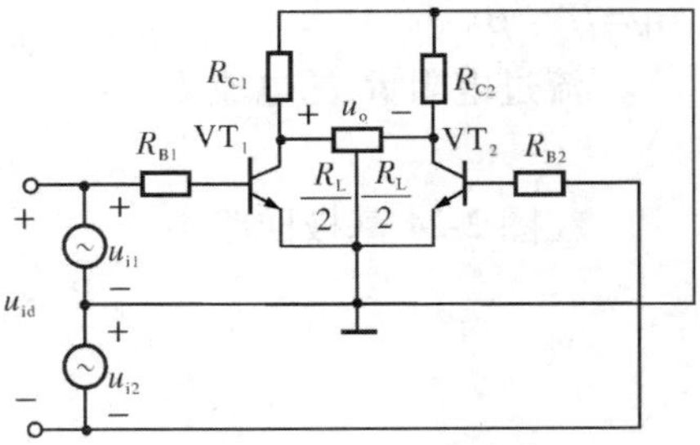

图 2-25　交流通路

由图 2-25 分析可得，差分放大电路的差模放大倍数为

$$A_d=\frac{u_o}{u_i}=-\frac{\beta\left(R_C//\frac{R_L}{2}\right)}{R_B+r_{be}}$$

即 A_u与半电路的电压放大倍数相等，也就是多用半边电路换取了对零漂的抑制。

3）差模输入电阻和输出电阻

输入电阻为

$$r_{id}=\frac{u_i}{i_{B1}}$$

r_{id}实质上就是由两个输入端看入的视在动态电阻，由于是差模输入，$u_i=2u_{i1}$，由此可

得 $r_{id}=2(R_B+r_{be})$。

输出电阻 r_o 是指去掉 R_L，而由 R_L 两端看入的视在动态电阻，由图 2-25 可知：$r_o=2R_C$。

【例 2-6】 在图 2-26 中，已知三极管的 $\beta=100$，$r_{be}=10.3\ \text{k}\Omega$，$V_{CC}=V_{EE}=15\ \text{V}$，$R_C=36\ \text{k}\Omega$，$R_E=27\ \text{k}\Omega$，$R_B=2.7\ \text{k}\Omega$，$R_W=100\ \Omega$，$R_W$ 的滑动端处于中点，负载电阻 $R_L=18\ \text{k}\Omega$，试估算：①静态工作点；②差模电压放大倍数；③差模输入电阻和输出电阻。

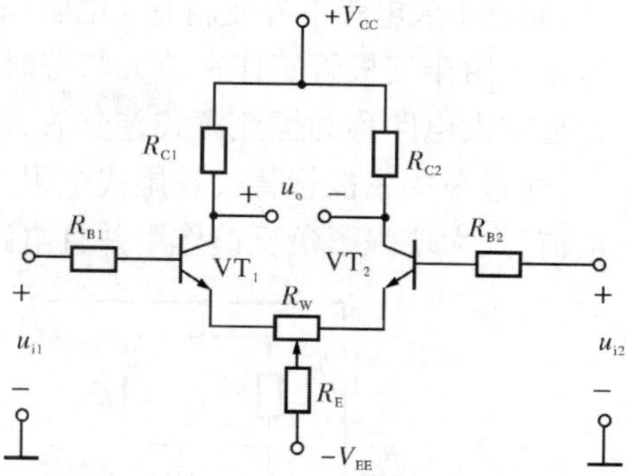

图 2-26 例 2-6 电路图

解：(1) 求静态工作点。

在三极管的基极回路中，有

$$I_{BQ}R_B+U_{BEQ}+I_{EQ}\frac{R_W}{2}+2I_{EQ}R_E=0-(-V_{EE})$$

求得静态基极电流为

$$I_{BQ}=\frac{V_{EE}-U_{BEQ}}{R_B+(1+\beta)(2R_E+0.5R_W)}=\frac{15-0.7}{2.7+101\times(2\times27+0.5\times0.1)}=0.002\,6(\text{mA})=2.6\ \mu\text{A}$$

则静态集电极电流

$$I_{CQ}=\beta I_{BQ}=100\times0.002\,6=0.26(\text{mA})$$

由此可进一步确定静态基极电位和集电极电位分别为：

$$U_{BQ}=-I_{BQ}R_B=-2.6\times2.7=-7(\text{mA})$$

$$U_{CQ}=V_{CC}-I_{CQ}R_C=15-0.26\times36=5.64(\text{V})$$

(2) 求差模电压放大倍数。

由微变等效电路，可得差模电压放大倍数为

$$A_d=-\frac{\beta\left(R_C//\frac{R_L}{2}\right)}{R_B+r_{be}+(1+\beta)\frac{R_W}{2}}=-\frac{100\times\left(\frac{36\times18/2}{36+18/2}\right)}{2.7+10.3+101\times\frac{0.1}{2}}\approx-40$$

(3) 求输入电阻和输出电阻。

$$r_{id}=2\left[R_B+r_{be}+(1+\beta)\frac{R_W}{2}\right]=2\times\left(2.7+10.3+101\times\frac{0.1}{2}\right)=36.1(\text{k}\Omega)$$

$$r_o=2R_C=2\times36=72(\text{k}\Omega)$$

该长尾式差分放大电路中的电阻 R_W 称为调零电位器，其作用在于当实际电路中两侧结构、参数完全不对称的情况下，通过调节接在两个管子发射极之间的调零电位器，对应于输入的零信号，使输出信号也为零。通常情况下，调零电位器的阻值很小，如果调零电位器的阻值很大，则说明该差分放大电路的对称性非常差。

2.6.1.3 具有恒流源的差分放大电路

对于长尾式差分放大电路，电阻 R_E 的作用是稳定电路的工作点，抑制共模信号，减小零点漂移，并且 R_E 越大，共模抑制比 K_{CMR} 越大。但是随着长尾电阻的增大，电阻上的压降也不断增大，这使所需要的负电源 V_{EE} 也越高。而过高的 V_{EE} 对于小信号放大电路不合适，而且集成电路不方便制造大电阻。集成电路中常采用三极管取代大电阻，如图 2-27(a)所示。由于三极管工作在放大状态时，集电极电流几乎保持恒定，因此我们将这种类型的差分放大电路称为恒流源式差分放大电路。恒流源式差分放大电路中需要的电源电压不大，通过采用三极管替代长尾式电阻得到很大的等效电阻，能更好地设置合适的静态工作电流，大大增强了负反馈作用并且电路具有更强的抑制共模信号的能力。

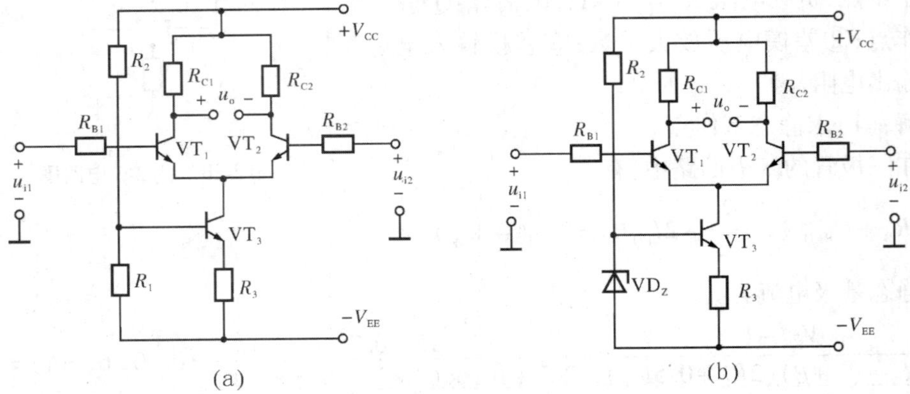

图 2-27　恒流源式差分放大电路

在图 2-27(a)所示的恒流源式差分放大电路中，VT_3 管采用分压式偏置电路，通过电阻 R_1、R_2 分压来确定 VT_3 管的基极电位，使该电位基本上不受温度的影响，从而使 VT_3 管的发射极电位和电流基本稳定，则基极电流 I_{B3}、集电极电流 I_{C3} 也基本稳定，因此 VT_3 被称为恒流三极管。

1. 静态分析

对于图 2-27(a)中的恒流源式差分放大电路，当输入信号 $u_{i1}=u_{i2}=0$ 时，从恒流三极管的发射极电流入手来求解静态工作点。

首先求出分压电阻 R_1 上的电压值为

$$U_{R1}=\frac{R_1}{R_1+R_2}\left[V_{CC}-(-V_{EE})\right]$$

则射极电阻 R_3 上的静态电流值为

$$I_{EQ3}=\frac{U_{R1}-U_{BEQ3}}{R_3}$$

$$I_{CQ3}\approx I_{EQ3}$$

从电路中可以看出，VT_1、VT_2 两管的发射极电流之和等于 VT_3 管的集电极电流，即

$$I_{EQ1}+I_{EQ2}=I_{CQ3}$$

并且当三极管的共射电流放大系数足够大时，则存在

$$I_{CQ1}+I_{CQ2}\approx I_{CQ3}$$

在电路结构对称的情况下，有

$$I_{CQ1}=I_{CQ2}=\frac{I_{CQ3}}{2}=\frac{I_{EQ3}}{2}$$

$$I_{BQ1}=I_{BQ2}\approx\frac{I_{CQ1}}{\beta}$$

$$U_{CQ1}=U_{CQ2}=V_{CC}-I_{CQ1}R_C$$

$$U_{BQ1}=U_{BQ2}=-I_{BQ1}R_B$$

图 2-27(b)给出了恒流源式差分放大电路的另一种形式,其中以稳定电压为 U_Z的稳压管 VD_Z代替分压电阻 R_1,则电路中恒流三极管中的静态射极电流将表示为

$$I_{EQ3}=\frac{U_Z-U_{BEQ3}}{R_3}$$

其余静态参数的表达式不发生改变。

2. 动态分析

当恒流源式差分放大电路加上共模信号时,恒流三极管在电路中相当于阻值高达几兆欧姆的长尾电阻,电阻通过恒流三极管引入很强的共模负反馈,在电路结构完全对称的情况下,共模电压放大倍数 $A_c\to0$,零漂基本上消除了。

若恒流源式差分放大电路加上差模信号,则 VT_1、VT_2 两管上所加信号大小相等、符号相反,即其中一管的集电极电流在静态值基础上增大时,另一管的集电极电流将在静态值基础上减小,且两者变化量的绝对值相等,从而使恒流三极管中流过的电流不发生变化,因此在交流通路中可将恒流三极管所在支路看做交流短路,如图 2-28 所示。这和长尾电阻在交流通路中的处理方法是相同的。恒流源式差分放大电路的微变等效电路及各动态参数的求解与长尾式差分放大电路基本相同,此处不再赘述。可见,采用恒流源三极管替代长尾电阻对电路的差模电压放大倍数 A_d不会产生任何影响。

恒流源式差分放大电路在保持差模电压放大倍数不变的基础上,采用三极管替代长尾电阻,引入很强的共模负反馈进一步降低共模电压放大倍数,从而又提高了共模抑制比。

两类恒流源式差分放大电路可用图 2-29 所示的简化电路表示。

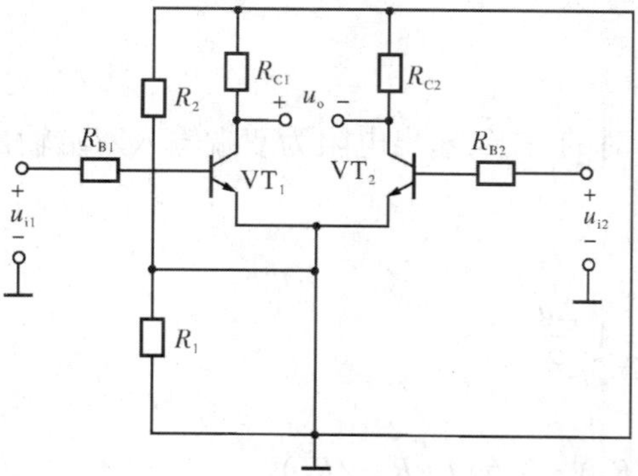

图 2-28 恒流源式差分放大电路的交流通路

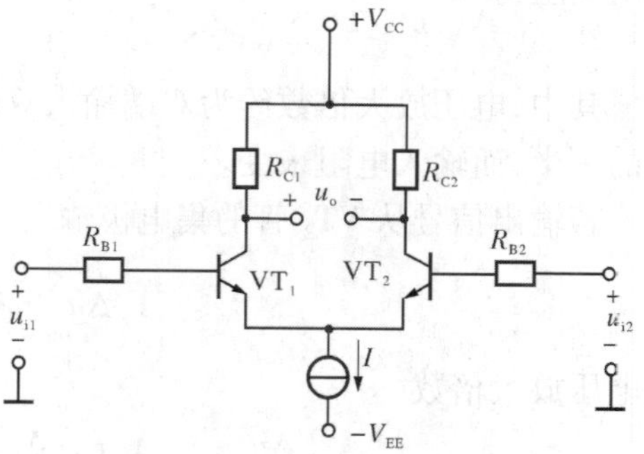

图 2-29 简化的恒流源式差分放大电路

2.6.2 差分放大电路的输入、输出方式

根据输入信号的连接方式及输出信号取出方式的不同,差分放大电路有四种不同的接法,分别为双端输入双端输出、双端输入单端输出、单端输入双端输出、单端输入单端输出。

2.6.2.1　**双端输入双端输出**

双端输入双端输出的差分放大电路就是上面所讨论的几种情况，图 2-16 所示的双端输入双端输出差分放大电路的几个动态指标为

$$A_d = -\beta \cdot \frac{\left(R_C // \frac{R_L}{2}\right)}{R_B + r_{be}} \tag{2-27}$$

$$r_i = 2(R_B + r_{be}) \tag{2-28}$$

$$r_o = 2R_C \tag{2-29}$$

这种接法使用于对称输入、对称输出且输入/输出无须接地的场合。其中通过双端输出可以抑制零点漂移或干扰等共模信号。

2.6.2.2　**双端输入单端输出**

图 2-30 所示电路为双端输入单端输出电路，其中输入信号仍加到两个三极管的基极，取 VT_1 管的集电极对地电压作为输出信号，即负载电阻应接在 VT_1 管的集电极和地之间，设两侧的单管共射放大电路的电压放大倍数为 A_u，电路中存在

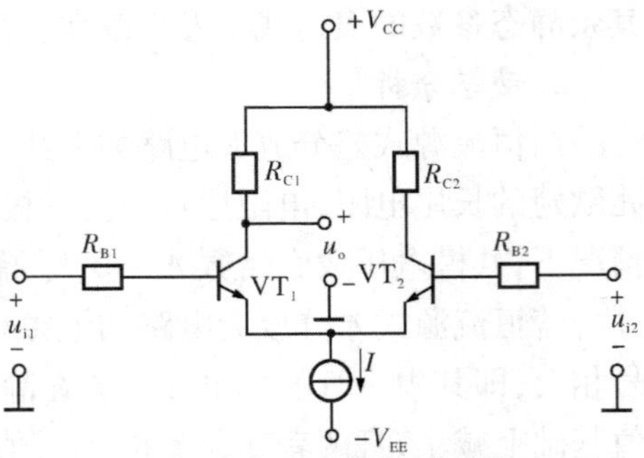

图 2-30　双端输入单端输出的恒流源式差分放大电路

$$\Delta u_o = A_u \Delta u_{i1} = A_u \frac{\Delta u_i}{2}$$

则电压放大倍数为

$$A_d = \frac{\Delta u_o}{\Delta u_i} = -\frac{1}{2} \frac{\beta(R_C // R_L)}{R_B + r_{be}} \tag{2-30}$$

输入电阻为

$$r_i = 2(R_B + r_{be}) \tag{2-31}$$

输出电阻为

$$r_o = R_C \tag{2-32}$$

其中，电压放大倍数约为双端输入双端输出时的一半，输出电阻为双端输入双端输出时的一半，而输入电阻未变。

若输出信号从 VT_2 管的集电极输出，由于

$$\Delta u_o = A_u \Delta u_{i2} = A_u \frac{\Delta u_i}{2}$$

则电压放大倍数

$$A_d = \frac{\Delta u_o}{\Delta u_i} = -\frac{1}{2}\left[-\frac{\Delta i_C (R_C // R_L)}{\Delta i_B (R_B + r_{be})}\right] = \frac{1}{2} \frac{\beta(R_C // R_L)}{R_B + r_{be}}$$

说明通过从不同管子的集电极取出信号能得到和输入信号同相或反相的输出信号。这一情况下的输入电阻和输出电阻不变。

由于采用单端输出，电路不具有对称性，因此对于输出信号中的零点漂移无法抑制。双端输入单端输出的接法经常用于集成电路的中间级，将双端输入信号转换成单端输出信号。

2.6.2.3　单端输入双端输出

当输入信号只加到一个三极管基极与地之间，另一个三极管接地，并从两个三极管的集电极取出输出信号时，为单端输入双端输出，具体电路如图 2-31 所示。

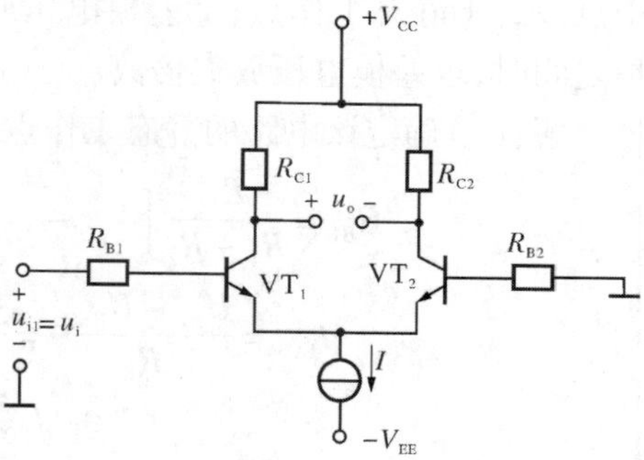

图 2-31　单端输入双端输出的恒流源式差分放大电路

在加输入信号的一端可将输入信号分解成两个极性相同且数值均为 $u_i/2$ 的串联信号，接地的一端则可用两个极性相反且数值也为 $u_i/2$ 的串联信号等效。在此基础上，我们将两侧具有相同极性的两个信号看做共模信号，将两侧具有反极性的两个信号看做差模信号。可见，单端输入差分电路实际同时具有差模输入信号和共模输入信号，则输出电压可表示为

$$\Delta u_o = A_d \Delta u_i + A_c \frac{\Delta u_i}{2}$$

当电路结构完全对称时，共模电压放大倍数 A_c 为 0，则

$$\Delta u_o = A_d \Delta u_i$$

由此可见，虽然单端输入双端输出与双端输入双端输出接法有所不同，但是电压放大倍数基本相同，为

$$A_d = -\beta \cdot \frac{\left(R_C // \frac{R_L}{2}\right)}{R_B + r_{be}}$$

输入电阻
$$r_i = 2(R_B + r_{be})$$
输出电阻
$$r_o = 2R_C$$

2.6.2.4　单端输入单端输出

如图 2-32 所示，单端输入单端输出的动态指标为：

电压放大倍数
$$A_d = -\frac{1}{2}\frac{\beta\left(R_C // R_L\right)}{R_B + r_{be}}$$

输入电阻　$r_i = 2(R_B + r_{be})$

输出电阻　$r_o = R_C$

同样在单端输入单端输出的情况下，也能通过从不同管子的集电极取出信号得到与输入信号同相或反相的输出信号，并且单端输入单端输出差分放大电路比单管基本放大电路有更强的抑制零漂能力。

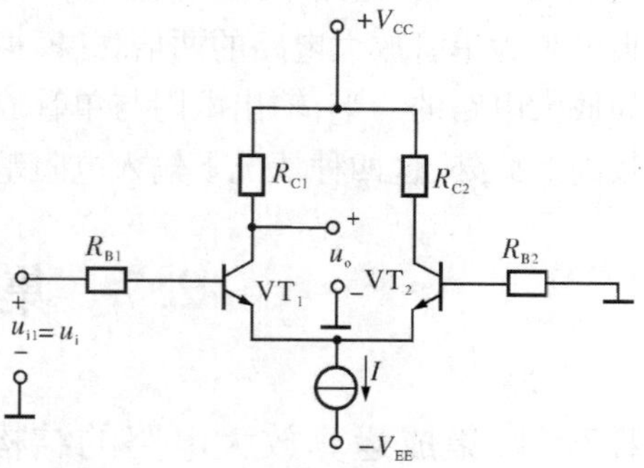

图 2-32　单端输入单端输出的恒流源式差分放大电路

【例 2-7】　如图 2-32 所示电路，设 $V_{CC} = V_{EE} = 12\ V$，$\beta_1 = \beta_2 = 50$，$R_{C1} = R_{C2} = 100\ k\Omega$，$R_W = 200\ \Omega$，$R_E = 33\ k\Omega$，$R_1 = 2.2\ k\Omega$，$R_2 = 6.8\ k\Omega$，$R_{B1} = R_{B2} = 10\ k\Omega$，$R_L = 100\ k\Omega$，$R_W$ 的滑动端处于

中点，求：①静态工作点；②差模电压放大倍数；③当负载电阻 R_L 接在 VT_1 管的集电极与地之间时，求差模电压放大倍数。

解：(1)确定该电路的静态工作点：

$$U_{R1}=\frac{R_1}{R_1+R_2}\left[V_{CC}-(-V_{EE})\right]=\frac{2.2}{2.2+6.8}\times 24=5.87(\mathrm{V})$$

$$I_{EQ3}=\frac{U_{R1}-U_{BEQ3}}{R_E}=\frac{5.87-0.7}{33}=0.16(\mathrm{mA})=160\ \mu\mathrm{A}$$

$$I_{CQ3}\approx I_{EQ3}=160\ \mu\mathrm{A}$$

由于 VT_1、VT_2 两个三极管的共射极电流放大系数足够大，则存在

$$I_{CQ1}=I_{CQ2}\approx\frac{I_{CQ3}}{2}\approx\frac{I_{EQ3}}{2}=\frac{160}{2}=80(\mu\mathrm{A})$$

$$I_{BQ1}=I_{BQ2}\approx\frac{I_{CQ1}}{\beta}=\frac{80}{50}=1.6(\mu\mathrm{A})$$

$$U_{CQ1}=U_{CQ2}=V_{CC}-I_{CQ1}R_C=12-0.08\times 100=4(\mathrm{V})$$

$$U_{BQ1}=U_{BQ2}=-I_{BQ1}R_{B1}=-1.6\times 10^{-6}\times 10\times 10^{3}=-0.016(\mathrm{V})$$

(2)求差模电压放大倍数：

$$A_d=-\frac{\beta_1\left(R_C//\dfrac{R_L}{2}\right)}{R_{B1}+r_{be1}+(1+\beta_1)\dfrac{R_W}{2}}=-\frac{50\times\dfrac{100\times 50}{100+50}}{10+16.9+51\times\dfrac{0.2}{2}}=-52$$

其中：$r_{be1}=r_{bb1}+(1+\beta_1)\dfrac{26}{I_{EQ1}}=300+51\times\dfrac{26}{0.08}=16.9(\mathrm{k}\Omega)$。

(3)当负载电阻 R_L 接在 VT_1 管的集电极与地之间时，其差模电压放大倍数为

$$A_d=-\frac{1}{2}\times\frac{\beta_1(R_C//R_L)}{R_{B1}+r_{be1}+(1+\beta_1)\dfrac{R_W}{2}}=-\frac{1}{2}\times\frac{50\times\dfrac{100}{2}}{10+16.9+51\times\dfrac{0.2}{2}}=-39$$

综合上述四种情况可以得出以下结论，差分放大电路的电压放大倍数仅与电路的输出形式有关，当电路采用双端输出时，其差模电压放大倍数与单管放大倍数基本相同。输出电阻为单管放大电路的两倍，共模抑制比很高。如为单端输出，其差模电压放大倍数约为放大电路的一半，输出电阻与单管放大电路相同，共模抑制比不如双端输入时高，但也较高。此外，这四种情况下输入电阻基本相同。

2.7 集成运算放大电路

2.7.1 集成运算放大电路的结构组成

前面已述，集成运算放大电路(简称集成运放)实际上就是一个直接耦合的多级放大电路。根据内部各部分作用的不同，分为偏置电路、输入级、中间级和输出级四部分，如

图 2-33所示。下面对这四部分进行分析。

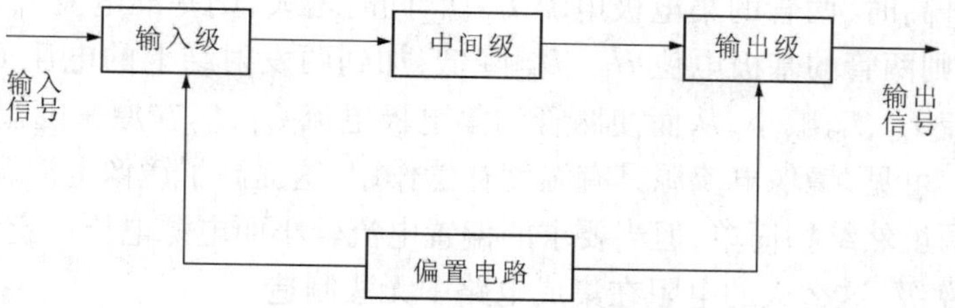

图 2-33 集成运算放大电路的结构组成

2.7.1.1 偏置电路

偏置电路在集成运放中起到很重要的作用。一方面为输入级、中间级、输出级提供合适的偏置电流，以确定各级静态工作点。在集成运放中广泛使用三极管电流源作为各放大级的偏置电路。另一方面电流源偏置电路可作为有源负载，提高放大电路的电压放大倍数。

下面介绍集成运放中常用的几种偏置电路。

1. 镜像电流源

图 2-34 所示的镜像电流源电路是由两个三极管 VT_1、VT_2 和电阻 R 构成的，两个三极管做在同一硅片上，其结构、工艺、参数较一致，并且其基极和发射极分别连接在一起。电阻 R 上流过的电流称为基准电流 I_R，三极管 VT_2 上的集电极电流 I_{C2} 则是对外提供的偏置电流。由该电路可知，VT_1、VT_2 两管的电流放大系数相等，基极电流和集电极电流分别相等，设

$$I_{B1}=I_{B2}=I_B, \beta_1=\beta_2=\beta, I_{C1}=I_{C2}=I_C$$

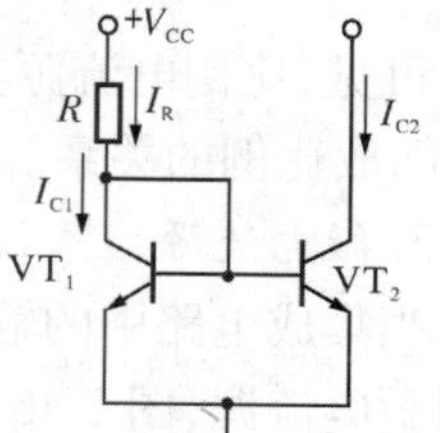

图 2-34 镜像电流源

则基准电流可表示为

$$I_R=\frac{V_{CC}-U_{BE1}}{R}$$

根据基尔霍夫电流定律，基准电流又可表示为

$$I_R=I_{C1}+I_{B1}+I_{B2}$$

可得到

$$I_{C1}=I_R-2I_B=I_R-2\frac{I_{C1}}{\beta}$$

则

$$I_{C1}=I_R\frac{1}{1+\dfrac{2}{\beta}}=I_{C2}$$

当 $\beta \gg 2$ 时，上式可简化为

$$I_{C2}\approx I_R=\frac{V_{CC}-U_{BE1}}{R} \tag{2-33}$$

当 $\beta \gg 2$ 时，该电流源对外提供的偏置电流 I_{C2} 与基准电流 I_R 近似相等，当基准电流 I_R 改变时，偏置电流 I_{C2} 也随之改变，两者就好像物体与镜中的像一样，因此这种电流源被称

为镜像电流源。

由于温度升高时，两管的集电极电流 I_{C1}、I_{C2} 同时增大，则基准电流 I_R 也增大，电阻 R 上的压降增大，则两管的基极电位 U_{B1}、U_{B2} 降低，加到两发射结上的电压 U_{BE1}、U_{BE2} 减小，两管的基极电流 I_{B1}、I_{B2} 减小，从而使两管的集电极电流 I_{C1}、I_{C2} 在原来随温度增大的基础上又有所减小。可见，镜像电流源具有温度补偿作用，这提高了镜像电流源的稳定性。

镜像电流源虽然结构简单，但当要求的偏置电流较小而电源电压一定时，所需要的电阻 R 将达到兆欧级，这么大的电阻在集成电路中无法制造。

2. 比例电流源

图 2-35 所示的电路是对镜像电流源的改进，在两个三极管的发射极上分别加入射极电阻 R_{E1}、R_{E2}，并且两个三极管做在同一硅片上，其基极连接在一起。图中的 I_R 为参考电流，I_{C2} 为对外提供的偏置电流。

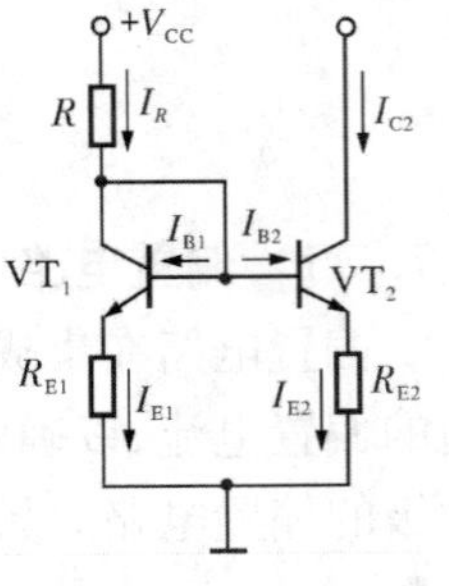

图 2-35　比例电流源

由图 2-35 可知：$U_{BE1}+I_{E1}R_{E1}=U_{BE2}+I_{E2}R_{E2}$。

因为 $U_{BE1}\approx U_{BE2}$，则可得到 $I_{E1}R_{E1}\approx I_{E2}R_{E2}$，$I_{C1}R_{E1}\approx I_{C2}R_{E2}$。

由于 $I_R=I_{C1}+I_{B1}+I_{B2}$，当两个三极管的电流放大系数 β 较大时，两基极电流相对于两集电极电流较小，可忽略，则

$$I_{C1}=I_R,\ I_{C2}\approx\frac{R_{E1}}{R_{E2}}I_{C1}=\frac{R_{E1}}{R_{E2}}I_R$$

可见，比例电流源实现了电流源对外提供的偏置电流与基准电流 I_R 之间成比例的关系。

3. 微电流源

当集成电路中的输入级所需的偏置电流较小（如微安级）时，则应采用微电流源，图 2-36 所示的电路为微电流源。该电路是在镜像电流源的基础上通过改进得到的，其只在对外提供偏置电流的三极管 VT_2 的射极接入射极电阻 R_{E2}。

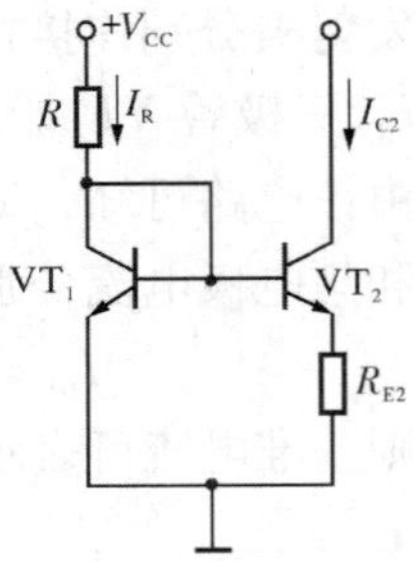

图 2-36　微电流源

由电路图可知

$$U_{BE1}=U_{BE2}+I_{E2}R_{E2}$$

又由于 $I_R=I_{C1}+I_{B1}+I_{B2}$，当 β 较大时，两管基极电流相对于集电极电流较小，可忽略，则 $I_{E1}\approx I_{C1}\approx I_R$，$I_{E2}\approx I_{C2}$，因此可得到如下关系

$$I_{C2}\approx I_{E2}\approx\frac{U_{BE1}-U_{BE2}}{R_{E2}}$$

因为 $U_{BE1}\approx U_{BE2}$，$\Delta U_{BE}=U_{BE1}-U_{BE2}$ 很小，使阻值不大的 R_{E2} 可获得微小的工作电流 I_{C2}，故称微电流源。

2.7.1.2　输入级

集成运放中的输入级对集成运放的多项性能起到决定性作用。输入级大都采用差分放大电路以尽可能地抑制零点漂移，提高共模抑制比。另外，输入级的输入电阻较高。

2.7.1.3　中间级

中间级的主要任务是提供足够大的电压放大倍数，具有较高的输入电阻以减小对前

级的影响,还应向输出级提供较大的推动电流。

电流源除提供偏置电流外,在集成电路的中间级常常用来作为放大电路的有源负载。在如图 2-37(a)所示的单管共射放大电路中,电压放大倍数为

$$\dot{A}_u = -\frac{\beta R_L'}{r_{be}} \qquad (其中\ R_L' = R_C // R_L)$$

可见,集电极负载电阻较大,电压放大倍数越大。但是,一方面,集成电路中很难制造大电阻;另一方面,集电极电阻的增大会要求直流电源也同时增大,如果以电流源代替集电极负载电阻作为放大电路的有源负载,则既满足了集电极负载电阻应为大电阻的要求,提高了电压放大倍数,又不会使电源电压过高。

图 2-37(b)给出了有源负载共射放大电路。其中,VT_1 为该放大电路中的核心元件。VT_2、VT_3 则构成镜像电流源,提供偏置电流。VT_2 同时代替集电极负载电阻成为有源负载。

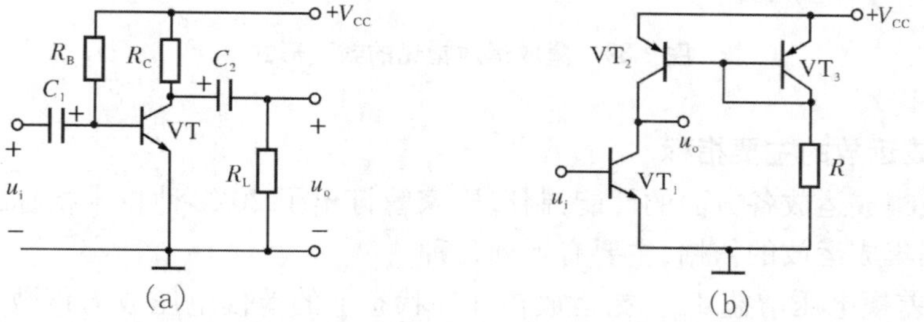

图 2-37　单管共射放大电路和有源负载共射放大电路

除有源负载以外,中间级还可采用复合管的结构,即将几个三极管组合在一起,通过增大管子的电流放大系数来提高电压放大倍数,同时还可以提高输入电阻。

2.7.1.4　输出级

输出级的主要作用是提供足够大的输出功率以满足负载的需要,同时还应具有较高的输入电阻以减小对前级的影响,并应具有较低的输出电阻以提高带负载能力。输出级多采用互补对称电路。

2.7.2　集成运放的主要技术指标和电压传输特性

2.7.2.1　集成运放的代表符号

由于集成运放的输入级采用差分放大电路,集成运放的符号如图 2-38 所示。其中▷表示放大器,三角所指为传输方向,A_{uo}表示该放大器的开环电压放大倍数,图中的"+""-"号表示输出与输入间的相位关系:当同相端接地,反向端加入一个正信号时,输出端相位为负;当反向端接地,同相端加入一个正信号时,输出端相位为正。

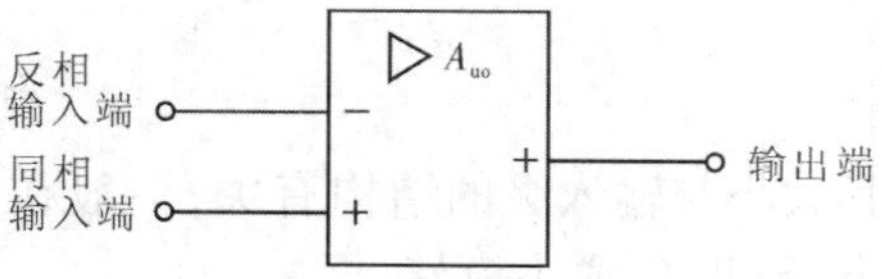

图 2-38　集成运放的符号

对于一个具体的集成运放,图形符号中还标出了具体的管脚和每个管脚的用途。

2.7.2.2　集成运放常见的两种封装形式

常见的集成运放有两种封装形式,一种是金属圆壳式封装,如图 2-39(a)所示,国产

通用型运放5G24(F007)的封装多为这种形式。另一种形式为塑料双列直插式封装，如图2-39(b)所示，这种封装形式用得越来越多，且使用方便，不易搞错。其引出端有8、14、16个不等。不论哪种封装形式，它们管脚的排列顺序从顶部看都是从标志处数起，逆时针方向排序1，2，3，…。

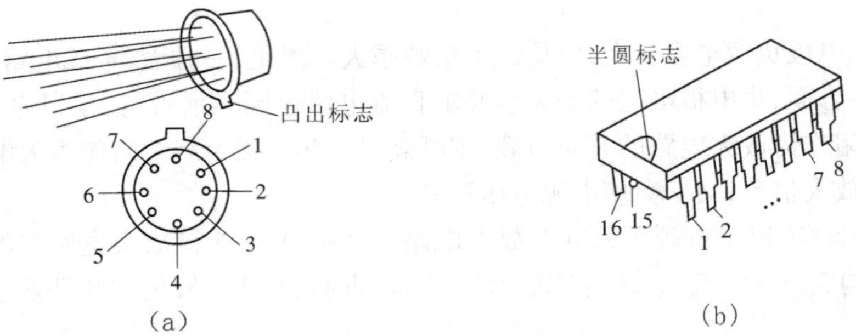

图2-39 集成运放常见的封装形式

2.7.2.3 集成运放的主要指标

为了表征集成运放各方面的性能，制造厂家曾订出了20多种技术指标，作为合理选择和正确使用集成运放的依据，主要有下列几种：

(1)开环差模电压增益A_{uo}。指运放在开环状态下的差模电压放大倍数，用A_{uo}表示，它是输出电压u_o与输入的差模电压$(u_+ - u_-)$之比，即$A_{uo} = u_o / \left| u_+ - u_- \right|$。较好的运放$A_{uo}$一般为$10^5 \sim 10^7$，即100～140 dB。$A_{uo}$愈高，构成的电路运算精度愈高，工作也愈稳定。

(2)输入失调电压U_{IO}。运放输入级电路在制造时不可能完全对称，使得输入电压为零$(u_+ = u_- = 0)$时，输出电压不为零。为了使输出电压等于零，需要在输入端加一个很小的补偿电压。此电压即为输入失调电压U_{IO}。一般为几毫伏，显然，此值愈小愈好。

(3)输入失调电流I_{IO}。输入失调电流是指输入信号为零时，同相和反相两个输入端静态基极电流之差。如果输入级理想对称，则I_{IO}应为零，一般在0.1～0.01 μA范围内，其值愈小愈好。

(4)输入偏置电流I_{IB}。在输入信号为零时，两个输入端静态基极电流的平均值，称为输入偏置电流，即

$$I_{IB} = \frac{1}{2}(I_{B1} + I_{B2})$$

其大小与输入级的结构有关，一般在1 μA以下，此电流愈小，I_{IO}也愈小，温漂亦随之减小，因此I_{IB}愈小愈好。

(5)最大差模输入电压U_{IDM}。指运放正常工作时，在两个输入端之间允许加的差模输入电压的最大值。使用中差模输入电压不能超过此值，否则将会导致输入回路的PN结击穿，使运放损坏。F001的U_{IDM}只有几伏，F007输入级电路较为复杂，U_{IDM}可达±30 V。

(6)最大共模输入电压U_{ICM}。运放的两个输入端如果加有相同的电压，称为共模输入电压。运放对这种信号有抑制作用，但只限在某一个范围内，此范围就成为最大共模输入电压U_{ICM}。如果共模输入电压超过此值，运放将不能正常工作，甚至造成器件损坏。

(7)差模输入电阻 r_{id}。r_{id}是指在运放的两个输入端加入差模信号时运放的输入电阻,也就是从运放的两个输入端看进去的交流输入电阻。较好的运放,r_{id}的值在 1 MΩ 以上。r_{id}愈大,运放向信号源索取的电流愈小,运算精度愈高。

(8)最大输出电压 U_{OP}。指运放工作在放大状态时,能够输出的最大电压幅度。F007 的最大输出电压约为 ±12 V。

此外,还有输出电阻 r_o、带宽 BW、温度漂移、转换速率 SR、静态功耗 P_W及共模抑制比 K_{CMR}等,比较容易理解,不再详细介绍。

2.8 集成运算放大电路的线性应用

随着集成电路工艺的不断进步和完善,集成运算放大电路的各项指标不断提高,价格也日益下降,并且适应各种特殊要求的专用电路日益增多,这就使得集成运放几乎在电子技术和国民经济的各个领域都得到了广泛应用。本节将通过若干典型电路的分析,介绍集成运放线性应用的一般方法。

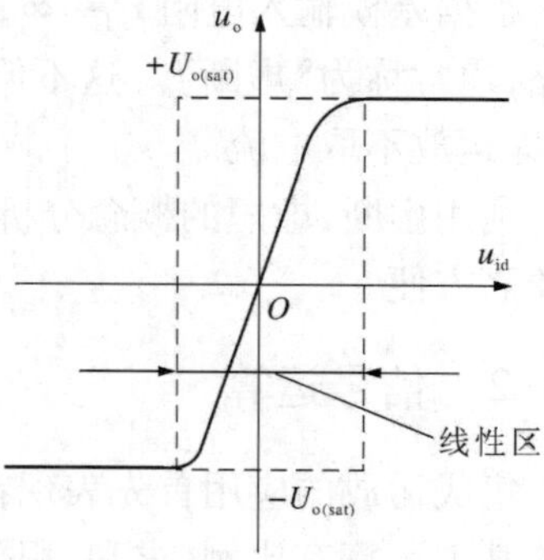

图 2-40 运放的电压传输特性

尽管集成电路的应用多种多样,但运放的工作区域只有两个,在电路中它不是工作在线性区,就是工作在非线性区。图 2-40 所示为运放的电压传输特性,中间的斜线部分,是运放的线性工作区,在此区间内,运放的输出电压 u_o与输入电压 u_{id}($u_{id}=u_+-u_-$)呈线性关系,即

$$u_o = A_{uo}(u_+ - u_-) \tag{2-34}$$

线性区域以外部分为运放的非线性工作区。由于运放的开环电压放大倍数 A_{uo}很高,即使输入毫伏级以下的信号,也足以使输出电压饱和,其饱和值 $+U_{o(sat)}$ 和 $-U_{o(sat)}$ 接近正、负电源电压值,即在这个区域内输出电压只有两个状态。因此,为了使工作稳定或使运放工作在线性区域内,通常都引入深度电压负反馈。

区分运放是工作在线性区还是工作在非线性区的方法,是看是否有负反馈。如果有负反馈,则运放工作在线性区。

2.8.1 概述

2.8.1.1 理想运放模型

在分析运放电路时,一般可将它看成是一个理想元件,理想化的条件主要是:开环电压放大倍数 $A_{uo}\to\infty$,差模输入电阻 $r_{id}\to\infty$,开环输出电阻 $r_o\to 0$,共模抑制比 $K_{CMR}\to\infty$。

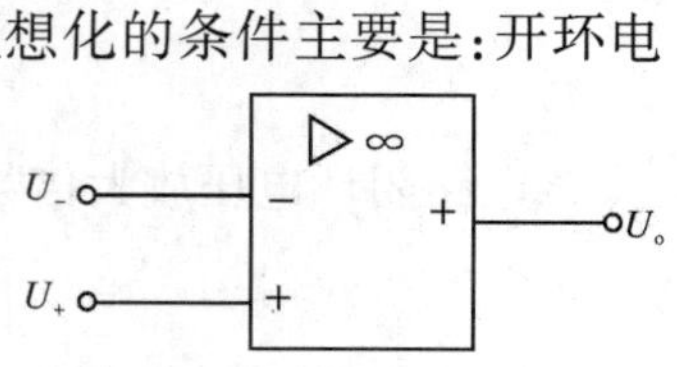

图 2-41 理想运放的符号

理想运放的符号如图 2-41 所示,反相和同相输入端对地输入电压分别用 U_+、U_-表示,U_o表示输出电压,"∞"表示开环电压放大倍数为无穷大。

顺便说明,运放可放大直流信号,也可放大交流信号,对于纯电阻电路,习惯上输入与输出信号多用正弦有效值 U_i、U_o表示。而对于积分、微分、对数、反对数、波形产生电路等,输入和输出信号多用瞬时值 u_i、u_o表示。

由于实际运放的上述四个指标接近理想化条件,因此在分析时用理想运放代替实际运放所引起的误差并不大,工程上是允许的。但这样近似却可使分析过程大为简化,故下面在电路分析中,把所有运放均作为理想运放处理。

2.8.1.2 理想运放分析法

由式(2-34)得 $U_+ - U_- = U_o/A_{uo}$,根据理想化条件 $A_{uo}\to\infty$,而 U_o只能是有限值,则有 $U_+ = U_-$,即运放两个输入端对地的电压总是相等的。二者不相接,而电位又总是相等,相当于虚短路,通常称为“虚短”。如果同相输入端接地,$U_+ =0$,则反相输入端电位也为零,但又不接地,则成为“虚地”。

根据差模输入电阻 $r_{id}\to\infty$ 的理想化条件,运放的输入电流 $I_{id} = U_{id}/r_{id}\approx 0$,相当于虚断路,通常称为“虚断”。这不但因 $r_{id}\to\infty$,还因 $U_{id} = U_+ - U_-\approx 0$,运放是与电路相连接的,即运放不取电流。

利用虚断、虚短的概念分析电路的方法,称为理想运放分析法。用这种方法分析电路简捷而方便。

2.8.2 信号运算

集成运放的应用首先表现在它能实现各种数学运算,并因此而得名。由集成运放实现的基本运算有比例、求和、积分、微分、对数、反对数、乘法和除法等,下面对几种典型电路进行分析。

2.8.2.1 比例运算电路

1. 反相输入比例运算电路及反相器

如果输入信号从运放的反相输入端加入,则为反相运算,典型电路如图 2-42 所示。

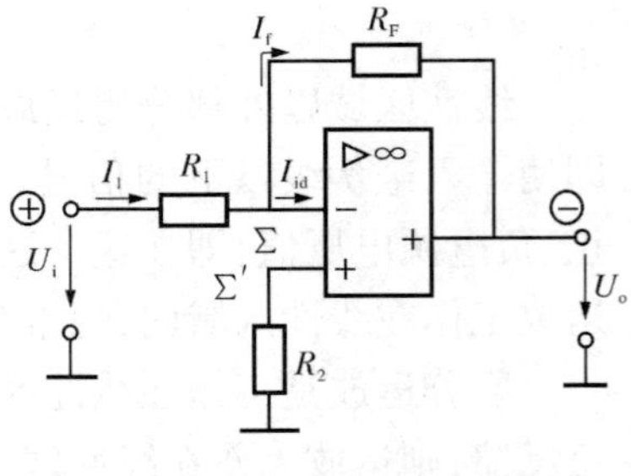

图 2-42 反相比例运算电路

因运放工作在线性区,同相端经 R_2 接地,且运放输入端不取电流,故无电流流过R_2,$U_{\Sigma'} = 0$,根据虚短的概念,Σ 点为虚地,即 $U_\Sigma = 0$,则

$$I_1 = U_i/R_1, I_f = (0 - U_o)/R_F, I_{id} = 0$$

则 $I_1 = I_f$,即

$$\frac{U_i}{R_1} = -\frac{U_o}{R_F}$$

$$U_o = -\frac{R_F}{R_1}U_i \tag{2-35}$$

则该电路闭环电压放大倍数为

$$A_{uf} = \frac{U_o}{U_i} = -\frac{R_F}{R_1} \tag{2-36}$$

由式(2-35)可知,输出电压与输入电压是比例运算关系。只要 R_1、R_F的阻值精确,运

放的 A_{uo} 足够高，则 U_o 与 U_i 的关系只取决于反馈网络（R_1、R_F）而与运放本身的参数无关，这就保证了运放的精度和稳定性。

图 2-42 中 R_2 为一平衡电阻。静态时运放的两个输入端由偏置电流 I_{B1} 和 I_{B2} 存在，它们将分别流过 R_1、R_F 和 R_2，为了不在运放的输入端引入附加误差，则应使 $R_2 = R_1 // R_F$。

当电路中 $R_1 = R_F$ 时，由式(2-35)可知，$U_o = -U_i$，即为反相器。

2. 同相输入比例运算电路及电压跟随器

信号从运放的同相端加入，则为同相运算，电路如图 2-43 所示。

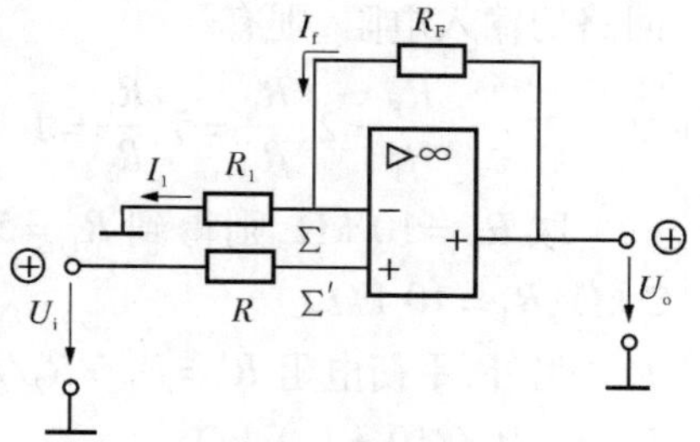

图 2-43　同相比例运算电路

由虚短和虚断的概念，可以看出

$$U_i = U_\Sigma = U_{\Sigma'}, I_1 = I_f, \frac{U_i}{R_1} = \frac{U_o - U_i}{R_F}$$

整理得

$$U_o = \left(1 + \frac{R_F}{R_1}\right) U_i \tag{2-37}$$

故

$$A_{uf} = U_o / U_i = 1 + \frac{R_F}{R_1} \tag{2-38}$$

从式(2-38)分析可知，图 2-43 实现了同相比例运算或同相放大。A_{uf} 的值大于 1，且只取决于电阻 R_1 和 R_F 的数值，而与集成运放内部参数无关。

由于理想运放的输入电流为 0，因此图 2-43 所示电路的输入电阻很高。

当 $R_F = 0$ 或 $R_1 \to \infty$ 时，则有 $A_{uo} = 1$，即 $U_o = U_i$，构成了电压跟随器电路。此时输出电压与输入电压大小和相位均相同，但输入阻抗极高，输出阻抗很低，故常作测量电路的输入级和中间隔离级。

2.8.2.2　加法运算电路

如果若干输入信号均从反相输入端加入，则构成反相加法运算电路，如图 2-44 所示。图中有三个输入信号 U_1、U_2、U_3，设为直流量。

同相端经 R' 接地，故 Σ 点为虚地，则有

$$I_1 = \frac{U_1}{R_1}, I_2 = \frac{U_2}{R_2}, I_3 = \frac{U_3}{R_3}$$

因运放不取电流，则

$$I_1 + I_2 + I_3 = I_f$$

即

$$\frac{U_1}{R_1} + \frac{U_2}{R_2} + \frac{U_3}{R_3} = \frac{0 - U_o}{R_F}$$

整理可得

$$U_o = -\left(\frac{R_F}{R_1}U_1 + \frac{R_F}{R_2}U_2 + \frac{R_F}{R_3}U_3\right) \tag{2-39}$$

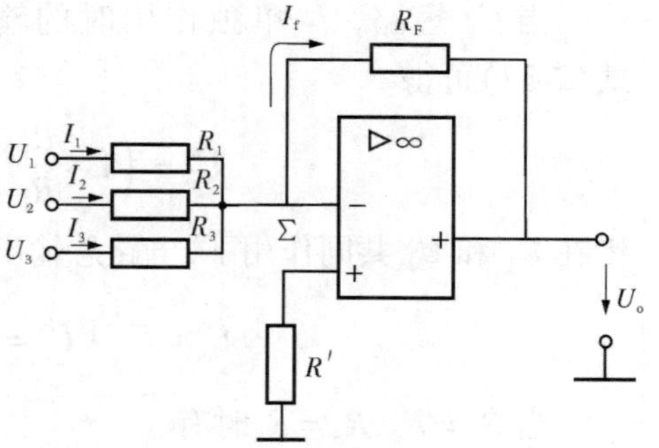

图 2-44　反相加法运算电路

可实现 $y = \alpha_1 x_1 + \alpha_2 x_2 + \alpha_3 x_3$ 的数学运算，改变 R_1、R_2、R_3 可分别改变系数 α_1、α_2、α_3，互不影响，调试使用方便。

如果若干输入信号从同相输入端加入，则为同相加法电路，利用虚短、虚断的概念，不难得出结果，但因系数 α_1、α_2、α_3 不能单独改变，且有共模输入，使用、调试不便，故很少采用。

图 2-44 中的平衡电阻 $R' = R_1 // R_2 // R_3 // R_F$。

【例 2-8】 设计一个反相输入求和运算电路，以实现 $u_o = -(2u_{i1} + 5u_{i2} + u_{i3})$。

解：本题的目的是要构造一个三输入端的反相求和运算电路，输出信号与各输入信号的比例关系取决于反馈电阻 R_F 与各输入回路的输入电阻，则有

$$\frac{R_F}{R_1} = 2, \frac{R_F}{R_2} = 5, \frac{R_F}{R_3} = 1$$

取 $R_F = 10\ \text{k}\Omega$，则得到 $R_1 = 5\ \text{k}\Omega$，$R_2 = 2\ \text{k}\Omega$，$R_3 = 10\ \text{k}\Omega$。

另外，平衡电阻 $R' = R_1 // R_2 // R_3 // R_F = 5 // 2 // 10 // 10 = 1.1\ \text{k}\Omega$。

具体电路如图 2-45 所示。

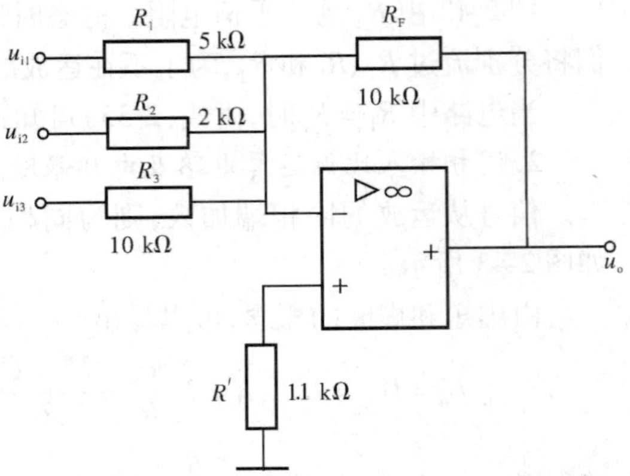

图 2-45 例 2-8 电路图

2.8.2.3 减法运算电路

如果输入信号由运放的两个输入端同时加入，则为减法运算电路。如图 2-46 所示，也称为差分输入运算电路。

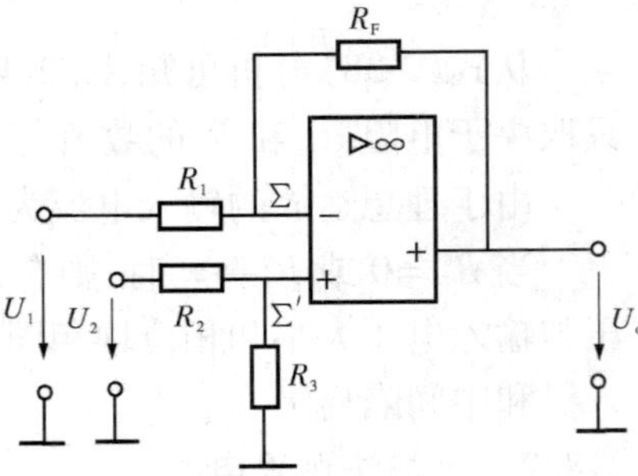

图 2-46 减法运算电路

利用虚短和虚断的概念，不难得出结果。但是为了计算方便，可采用叠加定理。

当 U_2 短路，U_1 单独作用时的输出电压 U'_o 由式(2-35)可得

$$U'_o = -\frac{R_F}{R_1}U_1$$

当 U_1 短路，U_2 单独作用时的输出电压 U''_o 由式(2-37)可得

$$U''_o = \left(1 + \frac{R_F}{R_1}\right)U_{\Sigma'} = \left(1 + \frac{R_F}{R_1}\right)\frac{R_3}{R_2 + R_3}U_2$$

则在 U_1 和 U_2 共同作用下，电路总输出电压为

$$U_o = U'_o + U''_o = \left(1 + \frac{R_F}{R_1}\right)\frac{R_3}{R_2 + R_3}U_2 - \frac{R_F}{R_1}U_1 \tag{2-40}$$

当 $R_1 = R_2$，$R_3 = R_F$ 时有

$$U_o = \frac{R_F}{R_1}(U_2 - U_1) \tag{2-41}$$

若四个电阻均相等，则

$$U_o = U_2 - U_1 \tag{2-42}$$

实现了减法运算。

【例 2-9】 设计一个加减法运算电路，使其实现运算关系 $u_o = -10u_{i1} + 5u_{i2} + 4u_{i3}$。

解：对于运算关系中既有加法又有减法的情况，可采用两级反相输入求和电路来实

现，具体电路如图 2-47 所示。

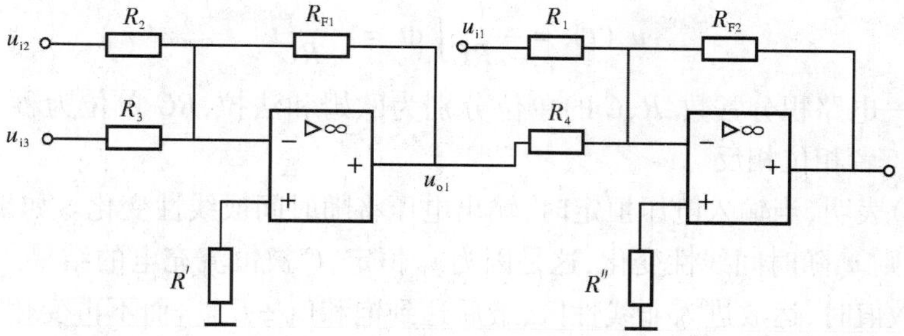

图 2-47　例 2-9 电路图

将其中实现加法运算的两个信号作为第一级反相输入求和电路的输入信号，并设第一级反相求和电路的输出信号为 u_{o1}，则有

$$u_{o1} = -5u_{i2} - 4u_{i3}$$

可知$\frac{R_{F1}}{R_2}=5$，$\frac{R_{F1}}{R_3}=4$。

取 $R_{F1}=100\ \text{k}\Omega$，则得到 $R_2=20\ \text{k}\Omega$，$R_3=25\ \text{k}\Omega$。则平衡电阻

$$R' = R_2//R_3//R_{F1} = 20//25//100 = 10(\text{k}\Omega)$$

将上面求得的第一级反相输入求和电路的输出信号 u_{o1} 和输入信号 u_{i1} 作为第二级反相输入求和电路的输入信号，得到

$$u_o = -10u_{i1} - u_{o1} = -10u_{i1} - (-5u_{i2} - 4u_{i3})$$

$$\frac{R_{F2}}{R_1}=10,\ \frac{R_{F2}}{R_4}=1$$

取 $R_{F2}=100\ \text{k}\Omega$，则得到 $R_1=10\ \text{k}\Omega$，$R_4=100\ \text{k}\Omega$，平衡电阻

$$R'' = R_1//R_4//R_{F2} = 10//100//100 = 8.3(\text{k}\Omega)$$

2.8.2.4　积分运算电路

由以上分析可以看到，电路的运算结果只与反馈网络的结构有关，如果反馈元件采用电压与电流成积分关系的元件，电路可实现积分运算，典型积分电路如图 2-48 所示。

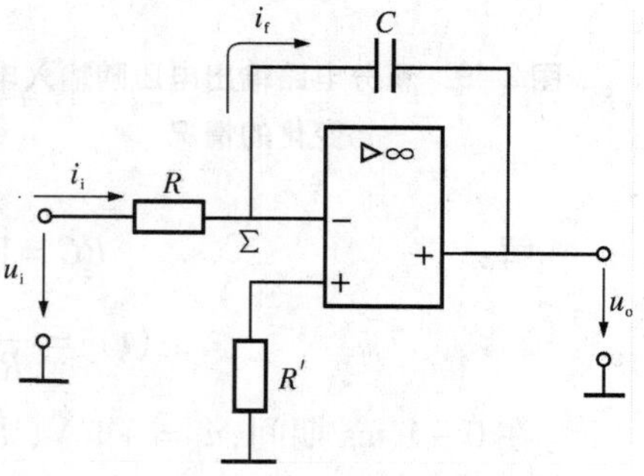

图 2-48　积分运算电路

由于同相输入端接地，故 Σ 点为虚地，$u_\Sigma=0$。由虚短、虚断的概念，则 $i_1=u_i/R$，$i_1=i_f$，因此

$$u_o(t) = -u_C(t) = -\frac{1}{C}\int_0^t i_1(t)\,dt \qquad (2\text{-}43)$$

整理得

$$u_o(t) = -\frac{1}{RC}\int_0^t u_i(t)\,dt \qquad (2\text{-}44)$$

如果电容 C 上有起始电压，则式(2-30)应写成

$$u_o(t) = -\frac{1}{RC}\int_0^t u_i(t)\,dt + U_o(0) \qquad (2\text{-}45)$$

当 u_i 为恒定值时，即 $u_i = U_I$，则积分电路的输出电压为

$$u_o(t) = -\frac{U_I}{RC}\int_0^t \mathrm{d}t = -\frac{U_I}{RC}t \tag{2-46}$$

式中　RC——电路积分常数，R、C 的单位分别为欧姆和法拉，RC 单位为秒，负号表示二者相位相反。

式(2-46)表明，当输入电压恒定时，输出电压将随时间成线性变化。如果输入电压 u_i 为阶跃电压，则 u_o 随时间线性变化，这是因为 i_1 恒定，C 被恒流充电的结果。当 u_o 的幅度增大到一定数值时，运放进入非线性区，最后达到饱和值 $\pm U_{o(sat)}$ 而不再变化，此时输入电压和输出电压的波形如图 2-49 所示。

这种用集成运放构成的积分电路，由于充电电流恒定($i_f = i_1 = U_I/R$)，所以线性度很好。电路中的平衡电阻 $R' = R$。

【例 2-10】 电路如图 2-48 所示，$R = 100\ \mathrm{k\Omega}$，$C = 0.01\ \mu\mathrm{F}$，输入电压 $u_i(t)$ 的波形如图 2-50(a)所示，电容 C 起始电压 $U_C(0) = 0$，试画出 $u_o(t)$ 的波形。

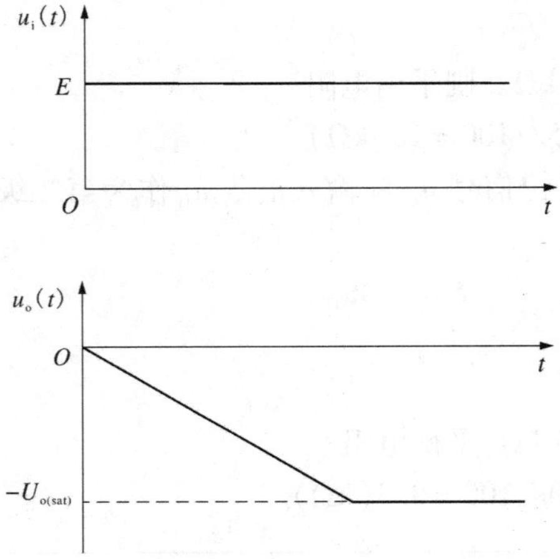

图 2-49　积分电路输出电压随输入电压变化的情况

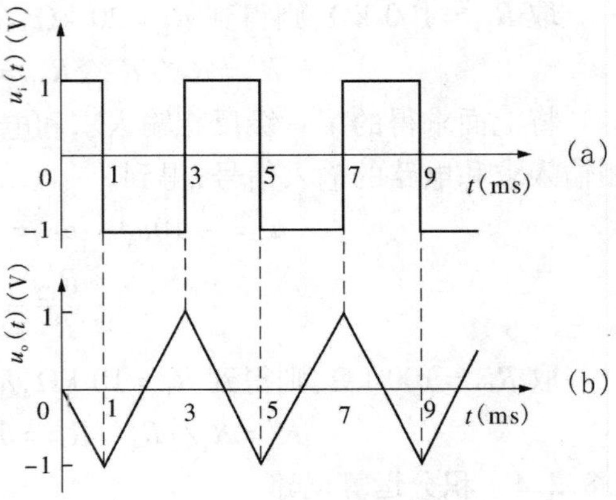

图 2-50　方波作用下积分电路的输出电压波形

解：

$$RC = 10^5\,\Omega \times 10^8\,\mathrm{F} = 10^{-3}\,\mathrm{s} = 1\ \mathrm{ms}$$

$$u_o(t) = \frac{-1}{RC}\int_0^t u_i(t)\,\mathrm{d}t = -\frac{1}{1\ \mathrm{ms}}\int_0^t u_i(t)\,\mathrm{d}t$$

在 0 ~ 1 ms 期间，$u_i = +1$ V，则

$$u_o(1\ \mathrm{ms}) = -\frac{1}{1\ \mathrm{ms}} \times 1\ \mathrm{V} \times 1\ \mathrm{ms} = -1\ \mathrm{V}$$

在 1 ~ 3 ms 期间，$u_i = -1$ V，则

$$u_o(3\ \mathrm{ms}) = -\frac{1}{1\ \mathrm{ms}} \times (-1)\mathrm{V} \times 2\ \mathrm{ms} + U_o(1\ \mathrm{ms}) = 2\ \mathrm{V} + (-1)\mathrm{V} = +1\ \mathrm{V}$$

以此类推，即可画出如图 2-50(b)所示波形。

【例 2-11】 电路如图 2-51 所示，试求 u_o 与 u_i 的关系式。

解:同相输入端经 R' 接地,故 Σ 点为虚地,

$u_{\Sigma}=0, i_1=\frac{u_i}{R_1}$,则

$$u_o(t)=-i_f R_F-u_C(t)$$

$$u_o(t)=-i_f R_F-\frac{1}{C_F}\int_0^t i_f \mathrm{d}t$$

由虚断的概念,有 $i_1=i_f$,则

$$u_o(t)=-\left[\frac{R_F}{R_1}u_i(t)+\frac{1}{R_1 C_F}\int_0^t u_i(t)\mathrm{d}t\right]$$

此电路是反相比例运算、积分运算的组合,称为比例—积分调节器(简称 PI 调节器),在自动控制系统中作校正电路用,以保证系统的稳定性和控制的精度。

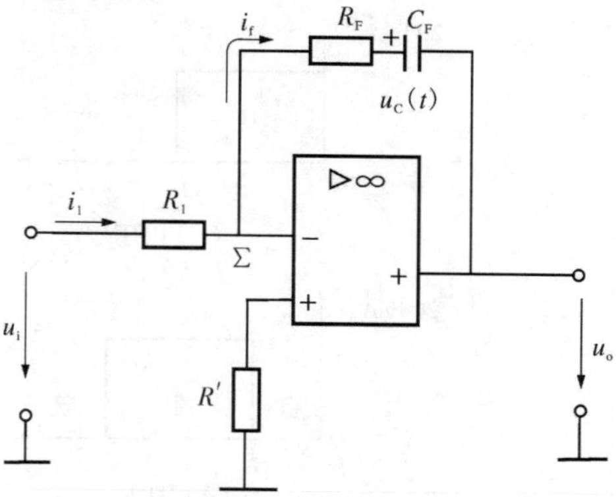

图 2-51　PI 调节器

2.8.2.5　**微分运算电路**

微分运算是积分运算的逆运算,只需将积分电路中的 R、C 位置互换,即可得微分运算电路,如图 2-52所示。

运放同相输入端经 R' 接地,故 Σ 点为虚地,$u_{\Sigma}=0$,由虚断的概念,$i_1=i_f$。由图 2-52 可知

$$i_1=C\frac{\mathrm{d}u_i(t)}{\mathrm{d}t}, u_o=-i_f R$$

即

$$u_o(t)=-RC\frac{\mathrm{d}u_i(t)}{\mathrm{d}t} \qquad (2\text{-}47)$$

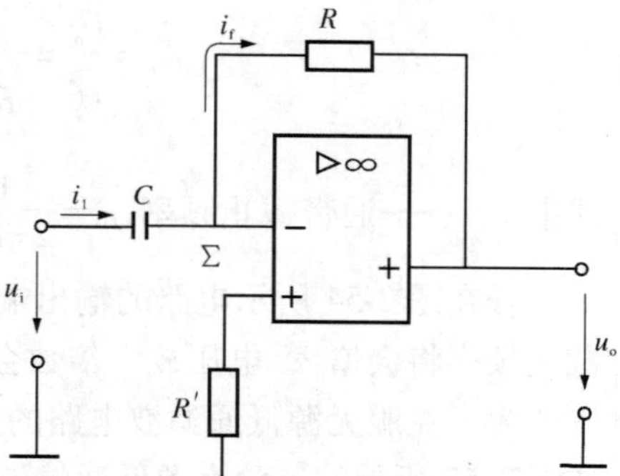

图 2-52　微分运算电路

可知输出电压 $u_o(t)$ 与 $u_i(t)$ 的一阶微分成正比,或者说 $u_o(t)$ 正比于输入电压的变化率。因此,对高频噪声和突变出现的干扰(如雷电)等非常敏感,而有较大的输出,使信噪比下降,工作不稳定,故很少应用。

2.9　集成运放在信号处理方面的应用

2.9.1　有源滤波器

滤波电路是指允许特定频率范围内的信号顺利通过而使具有其他频率的信号急剧衰减的电路,也就是说,滤波电路能从很广的频率范围中选出有用信号而抑制干扰信号。滤波电路按所用元件的不同,分为无源滤波电路和有源滤波电路;按功能的不同,又可分为低通滤波器(LPF)、高通滤波器(HPF)、带通滤波器(BPF)、带阻滤波器(BEF)。这四类滤波器的理想特性如图 2-53 所示。本节主要讨论有源滤波电路。

2.9.1.1　**低通滤波电路**

无源低通滤波电路由一个电阻和一个电容组成,如图 2-54 所示。

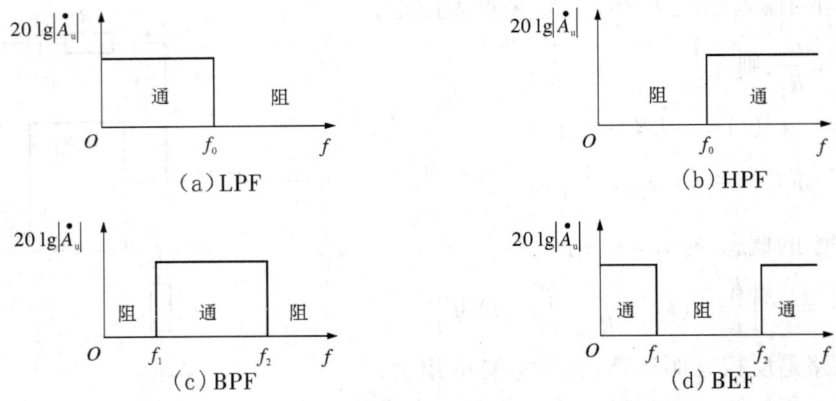

图 2-53　四种滤波器的理想特性

该电路的电压放大倍数为

$$\dot{A}_u = \frac{\dot{U}_o}{\dot{U}_i} = \frac{\frac{1}{j\omega C}}{R + \frac{1}{j\omega C}} = \frac{1}{1 + j\omega RC} = \frac{1}{1 + j\frac{f}{f_0}} \tag{2-48}$$

式中　f_0——通带截止频率，$f_0 = \frac{1}{2\pi RC}$。

若在图 2-54 所示电路的输出端接上负载电阻 R_L，如图 2-54 中虚线部分所示，则通带截止频率将会增大，电压放大倍数会更小。

为了克服无源低通滤波电路的上述缺点，将 RC 低通电路和集成运放结合起来，构成如图 2-55 所示的一阶有源低通滤波电路。

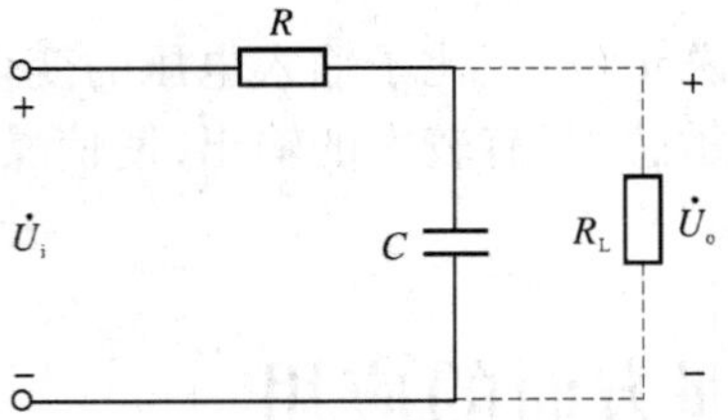

图 2-54　无源低通滤波电路

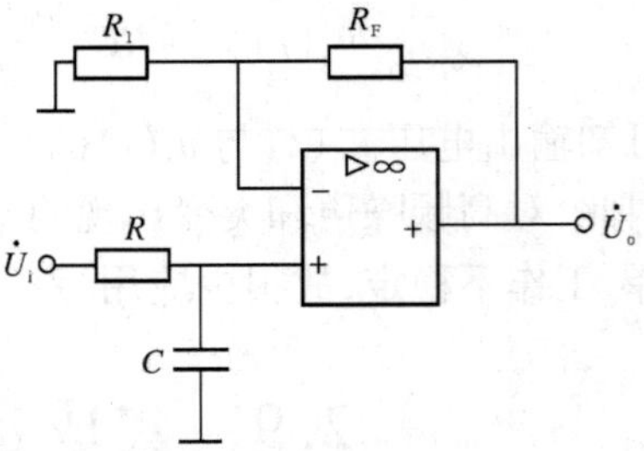

图 2-55　一阶有源低通滤波电路

有源低通滤波电路的电压放大倍数为

$$\dot{A}_u = \left(1 + \frac{R_F}{R_1}\right)\frac{1}{1 + j\omega RC} = \frac{A_{up}}{1 + j\frac{f}{f_0}} \tag{2-49}$$

式中　A_{up}——通带电压放大倍数，$A_{up} = 1 + \frac{R_F}{R_1}$。

通过分析可知，一阶有源低通滤波电路的通带截止频率与无源低通滤波电路相同，电压放大倍数和带负载能力有所提高。当 $f > f_0$ 时，图 2-56 中虚线所示的理想特性中的电压放大倍数立即衰减为零，而图 2-56 中实线特性中的电压放大倍数则以 -20 dB/10倍频的速度衰减。这是由于其滤波环节仍然是 RC 低通电路，故其频率特性中所表现出的滤波性能与无源低通滤波器类似，但和理想特性相比还是有差距。

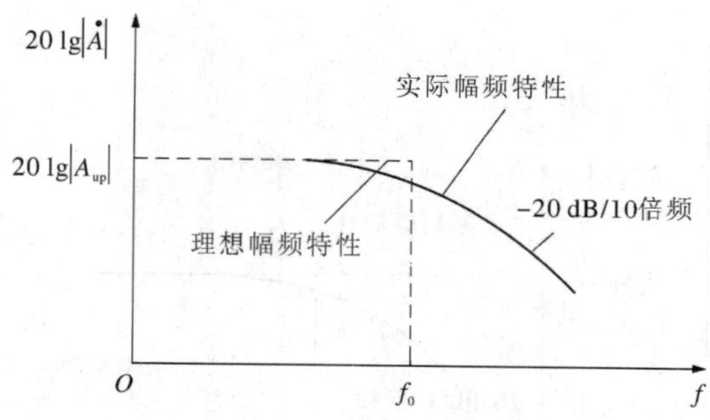

图 2-56 一阶有源低通滤波电路的幅频特性

针对上述一阶有源低通滤波电路的缺点，对图 2-55 所示电路进行进一步的改进，在同相输入端增加一级 RC 低通电路，得到如图 2-57 所示的二阶有源低通滤波电路。

在图 2-57 所示的二阶有源低通滤波电路中，当 $f > f_0$ 时，二阶有源低通滤波电路的电压放大倍数将以 -40 dB/10 倍频的速度衰减，与理想情况下的急剧衰减更接近了。

2.9.1.2 高通滤波电路

将图 2-55 所示的一阶有源低通滤波电路中的滤波环节中的电阻 R 和电容 C 互换位置，就得到了一阶有源高通滤波电路，如图 2-58 所示。

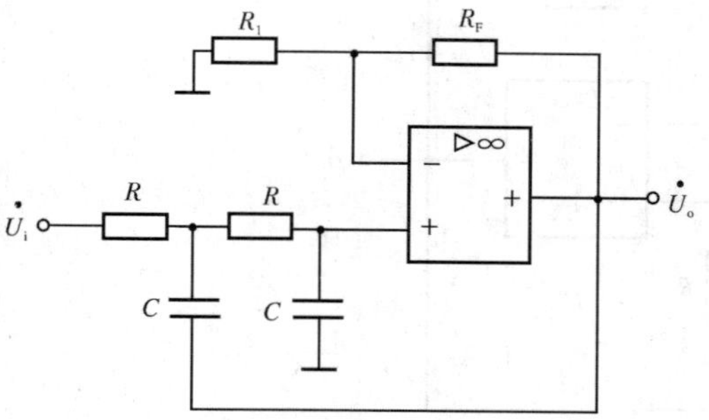

图 2-57 二阶有源低通滤波电路

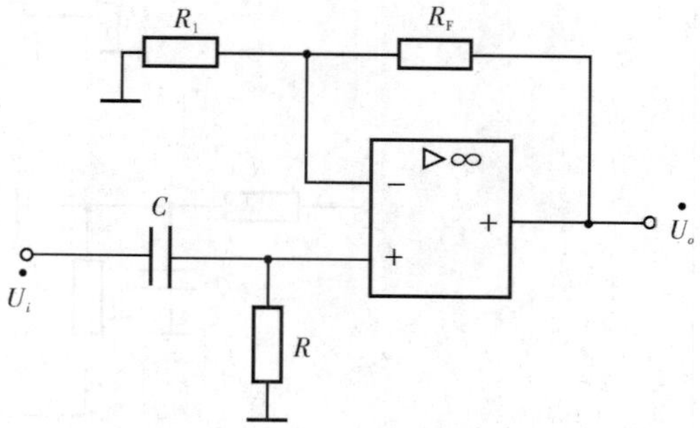

图 2-58 一阶有源高通滤波电路

该电路的滤波环节是无源高通电路。

一阶有源高通滤波电路的电压放大倍数为

$$\dot{A}_u = \frac{\dot{U}_o}{\dot{U}_i} = \frac{1+\dfrac{R_F}{R_1}}{1-j\dfrac{1}{\omega RC}} = \frac{A_{up}}{1-j\dfrac{f_0}{f}} \tag{2-50}$$

式中 A_{up}——一阶有源高通滤波电路的通带电压放大倍数，$A_{up}=1+\dfrac{R_F}{R_1}$；

f_0——一阶有源高通滤波电路的通带截止频率，$f_0=\dfrac{1}{2\pi RC}$。

一阶有源高通滤波电路的频率特性如图 2-59 所示。为了得到更接近于理想情况的频率特性，还可构成如图 2-60 所示的二阶有源高通滤波电路。

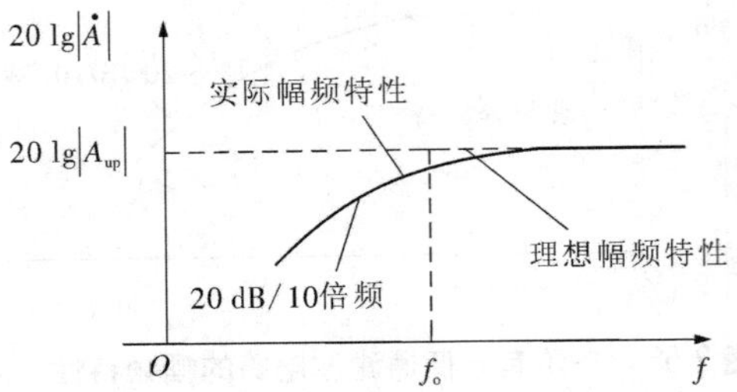

图 2-59　一阶有源高通滤波电路的频率特性

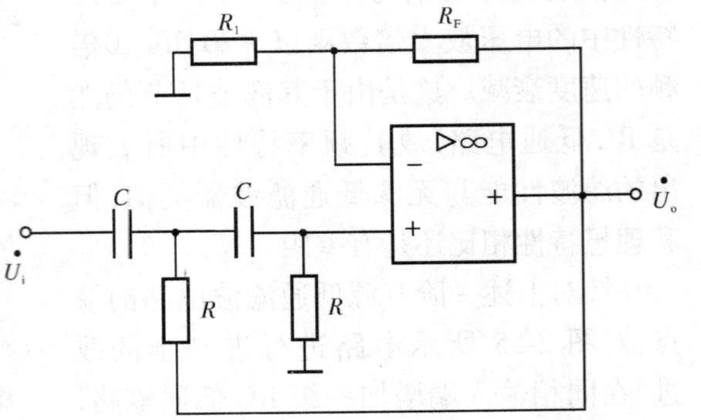

图 2-60　二阶有源高通滤波电路

2.9.1.3　带通滤波电路

所谓带通滤波电路，即允许某一频率范围内的信号通过，而对此范围之外的信号急剧衰减。带通滤波电路可以通过低通滤波电路和高通滤波电路串联组合而成，如图 2-61 所示。

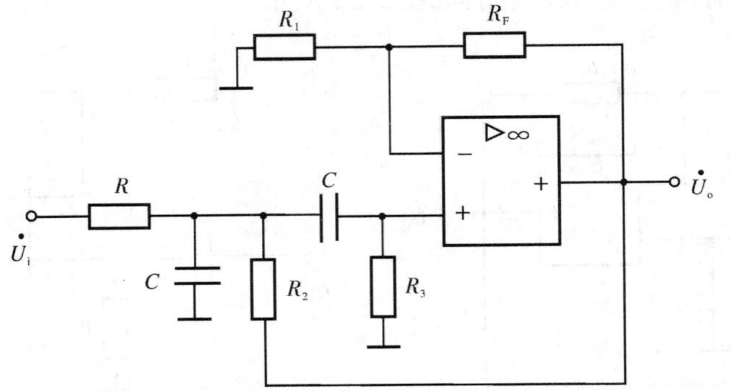

图 2-61　带通滤波电路

设低通滤波电路的通带截止频率为 f_h，而高通滤波电路的通带截止频率为 f_l，而且必须满足 $f_l < f_h$，在这一频率条件下，$f > f_h$ 的信号被低通滤波电路滤掉，$f < f_l$ 的信号被高通滤波电路滤掉，只有频率为 $f_l < f < f_h$ 的信号顺利通过滤波器。

2.9.1.4　带阻滤波电路

带阻滤波电路使某一带内的信号急剧衰减，而该频率范围之外的信号能顺利通过。带阻滤波电路可以通过低通滤波电路和高通滤波电路并联组合而成，如图 2-62 所示。

$f_l > f_h$ 时，$f < f_h$ 的信号从低通滤波电路中通过，$f > f_l$ 的信号从高通滤波电路通过，而 $f_l < f < f_h$ 的信号被急剧衰减。

2.9.2　电压比较器

在自动控制系统和测量系统中，电压比较器是一种常用的模拟信号处理电路。它将一个连续变化的模拟输入电压与另一个参考电压比较，并将比较结果以高电平或低电平

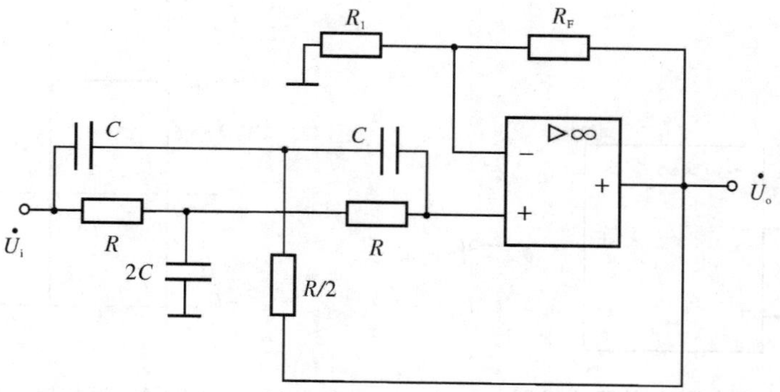

图 2-62　带阻滤波电路

输出。由于电压比较器的输出只有两种状态:高电平或低电平,因此电压比较器中的集成运放工作于非线性区,只存在虚断,不存在虚短。其输出电压与输入电压呈非线性关系,表现为

$$\begin{aligned} U_o &= +U_{OPP} \quad (U_+ > U_-) \\ U_o &= -U_{OPP} \quad (U_- > U_+) \end{aligned} \tag{2-51}$$

式中　U_+——同相输入端的电压;

　　U_-——反相输入端的电压。

电压比较器中的集成运放通常接成开环状态,有时也接成正反馈状态。

这里先介绍一下比较器中常用的两个术语:

(1)阈值电压:是指电压比较器的输出电压由一种状态跳变为另一种状态时所对应的输入电压,用 U_{TH} 表示,又称为门限电压或门限电平。

(2)传输特性:是指电压比较器的输出电压 u_o 与输入电压 u_i 之间的关系。

2.9.2.1　单限比较器

图 2-63 所示电路为单限比较器。

输入信号 u_i 加到反相输入端,参考电压 u_R 加到同相输入端,集成运放处于开环工作状态。由于集成运放工作在非线性区,当 $u_i < u_R$ 时,同相输入信号大于反相输入信号,则输出电压 u_o 为 $+U_{OPP}$。当 $u_i > u_R$,反相输入信号大于同相输入信号,则输出电压 u_o 为 $-U_{OPP}$,单限比较器的传输特性如图 2-64 所示。

当输入电压 u_i 在参考电压 u_R 附近发生微小变化时,输出电压 u_o 将立即产生跳变。可见,图 2-63 所示的单限比较器的阈值电压为 u_R。该比较器只存在一个阈值电压,故称为单限比较器。

如果同相输入端接地,则图 2-63 所示比较器的阈值电压就变为 0,我们称之为过零比较器,它是单限比较器的特例。

如果将输入信号 u_i 和参考信号 u_R 调换位置,则得到如图 2-65 所示的同相输入单限比较器,其电压传输特性如图 2-66 所示。

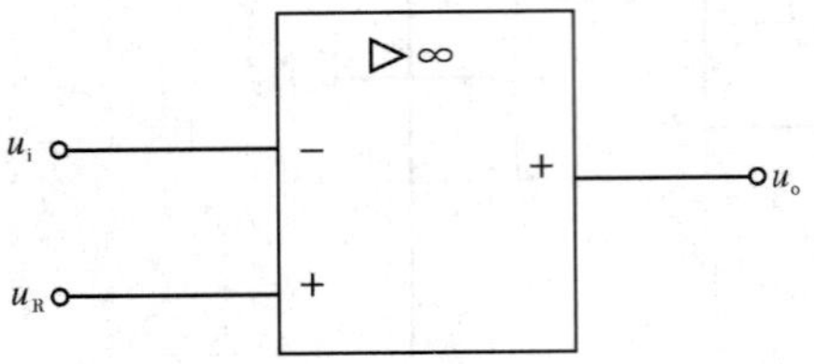

图 2-63　反相输入单限比较器

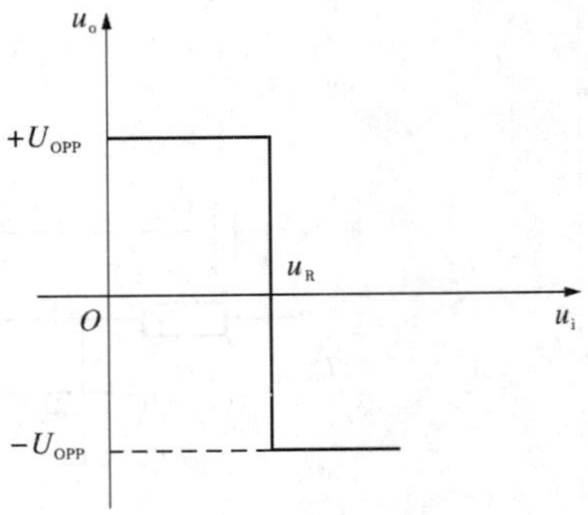

图 2-64　反相输入单限比较器的传输特性

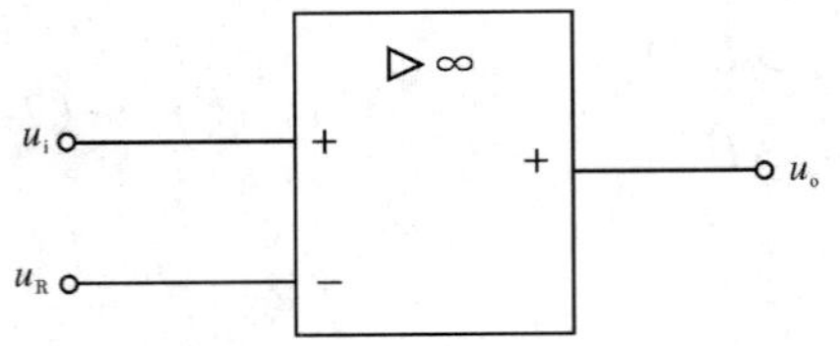

图 2-65　同相输入单限比较器

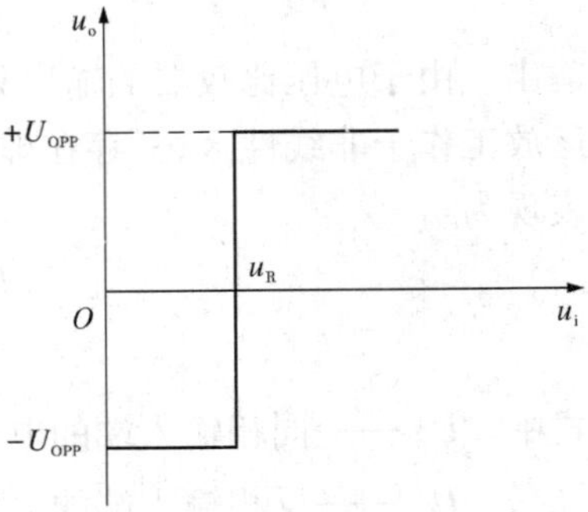

图 2-66　同相输入单限比较器的传输特性

单限比较器的主要用途是检测输入信号是否达到某个给定电平。另外，单限比较器具有波形变换的作用，对应于如图 2-67 所示的正弦输入电压 u_i，将会得到方波输出电压 u_o。在输出端接上背靠背的稳压管可实现对输出电压的限幅作用，得到如图 2-68 所示的传输特性，$u_i < u_R$，$u_o = -U_Z$；$u_i > u_R$，得到 $u_o = +U_Z$。

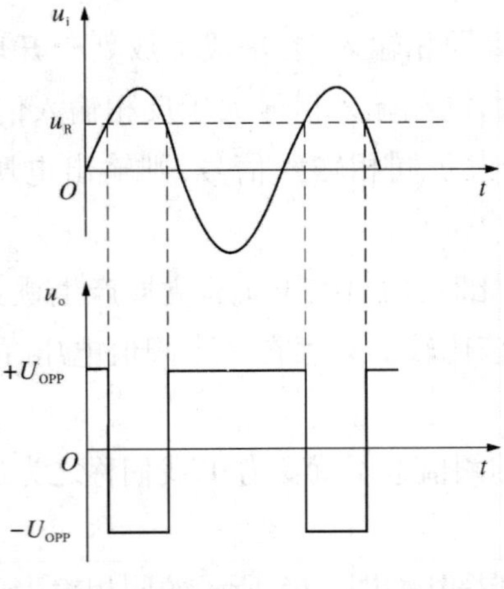

图 2-67　单限比较器的波形变换作用

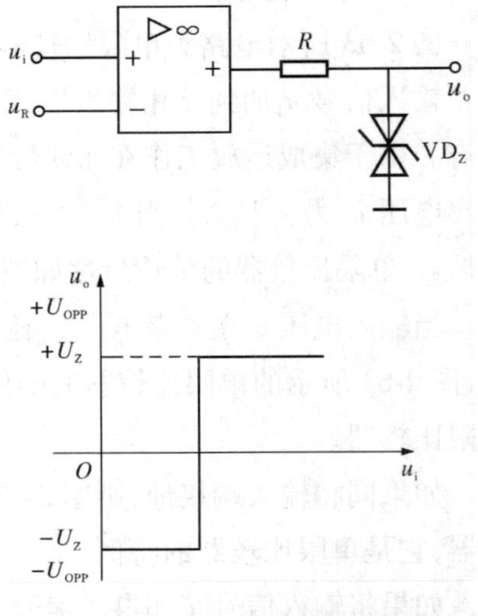

图 2-68　加入限幅环节的单限比较器及其电压传输特性

当输入电压在参考电压 u_R附近有连续的微小波动时，输出电压 u_o将在正负输出值之间连续跳变。这一缺点在实际电路中表现为抗干扰能力差，对于控制系统的执行机构非常不利。针对这一缺点，我们提出了滞回比较器，这类电压比较器可以消除这种现象。

2.9.2.2 滞回比较器

对单限比较器进行改进，在输出端和同相输入端之间增加电阻 R_F得到如图 2-69 所示的滞回比较器，滞回比较器又称施密特触发器。

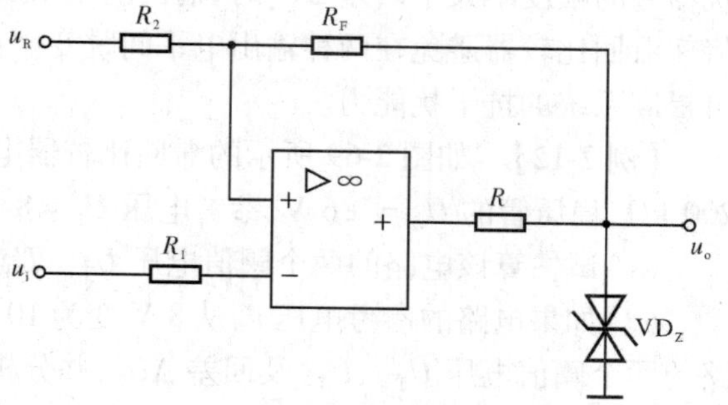

图 2-69 滞回比较器

由于滞回比较器中的运放工作在非线性区，而且电路中加入了稳压管进行限幅，因此输出只有两种可能，$+U_Z$和$-U_Z$。假设滞回比较器当前的输出电压为$+U_Z$，则反相输入端的电压为：$u_- = u_i$。

同相输入端的电压 u_+与输出电压 u_o、参考电压 u_R都有关系，利用叠加定理可求出

$$u_+ = \frac{R_2}{R_2 + R_F}u_o + \frac{R_F}{R_2 + R_F}u_R = \frac{R_2}{R_2 + R_F}U_Z + \frac{R_F}{R_2 + R_F}u_R$$

当反相输入端的电压 u_-稍大于同相输入端电压 u_+时，输出电压 u_o将从$+U_Z$跳变到$-U_Z$，则反相输入端的电压 u_-等于同相输入端电压 u_+时对应的输入电压为滞回比较器的阈值电压，也称上门限电压，用 U_{T+}表示，即

$$U_{T+} = \frac{R_2}{R_2 + R_F}U_Z + \frac{R_F}{R_2 + R_F}U_R \tag{2-52}$$

同理，如果滞回比较器的输出电压为$-U_Z$，当反相输入端的电压正向增大超过上门限电压时，输出电压也将发生跳变，由此可得到滞回比较器的另一个阈值电压，也称下门限电压，用 U_{T-}表示，即

$$U_{T-} = -\frac{R_2}{R_2 + R_F}U_Z + \frac{R_F}{R_2 + R_F}U_R \tag{2-53}$$

具体电压传输特性如图 2-70 所示。从图中可以看出，当输入电压正向增大超过上门限电压时，输出电压发生跳变，但当输入电压反向减小到上门限电压时，由于此时电路的阈值电压已随着刚才输出电压的跳变而变化为下门限电压，因此输出电压并不发生跳变。只有当输入电压继续减小到下门限电压时，输出电压才发生跳变，这使得电压传输特性出现了转换迟滞。由于这类比较器的电压传输特性类似于磁性材料的磁滞回线，因此将其称为滞回比较器或迟滞比较器。滞回比较器的上、下门限电压之差称之为回差，用 ΔU_T表示为

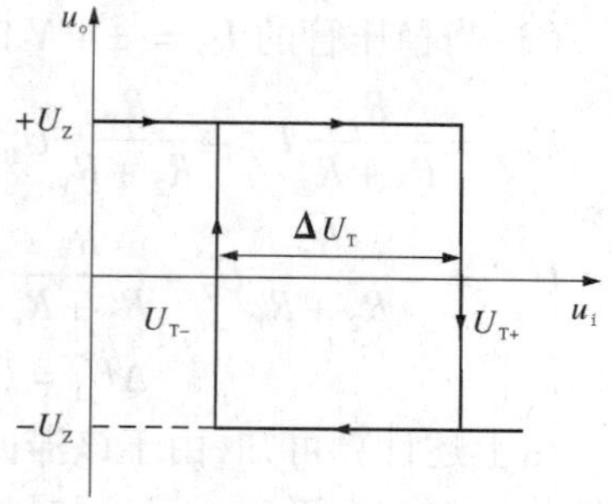

图 2-70 滞回比较器的电压传输特性

$$\Delta U_T = U_{T+} - U_{T-} = \frac{2R_2}{R_2 + R_F} U_Z \tag{2-54}$$

阈值电压的不一致降低了滞回比较器对输入信号的鉴别灵敏度，这既是滞回比较器的缺点，也是它的优点。当输入信号受到干扰，在两个阈值电压间反复变化，也就是说，干扰信号的幅度不大于回差 ΔU_T 时，输出电压不发生跳变。因此对于较小的干扰，这一特点将使滞回比较器避免在两种输出电平间跳变。在控制系统中利用滞回比较器的这一特点可提高系统的抗干扰能力。

【例 2-12】 如图 2-69 所示的滞回比较器电路中，已知 $R_1 = 38\ k\Omega, R_2 = 100\ k\Omega, R_F = 200\ k\Omega$，稳压管的 $U_Z = \pm 6\ V$，参考电压 $U_R = 8\ V$。

(1) 试估算该电路的两个阈值电压 U_{T+}、U_{T-} 及回差 ΔU_T。

(2) 如果电路的参考电压 u_R 从 8 V 变为 10 V，电路其余参数均未发生变化，估算该电路的两个阈值电压 U_{T+}、U_{T-} 及回差 ΔU_T，并分析传输特性所发生的变化。

(3) 如果稳压管的 U_Z 发生变化，$U_Z = \pm 4\ V$，估算该电路的两个阈值电压 U_{T+}、U_{T-} 及回差，并分析传输特性所发生的变化。

解：(1) 由图 2-69 可知，该滞回比较器的两个阈值电压分别为

$$U_{T+} = \frac{R_2}{R_2 + R_F} U_Z + \frac{R_F}{R_2 + R_F} U_R = \frac{100}{100 + 200} \times 6 + \frac{200}{100 + 200} \times 8 = 7.33(V)$$

$$U_{T-} = -\frac{R_2}{R_2 + R_F} U_Z + \frac{R_F}{R_2 + R_F} U_R = -\frac{100}{100 + 200} \times 6 + \frac{200}{100 + 200} \times 8 = 3.33(V)$$

则

$$\Delta U_T = U_{T+} - U_{T-} = 7.33 - 3.33 = 4(V)$$

(2) 当参考电压 U_R 从 8 V 变为 10 V 时，可分别求得

$$U_{T+} = \frac{R_2}{R_2 + R_F} U_Z + \frac{R_F}{R_2 + R_F} U_R = \frac{100}{100 + 200} \times 6 + \frac{200}{100 + 200} \times 10 = 8.67(V)$$

$$U_{T-} = -\frac{R_2}{R_2 + R_F} U_Z + \frac{R_F}{R_2 + R_F} U_R = -\frac{100}{100 + 200} \times 6 + \frac{200}{100 + 200} \times 10 = 4.67(V)$$

$$\Delta U_T = U_{T+} - U_{T-} = 8.67 - 4.67 = 4(V)$$

由上述计算可知，该滞回比较器的输出电压及回差电压保持不变，电压传输特性将向右平移。

(3) 当稳压管的 $U_Z = \pm 4\ V$ 时，可分别求得

$$U_{T+} = \frac{R_2}{R_2 + R_F} U_Z + \frac{R_F}{R_2 + R_F} U_R = \frac{100}{100 + 200} \times 4 + \frac{200}{100 + 200} \times 8 = 6.67(V)$$

$$U_{T-} = -\frac{R_2}{R_2 + R_F} U_Z + \frac{R_F}{R_2 + R_F} U_R = -\frac{100}{100 + 200} \times 4 + \frac{200}{100 + 200} \times 8 = 4(V)$$

$$\Delta U_T = U_{T+} - U_{T-} = 6.67 - 4 = 2.67(V)$$

由上述计算可知，由于该滞回比较器的输出电压及回差电压发生改变，因此电压传输特性将不仅向右平移，而且同时将向内收缩，如图 2-71 所示。

2.9.2.3 双限比较器

如图 2-72 所示的双限比较器是由两个集成运放组成的。两个集成运放的输出端都接有一个二极管，其阴极连到一起作为双限比较器的输出端。电路中给出了两个参考电

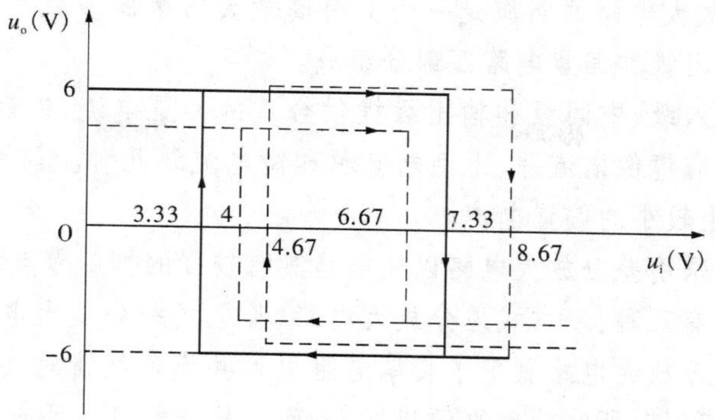

图 2-71　例 2-12 中的迟滞回线

压 u_{R1} 和 u_{R2}，分别加到两个集成运放的反相输入端和同相输入端，并且 $u_{R1} > u_{R2}$。

当输入电压 $u_i < u_{R2}$，当然更低于 u_{R1} 时，运放 A_1 的输出为低电平，运放 A_2 的输出为高电平，使得二极管 VD_1 截止，二极管 VD_2 导通，从而使双限比较器的输出电压 u_o 为高电平。

当 $u_{R2} < u_i < u_{R1}$ 时，运放 A_1 的输出为低电平，运放 A_2 的输出为低电平，使得二极管 VD_1、VD_2 截止，双限比较器的输出电压 u_o 为低电平。

当输入电压 $u_i > u_{R1}$，当然更高于 u_{R2} 时，运放 A_1 的输出为高电平，运放 A_2 的输出为低电平，使得二极管 VD_1 导通，二极管 VD_2 截止，从而使双限比较器的输出电压 u_o 为高电平。

通过上述分析可以得到如图 2-73 所示的双限比较器的电压传输特性，由传输特性可以看出电路中所加的两个参考电压即门限电平。双限比较器可用于检测输入电压是否处于两个门限电平之间，因此又称窗口比较器，常用于自动测试、故障检测等场合。

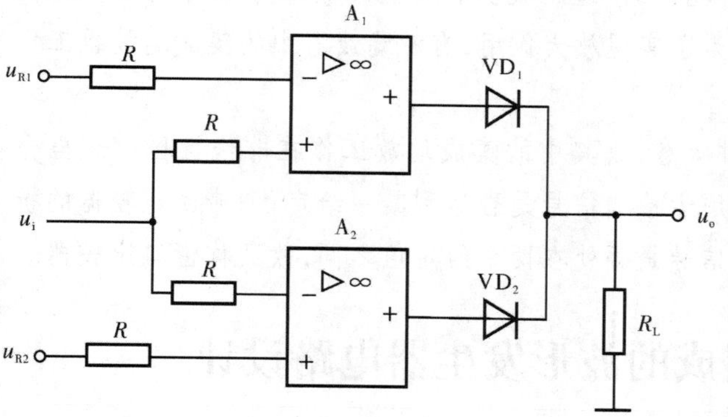

图 2-72　双限比较器

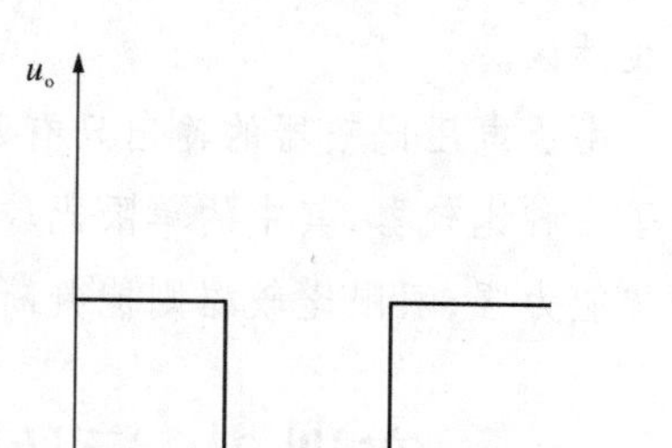

图 2-73　双限比较器的电压传输特性

本章小结

本章主要对集成运算放大电路的组成，性能指标及集成运放在信号运算、信号处理等方面的作用进行了介绍。

(1)集成运算放大电路的实质是一个具有高放大倍数的多级直接耦合放大电路，由输入级、中间级、输出级和偏置电路四部分组成。

偏置电路为输入级、中间级和输出级提供合适的偏置电流，以确定各级的静态工作点。偏置电路主要有镜像电流源、比例电流源和微电流源几种。前两者提供的偏置电流较大，后者则可产生较小的偏置电流。

输入级大部分采用差分放大电路以使电路具有较强的抑制零点漂移的能力。常见的差分放大电路主要有三种：基本式差分放大电路、长尾式差分放大电路、恒流源式差分放大电路。长尾式差分放大电路利用了长尾电阻引入共模负反馈对共模信号进行抑制，并提供共模抑制比，但同时所需的负电源将增大，而且长尾电阻不可能无限制地增大。恒流源式差分放大电路采用三极管代替大电阻，克服了上述缺点。

中间级通常采用有源负载和复合管结构，以使电压放大倍数足够大，并能够提高输入电阻以减小对前级的影响，同时能向输出级提供较大的推动电流。

输出级多数情况下采用互补对称电路，其作用在于向负载提供足够大的功率。

(2)集成运放可用来实现比例运算、求和运算、积分运算和微分运算。运算电路中的集成运放工作在线性区，满足虚断、虚短的特点。

由集成运算组成的比例运算电路有同相比例运算电路、反相比例运算电路和差分输入比例运算电路。求和运算电路分为同相输入求和电路、反相输入求和电路和加减法运算电路，其中加减法运算也可通过两级反相求和电路实现。积分运算电路和微分运算电路分别可对输入信号实现波形转换和移相作用。

(3)集成运放在信号处理方面的应用为有源滤波器和电压比较器等。

有源滤波器根据其功能的不同分为四类：低通滤波器、高通滤波器、带通滤波器和带阻滤波器。在满足一定频率条件的情况下，带通滤波器和带阻滤波器分别可通过低通滤波器、高通滤波器串联和并联构成。为了实现放大作用，有源滤波器中的集成运放也工作在线性区。

由于电压比较器的输出只有两种状态，故其中的集成运放工作在非线性区。这里介绍了三种比较器，其中的单限比较器用于检测信号是否达到某一给定值；滞回比较器的抗干扰能力强；双限比较器则能判断出信号是否处在两个给定值之间，故又称窗口比较器。

实训3　运放组成的波形发生器电路设计

1. 实训设备

(1)通用印制板或通用实验板，集成运放(741、324)及相关元器件。

(2)通用电子仪器及焊接或插接工具。

2. 实训要求

用集成运算放大器组成的RC正弦波振荡器和滞回比较器连接成一个波形发生器，要求：能产生正弦波、方波两种波形，其信号频率约为2 kHz，正弦波的峰值U_{om}约为7 V，

方波幅值 U_{OPP}一般为 -6 ~ +6 V。

3. 实训内容

(1)进行设计计算,确定电路方案及各元件参数值,画出电路原理图。

(2)按图连线,并进行调试,直到满足设计要求。用恰当的仪器进行测量,记录数据与结果,并作分析与小结。

(3)电路设计中,要求正弦波振荡器具有稳幅措施,方波发生电路要求抗干扰能力强。

4. 实训习题

(1)正弦波振荡器其稳幅环节是如何确定的?说明其原理。

(2)如何估算正弦波信号的输出幅度?

(3)方波产生电路要求有较强的抗干扰能力,为此,设计应作何考虑?其抗干扰能力约为多少?

(4)是否有专门的集成电路可产生正弦波、方波两种波形?简单加以说明。

习　题

2-1　电路如图 2-74 所示,调整电位器 R_W 可以调整电路的静态工作点。试问:

(1)要使 $I_C = 1.8$ mA,R_W应为多大?

(2)要使电压 $U_{CE} = 6$ V,R_W应为多大?

2-2　放大电路及元件参数如图 2-75 所示,三极管选用 3DG105,$\beta = 50$。

(1)求静态工作点;

(2)画出微变等效电路;

(3)分别计算 R_L开路和 $R_L = 4.7$ kΩ 时的电压放大倍数 A_u。

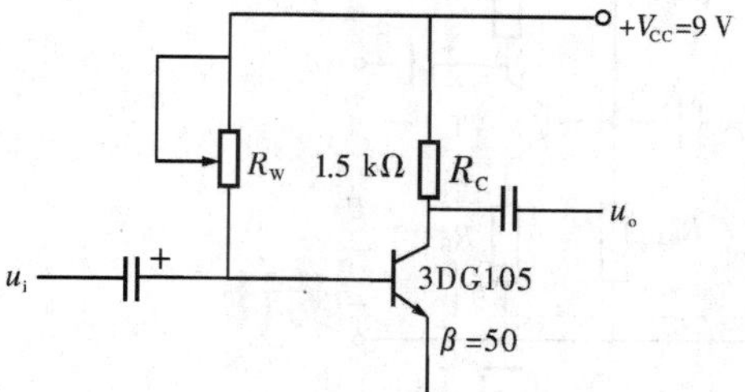

图 2-74　习题 2-1 图

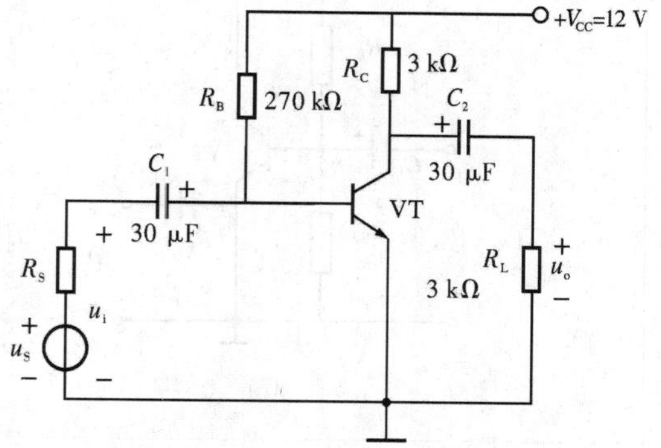

图 2-75　习题 2-2 图

2-3　射极输出器电路如图 2-76 所示,已知 $R_B = 200$ kΩ,$R_E = 2$ kΩ,$R_L = 4.7$ kΩ ,$R_S = 1$ kΩ,$\beta = 100$,$U_{BE} = 0.7$ V,$V_{CC} = 12$ V。试求:

(1)电路静态工作点;

(2) 电压放大倍数 A_u；

(3) 输入电阻 r_i 和输出电阻 r_o。

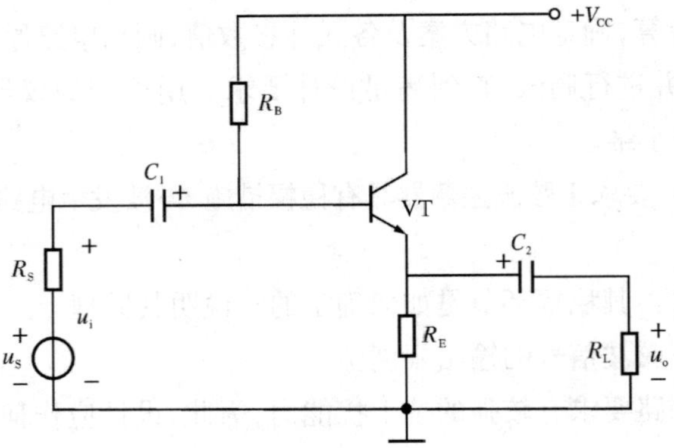

图 2-76 习题 2-3 图

2-4 试判断图 2-77 中各个电路能不能放大交流信号，为什么？

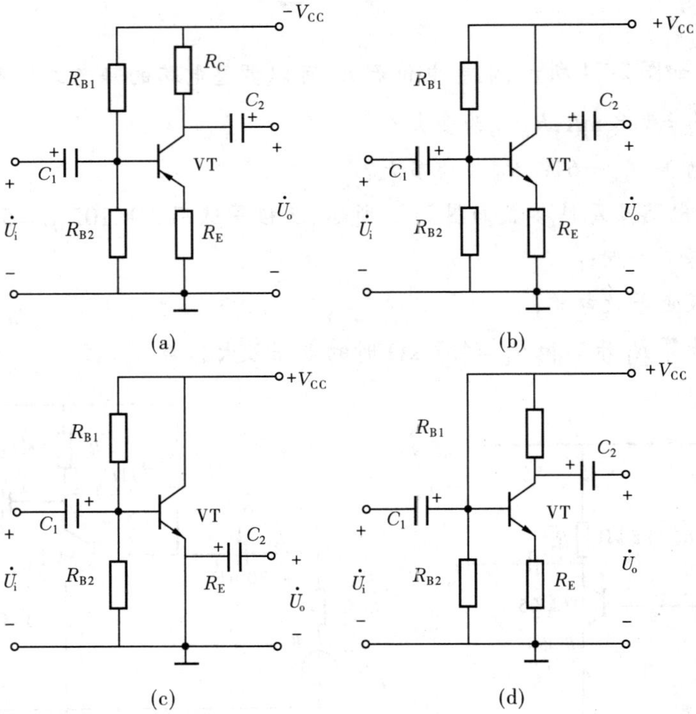

图 2-77 习题 2-4 图

2-5 晶体管放大电路如图 2-78 所示，已知 $V_{CC}=12\ \text{V}$，$R_C=3\ \text{k}\Omega$，$R_B=240\ \text{k}\Omega$，晶体管的 $\beta=40$。

(1) 估算各静态值；

(2) 求出在静态（$u_i=0$）时 C_1 和 C_2 上的电压；

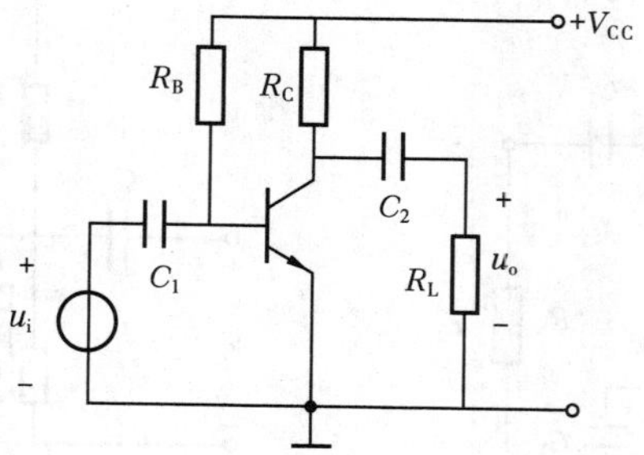

图 2-78 习题 2-5 图

(3)如改变 R_B,使 $U_{CE}=3$ V,则 R_B 应为多大?如改变 R_B,使 $I_C=1.5$ mA,则 R_B 应改为多大?

(4)若 $V_{CC}=10$ V,要求 $U_{CE}=5$ V,$I_C=2$ mA,则 R_C 和 R_B 各应为多少?

2-6 在图 2-79 所示电路中,已知 $\beta=50$,$U_{BE}=0.7$ V,$r_{bb}=200$ Ω,求:

(1)静态工作点;

(2)画出此电路的微变等效电路;

(3)电压放大倍数 A_u、输入电阻 r_i 和输出电阻 r_o;

(4)电容 C_E、C_1 及 C_2 的名称分别是什么?

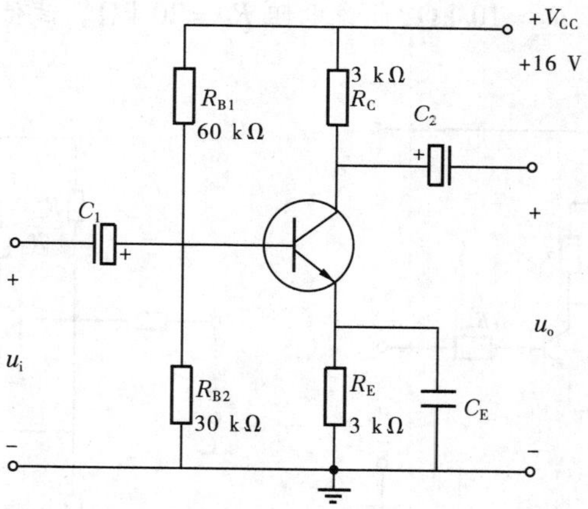

图 2-79 习题 2-6 图

2-7 如图 2-80 所示单管共射放大电路,已知晶体管的 β 和 r_{be},完成以下问题:

(1)画出此放大电路的微变等效电路;

(2)分别写出此放大电路的电压放大倍数 A_u、输入电阻 r_i 和输出电阻 r_o 的表达式。

2-8 共源极 MOS 管放大电路如图 2-81 所示,其跨导 $g_m=1$ mS。

(1)画出其微变等效电路;

(2)求出 A_u、r_i、r_o 的值。

2-9 集成运放主要由哪几部分组成?它们分别在集成运放中起什么作用?

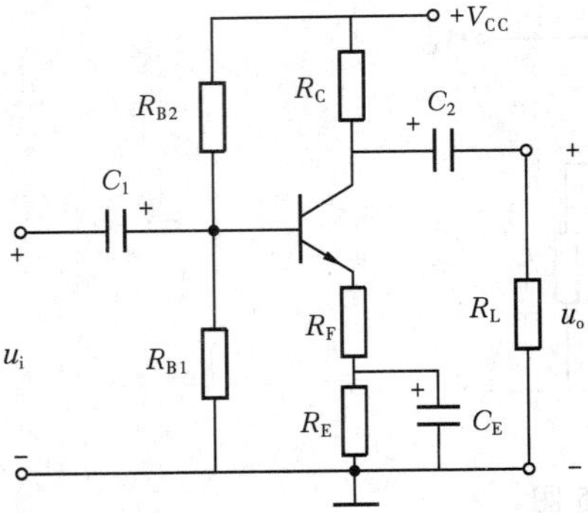

图 2-80　习题 2-7 图

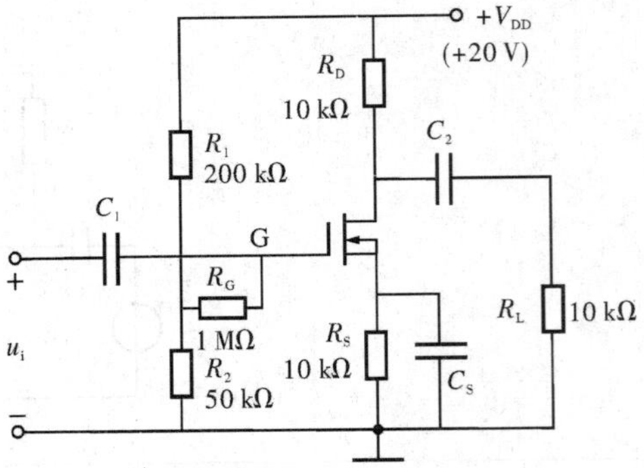

图 2-81　习题 2-8 图

2-10　差分放大电路在结构上有什么特点？它是如何抑制零点漂移的？

2-11　运算电路和电压比较器中的集成运放分别工作在哪种工作状态？试分析此时集成运放的特点。

2-12　在图 2-82 所示电路中，已知三极管的 $\beta=60$，$V_{CC}=V_{EE}=15\ \text{V}$，$R_C=75\ \text{k}\Omega$，$R_E=56\ \text{k}\Omega$，$R_B=1.8\ \text{k}\Omega$，$R_W=1\ \text{k}\Omega$。$R_W$ 的滑动端处于中点，负载电阻 $R_L=30\ \text{k}\Omega$。试估算：①静态工作点；②差模电压放大倍数；③差模输入电阻。

2-13　如图 2-83 所示，已知三极管的 $\beta=30$，$V_{CC}=V_{EE}=9\ \text{V}$，$R_C=47\ \text{k}\Omega$，$R_B=10\ \text{k}\Omega$，$R_1=3.6\ \text{k}\Omega$，$R_2=16\ \text{k}\Omega$，$R_3=10\ \text{k}\Omega$，负载电阻 $R_L=20\ \text{k}\Omega$。试估算：①静态工作点；②差模电压放大倍数。

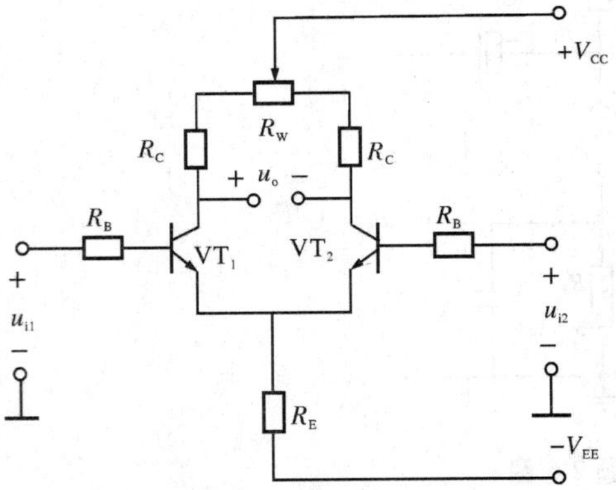

图 2-82　习题 2-12 图

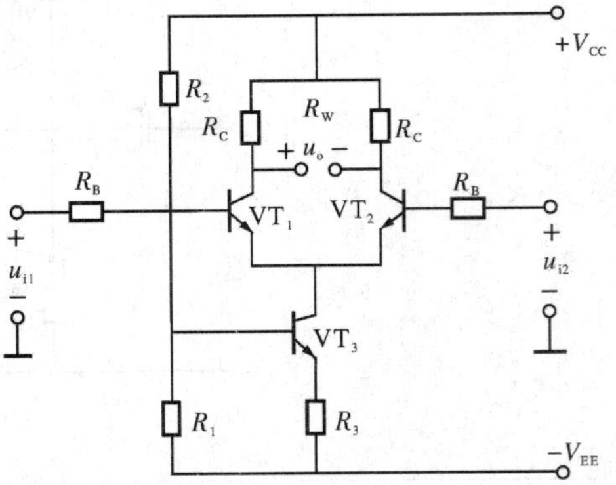

图 2-83　习题 2-13 图

2-14　试用集成运放实现以下运算关系：$u_o=-3u_{i1}-10u_{i2}+0.53u_{i3}$。

2-15　试判断图 2-84 各电路的反馈组态。

2-16　试求图 2-85 各电路输出电压 u_o 与输入电压 u_i 之间的关系。

2-17　试求图 2-86 各电路输出电压 u_o 与输入电压 u_i 之间的关系。

2-18　在图 2-87 所示的反相比例运算电路中，设 $R_1=10\ \text{k}\Omega$，$R_F=500\ \text{k}\Omega$，若 $u_i=10$

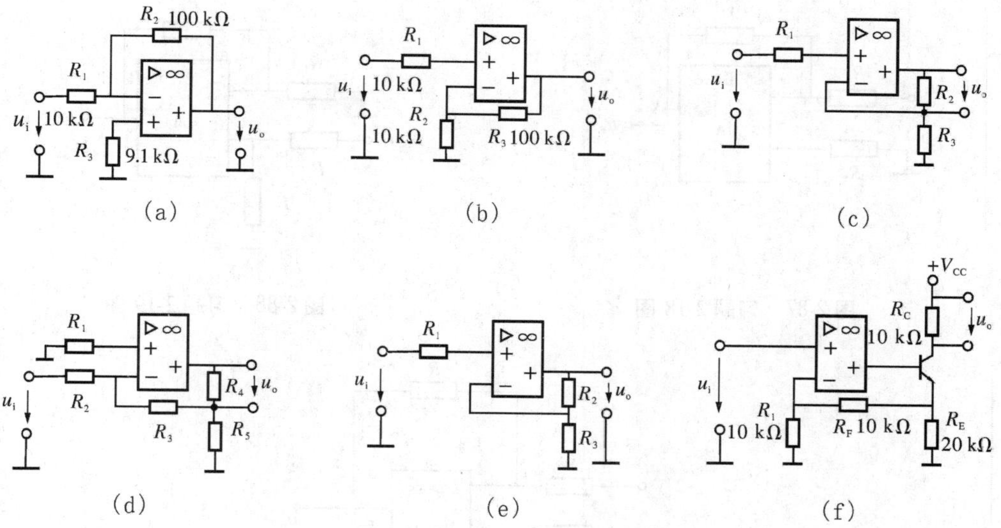

图 2-84　习题 2-15 图

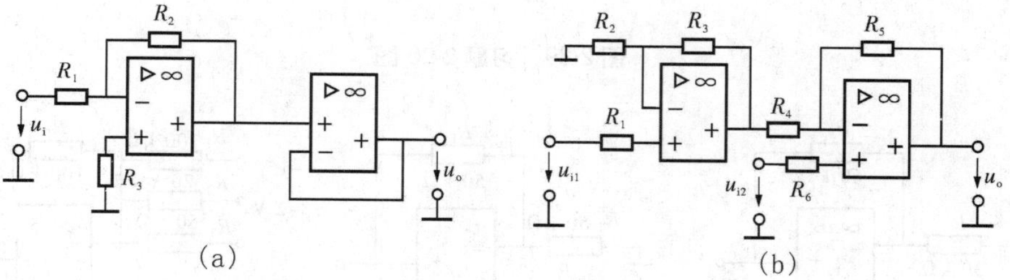

图 2-85　习题 2-16 图

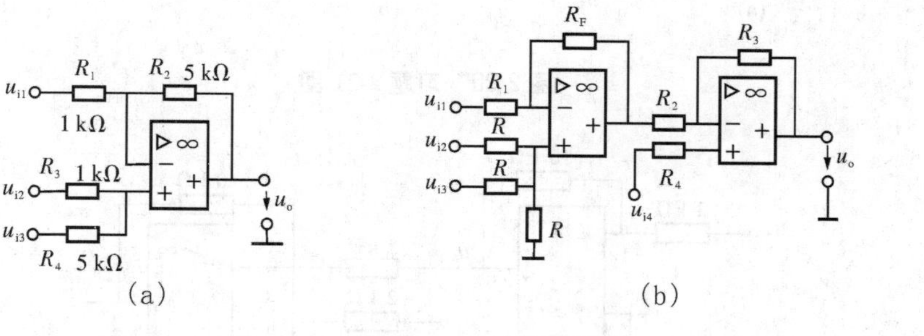

图 2-86　习题 2-17 图

mV，则 u_o 为多少？

2-19　在图 2-88 所示的同相比例运算电路中，已知 $R_1=2\ \text{k}\Omega$，$R_F=10\ \text{k}\Omega$，$R_2=2\ \text{k}\Omega$，$R_3=18\ \text{k}\Omega$，$u_i=1\ \text{V}$，求 u_o。

2-20　如图 2-89 所示，求输出电压 u_o 的值。

2-21　运算电路如图 2-90 所示，试求各电路的输出电压。

2-22　试求图 2-91 所示电路的输出电压 u_o 与各输入电压 u_a、u_b 及 u_c 的运算关系。

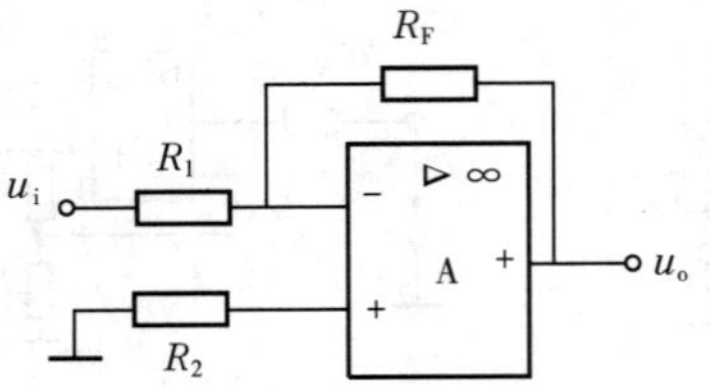

图 2-87　习题 2-18 图

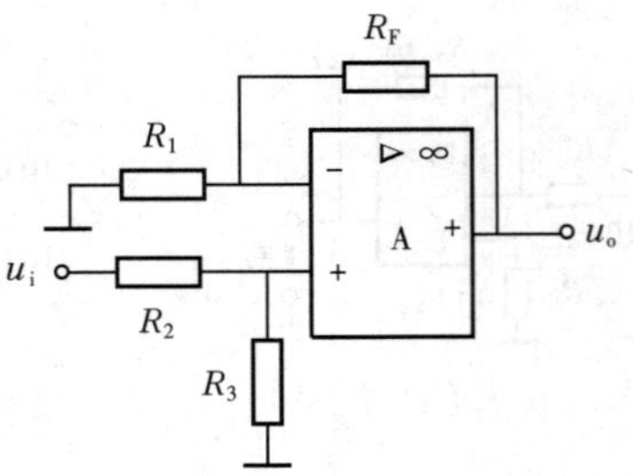

图 2-88　习题 2-19 图

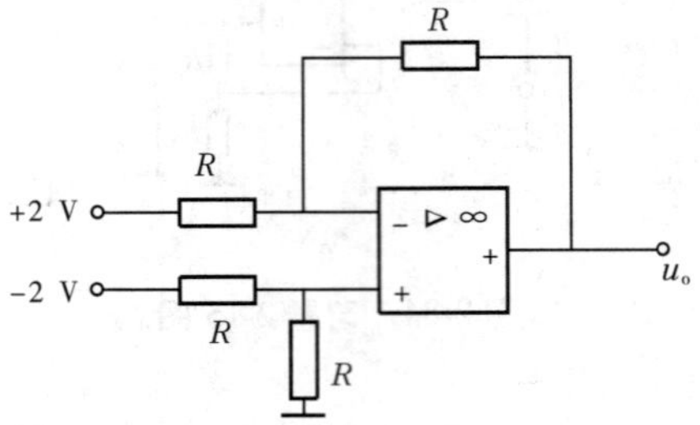

图 2-89　习题 2-20 图

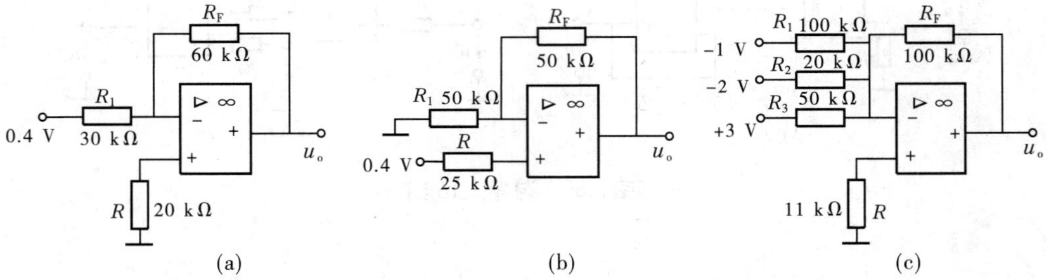

图 2-90　习题 2-21 图

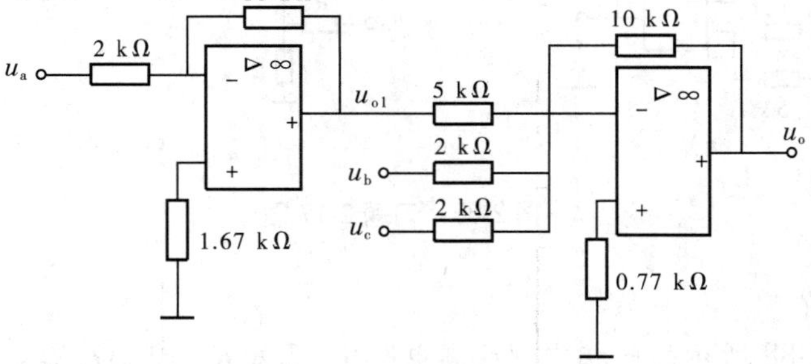

图 2-91　习题 2-22 图

2-23　求图 2-92 所示电路的输出电压与各输入电压的运算关系。

2-24　求如图 2-93 所示电路的 u_o 与 u_i 的运算关系式。

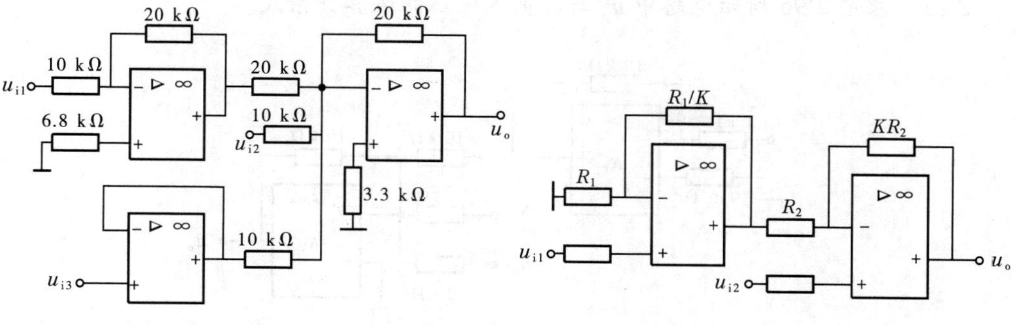

(a) (b)

图 2-92 习题 2-23 图

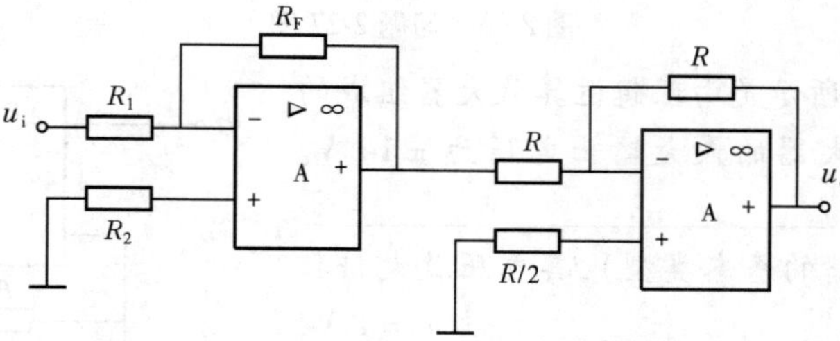

图 2-93 习题 2-24 图

2-25 电路如图 2-94 所示,要求:

(1)试写出输出电压 u_{o1} 与输入电压 u_i 的关系式;

(2)写出输出电压 u_{o2} 与输入电压 u_i 的关系式;

(3)当 $u_i = -3$ V 时,分别求输出电压 u_{o1} 和 u_{o2} 的值。

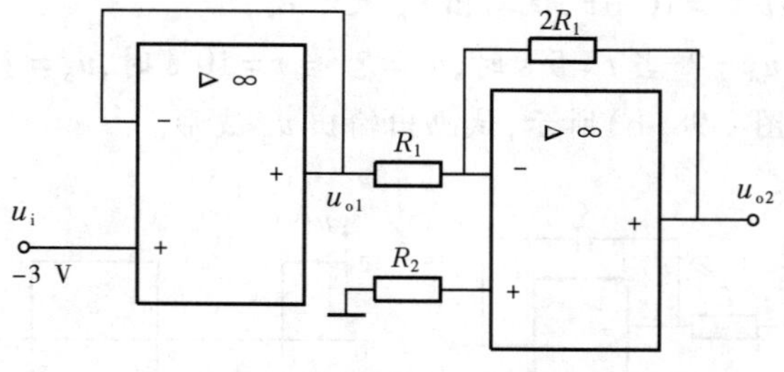

图 2-94 习题 2-25 图

2-26 在图 2-95 所示电路中,$R_F = 2R_1$、$u_i = -2$ V,则输出电压为多少?

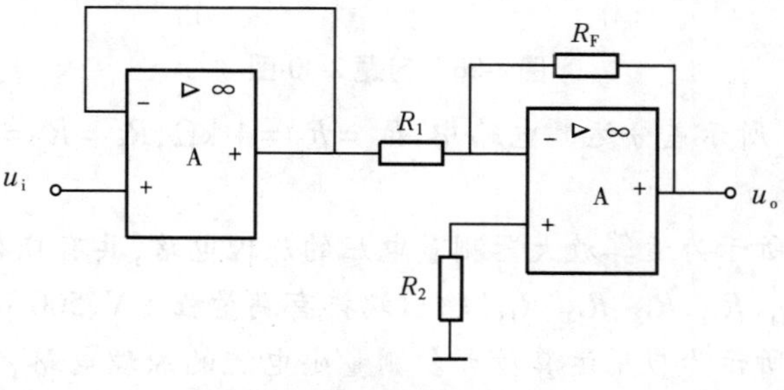

图 2-95 习题 2-26 图

2-27　求图 2-96 所示电路中 u_o 与各输入电压的运算关系式。

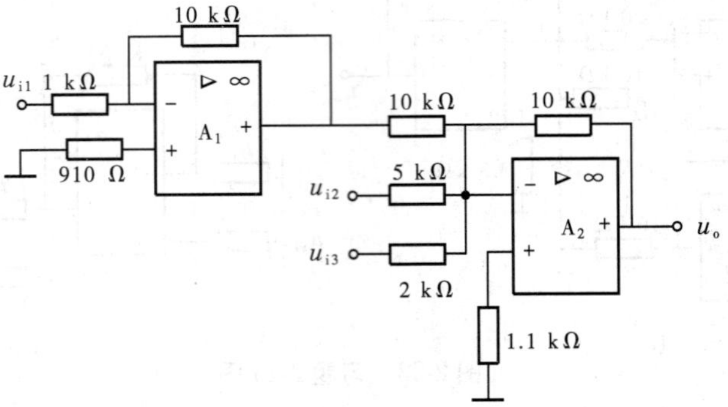

图 2-96　习题 2-27 图

2-28　图 2-97 所示是由理想运算放大器组成的电路，已知运算放大器的最大输出电压为 ±14 V。试问：电路引入了＿＿＿＿＿＿＿＿＿＿负反馈（填入负反馈的基本类型），其电压放大倍数 A_{uf} =＿＿＿＿＿＿＿＿。设 $u_i=1$ V，则 u_o =＿＿＿＿ V；若 R_1 短路，则 u_o =＿＿＿＿ V；若 R_2 短路，则 u_o =＿＿＿＿ V。

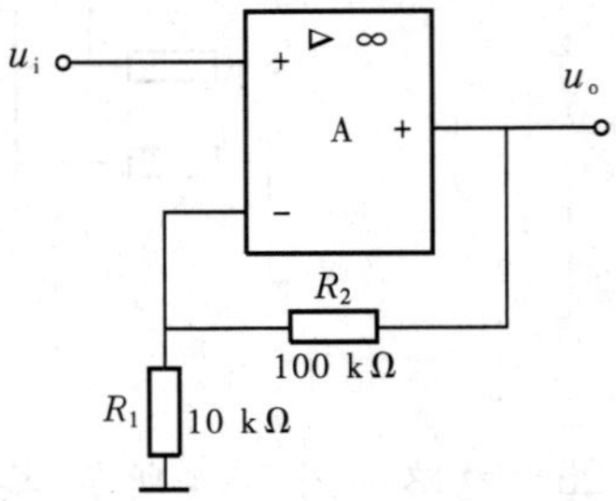

图 2-97　习题 2-28 图

2-29　试用集成运放实现运算关系：$u_o=2u_{i1}-0.5u_{i2}-3u_{i3}$。

2-30　在图 2-98 所示电路中，设 $t=0$ 时，$u_o=0$，集成运放最大输出电压 $U_{om}=\pm10$ V，$u_i=2$ V，$R=100$ kΩ，$C=10$ μF，试写出 u_o 表示式。

（1）当 $t=1$ s 时，u_o =？当 $t=5$ s 时，u_o =？当 $t=10$ s 时，u_o =？

（2）若 u_i 波形如图 2-98（b）所示，试画出输出 u_o 波形。

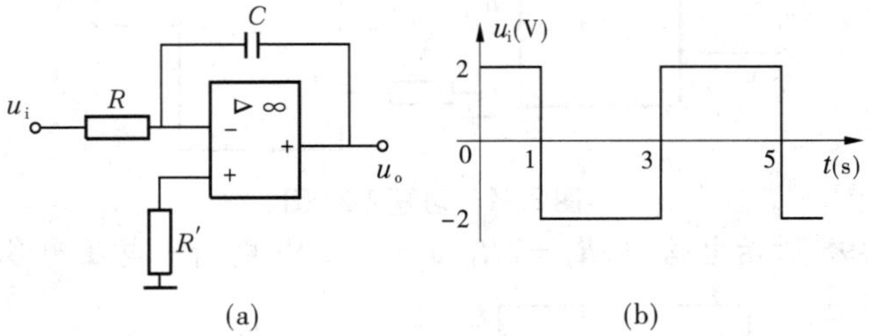

图 2-98　习题 2-30 图

2-31　在图 2-99 所示差分运算电路中，$R_1=R_2=4$ kΩ，$R_F=R_3=20$ kΩ，$u_{i1}=1.5$ V，$u_{i2}=1$ V，求输出电压 u_o。

2-32　图 2-100 所示为运算放大器测量电压的原理电路，共有 0.5 V、1 V、5 V、10 V、50 V 五种量程，求 R_{11}、R_{12}、R_{13}、R_{14}、R_{15}（输出端接有满量程 5 V、500 μA 的电压表）。

2-33　图 2-101 所示为应用运算放大器测量小电流的原理电路，求 R_{F1}、R_{F2}、R_{F3}、R_{F4}、R_{F5} 的阻值（输出端接的电压表同题 2-32）。

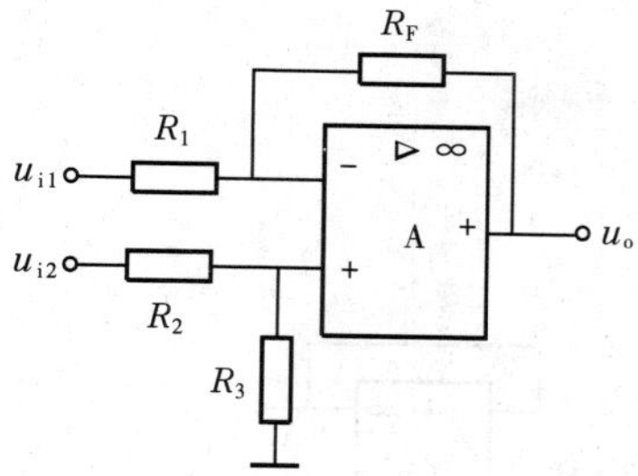

图 2-99　习题 2-31 图

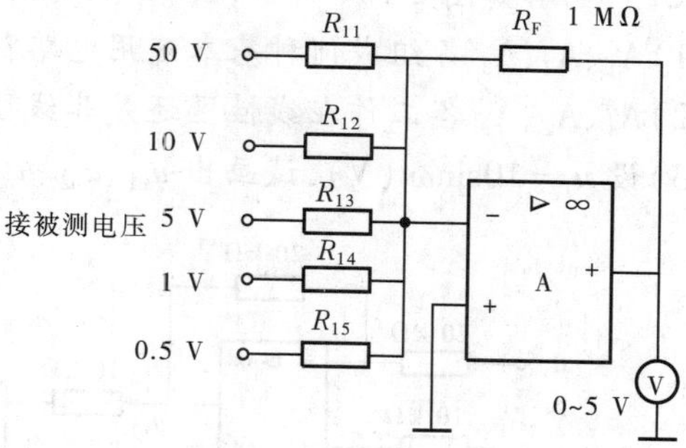

图 2-100　习题 2-32 图

2-34　图 2-102 所示为应用运算放大器测量电阻的原理电路，输出端接的电压表同题 2-32。当电压表指示 5 V 时，求被测电阻 R_F。

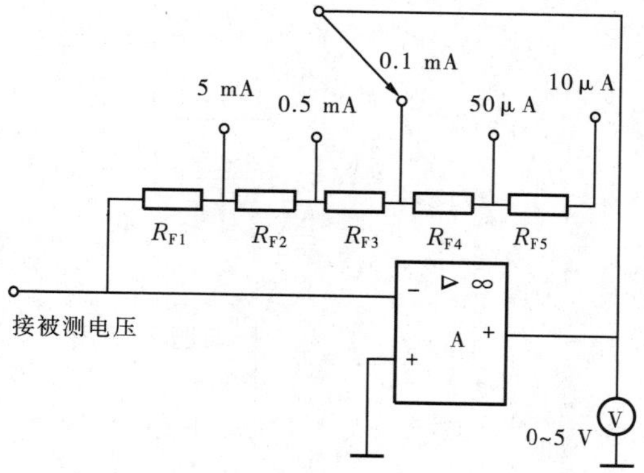

图 2-101　习题 2-33 图

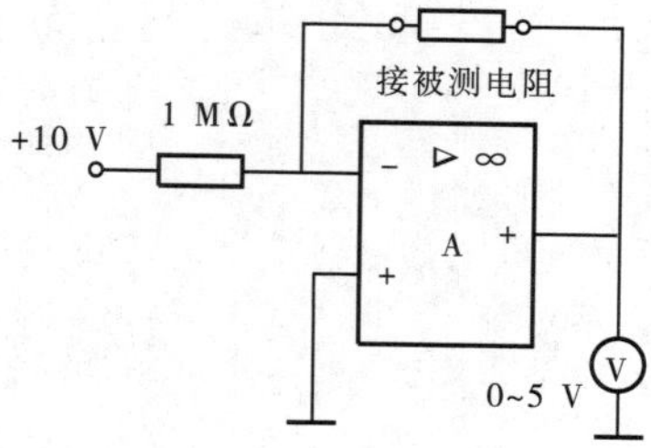

图 2-102　习题 2-34 图

2-35　根据以下要求选择滤波电路类型：

(1) 在有效信号中抑制 50 Hz 的工频干扰。

(2) 抑制 1 MHz 以上的高频噪声。

(3) 有效信号是 20 ~ 200 Hz 的音频信号。

(4) 抑制 100 Hz 以下的低频信号。

2-36　电压比较器如图 2-103 所示，请指出各电路是何种类型的比较器，并画出相应的传输特性。设集成运放的 $U_{om} = \pm 12$ V，$U_Z = \pm 6$ V。

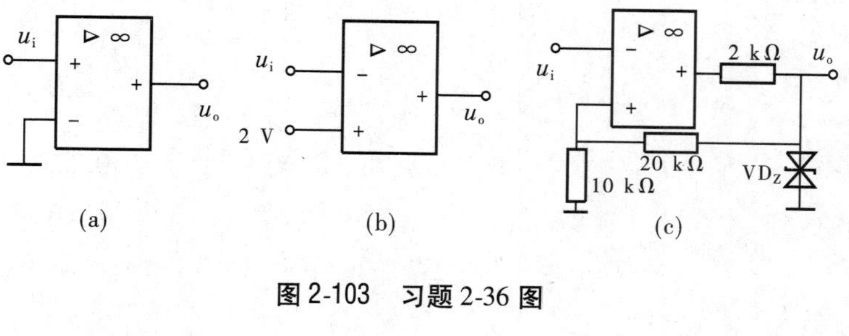

图 2-103　习题 2-36 图

2-37　电路如图 2-104 所示，设 A_1、A_2、A_3 均为理想集成运放，$U_{om}=\pm 12$ V。

(1) A_1、A_2、A_3 各组成何种基本应用电路？

(2) A_1、A_2、A_3 各工作在线性区还是非线性区？

(3) 设 $u_i=10\sin\omega t$(V)，试画出 u_{o1}、u_{o2}、u_{o3} 的波形。

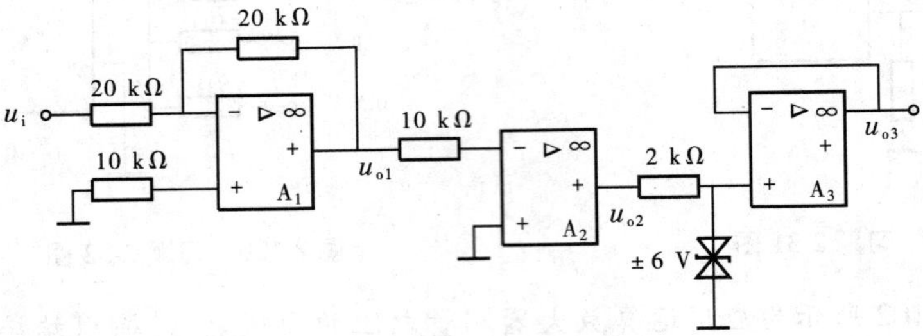

图 2-104　习题 2-37 图

第3章　功率放大器

学习指导

在多级放大器中，一般包括电压放大器和功率放大器。前面讨论的电压放大器的主要任务在于，不失真地提高输入信号的幅值，以驱动后面的功率放大器。而功率放大器的任务则是在信号不失真或轻度失真的条件下提高输出功率。本章主要介绍功率放大电路的特点、分类，互补对称推挽功率放大电路的组成、工作原理以及常用集成功率放大器及其应用。

3.1　功率放大电路的特点和分类

3.1.1　功率放大电路的特点

模拟电子线路中的输出级或功率放大电路的主要任务就是向负载提供尽可能大的不失真输出电压 U_{om} 或输出电流 I_{om}，或者 $U_{om} \cdot I_{om}$，即不失真地输出功率。因此，输出级功率放大电路通常在大信号状态下工作，与一般小信号电压放大电路相比，主要有以下特点：

(1)要求输出功率尽可能大。要求输出电流和电压都大，管子运行在极限状态。

(2)电路效率要高。效率是指负载得到的有用信号功率与电源供给的直流功率之比，比值越大效率越高。

(3)非线性失真尽可能小。功率与失真是一对矛盾，一般输出功率越大失真越严重。

(4)电子器件安全可靠工作。输出级尤其是大功率输出电路中，电子器件接近极限运用状态，因而应确保电子器件的电流、电压及功率损耗不超过额定值。大功率输出管和集成功率放大器，通常还需采用散热设施，及过流保护措施，保证电子器件安全可靠地工作。

3.1.2　功率放大电路的分类

按放大电路的频率，可分为低频功率放大电路和高频功率放大电路。这一章我们只学习低频功率放大电路。

按功率放大电路中晶体管导通时间的不同，可分为甲类功率放大电路、乙类功率放大电路、甲乙类功率放大电路和丙类功率放大电路。甲类功率放大电路的特点是在输入信号的整个周期内，三极管均导通，非线性失真小，静态工作电流大，效率低；乙类功率放大电路的特点是在输入信号的整个周期内，三极管仅在半个周期内导通，静态工作电流小，损耗低，效率较高，但波形出现严重非线性失真；甲乙类功率放大电路的特点是在输入信号周期内，管子导通时间大于半周而小于全周，存在非线性失真，效率低于乙类功率放大电路,功耗和失真介于甲类和乙类之间;丙类工作状态效率更高,失真最大,只用于高频放大电路。因此,低频功率放大电路中主要用乙类或甲乙类功率放大电路。它们的导通电流波形如图 3-1 所示。

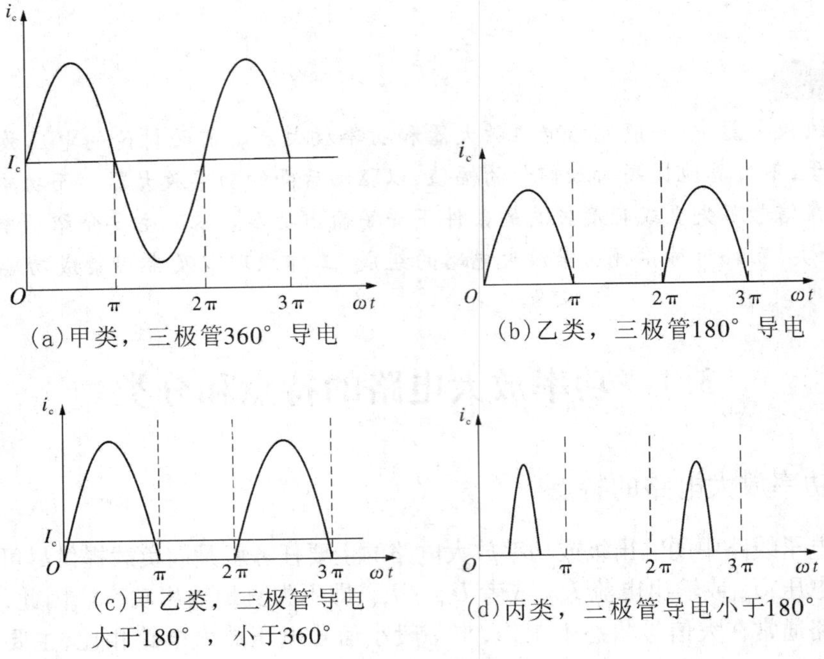

(a)甲类, 三极管360° 导电

(b)乙类, 三极管180° 导电

(c)甲乙类, 三极管导电大于180° , 小于360°

(d)丙类, 三极管导电小于180°

图 3-1　三极管的四种工作状态

3.2　互补对称推挽功率放大电路

由一对 NPN、PNP 特性相同的互补三极管组成的功率放大电路,通常称为互补对称推挽功率放大电路。互补对称功率放大电路可分为无输出变压器形式(OTL 电路,OTL: Output Transformerless)和无输出电容形式(OCL 电路,OCL: Output Capacitoless)。

3.2.1　乙类互补功率放大电路

3.2.1.1　乙类互补功率放大电路的工作原理

1. 电路组成

乙类互补功率放大电路如图 3-2 所示。它由一对 NPN、PNP 特性相同的互补三极管组成。这种电路也称为 OCL 互补功率放大电路。

2. 工作原理

当输入信号处于正半周时,且幅度远大于三极管的开启电压,此时 NPN 型三极管导电,有电流通过负载 R_L,按图 3-2 中方向由上到下,与假设正方向相同。

当输入信号处于负半周时,且幅度远大于三极管的开启电压,此时 PNP 型三极管导电,有电流通过负载 R_L,按图 3-2 中方向由下到上,与假设正方向相反。

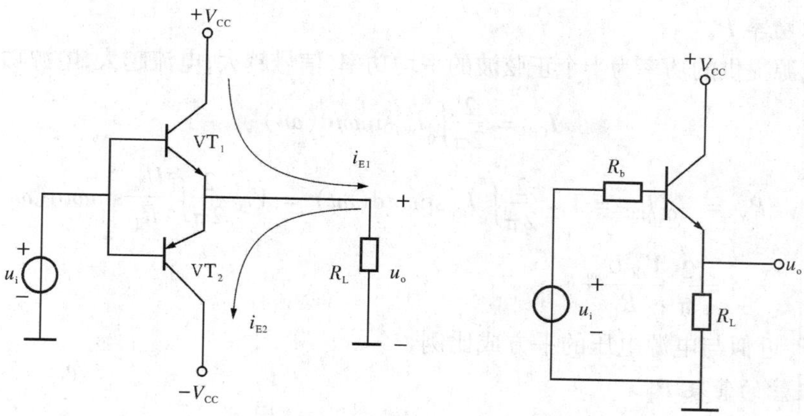

图 3-2　乙类互补功率放大电路

于是两个三极管一个正半周、一个负半周轮流导电，在负载上将正半周和负半周合成在一起，得到一个完整的不失真波形，如图 3-3 所示。

严格地说，输入信号很小时，达不到三极管的开启电压，三极管不导电。因此，在正、负半周交替过零处会出现一些非线性失真，这个失真称为交越失真，如图 3-4 所示。

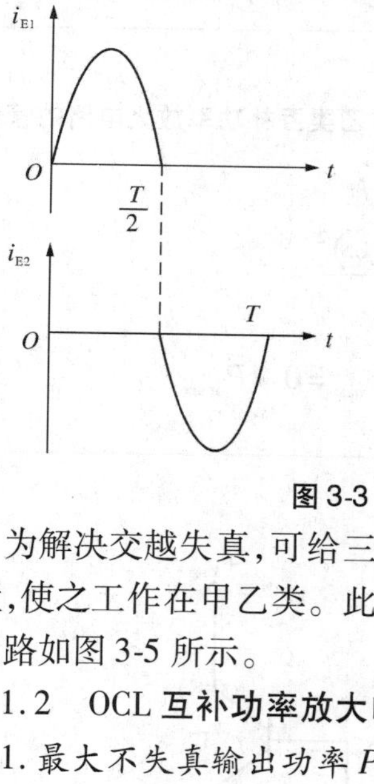

图 3-3　波形图

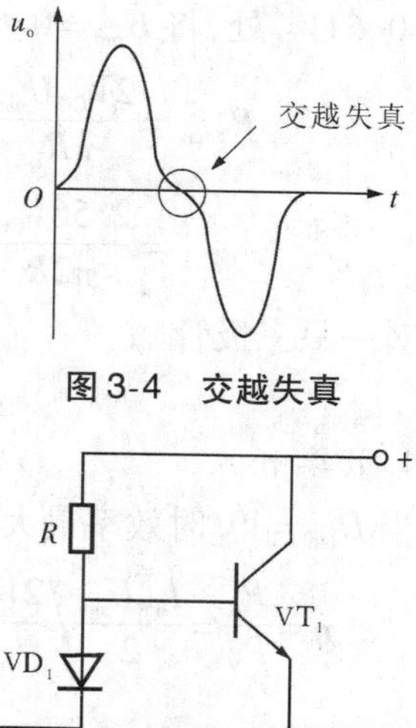

图 3-4　交越失真

为解决交越失真，可给三极管稍稍加一点偏置，使之工作在甲乙类。此时的互补功率放大电路如图 3-5 所示。

3.2.1.2　OCL 互补功率放大电路参数计算

1. 最大不失真输出功率 P_{omax}

设互补功率放大电路为乙类工作状态，输入为正弦波。忽略三极管的饱和压降，负载上的最大不失真功率为

$$P_{omax}=\frac{U_{om}I_{om}}{2}=\frac{[(V_{CC}-U_{CES})/\sqrt{2}]^2}{R_L}$$

$$=\frac{(V_{CC}-U_{CES})^2}{2R_L}\approx\frac{V_{CC}{}^2}{2R_L}\qquad(3\text{-}1)$$

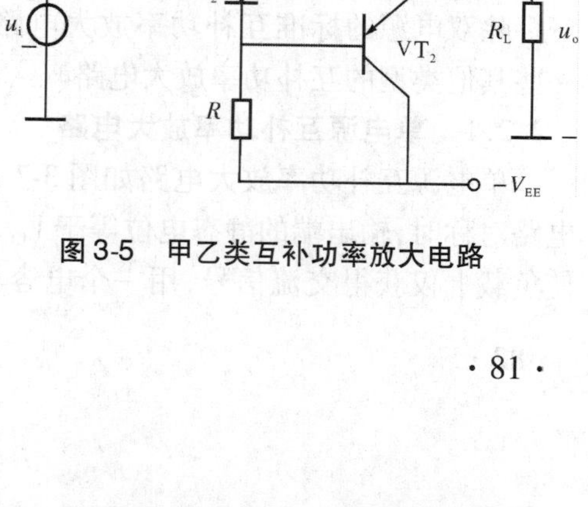

图 3-5　甲乙类互补功率放大电路

2. 电源功率 P_V

直流电源提供的功率为半个正弦波的平均功率,信号越大,电流越大,电源功率也越大。

$$I_{CC} = \frac{2}{2\pi}\int_0^{\pi} I_{om}\sin\omega t \mathrm{d}(\omega t)$$

$$P_V = V_{CC}I_{CC} = V_{CC}\frac{2}{2\pi}\int_0^{\pi} I_{om}\sin\omega t \mathrm{d}(\omega t) = V_{CC}\frac{2}{2\pi}\int_0^{\pi}\frac{U_{om}}{R_L}\sin\omega t \mathrm{d}(\omega t)$$

$$= \frac{2}{\pi}\frac{V_{CC}U_{om}}{R_L} \tag{3-2}$$

显然 P_V近似与电源电压的平方成比例。

3. 三极管的管耗 P_T

电源输入的直流功率,有一部分通过三极管转换为输出功率,剩余的部分则消耗在三极管上,形成三极管的管耗。显然

$$P_T = P_V - P_o = \frac{2V_{CC}U_{om}}{\pi R_L} - \frac{U_{om}^2}{2R_L} \tag{3-3}$$

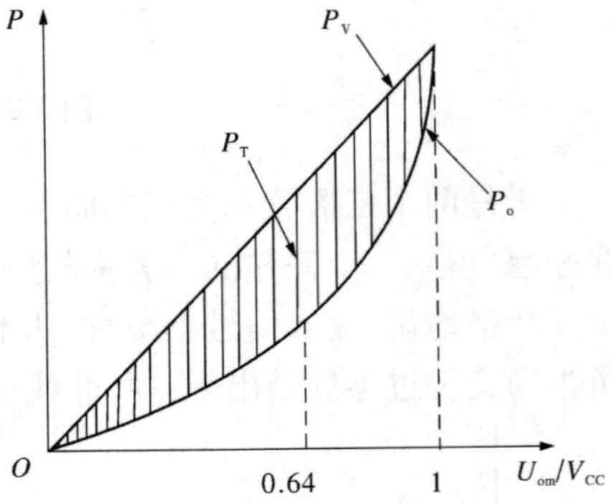

图 3-6 乙类互补功率放大电路的管耗

将 P_T画成曲线,如图 3-6 所示。显然,管耗与输出幅度有关,图 3-6 中画阴影线的部分即代表管耗,P_T与 U_{om}呈非线性关系,有一个最大值。可用 P_T对 U_{om}求导的办法找出这个最大值。P_{Tmax}发生在 $U_{om}=0.64V_{CC}$处,将 $U_{om}=0.64V_{CC}$代入 P_T表达式,可得 P_{Tmax}为

$$P_{Tmax} = \frac{2V_{CC}U_{om}}{\pi R_L} - \frac{U_{om}^2}{2R_L} = \frac{2V_{CC}0.64V_{CC}}{\pi R_L} - \frac{(0.64V_{CC})^2}{2R_L}$$

$$= \frac{2.56V_{CC}^2}{\pi 2R_L} - \frac{0.64^2V_{CC}^2}{2R_L} \approx 0.8P_{omax} - 0.4P_{omax} = 0.4P_{omax} \tag{3-4}$$

对一只三极管

$$P_{Tmax} \approx 0.2P_{omax}$$

4. 效率 η

当 $U_{om}=V_{CC}$时效率最大,$\eta=\pi/4 =78.5\%$。

$$\eta = \frac{P_o}{P_V} = \frac{I_{om}U_{om}}{2}\Big/\frac{2V_{CC}I_{om}}{\pi} = \frac{\pi U_{om}}{4V_{CC}} \tag{3-5}$$

3.2.2 其他类型互补功率放大电路

除双电源的标准互补功率放大电路外,还有一些其他类型的互补功率放大电路。

3.2.2.1 单电源互补功率放大电路

单电源互补功率放大电路如图 3-7 所示。当电路对称时,输出端的静态电位等于 $V_{CC}/2$。为了使负载上仅获得交流信号,用一个电容器串联在

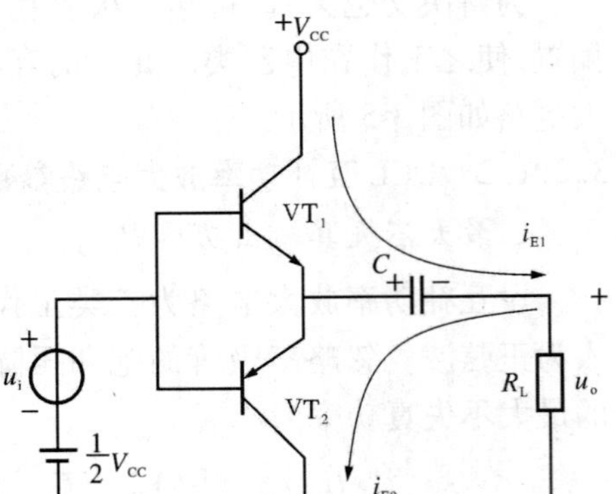

图 3-7 单电源 OTL 互补功率放大电路

负载与输出端之间。这种功率放大电路也称为 OTL 互补功率放大电路。电容器的容量由放大电路的下限频率确定,即

$$f_L = \frac{1}{2\pi R_L C},\ C \geqslant \frac{1}{2\pi R_L f_L}$$

3.2.2.2 采用复合管的互补功率放大电路

当输出功率较大时,输出级的推动级,即末级也应该是一个功率放大级。此时往往采用复合管,复合管有四种形式,如图 3-8 所示。复合管的极性由前面的一个三极管决定。由 NPN—NPN 或 PNP—PNP 复合而成的一般称为达林顿管。图 3-8(a)、(b)中,$\beta = (\beta_1+1)(\beta_2+1) \approx \beta_1\beta_2$。图 3-8(c)、(d)中,$\beta = \beta_1(\beta_2+1) \approx \beta_1\beta_2$。

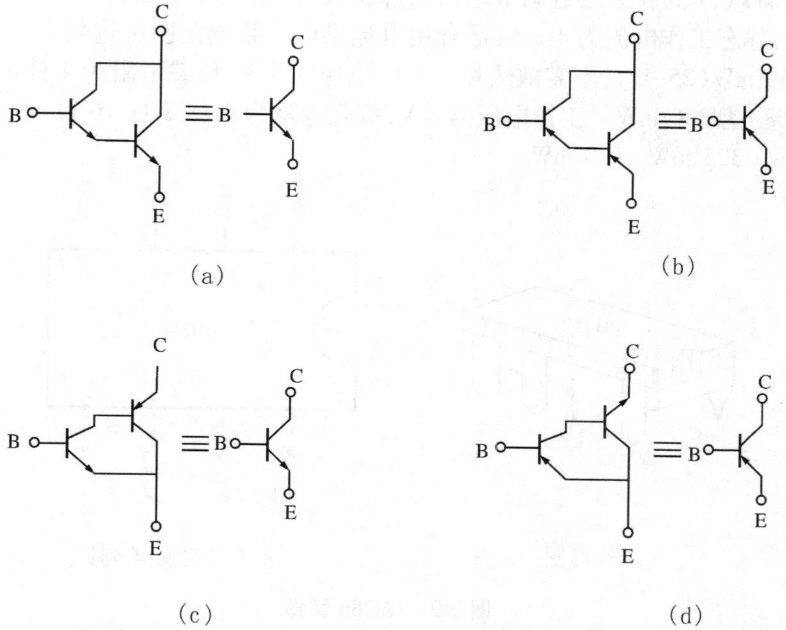

图 3-8 四种类型的复合管

3.3 集成功率放大器

3.3.1 集成功率放大器简介

集成功率放大器具有体积小、工作稳定、易于安装和调试的优点,了解其外特性和外线路的连接方法,就能组成实用电路,因此其得到了广泛的应用。

集成功率放大器广泛用于音响、电视和小电机的驱动方面。集成功率放大器是在集成运算放大器的电压互补输出级后,加入互补功率输出级而构成的。大多数集成功率放大器实际上也就是一个具有直接耦合特点的运算放大器。它的使用方法原则上与集成运算放大器相同。

集成功率放大器使用时不能超过规定的极限参数,极限参数主要有功耗和最大允许

电源电压。集成功率放大器要加有足够大的散热器,保证在额定功耗下温度不超过允许值。集成功率放大器一般允许加上较高的工作电压,但许多集成功率放大器可以在低电压下工作,适用于无交流供电的场合,此时集成功率放大器电源电流较大,非线性失真也较大。

3.3.2 LM386集成功率放大器的应用电路

3.3.2.1 LM386集成功率放大器简介

LM386是小功率音频集成功率放大器,如图3-9所示,采用8脚双列直插式塑料封装。4脚为接“地”端,6脚为电源端,2脚为反相输入端,3脚为同相输入端,5脚为输出端,7脚为去耦端,1、8脚为增益调节端。其外特性:额定工作电压为4~16 V,当电源电压为6 V时,静态工作电流为4 mA,适合用电池供电。频响范围可达数百千赫。最大允许功耗为660 mW(25 ℃),不需散热片。工作电压为4 V,负载电阻为4 Ω时,输出功率(失真为10%)为300 mW。工作电压为6 V,负载电阻为4 Ω、8 Ω、16 Ω时,输出功率分别为340 mW、325 mW、180 mW。

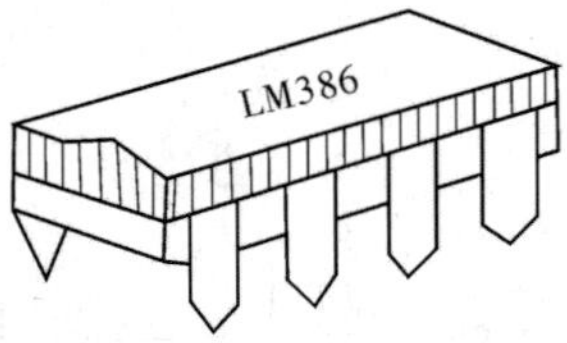

(a)外形图

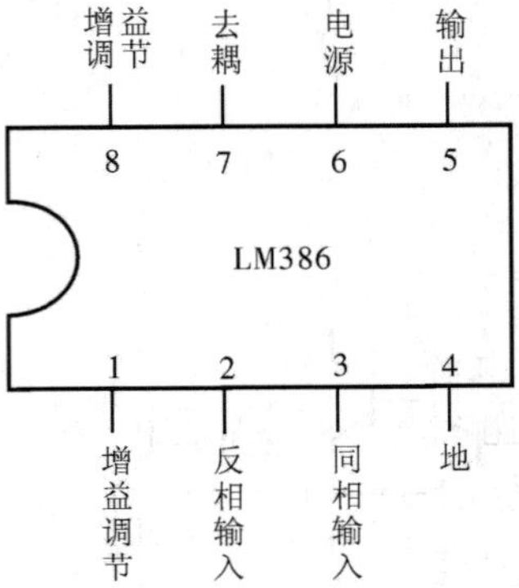

(b)管脚排列图

图3-9 LM386管脚

3.3.2.2 LM386组成OTL应用电路

用LM386组成的OTL应用电路如图3-10所示。4脚接“地”,6脚接电源(6~9 V),2脚接“地”,信号从同相输入端3脚输入,5脚通过220 μF电容向扬声器R_L提供信号功率,7脚接20 μF去耦电容。1、8脚之间接10 μF电容和20 kΩ电位器,用来调节增益。

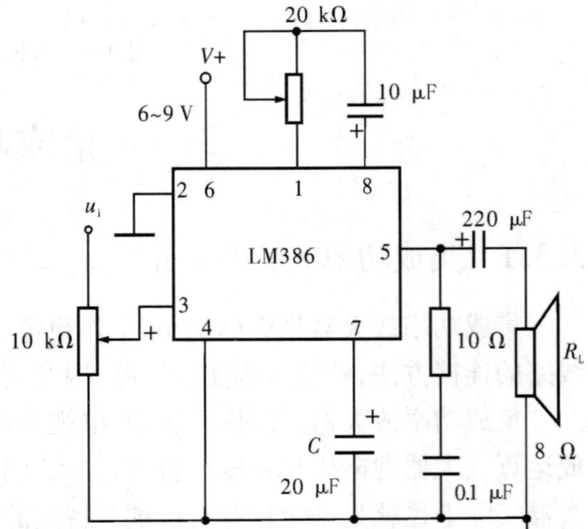

图3-10 LM386组成OTL应用电路

3.3.2.3 LM386组成BTL电路

如图3-11所示,用两集成功率放大器LM386组成BTL电路。4脚接“地”,6脚接电源,3脚与2脚互为短接,其中输入信号从一组(3脚和2脚)输入,5脚输出分别接

扬声器 R_L，驱动扬声器发出声音。BTL 电路的输出功率一般为 OTL、OCL 的 4 倍，是目前大功率音响电路中较为流行的音频放大器。图 3-11 中电路最大输出功率可达 3 W 以上，其中 500 kΩ 电位器用来调整两集成功率放大器输出直流电位的平衡。

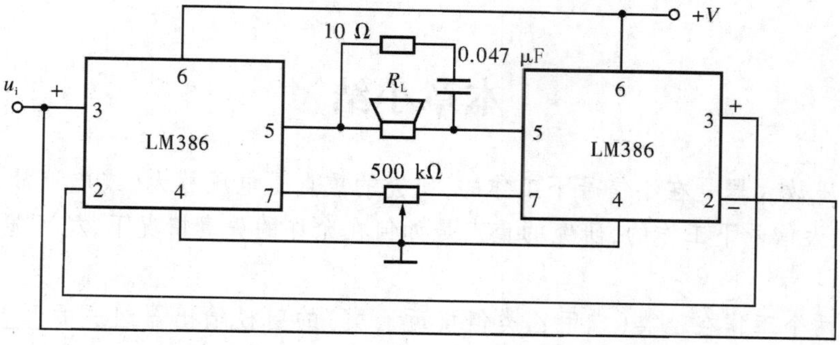

图 3-11　LM386 组成 BTL 电路

3.3.3　TDA2030 集成功率放大器的应用电路

3.3.3.1　TDA2030 简介

TDA2030 集成功率放大器管脚图如图 3-12 所示，1 脚为同相输入端，2 脚为反相输入端，4 脚为输出端，3 脚接负电源，5 脚接正电源。电路特点是引脚和外接元件少。

其外特性：电源电压范围为 ±6 ~ ±18 V，静态电流小于 60 μA，频响为 10 Hz ~ 140 kHz，谐波失真小于 0.5%，在 V_{CC} = ±14 V，R_L = 4 Ω 时，输出功率为 14 W。

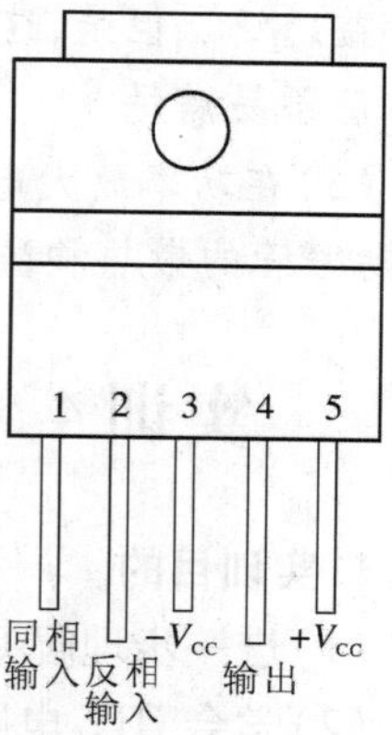

图 3-12　TDA2030 管脚图

3.3.3.2　TDA2030 应用电路

TDA2030 是一种超小型 5 引脚单列直插塑封集成功率放大器。由于其具有低瞬态失真、较宽频响和完善的内部保护措施，因此常用在高保真组合音响中，如图 3-13 所示。

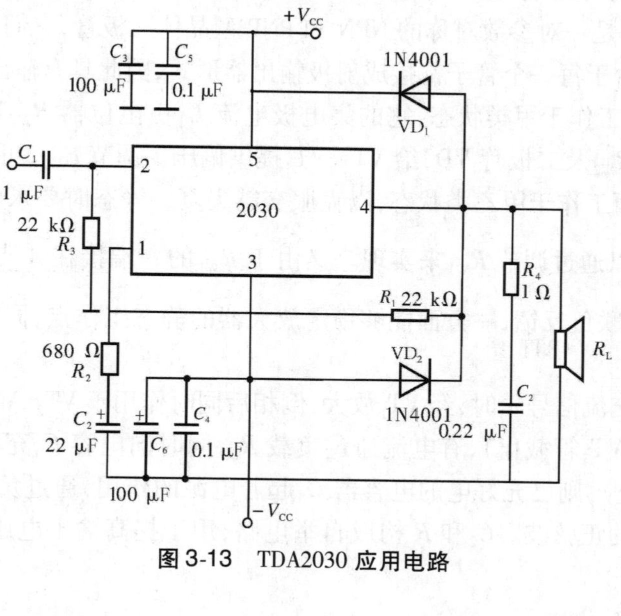

图 3-13　TDA2030 应用电路

VD_1、VD_2 组成电源极性保护电路，防止电源极性接反损坏集成功率放大器。C_3、C_5 与 C_4、C_6 为电源滤波电容，100 μF 电容并联 0.1 μF 电容的原因是 100 μF 电解电容具有电感效应。信号从 1 脚同相端输入，4 脚输出端向负载扬声器提供信号功率，使其发出声响。

本章小结

（1）电压放大器是在小信号下工作的，研究的重点是电压放大（或电流放大），而功率放大器是在大信号下工作的，研究的重点是如何在允许的失真情况下，尽可能提高输出功率和效率。

（2）由两个工作在乙类（或甲乙类但接近乙类）的射极输出器组成的互补对称电路，在理想情况下，效率可达 78.5%。这种电路具有结构简单、体积小、效率高、频率特性好和便于小型集成化等优点，特别是集成功率放大器，成为当前功率放大器的发展方向，应用日益广泛。但是，这种功率放大器对晶体管和电源要求比较高，当负载较大或很小时，晶体管不易满足。

（3）在功率放大电路中，由于管子承受的电压高，通过的电流大，为了使设备正常运行，功率管的散热和防止二次击穿是一个重要问题。

实训 4　低频功率放大器——OTL 功率放大器

1. 实训目的

（1）进一步理解 OTL 功率放大器的工作原理。

（2）学会 OTL 电路的调试及主要性能指标的测试方法。

2. 实训原理

图 3-14 所示为 OTL 低频功率放大器。其中由晶体三极管 VT_1 组成推动级（也称前置放大级），VT_2、VT_3 是一对参数对称的 NPN 和 PNP 型晶体三极管，它们组成互补推挽 OTL 功率放大电路。由于每一个管子都接成射极输出器形式，因此具有输出电阻低、负载能力强等优点。VT_1 管工作于甲类状态，它的集电极电流 I_{C1} 由电位器 R_{W1} 进行调节。I_{C1} 的一部分流经电位器 R_{W2} 及二极管 VD，给 VT_2、VT_3 提供偏压。调节 R_{W2}，可以使 VT_2、VT_3 得到合适的静态电流而工作于甲乙类状态，以克服交越失真。静态时要求输出端中点 A 的电位 $V_A=\frac{1}{2}V_{CC}$，可以通过调节 R_{W1} 来实现。又由于 R_{W1} 的一端接在 A 点，因此在电路中引入交、直流电压并联负反馈，一方面能够稳定放大器的静态工作点，同时也改善了非线性失真。

当输入正弦交流信号 u_i 时，经 VT_1 放大、倒相后同时作用于 VT_2、VT_3 的基极，u_i 的负半周使 VT_2 管导通（VT_3 管截止），有电流通过负载 R_L，同时向电容 C_0 充电；在 u_i 的正半周，VT_3 导通（VT_2 截止），则已充好电的电容器 C_0 起着电源的作用，通过负载 R_L 放电，这样在 R_L 上就得到完整的正弦波。C_2 和 R 构成自举电路，用于提高输出电压正半周的幅度，以

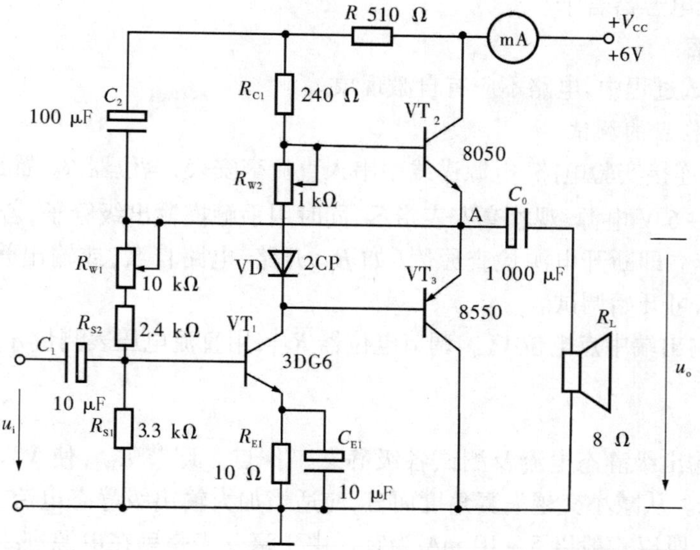

图 3-14 OTL 功率放大器实验电路

得到大的动态范围。

OTL 电路的主要性能指标如下。

1）最大不失真输出功率 P_{om}

理想情况下，$P_{om}=\frac{1}{8}\frac{V_{CC}^2}{R_L}$，实验中可通过测量 R_L 两端的电压有效值，来求得实际的 $P_{om}=\frac{U_o^2}{R_L}$。

2）效率 η

$$\eta=\frac{P_{om}}{P_E}\times 100\%$$

式中 P_E——直流电源供给的平均功率。

理想情况下，$\eta_{max}=78.5\%$。在实验中，可测量电源供给的平均电流 I_{dc}，从而求得 $P_E=V_{CC}I_{dc}$，负载上的交流功率已用上述方法求出，因而也就可以计算实际效率了。

3. 实训设备与器件

（1）+6 V 直流电源；

（2）函数信号发生器；

（3）双踪示波器（另配）；

（4）交流毫伏表；

（5）直流电压表；

（6）直流毫安表；

（7）频率计；

（8）晶体三极管：3DG6×1（9011×1）、8050×1、8550×1，晶体二极管 2CP×1，8 Ω 喇

叭×1，电阻器、电容器若干。

4. 实训内容

在整个测试过程中，电路不应有自激现象。

1）静态工作点的测试

按图3-14连接实验电路，电源进线中串入直流毫安表，电位器R_{W2}置最小值，R_{W1}置中间位置。接通+6 V电源，观察毫安表指示，同时用手触摸输出级管子，若电流过大，或管子升温显著，应立即断开电源检查原因（如R_{W2}开路，电路自激，或输出管性能不好等）。如无异常现象，可开始调试。

（1）调节输出端中点电位V_A。调节电位器R_{W1}，用直流电压表测量A点电位，使$V_A=\frac{1}{2}V_{CC}$。

（2）调整输出级静态电流及测试各级静态工作点。调节R_{W2}，使VT_2、VT_3管的$I_{C2}=I_{C3}=5\sim10$ mA。从减小交越失真角度而言，应适当加大输出级静态电流，但该电流过大，会使效率降低，所以一般以5～10 mA为宜。由于毫安表是串在电源进线中的，因此测得的是整个放大器的电流。但一般VT_1的集电极电流I_{C1}较小，从而可以把测得的总电流近似当做末级的静态电流。如要准确得到末级静态电流，则可以从总电流中减去I_{C1}之值，I_{C1}的大小可由R_{E1}两端压降估测出来。

调整输出级静态电流的另一方法是动态调试法。先使$R_{W2}=0$，在输入端接入$f=1$ kHz的正弦信号u_i，逐渐加大输入信号的幅度，此时，输出波形应出现较严重的交越失真（注意：没有饱和和截止失真）。然后缓慢调节（增大）R_{W2}，当交越失真刚好消失时，停止调节R_{W2}，恢复$u_i=0$，此时直流毫安表读数即为输出级静态电流。一般数值也应在5～10 mA，如过大，则要检查电路。

输出级电流调好以后，测量各级静态工作点，记入表3-1。

表3-1　静态工作点记录表

（$I_{C2}=I_{C3}=$　　mA；$V_A=3$ V）

项目	VT_1	VT_2	VT_3
V_B（V）			
V_C（V）			
V_E（V）			

注意：①在调整R_{W2}时，要注意旋转方向，不要调得过大，更不能开路，以免损坏输出管。②输出管静态电流调好后，如无特殊情况，不得随意旋动R_{W2}的位置。

2）最大输出功率P_{om}和效率η的测试

（1）测量P_{om}。输入端接$f=1$ kHz的正弦信号u_i，输出端用示波器观察输出电压u_o波形。逐渐增大u_i，使输出电压达到最大不失真输出，用交流毫伏表测出负载R_L上的电压U_{om}，则$P_{om}=\frac{U_{om}^2}{R_L}$。

(2)测量 η。当输出电压为最大不失真输出时,读出直流毫安表中的电流值,此电流即为直流电源供给的平均电流 I_{dc}(有一定误差),由此可近似求得 $P_E = V_{CC}I_{dc}$,再根据上面测得的 P_{om},即可求出 $\eta = \frac{P_{om}}{P_E}$。

3)研究自举电路的作用

(1)测量有自举电路,且 $P_o = P_{omax}$时的电压增益 $A_u = \frac{U_{om}}{U_i}$。

(2)将 C_2开路,R 短路(无自举),再测量 $P_o = P_{omax}$的 A_u。

用示波器观察(1)、(2)两种情况下的电压波形,并将以上两项测量结果进行比较,分析研究自举电路的作用。

4)噪声电压的测试

测量时将输入端短路($u_i = 0$),观察输出噪声波形,并用交流毫伏表测量输出电压,即为噪声电压 U_N,电压 U_N若小于 15 mV,即满足要求。

5)试听

输入信号改为录音机输出,输出端接试听音箱及示波器。开机试听,并观察语言音乐信号的输出波形。

5. 实训报告

(1)整理实验数据,计算静态工作点、最大不失真输出功率 P_{om}、效率 η 等,并与理论值进行比效。

(2)分析自举电路的作用。

(3)讨论实验中发生的问题及解决办法。

(4)结合 OTL 功率放大器实验内容,自拟 OCL 实验步骤。

6. 思考题

(1)为什么引入自举电路能够扩大输出电压的动态范围?

(2)交越失真产生的原因是什么?怎样克服交越失真?

(3)电路 3-14 中电位器 R_{W2}如果开路或短路,对电路工作有何影响?

(4)为了不损坏输出管,调试中应注意什么问题?

(5)如电路有自激现象,应如何消除?

习　题

3-1　问答题。

(1)试说明功率放大电路的特点及类型。

(2)试比较甲类、乙类和甲乙类功率放大电路的异同。

(3)试回答为什么在低频功率放大电路中主要采用乙类或甲乙类功率放大电路。

(4)试分析双电源互补对称功率放大电路的工作原理。

(5)试说明双电源互补对称功率放大电路存在的问题与改进方法。

(6)试说明单电源互补对称功率放大电路中输出耦合电容的作用。

(7)试分析甲乙类单电源互补对称功率放大电路的工作原理。

(8)何谓集成功率放大器？试举例说明。

(9)了解 LM386 的应用电路工作原理,你能利用它设计一个应用电路吗?

(10)试回答应用功率放大电路应注意哪些问题。

3-2 选择合适的答案,填入括号内。

(1)功率放大电路的最大输出功率是在输入电压为正弦波时,输出基本不失真情况下,负载上可能获得的最大(　　)。

A. 交流功率　　B. 直流功率　　C. 平均功率

(2)功率放大电路的转换效率是指(　　)。

A. 输出功率与晶体管所消耗的功率之比

B. 最大输出功率与电源提供的平均功率之比

C. 晶体管所消耗的功率与电源提供的平均功率之比

(3)在 OCL 乙类功率放大电路中,若最大输出功率为 1 W,则电路中功率放大管的集电极最大功耗约为 (　　)。

A. 1 W　　B. 0.5 W　　C. 0.2 W

(4)在选择功率放大电路中的晶体管时,应当特别注意的参数有(　　)。

A. β　　B. I_{CM}　　C. I_{CBO}

D. BU_{CEO}　　E. P_{CM}　　F. f_T

(5)若图 3-15 所示电路中晶体管饱和管压降的数值为 $|U_{CES}|$,则最大输出功率 $P_{om}=$(　　)。

A. $\dfrac{(V_{CC}-U_{CES})^2}{2R_L}$　　B. $\dfrac{(\frac{1}{2}V_{CC}-U_{CES})^2}{R_L}$　　C. $\dfrac{(\frac{1}{2}V_{CC}-U_{CES})^2}{2R_L}$

3-3 分析计算题。

(1)在图 3-2 中,电路电源电压 $V_{CC}=20$ V,负载 $R_L=8\ \Omega$,并假定射极输出器的电压放大倍数为 1,管子导通时发射结的压降可忽略不计,试计算:

①$U_i=10$ V(有效值)时,电路的输出功率,管耗,直流电源提供的功率和电路的效率;

②$U_{im}=20$ V(幅值)时,电路的输出功率,管耗,直流电源提供的功率和电路的效率。

(2)电路如图 3-16 所示,已知 VT_1 和 VT_2 的饱和管压降 $|U_{CES}|=2$ V,直流功耗可忽略不计。回答下列问题:

①R_3、R_4 和 VT_3 的作用是什么?

②负载上可能获得的最大输出功率 P_{om}和电路的转换效率 η 各为多少?

③设最大输入电压的有效值为 1 V。为了使电路的最大不失真输出电压的峰值达到

16 V,电阻 R_6 至少应取多少千欧?

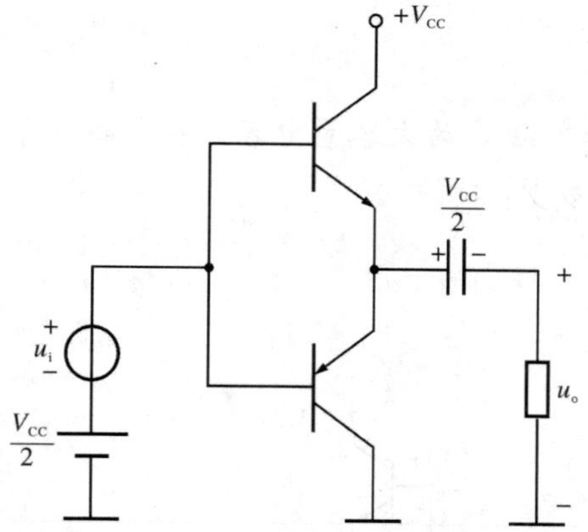

图 3-15　习题 3-2(5)电路图

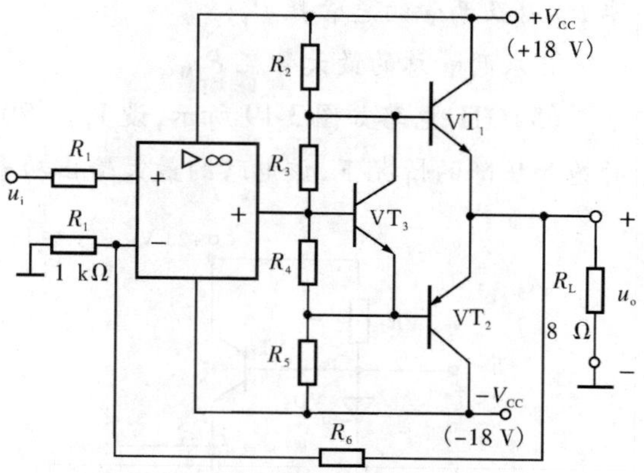

图 3-16　习题 3-3(2)电路图

(3)电路如图 3-17 所示,回答下列问题:

①静态时 A 点对地电位是多少?若数值不符应调节哪个电阻?

②若输入正弦交流信号,输出出现交越失真,应调节哪个电阻?如何调节?

③设 $R_1=R_2=2.4\ \text{k}\Omega$,$VT_1$、$VT_2$ 的 $\beta=50$,$P_{CM}=600$ MW,$U_{BE}=0.7$ V,若 VD_1、VD_2 其中一个反接,将发生什么后果?

④若 u_i 为正弦信号,且 VT_1、VT_2 的 U_{CE} 最小压降为 2 V,求电路的交流输出功率 P_o,电源提供的直流功率 P_{dc} 和效率 η。

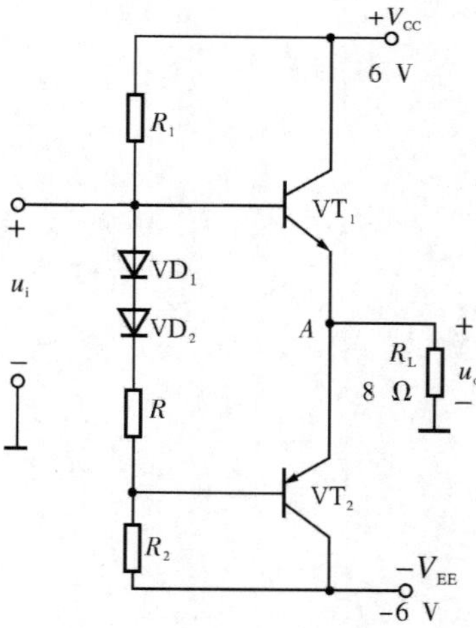

图 3-17　习题 3-3(3)电路图

(4)OCL 电路如图 3-18 所示,设晶体管的饱和压降可以忽略。

①若输入电压有效值 $u_i=12$ V,求输出功率 P_o、电源提供的功率 P_E 以及两管的总管耗 P_T;

②如果输入信号增加到能提供最大不失真的输出功率，求最大输出功率 P_{om}、电源功率 P_E 以及两管的总管耗 P_T；

③求两管总的最大管耗 P_{TM}。

(5) OTL 电路如图 3-19 所示，设 $V_{CC}=20$ V，$R_L=8$ Ω，C 为大容量电容。在忽略管子的饱和压降的情况下，该电路的最大输出功率 P_{om} 为多少？

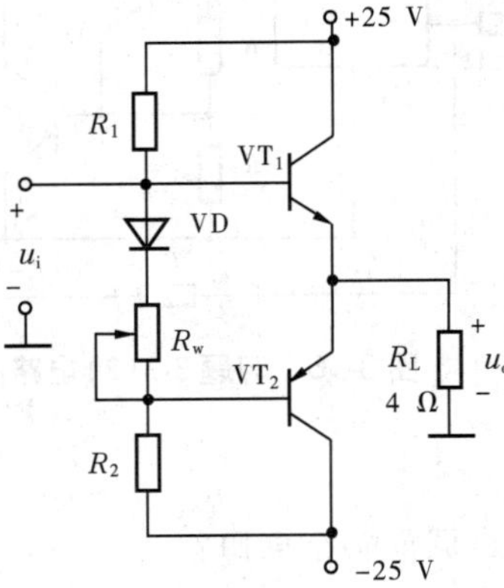

图 3-18　习题 3-3(4)电路图

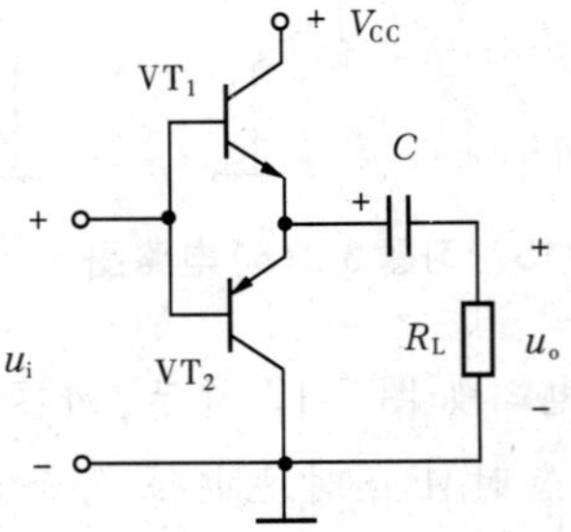

图 3-19　习题 3-3(5)电路图

第 4 章　直流电源

学习指导

我国电网提供的是 50 Hz 的正弦交流电，但很多电气设备需要直流电源供电。当然可以用干电池、蓄电池、直流发电机等获得直流电，但大多数情况下是利用电网提供的交流电源经过转换而得到直流电源的。本章主要介绍正弦交流电转换成直流电源电路的组成、工作原理和常用集成稳压器的使用。

小功率的稳压电源主要由以下四部分组成（如图 4-1 所示）：

（1）变压环节。根据输出电压的需要，在整流前通过工频变压器，将电网电压变换成所需要的交流电压值。

（2）整流环节。利用整流元件的单向导电性，把交流电压变成脉动直流电压。

（3）滤波环节。利用电容器、电感线圈的储能特性，把脉动直流电中含有的纹波成分滤掉，使输出电压成为比较平滑的直流电压。

（4）稳压环节。使输出电压稳定，不受电网电压或负载变化的影响。对直流电压的稳定度要求较低的电路中，稳压环节可以省略。

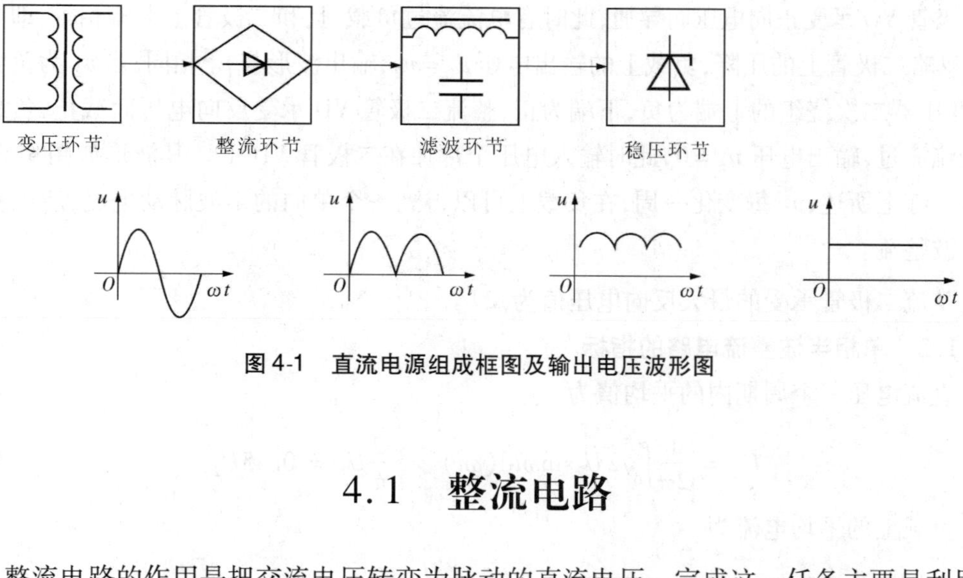

图 4-1　直流电源组成框图及输出电压波形图

4.1　整流电路

整流电路的作用是把交流电压转变为脉动的直流电压。完成这一任务主要是利用二极管的单向导电特性来实现的。常见的小功率整流电路（200 W 以下），有单相半波、全波、桥式和倍压整流电路等。而对于大功率整流，一般用三相半波或三相桥式整流。以下分析整流电路时，为分析简单起见，假定负载是纯电阻，二极管为理想二极管，即认为二极管的正向电阻为零,反向电阻为无穷大,且忽略变压器的内阻。

4.1.1 单相半波整流电路

4.1.1.1 工作原理

单相半波整流如图4-2(a)所示。它是最简单的整流电路,由变压器T、晶体二极管VD及负载组成。设整流变压器次级绕组的电压为

$$u_2 = \sqrt{2}U_2\sin\omega t \tag{4-1}$$

式中 U_2——变压器次级电压的有效值。

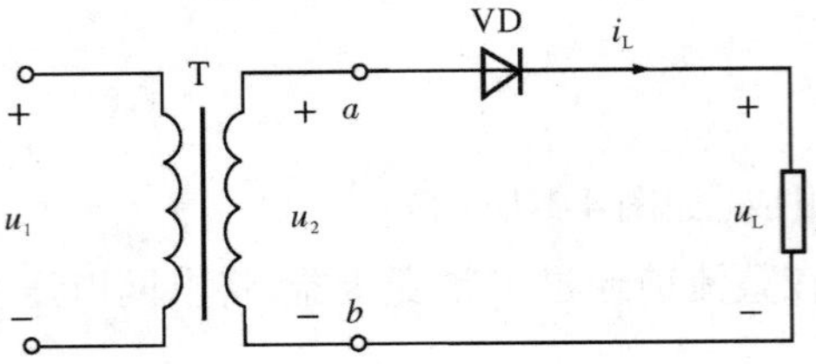

(a)电路图

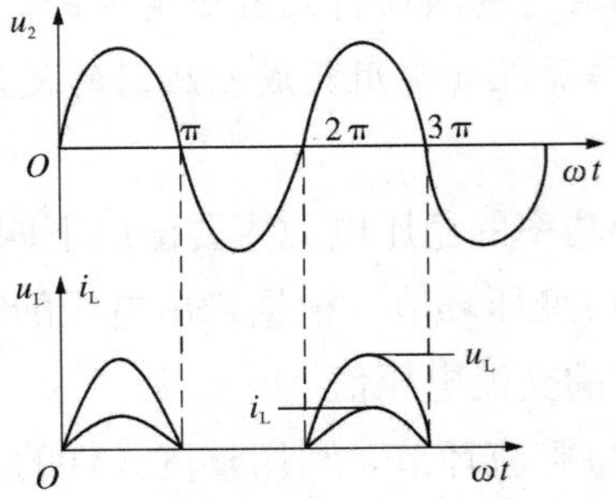

(b)波形图

图4-2 单相半波整流电路及其波形图

当 u_2 为正半周时,极性如图4-2(a)所示,变压器二次绕组的上端为正,下端为负,整流二极管VD承受正向电压而导通,此时有电流流过负载,且和二极管上电流相等,即 $i_L = i_D$。忽略二极管上的压降,负载上的输出电压 $u_L = u_2$,输出波形与 u_2 相同;当 u_2 为负半周时,变压器二次绕组的上端为负,下端为正,整流二极管VD承受反向电压而截止,负载上无电流流过,输出电压 $u_L = 0$,此时输入电压全部加在二极管VD上。其波形如图4-2(b)所示。综上所述,u_2 每变化一周,在负载上可以得到一个单向的半波脉动电流,所以称其为半波整流。

整流二极管承受的最大反向电压值为 $\sqrt{2}U_2$。

4.1.1.2 单相半波整流电路的指标

直流电压一个周期内的平均值为

$$U_L = \frac{1}{2\pi}\int_0^{2\pi}\sqrt{2}U_2\sin\omega t\mathrm{d}(\omega t) = \frac{\sqrt{2}}{\pi}U_2 = 0.45U_2 \tag{4-2}$$

负载上的平均电流为

$$I_L \approx 0.45\frac{U_2}{R_L} \tag{4-3}$$

对于整流二极管而言,其最大整流电流 I_{CM} 应大于负载电流 I_L,最大反向工作电压 U_{RM} 应大于 $u_2(t)$ 的峰值电压 $\sqrt{2}U_2$,即

$$I_{CM} > I_L = 0.45\frac{U_2}{R_L} \tag{4-4}$$

$$U_{RM} > U_{m2} = \sqrt{2}U_2 \tag{4-5}$$

【例 4-1】 单相半波整流后,要求 $U_L = 6$ V,而负载 $R_L = 50\ \Omega$,请选择合适的整流二极管。

解:由式(4-2)可得

$$U_2 = \frac{1}{0.45}U_L = \frac{1}{0.45} \times 6 = 13.3(\text{V})$$

由式(4-3)可得

$$I_L = \frac{U_L}{R_L} = \frac{6}{50} = 0.12(\text{A}) = 120\ \text{mA}$$

所以,选择的整流二极管的最大反向电压和最大整流电流为

$$U_{RM} \geqslant 20\ \text{V}$$

$$I_{CM} \geqslant 120\ \text{mA}$$

查晶体管手册可知,型号为 2CZ53C($U_{RM} = 100$ V,$I_{CM} = 300$ mA)的二极管就能满足此要求。

单相半波整流虽然电路简单,使用元件少,但变压器利用率和整流效率低、输出直流电压低且脉动较大,因此单相半波整流只用于小功率以及对输出电压波形要求不高、整流效率不高的设备。为了克服这些缺点,常采用单相桥式整流电路。

4.1.2 单相桥式整流电路

单相桥式整流电路如图 4-3(a)所示,由四个整流二极管接成电桥四臂,一对角接交流电源,另一对角则接负载,所以称为桥式整流电路。

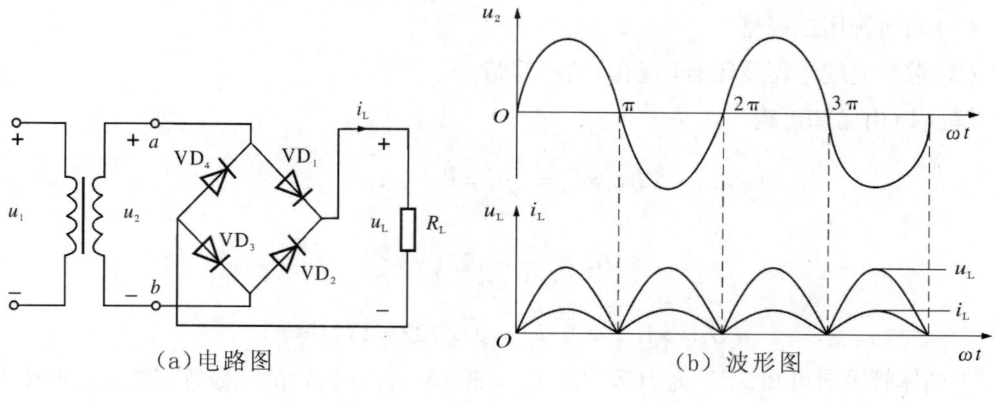

(a)电路图 (b) 波形图

图 4-3 单相桥式整流电路及其波形图

4.1.2.1 工作原理

u_2 为正半周时,a 点电位高于 b 点电位,二极管 VD_1 和 VD_3 承受正向电压而导通,VD_2

和 VD_4 承受反向电压而截止，电流自上而下流过负载，在负载上得到了与 u_2 为正半周相同的电压；u_2 为负半周时，a 点电位低于 b 点电位，二极管 VD_1 和 VD_3 承受反向电压而截止，VD_2 和 VD_4 承受正向电压而导通，电流自上而下流过负载，在负载上得到了与 u_2 为正半周相同的电压。其波形如图 4-3(b)所示。

4.1.2.2 单相桥式整流电路的指标

1. 负载上的直流电压和电流

负载上的直流电压和直流电流分别为

$$U_L = 0.9U_2 \tag{4-6}$$

$$I_L = 0.9\frac{U_2}{R_L} \tag{4-7}$$

2. 整流二极管的选择

流过二极管的平均电流是负载电流的一半，即

$$I_D = \frac{1}{2}I_L = 0.45\frac{U_2}{R_L} \tag{4-8}$$

每个二极管在截止时所承受的最大反向电压由图 4-3(b) 可知是 u_2 的峰值，所以整流二极管应选为

$$I_{CM} > I_D = 0.45\frac{U_2}{R_L} \tag{4-9}$$

$$U_{RM} > U_{m2} = \sqrt{2}U_2 \tag{4-10}$$

桥式电路具有变压器利用率高、平均直流电压高、脉动小、容易滤波等优点，所以得到了广泛的应用。

【例 4-2】 有一单相桥式整流电路要求输出 110 V 直流电压和 1.4 A 直流电流，已知电源电压为 380 V，问：

(1)如何选用二极管？

(2)求整流变压器变闭合(视在)功率容量。

解：(1)由已知可得

$$I_{CM} > I_D = \frac{1}{2}I_L = 0.7(\text{A})$$

$$U_2 = \frac{U_L}{0.9} \approx 122(\text{V})$$

$$U_{RM} > U_{m2} = \sqrt{2}U_2 = \sqrt{2} \times 122 \approx 172(\text{V})$$

查晶体管手册可知，型号为 2CZ12C($U_{RM} = 300$ V，$I_{CM} = 1$ A)的二极管就能满足此要求。

(2)求整流变压器变闭合(视在)功率容量。

考虑到变压器二次绕组及管子上的压降，变压器副边电压大约要高出 10%，即

$$U_2 = 122 \times 1.1 = 134(\text{V})$$

则变压器变比

$$n=\frac{380}{134}=2.8$$

所以变压器二次侧电流为

$$I=I_L\times1.1=1.54(A)$$

乘1.1倍主要是考虑变压器的损耗。故整流变压器(视在)功率容量为

$$S=U_2I=134\times1.54=206(VA)$$

4.2 滤波电路

虽然整流电路的输出电压已经是直流了,但直流成分里面含有较大的脉动成分,这对精密仪器而言,是会影响其正常工作的。因此,需要采取一定的措施,来降低其输出电压中的脉动成分,同时还要尽量保留其中的直流成分,从而使得输出的电压更加平滑。滤波电路即能完成此任务。常用的滤波元件是电容和电感。它是利用电容和电感的能量储存来实现滤波的。当电源电压(或电流)增加时,电容(或电感)把能量储存在电场(或磁场)中,当电源电压(或电流)减小时将储存的能量逐渐释放出来,且只能消耗在负载上,不放回电源,从而起到减小输出电压(或电流)脉动成分的作用。

4.2.1 电容滤波电路

简单的电容滤波电路即在负载两端并联一只容量较大的电容(使用时不能接反),如图4-4(a)所示。

当负载开路时,设电容无能量储存,接入交流电源后,当 u_2 为正半周时,u_2 通过 VD_1、VD_3 给电容器 C 充电;当 u_2 为负半周时,经 VD_2、VD_4 给电容器 C 充电。充电时间常数为

$$\tau_C=R_{int}C \tag{4-11}$$

R_{int} 为二极管的正向电阻和变压器二次绕组的直流电阻,由于其一般很小,所以电容器很快就充电到交流电 u_2 的最大值 $\sqrt{2}U_2$。由于没有输出回路,故输出电压保持在 $\sqrt{2}U_2$ 不变。

接入负载后,前半部分和负载开路时相同,当 u_2 从最大值下降时,电容器通过负载 R_L 放电,放电时间常数为

$$\tau=R_LC \tag{4-12}$$

由于放电时间常数比较大,所以 u_o 下降速度慢于 u_2 的下降速度,u_2 按正弦规律下降,u_o 按指数规律下降,如图4-4(c)所示的 AB 段。当 u_2 再度增大后,电容器再继续充电。这样不断地进行,就在负载上得到了比无滤波整流电路平滑的直流电。

由以上分析可知滤波电路有以下特点:

(1)电容滤波后,输出的直流电压提高了,同时输出电压的脉动成分也降低了;而且输出的直流电压与放电时间常数有关,τ 越大,输出的直流电压 u_o 就越高。为此,应选择大容量电容作为滤波电容,而且负载的等效电阻 R_L 也较大。

(2)在电容滤波电路中,通常选择

$$\tau=R_LC\geqslant(3\sim5)\frac{T}{2} \tag{4-13}$$

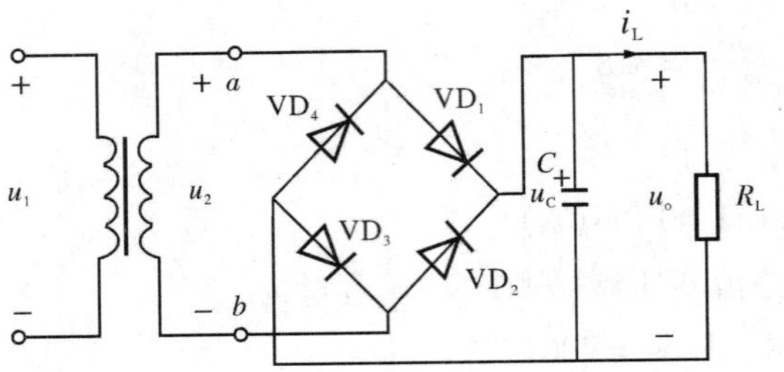

(a)电路图

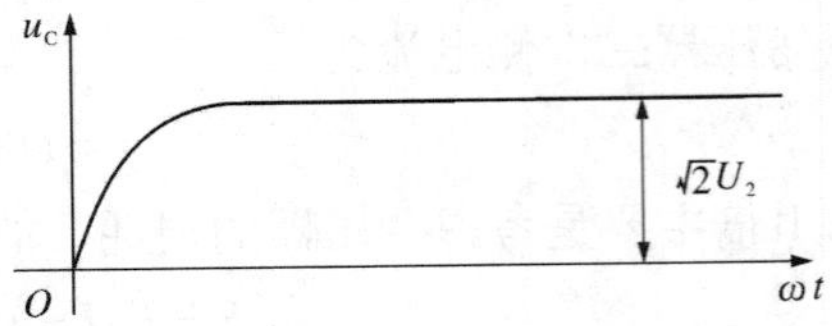

(b)未接入负载时的波形图

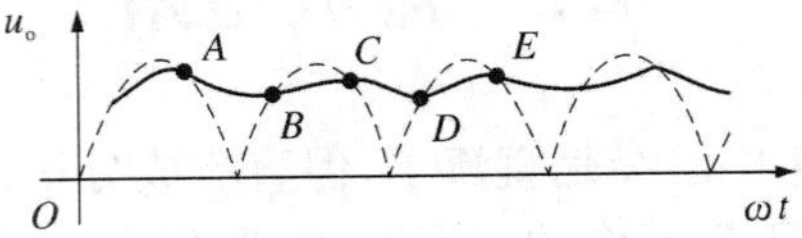

(c)接入负载后波形图

图 4-4　电容滤波电路及其波形图

式中　T——交流电网电压的周期。

一般滤波电容的电容值都比较大,达到几十微法至几千微法,故常选用电解电容器。电解电容器有正负极之分,在使用时,电路哪端的直流电压高就接电解电容器的正极,千万不能接反,否则漏电流非常大,甚至电容还会爆炸。

(3)在电容滤波电路中,只有在$|u_2|>u_C$时,整流二极管才导通,所以二极管的导通角小于π,加上电容滤波后,输出电流增大了,而导通角却减小了,故整流二极管在短暂的导电时间内,将流过很大的脉冲电流,为此在实际应用中,应选择I_{CM}较大的整流二极管。

(4)输出特性。输出电压U_o随输出电流I_o的变化关系称为输出特性或外特性。电容滤波电路的外特性较差,如图4-5所示,即带负载的能力较差,所以只适用于负载电流较小的场合。

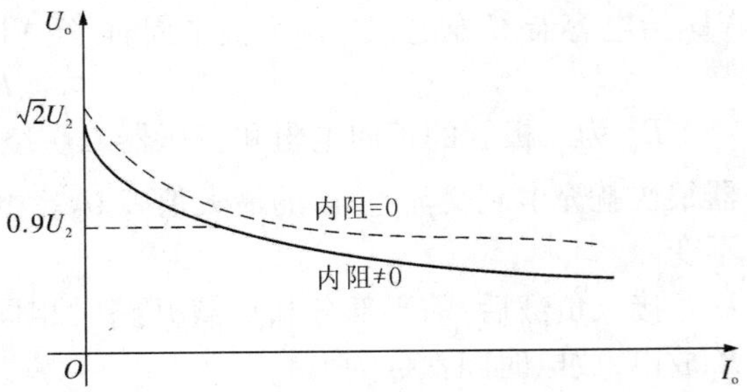

图 4-5　电容滤波外特性

(5)加上电容滤波后,电容两端的电压与变压器副边电压有效值关系的精确计算,将变得很复杂。在实际中,往往采用经验值,即

$$U_o=U_2(\text{半波整流}) \tag{4-14}$$

$$U_o=1.2U_2(\text{桥式整流}) \tag{4-15}$$

总之,电容滤波电路简单,输出电压较高,脉动较小,但是输出特性较差,故适用于输出电压高,输出电流小,且负载电流变化不大的场合。

【例 4-3】　一单相桥式整流电容滤波电路的输出电压$U_o=30$ V,负载电流为 250 mA,试选择整流二极管的型号和滤波电容C的大小,并计算变压器次级电流、电压值。

解:(1)选择整流二极管。

$$I_D=\frac{1}{2}I_L=\frac{1}{2}\times250=125(\text{mA})$$

二极管的最大反向工作电压

$$U_{RM} > U_{m2} = \sqrt{2} U_2$$

又有

$$U_o = 1.2 U_2$$

所以

$$U_2 = \frac{1}{1.2} U_o = \frac{30}{1.2} = 25(\mathrm{V})$$

$$U_{RM} > \sqrt{2} U_2 = \sqrt{2} \times 25 \approx 35(\mathrm{V})$$

查晶体管手册可知,型号为2CP21A(参数 $I_{CM} = 300$ mA,$U_{RM} = 50$ V)的二极管即可满足要求。

(2)选择滤波电容。

根据

$$R_L C \geqslant (3 \sim 5) \frac{T}{2}$$

取

$$R_L C = 5 \frac{T}{2}$$

$$R_L = \frac{U_o}{I_L} = \frac{30}{250} = 0.12(\mathrm{k\Omega}) = 120\ \Omega$$

$$T = 0.02\ \mathrm{s}$$

$$C = \frac{5T}{2R_L} = \frac{5 \times 0.02}{2 \times 120} \approx 0.000\ 417(\mathrm{F}) = 417\ \mu\mathrm{F}$$

(3)求变压器次级电压和电流。

$$U_2 = \frac{U_o}{1.2} = \frac{30}{1.2} = 25(\mathrm{V})$$

变压器次级电流在充放电过程中已不是正弦电流,一般取 $I_2 = (1.1 \sim 1.5) I_L$,所以取 $I_2 = 1.5 I_L = 1.5 \times 250 = 375(\mathrm{mA})$。

4.2.2 其他形式的滤波电路

电容滤波电路结构简单,使用方便,但当要求输出电压的脉动非常小时,就需加大电容器的容量,这很不经济,有时也很难实现。再加上当负载电流较大或负载电流变动较大时,电容滤波电路也不适用,因此就需要考虑其他形式的滤波电路。

4.2.2.1 电感滤波电路

利用电感的电抗性,同样可以达到滤波的目的。在整流电路和负载之间串联一个电感就构成了简单的电感滤波电路,如图4-6所示。

根据电感的特点,整流后电压的变化引起负载的电流改变时,电感上将感应出一个与整流输出电压变化相反的反电动势,两者的叠加使得负载上的电压比较平缓,输出电流基本保持不变。电感滤波电路中,负载电阻愈小,则负载电流愈大,电感滤波效果愈好。在电感滤波电路中,一般有

$$U_o = 0.9 U_2 \tag{4-16}$$

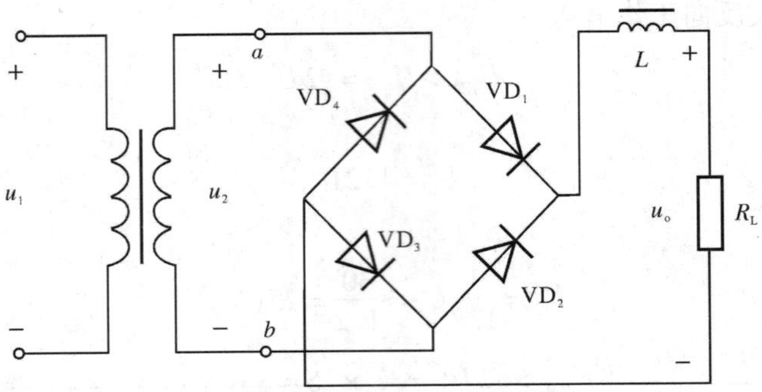

图 4-6　电感滤波电路

二极管承受的反向峰值电压仍为$\sqrt{2}U_2$。

4.2.2.2　LC 滤波电路

采用单一的电容或电感滤波时，电路虽然简单，但滤波效果欠佳，大多数场合要求滤波效果更好，就需要把前两种滤波结合起来，即构成 LC 滤波电路，如图 4-7 所示。

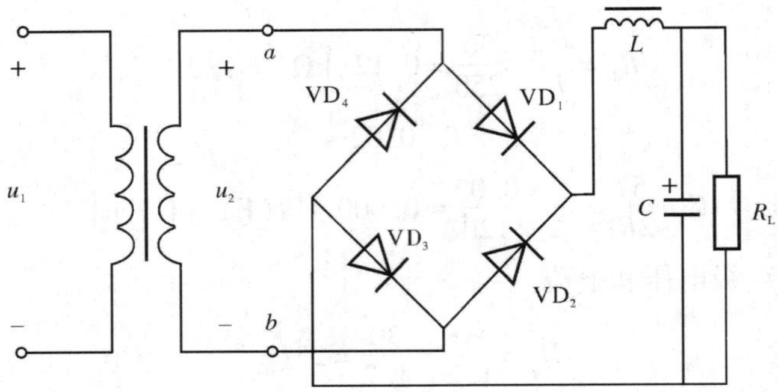

图 4-7　LC 滤波电路

与电容滤波电路比较，LC 滤波电路的优点是：外特性比较好，输出电压对负载影响小，电感元件限制了电流的脉动峰值，减小了对整流二极管的冲击。它主要适用于电流比较大，要求电压脉动较小的场合。

LC 滤波电路的直流输出电压和电感滤波电路一样，即

$$U_o = 0.9U_2 \tag{4-17}$$

4.2.2.3　π 形滤波电路

为了进一步减小输出的脉动成分，可在 LC 滤波电路的输入端再加一只滤波电容组成 π 形滤波电路，如图 4-8 所示，这种滤波电路的输出电流波形更加平滑，适当选择电路参数，同样可以达到

$$U_o = 1.2U_2 \tag{4-18}$$

当负载电阻阻值较大，负载电流较小时，可用电阻代替电感，以减小体积和降低成本。当然，为了得到更好的滤波效果，还可以将多级 π 形滤波电路串联起来滤波。

【例 4-4】　在图 4-4 所示的桥式整流、电容滤波电路中，已知 $U_2 = 20$ V，$R_L = 40$ Ω，

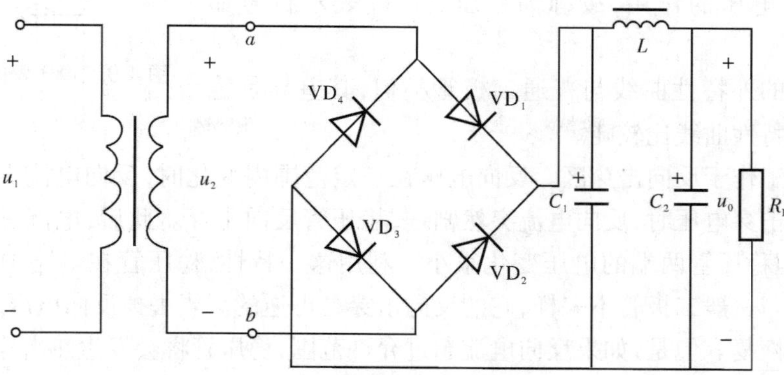

图 4-8　π 型 LC 滤波电路

$C=10^4\mu F$，如果用万用表直流电压挡测负载两端电压出现以下几种情况，试分析哪些是正常的，哪些表示出了故障，并指出原因。(1) $U_o=28$ V；(2) $U_o=18$ V；(3) $U_o=24$ V；(4) $U_o=9$ V。

解：由题中所给数据可得到

$$(3\sim5)\frac{T}{2}=(3\sim5)\frac{0.02}{2}=(0.03\sim0.05)\text{s}$$

因为 $T=0.02$ s，所以

$$R_LC=40\times10^4\times10^{-6}=0.4(\text{s})$$

根据 $\tau=R_LC\geqslant(3\sim5)\dfrac{T}{2}$，所以可以认为，在正常情况下，$U_o=1.2\ U_2=24(\text{V})$。

对于题中的第一种情况，$U_o=28$ V，这是由于负载电阻 R_L 断开的原因，负载电阻 R_L 断开，电容 C 没有放电回路，所以电容两端的电压是 U_2 的最大值，即 $U_o=\sqrt{2}U_2$。

对于题中的第二种情况。$U_o=18$ V，即 $U_o=0.9U_2$，这是电路只经过桥式整流，而没经过电容滤波的典型值，所以此种情况是电容 C 开路的缘故。

对于题中的第三种情况，$U_o=24$ V，由上面分析可知，这是电路正常的情况。

对于题中的第四种情况，$U_o=9$ V，即 $U_o=0.45U_2$，这是半波整流输出电压的典型值，所以出现这种情况的原因是，整流二极管的一路已开路，滤波电容 C 也已开路。

4.3　串联型稳压电路

整流、滤波后得到的直流输出电压往往会随时间而变化，造成这种直流输出电压不稳定的原因有二：其一是当负载改变时，负载电流将随之改变，原因是整流变压器和整流二极管、滤波电容都有一定的等效电阻，因此当负载电流变化时，即使交流电网电压不变，直流输出电压也会改变；其二是电网电压常有变化，在正常情况下变化 ±10% 是常见的，当电网电压变化时，即使负载未变，直流输出电压也会改变。因此，在整流滤波电路后面应再加一级稳压电路，以获得稳定的直流输出电压。

稳压管是一种特殊的面接触型半导体硅二极管。由于它在电路中与适当的电阻配合后能起稳定电压的作用，故称为稳压管。其表示符号如图4-9所示。

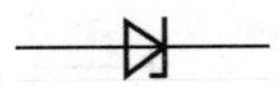

图4-9　稳压管的表示符号

稳压管的外特性曲线与普通二极管类似，其差异是稳压管的反向特性曲线比较陡。

稳压管工作于反向击穿区。反向电压在一定范围内变化时，反向电流很小。当反向电压增高到击穿电压时，反向电流突然剧增，稳压管反向击穿。此后，电流虽然在很大范围内变化，但稳压管两端的电压变化很小。利用这一特性，稳压管在电路中能起稳压作用。稳压管与一般二极管不一样，它的反向击穿是可逆的。当去掉反向电压之后，其单向导电性仍能恢复。但是，如果反向电流超过允许范围，稳压管将会发生热击穿而损坏。

稳压管的主要参数有以下几个：

(1)稳定电压 U_Z。稳定电压就是稳压管在正常工作下管子两端的电压。由于工艺方面和其他方面原因，同一型号稳压管的稳压值有一定的分散性。

(2)稳定电流 I_Z。稳压管的稳定电流是指稳压管工作在稳压状态时流过它的电流。手册中给出最小稳定电流 I_{Zmin} 和最大稳定电流 I_{Zmax}。只有在这个范围内它才能稳压。一般稳定电流通常取5～10 mA，或$\frac{1}{2}(I_{Zmin}+I_{Zmax})$。

(3)最大允许耗散功率 P_{ZM}。管子不致发生热击穿的最大功率损耗称为最大允许耗散功率。手册中给出的 P_{ZM} 值比 $U_Z I_{Zmax}$ 要小。

(4)动态电阻。动态电阻是指稳压管端电压的变化量与相应的电流变化量的比值。稳压管的反向特性曲线越陡，动态电阻越小，稳定性能越好。

(5)电压温度系数 α_T。这是说明稳压值受温度变化影响的系数。例如2CW18稳压管的电压温度系数是0.095%/℃，也就是说，温度每增加1 ℃，它的稳压值将升高0.095%。一般来说，低于6 V的稳压管，电压温度系数是负的；高于6 V的稳压管，电压温度系数是正的；而在6 V左右的管子，稳压值受温度影响比较小。因此，选用稳定电压为6 V左右的稳压管，可得到较好的温度稳定性。

串联型稳压电路在黑白电视机中应用非常普遍，它是一个反馈调节系统，包含取样电路、基准电路、比较放大电路和调整电路四大部分。图4-10所示就是一个串联型稳压电路。

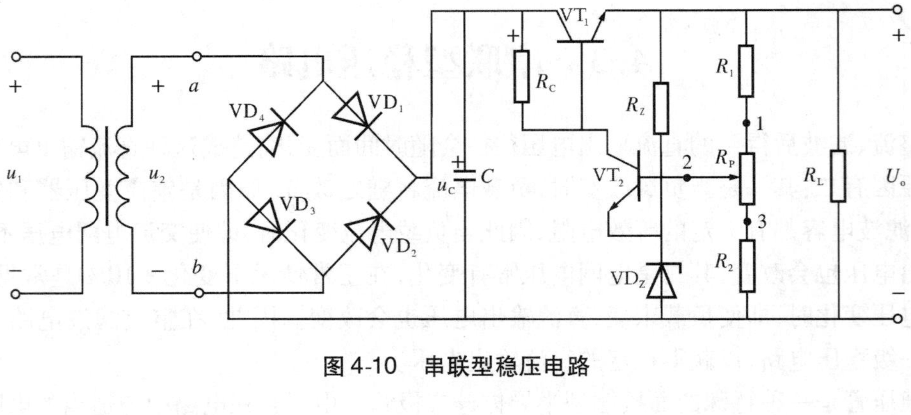

图4-10　串联型稳压电路

在稳压电路的主回路中，调整管 VT_1 与负载电阻 R_L 串联，故称为串联型稳压电路。VT_2 是比较放大管，R_1、R_P 和 R_2 串联接在输出端，构成取样电路，而限流电阻 R_Z 与稳压管 VD_Z 组成的稳压电路直接接在比较放大管 VT_2 的发射极上，它的稳压过程可表述如下。

如果由于某种原因使输出电压 U_o 升高，那么取样电压就增大，VT_2 管的基极电位升高，但 VT_2 管的发射极的电位被稳压管固定，所以对于比较放大管 VT_2 来说，基极与发射极的电压降 U_{BE2} 将增大，VT_2 管的导通程度将增强，VT_2 管的基极电流 I_{BE2} 将增大，从而使得 VT_2 管的集电极电流 I_{C2} 增大，VT_2 管的集电极电位 U_{C2} 降低，即调整管 VT_1 的基极电位降低，从而使 VT_1 导通程度下降，VT_1 管的基极电流 I_{BE1} 减小，VT_1 管的集电极电流 I_{C1} 也随之减小，VT_1 管的集电极和发射极的电压降 U_{CE1} 将增大，输出电压 U_o 将下降。其稳压过程可表示如下：

$$U_o\uparrow \rightarrow U_{BE2}\uparrow \rightarrow I_{BE2}\uparrow \rightarrow U_{C2}\downarrow \rightarrow I_{BE2}\downarrow \rightarrow U_{CE1}\uparrow \rightarrow U_o\downarrow$$

当输出电压降低时，调整过程正好相反。

从上述的分析中可以看出，在串联型稳压电路中，取样放大管和调整管都工作在放大状态，输出电压的稳定最终是靠改变调整管集电极和发射极两端的电压来实现的。

$$U_o=\frac{R_1+R_P+R_2}{R_{P(2,3)}+R_2}(U_Z+U_{BE2}) \tag{4-19}$$

4.4 集成稳压器

随着集成工艺的发展，出现了各种各样的集成稳压器。所谓集成稳压器，是指将调整电路、取样电路、比较放大电路、基准电路和保护电路等全部集成在一个半导体芯片上而形成的一种稳压集成块。由于其具有体积小、重量轻、使用方便且价格低廉等一系列优点，所以自从它出现以来，就被广泛地采用。目前的集成稳压器件种类繁多、规格各异，但最简便的是三端集成稳压器，它只有 3 个引线端：不稳定电压输入端、稳定电压输出端和公共接地端。按输出电压是否可调，三端集成稳压器可分为固定输出和可调输出两种。

4.4.1 固定输出的三端稳压器

三端集成稳压器的外形和三极管非常相似，如图 4-11 所示。

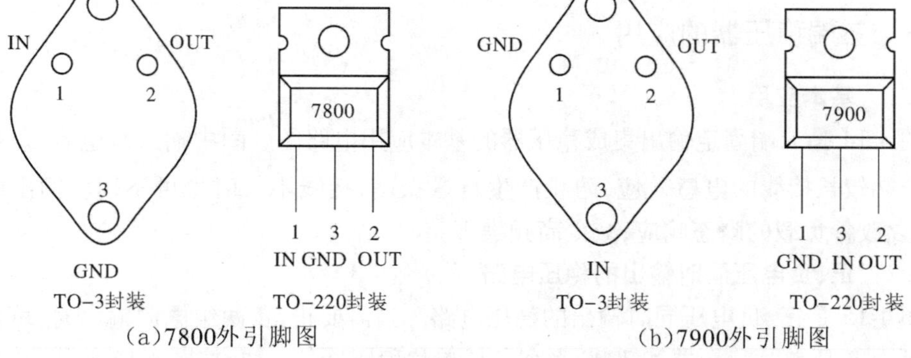

图 4-11 三端固定输出集成稳压器

不同型号的集成稳压器,其三端对应的引脚也不同,常用的固定输出的三端集成稳压器的型号有 CW7800 系列和 CW7900 系列。CW7800 系列输出正电压,CW7900 系列输出负电压。不同的系列对应着不同的输出极性和输出电流。如 CW7800 系列的集成稳压器可提供 1.5 A 的输出电流和 5 V、6 V、8 V、9 V、12 V、15 V、18 V、24 V 等各挡的稳定直流电压。其型号的后两位数字表示输出的直流电压值。如 CW7805,表示输出电压为 5 V,其他依次类推。CW78M00 和 CW79M00 系列输出电流为 0.5 A;CW78L00 和 CW79L00 系列的输出电流为 0.1 A。

4.4.2 三端可调输出稳压器

在实际应用中还有可调的 CW117/CW217/CW317(输出正压),CW137/CW237/CW337(输出负压)系列,外形如图 4-12 所示。它们的输出电压分别为 ±1.2 ~ ±37 V 连续可调。其型号的第一位数字表示产品类别:1 表示军工,2 表示半军工,3 表示一般民用。

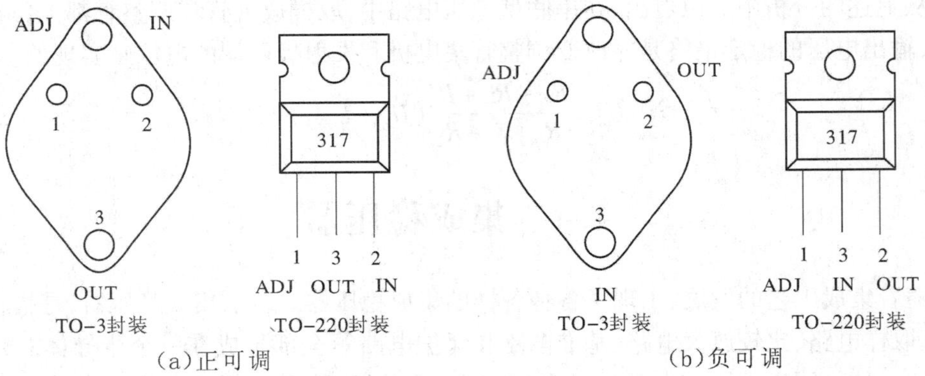

图 4-12 三端可调输出稳压器

在图 4-13 所示的标准电路中,因 CW117/CW217/CW317 的基准电压为 1.25 V,所以输出电压只能从 1.25 V 上调。输出电压表示式为

$$U_o \approx 1.25\left(1+\frac{R_2}{R_1}\right) \tag{4-20}$$

电容 C_2 用来改善输出电压中的纹波。跨接电容 C_1 是为了预防产生自激振荡。

4.4.3 三端稳压器的应用

4.4.3.1 基本应用

图 4-14 是二端固定输出集成稳压器的基本应用电路图。图中输入端电容 C_1 用以抵消输入端较长接线的电感效应,防止产生自激振荡,接线不长时也可不用。输出端电容 C_o,用以改善负载的瞬态响应,减少高频噪声。

4.4.3.2 正、负电压同时输出的稳压电路

图 4-15 是正、负电压同时输出的稳压电路。当需要正、负两组电源输出时,可以采用 7800 系列正压单片稳压器和 7900 系列负压单片稳压器各一块,按图 4-15 接线,构成正负

两组电源。

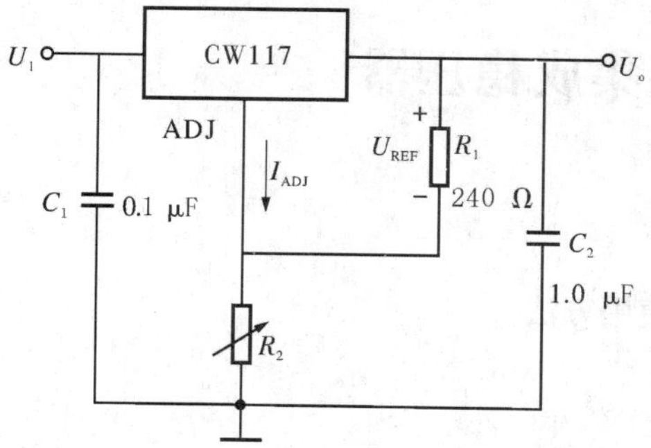

图 4-13 可调输出稳压源标准电路

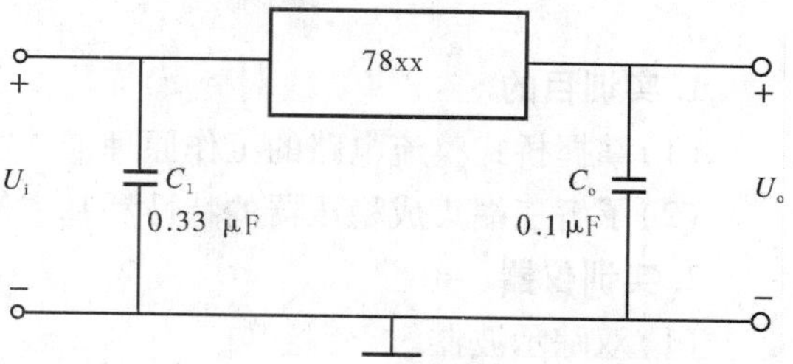

图 4-14 固定稳压器基本应用电路

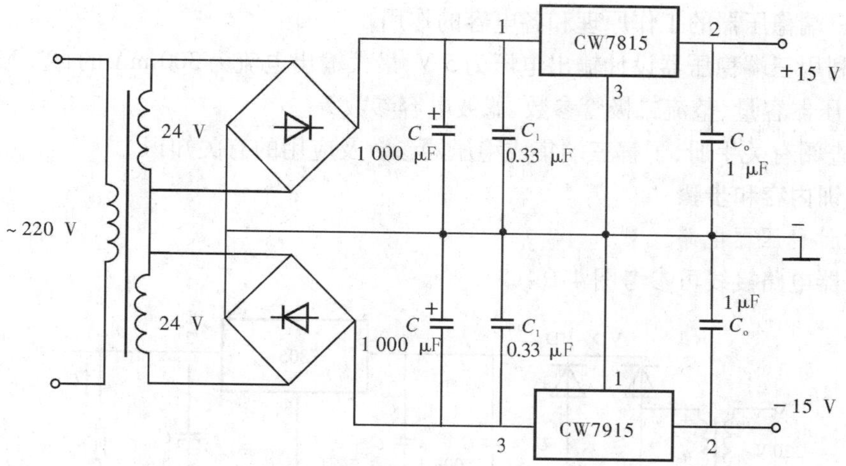

图 4-15 正负对称输出稳压电路

本章小结

(1)在电子系统中,经常需要将交流电网电压转换为稳定的直流电压,为此要用整流、滤波和稳压等环节来实现。

(2)在整流电路中,利用整流二极管的单相导电性将交流电转变为脉动的直流电。为抑制输出直流电压中的纹波,通常在整流电路后接有滤波环节。滤波电路一般可分为电容输入式和电感输入式两大类。在直流输出电流较小且负载几乎不变的场合,宜采用电容输入式;而负载电流大的大功率场合,宜采用电感输入式。

(3)为了保证输出电压不受电网电压、负载和温度的变化而产生波动,可再接入稳压电路。在小功率供电系统中,多采用串联反馈式稳压电路,而中、大功率稳压电源一般采用开关稳压电路。

(4)串联反馈式稳压电路的调整管工作在线性放大区,利用控制调整管的管压降来调整输出电压,它是一个带负反馈的闭环有差调节系统。

实训5　三端集成稳压器

1. **实训目的**

(1)掌握桥式整流电路的工作原理。

(2)了解三端集成稳压器的特性和基本使用方法。

2. **实训仪器**

(1)双踪示波器。

(2)交直流电压表。

3. **预习内容**

(1)三端稳压器的工作原理和各电容的作用。

(2)利用三端稳压器设计输出电压为5 V,最大输出电流为300 mA的直流稳压电源,并确定变压器容量、整流二极管参数、滤波电容参数等。

(3)查阅有关手册,了解三端集成稳压器参数及应用的有关知识。

4. **实训内容和步骤**

1)设计稳压器电路

稳压器电路接线可参考图4-16。

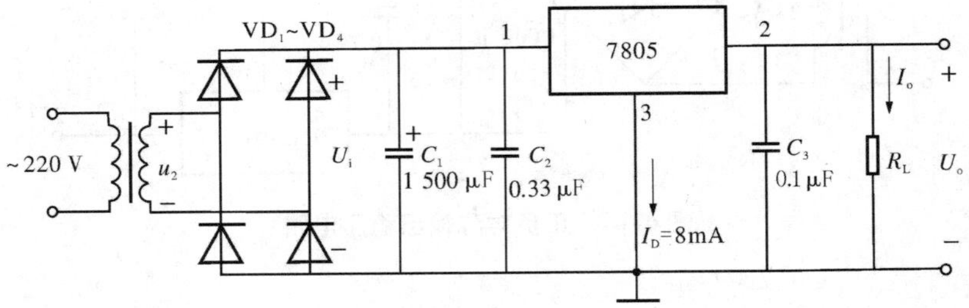

图4-16　三端固定式集成稳压器构成的直流稳压电源

2)确定元件参数

(1)根据设计要求确定三端稳压器(7805或78M05)。

(2)选择桥式整流二极管。

(提示:因为三端稳压器输入、输出端最大压差为2 V,如取4 V,则输入电压 $U_i=9$ V。$I'_L=I_{omax}+I_D=308$ mA,$R'_L=\dfrac{U_i}{I'_L}\approx 29.2\ \Omega$)

(3)选择滤波电容和其他电容。

(4)确定变压器容量。

①用交流数字电压表测量稳压电源输入纹波电压 U_o。

②用示波器观察有无负载时输出电压的交流分量的变化情况,用直流电压表测量输

出直流电压是否有变化。

③在 C_1 接通和断开的情况下，分别用示波器（直流挡）观察负载电压的波形，研究其在稳压电源中的作用。

5. 注意事项

（1）防止将稳压器的输入端和输出端接反，否则会损坏稳压器。

（2）确保稳压器可靠接地，否则会使输出电压大大增加，损坏负载。

（3）防止稳压器输入端突然断路，否则会损坏稳压器。

6. 实训报告

（1）分析整理实验结果，对集成稳压器的性能给予评价。

（2）总结三端集成稳压器的使用注意事项。

习　题

4-1　直流电源通常由哪几部分组成？各部分作用是什么？

4-2　在桥式整流电路中，如果四个二极管的极性全部接反，对输出有何影响？若其中一只二极管接反、断开或短路对输出有何影响？

4-3　桥式整流电容滤波电路如图 4-17 所示，要求输出直流电压 $U_o=25$ V，输出的直流电流为 200 mA。

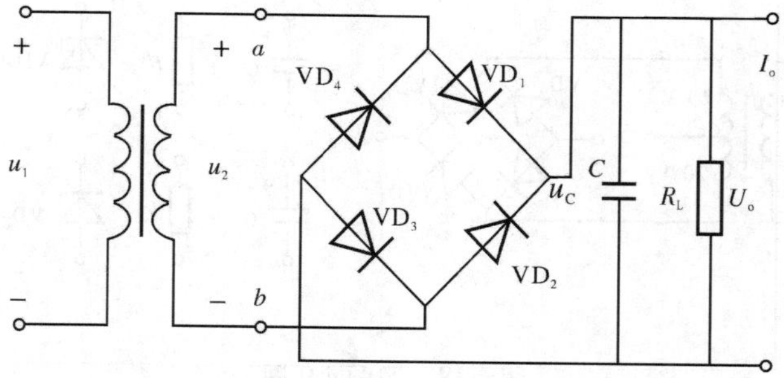

图 4-17　习题 4-3 图

（1）标出输出电压的“+”、“−”极性，电解电容如何连接？

（2）变压器次级绕组电压 u_2 的有效值为多大？

（3）整流管的最大平均整流电流和最高反向电压如何选择？

（4）电容 C 应选多大数值？

4-4　电路如图 4-18 所示，输入交流电压有效值 $U_2=20$ V，且元件的参数均满足要求，若测得输出电压 U_L 为下列四种情况，试分别说明电路出现什么故障：①$U_L=18$ V；②$U_L=9$ V；③$U_L=28$ V；④$U_L=20$ V。

4-5　在桥式整流电容滤波稳压管稳压电路中，稳压管的稳压值为 9 V，最大工作电流为 25 mA，最小工作电流为 5 mA，负载电阻在 300 ~ 400 Ω 之间变动，变压器二次电压 $U_2=15$ V，允许有 10% 的变化范围，试确定限流电阻的选择范围。

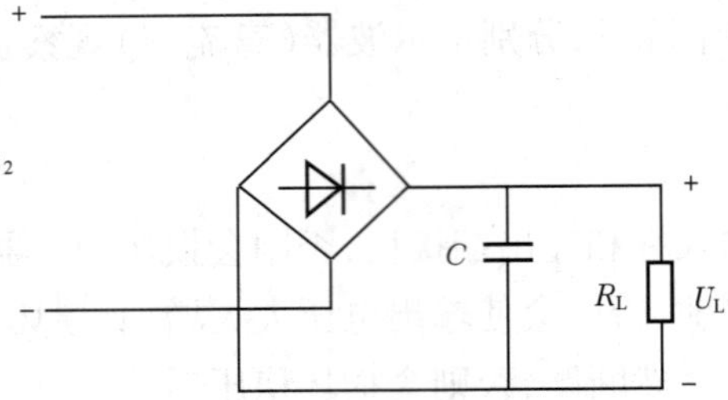

图 4-18　习题 4-4 图

4-6　当电源电压波动或负载变化时，具有放大环节的串联型稳压电路是如何稳定输出电压的？如电路中稳压管接反，对输出电压有何影响？

4-7　串联型稳压电路如图 4-10 所示，已知稳压管稳压电压为 6 V，$R_1 = R_2 = 6\ \text{k}\Omega$，$R_P = 10\ \text{k}\Omega$。试问：

(1) 输出电压的调节范围多大？

(2) 如果把 R_P 从 1 端移至 3 端，电路能否正常工作？

4-8　用两个 CW7815 能否构成输出 ±30 V、±15 V 的电路？

4-9　图 4-19 中的各个元器件应如何连接，才能得到对地为 ±15 V 的直流稳定电压？

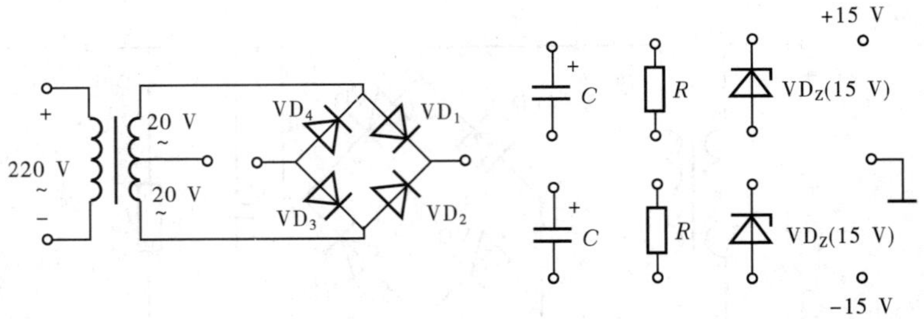

图 4-19　习题 4-9 图

4-10　并联稳压电路如图 4-20 所示，设稳压管的稳定电压 $U_Z = 5.3$ V，三极管的 $U_{BE} = 0.7$ V，求输出电压。

4-11　串联型稳压电路如图 4-21 所示，电阻 $R_1 = R_2 = 200\ \Omega$，稳压管 VD_Z 的稳定电压为 5.3 V，晶体管的 $U_{BE} = 0.7$ V：

(1) 试说明电路的取样、基准、比较放大和调整四个部分分别由哪些元器件构成。

(2) 当 R_W 的滑动端在最下端时，$U_o = 15$ V，求 R_W 的值。

(3) 当 R_W 的滑动端移至最上端时，求 U_o。

4-12　图 4-22 所示为一个用三端集成稳压器组成的直流稳压电路，试说明各元器件的作用，并指出电路在正常工作时的输出电压值。

4-13　指出图 4-23 中的三个直流稳压电路是否有错误，如有错误请加以改正，要求输出电压和电流如图所示。

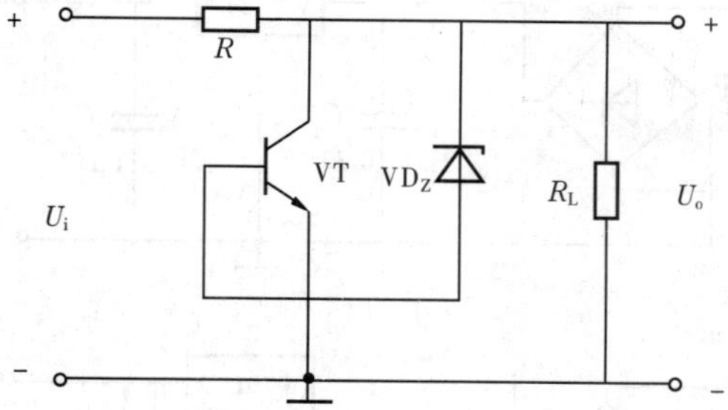

图 4-20　习题 4-10 图

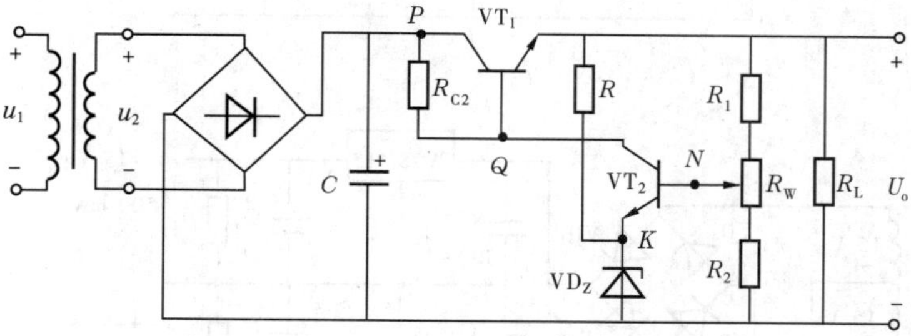

图 4-21　习题 4-11 图

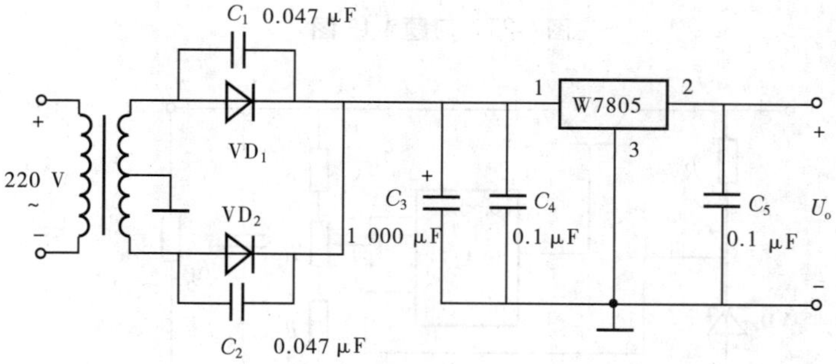

图 4-22　习题 4-12 图

4-14　串联型稳压电路主要由哪几部分组成？它实质上依靠什么原理来稳压？

4-15　试回答串联型稳压电路中基准电源的作用。

4-16　如图 4-24 所示为电压可调的串联型稳压电路，已知 $U_i=24$ V，稳压二极管 VD_Z 的稳定电压 $U_Z=6$ V，$R_1=R_2=R_3=300\ \Omega$，调节 R_2 的值可以改变输出电压 U_o 的大小，试求该电路输出电压 U_o 的调节范围。

4-17　三端集成稳压器有哪几种类型？说明各类型中的主要系列。

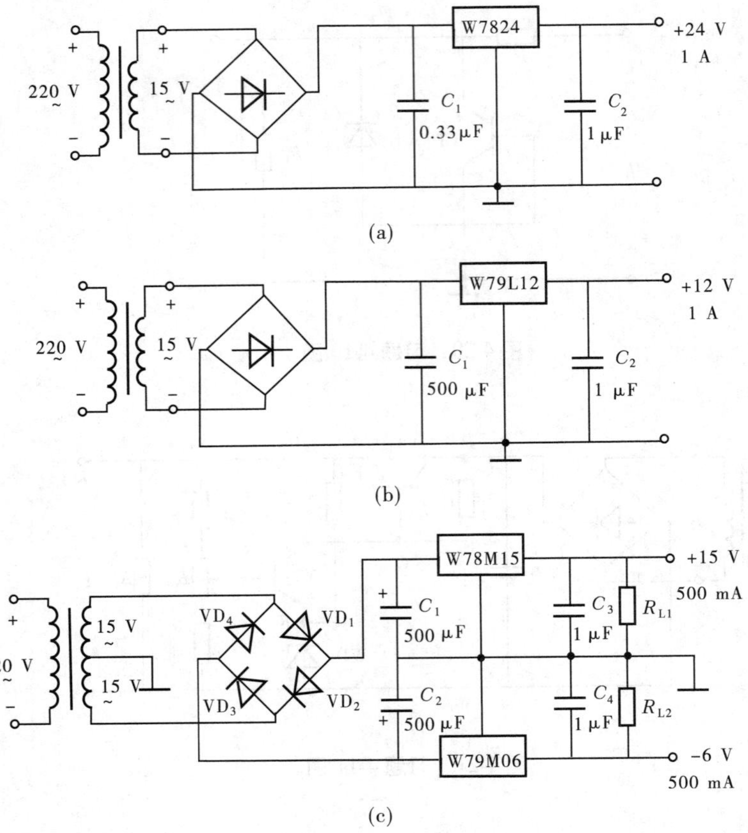

图 4-23 习题 4-13 图

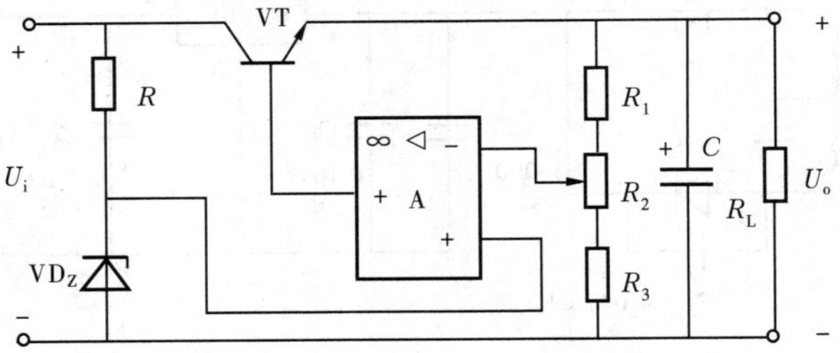

图 4-24 习题 4-16 图

第 5 章　信号发生器

学习指导

信号发生器通常也称为振荡电路或振动器，它不需要外来输入信号就能产生一定频率和幅度的各种周期性波形。根据输出信号的不同，信号发生器分为两大类：正弦波振动器和非正弦波信号发生器。按电路结构不同，着重学习正弦波振动器中的 RC 振动器、LC 振动器以及石英晶体振动器等。非正弦波信号发生器又称张弛振动器，它能产生各种非正弦波信号。通过本章的学习，应着重掌握矩形波、三角波、锯齿波等信号发生器。

信号发生器包括正弦波振动器和非正弦波发生器，它们常常作为电路中的信号源被广泛地应用于无线电通信、自动测量、自动控制等系统中。正弦波振动器能产生一定频率和幅度的正弦波，常用的正弦波振动器有 LC 振动器、RC 振动器和石英晶体振动器等。非正弦波发生器能产生方波、锯齿波、三角波等波形。

5.1　正弦波振动器

5.1.1　产生正弦波振荡的条件

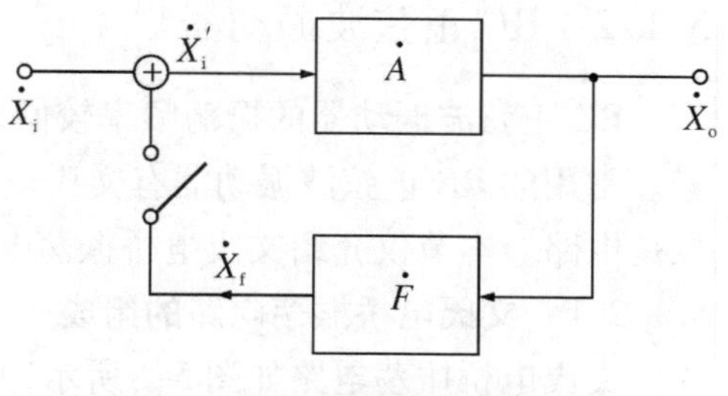

图 5-1　正弦波振动器示意图

图 5-1 给出了正弦波振动器的示意图，当开关断开时，在正弦输入信号的作用下，可得到输出信号

$$\dot{X}_o = \dot{A}\dot{X}_i$$

当开关闭合且将正弦输入信号撤离时，输出信号通过反馈回路反馈到输入端作为放大电路的新的输入信号，即

$$\dot{X}_i' = \dot{X}_f$$

反馈信号为 $\dot{X}_f = \dot{F}\dot{X}_o$

开关闭合后的输出信号为 $\dot{X}_o' = \dot{A}\dot{X}_i'$

则可得到 $\dot{X}_o' = \dot{A}\dot{F}\dot{X}_o$

如果新的输出信号与开关闭合前的输出信号相等，则应得到

$$\dot{A}\dot{F} = 1 \tag{5-1}$$

我们将输入信号为零时仍能产生输出信号的情况称为自激振荡。式(5-1)就是放大

电路产生自激振荡的条件，并可用幅度平衡条件和相位平衡条件表示如下

$$\left|\dot{A}\dot{F}\right|=1,\ \varphi_A+\varphi_F=\pm 2n\pi\quad (n=0,1,2,\cdots)$$

图5-1中的放大电路和反馈网络对于一个正弦波振动器是必不可少的。放大电路使电路具有足够大的电压放大倍数以满足自激振荡的幅值条件；反馈网络则使输出信号通过正反馈引回到输入端，从而实现自激振荡的相位条件。为了使自激振荡的频率一定、幅值稳定，正弦波振荡电路还需具备选频网络和稳幅环节。选频网络可以从非正弦的扰动信号（如通电时的瞬变过程、无线电干扰、工业干扰及各种噪声等）中选出适当的频率分量，使之满足自激振荡的相位条件和幅值条件，从而产生单一频率的正弦波振荡。放大电路中三极管本身所具有的非线性可使输出波形稳定在某一幅值。对于振荡波形中出现的失真问题，也可采用负反馈网络等稳幅环节来改善波形。

总之，一个正弦波振动器应当具有放大电路、反馈网络、选频网络和稳幅环节四个组成部分。通常反馈网络和选频网络是合二为一的，根据选频网络中所用元件不同，正弦波振动器可分为RC正弦波振动器、LC正弦波振动器、石英晶体振动器。

为了使振荡幅度增大到一定程度，起振时应使 $\left|\dot{A}\dot{F}\right|>1$。在这一条件下，通过反复进行放大、反馈，使输出信号的振幅由小变大，当振幅增大到一定值时，通过电路中三极管本身的非线性或稳幅环节的作用，使 $\dot{A}$ 或 $\dot{F}$ 降低，从而使 $\dot{A}\dot{F}=1$，这样振荡电路最终就稳定在某一振荡幅度。

5.1.2　RC正弦波振动器

RC正弦波振动器的振荡频率较低，一般在1 MHz以下，主要用于产生低频正弦波信号。常用的RC正弦波振动器有文氏电桥振荡电路、移相式振荡电路及双T形选频网络振荡电路。本节仅介绍文氏电桥振荡电路。

5.1.2.1　文氏电桥振荡电路的组成

文氏电桥振荡电路如图5-2所示，其中 R_1、C_1 串联支路，R_2、C_2 并联支路，R_F 和 R' 分别为文氏电桥的四个桥臂。电路中的放大电路部分采用了集成运放。R_1、C_1 和 R_2、C_2 组成的串并联网络构成了该振荡电路的选频网络，故文氏电桥振荡电路又称为串并联网络振荡电路。R_F 和 R' 则起到负反馈的作用。

5.1.2.2　RC串并联网络的频率特性

RC串并联网络如图5-3所示，当信号频率很低时，$\frac{1}{\omega C_1}\gg R_1$，$\frac{1}{\omega C_2}\gg R_2$ 则可将其中的 R_1、C_2 忽略。原网络可等效为超前网络，表现为反馈电压 $\dot{U}_f$ 相位超前于输出电压，且随着信号频率逐渐趋于零，超前的相位角为0～90°，$\dot{U}_f$ 的幅值也逐渐减小。当信号频率很高时，$\frac{1}{\omega C_1}\ll R_1$，$\frac{1}{\omega C_2}\ll R_2$，则可将其中的 R_2、C_1 忽略，原网络等效为滞后网络，表现为反馈电压 $\dot{U}_f$ 相位滞后于输出电压 $\dot{U}_o$，且随着信号频率逐渐趋于无穷大，滞后的相位角为0～

$-90°$，$\dot{U}_f$的幅值也同样逐渐减小。

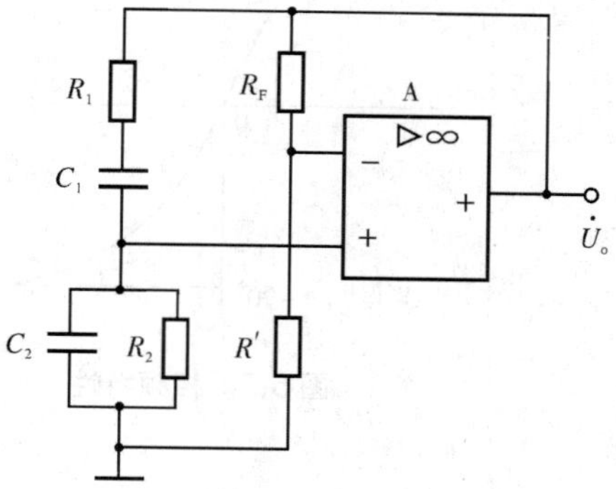

图 5-2　文氏电桥振荡电路

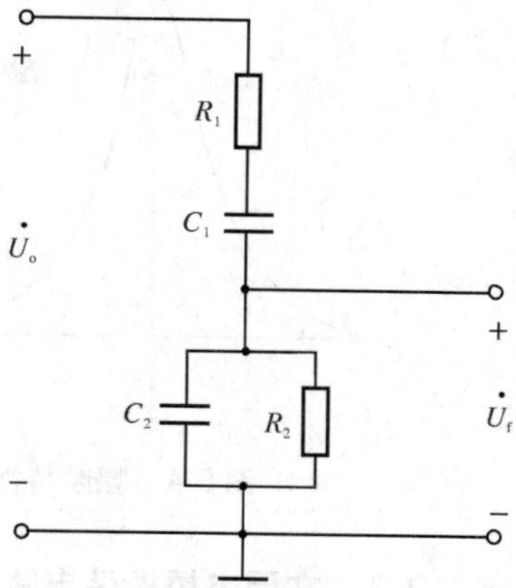

图 5-3　RC 串并联网络

由上述定性分析可知，由于低频反馈电压 $\dot{U}_f$相位超前于输出电压 $\dot{U}_o$，高频时反馈电压 $\dot{U}_f$相位滞后于输出电压 $\dot{U}_o$，则当频率由低向高变化时，中间必定存在一个频率 f_o，使得输出电压与输入电压相位刚好一致，并且在该频率下，$\dot{U}_f$的幅值最大。这就是 RC 串并联网络的选频特性。

对于图 5-3 所示的 RC 串并联网络，可得到如下表达式

$$\dot{F}=\frac{\dot{U}_f}{\dot{U}_o}=\frac{R_2//\frac{1}{j\omega C_2}}{R_1+\frac{1}{j\omega C_1}+R_2//\frac{1}{j\omega C_2}}=\frac{\frac{R_2}{1+j\omega R_2C_2}}{R_1+\frac{1}{j\omega C_1}+\frac{R_2}{1+j\omega R_2C_2}}$$

$$=\frac{1}{\left(1+\frac{C_2}{C_1}+\frac{R_1}{R_2}\right)+j\left(\omega R_1C_2-\frac{1}{\omega R_2C_1}\right)}$$

若 $R_1=R_2=R$，$C_1=C_2=C$，则得到

$$\dot{F}=\frac{\dot{U}_f}{\dot{U}_o}=\frac{1}{3+j\left(\omega RC-\frac{1}{\omega RC}\right)} \tag{5-2}$$

由式(5-2)可知，当 $\omega=\omega_0=\frac{1}{RC}$或$f=f_0=\frac{1}{2\pi RC}$时，$\dot{F}$ 的幅值最大，$\left|\dot{F}\right|_{max}=1/3$，其幅频特性如图 5-4 所示。由于 $\dot{F}$ 的虚部为零，故相角 $\varphi_F=0$，在图 5-5 所示的相频特性上表现为 $\dot{U}_f$与 $\dot{U}_o$同相位。可以看出，RC 串并联网络对于不同频率的信号表现出不同的放大倍数，而且当频率小于或大于$\frac{1}{2\pi RC}$时，放大倍数均很小，因此 RC 串并联网络具有选频作用。

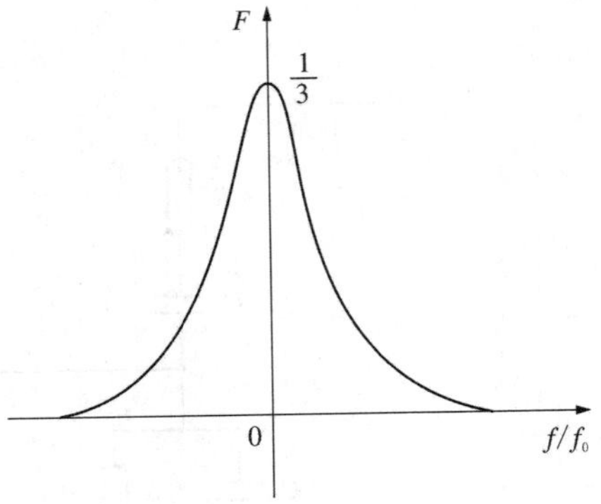

图 5-4　幅频特性

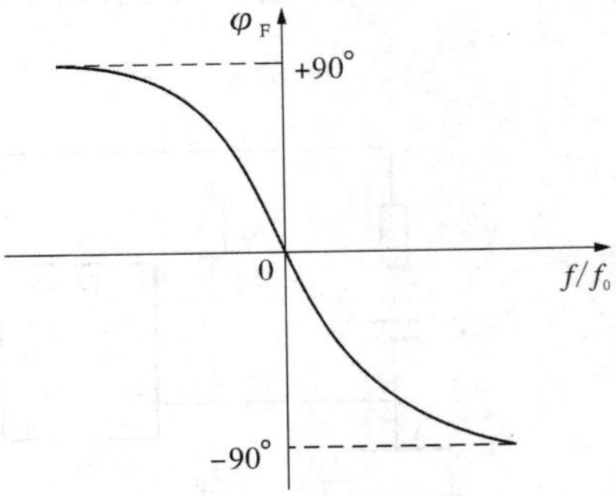

图 5-5　相频特性

5.1.2.3　文氏电桥振荡电路的工作原理

如图 5-2 所示的文氏电桥振荡电路实际上是一个同相比例运算电路，假设初始时在同相输入端加上正弦输入信号 u_i，则输出端就得到一个输出信号 $u_o = \left(1+\frac{R_F}{R'}\right)u_i$。$u_i$ 撤离后，u_o 通过 RC 串并联网络反馈回同相输入端得到反馈信号 u_f 以代替原有的输入信号 u_i，为了满足 $\varphi_A+\varphi_F=\pm 2n\pi(n=0,1,2,\cdots)$ 的相位条件，该电路中采用同相输入，则中频范围内 $\varphi_A\approx 0$，并且当 $f=f_0$ 时，$\varphi_F=0$。因此当 $f=f_0$ 时，文氏电桥振荡电路满足自激振荡的相位条件，故该电路的振荡频率应为

$$f_0=\frac{1}{2\pi RC} \tag{5-3}$$

振荡频率 f_0 的调节可通过改变 R、C 的值来实现，通常利用同轴电位器来改变电阻 R 的值，通过波段开关换接不同的电容来改变电容 C，以得到较广的振荡频率调节范围。

另外，由于起振时要求幅值 $\left|\dot{A}\dot{F}\right|>1$，当 $f=f_0$ 时，$\left|\dot{F}\right|=1/3$，故放大电路的放大倍数 $\left|\dot{A}\right|\geqslant 3$。起振时，如果 $\dot{A}$ 过大，仅依靠三极管的非线性来稳幅的话，波形仍会产生严重的非线性失真。为了改善输出波形，该电路采用了 R_F 和 R' 的电压串联负反馈支路，通过改变 R_F 或 R' 的值来调节反馈的深度，从而控制电压放大倍数以得到失真小且较稳定的输出波形。当图 5-2 中的 R_F 采用负温度系数的热敏电阻时，若输出电压振幅增大，则热敏电阻 R_F 阻值减小，导致负反馈系数增大，最终使电压放大倍数降低，从而起到自动稳幅的作用。若 R' 为热敏电阻，则应采用正温度系数的热敏电阻。

5.1.3　LC 正弦波振动器

LC 正弦波振动器是一种以 LC 并联回路作为选频网络的振荡电路，所产生的正弦波信号的频率较高，通常在几十兆赫兹以上。常见的 LC 正弦波振荡电路有变压器反馈式振荡电路、电感三点式振荡电路和电容三点式振荡电路等。

5.1.3.1　LC 并联回路的选频特性

图 5-6 所示的是 LC 并联网络，其中 R 表示实际并联网络中各种损耗的等效电阻。从

图 5-6 可知，频率较低时，并联阻抗呈感性，且频率越低阻抗越小；频率较高时，并联阻抗呈容性，且频率越高阻抗越小。可见，在低频和高频之间必定存在 $f=f_0$。在该频率下，LC 并联网络的阻抗呈纯阻性，且阻抗值最大。这就是 LC 并联网络的选频特性，其中 f_0 称为 LC 电路的并联谐振频率。

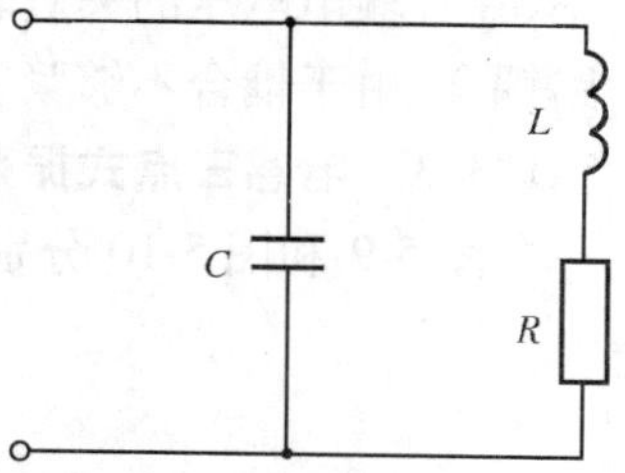

图 5-6　LC 并联网络

LC 并联网络的阻抗频率特性如图 5-7 所示。可以证明，$f_0=\frac{1}{2\pi\sqrt{LC}}$，$\omega_0=\frac{1}{\sqrt{LC}}$ 且 $Q=\frac{\omega_0 L}{R}$。Q 为谐振电路的品质因数。Q 越大，谐振时阻抗越大，幅频特性、相频特性越陡，选频特性越好。

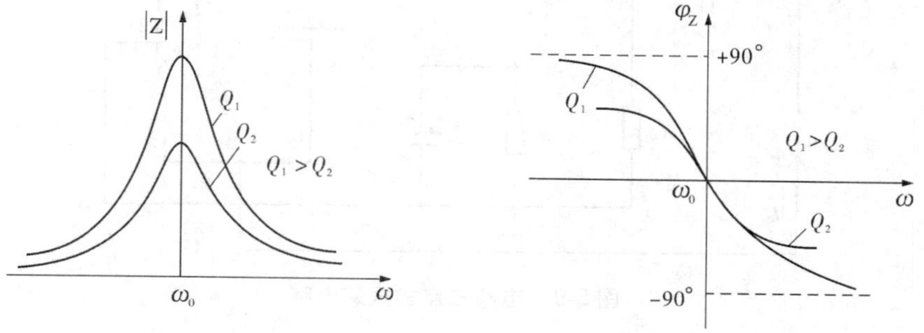

图 5-7　LC 并联网络的阻抗频率特性

5.1.3.2　变压器反馈式振荡电路

变压器反馈式振荡电路如图 5-8 所示。该电路由放大电路、反馈网络和选频网络三部分组成。其中，线圈 L_1 与电容 C 并联构成选频网络，并接到三极管的集电极作为集电极负载，L_2 为反馈线圈，L_3 为输出线圈，与负载相接。

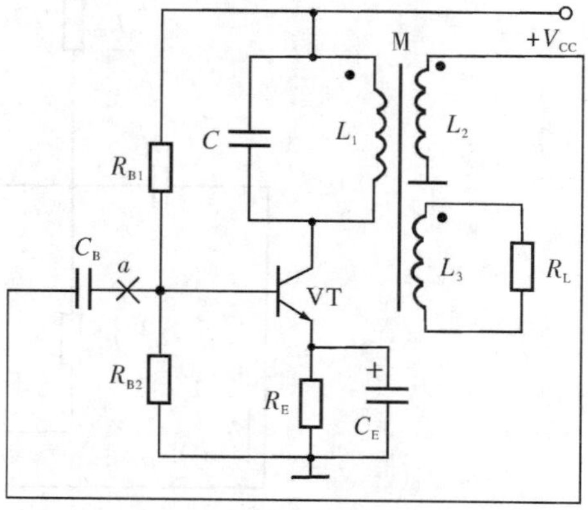

图 5-8　变压器反馈式振荡电路

断开图 5-8 中的 a 点时，在此处加上频率为 LC 并联网络谐振频率 f_0 的输入信号 u_i，该信号使 LC 并联网络可等效为纯电阻，并能得到与输入信号 u_i 反相的集电极电压 u_C。根据电路中标出的变压器的同名端，反馈线圈 L_2 将引入 180°相位移，使反馈电压 u_f 与集电极电压 u_C 反相，这样就可满足振荡的相位条件。因此，自激振荡的频率基本上由 LC 并联谐振回路决定，为

$$f_0=\frac{1}{2\pi\sqrt{LC}} \tag{5-4}$$

为了满足自激振荡的相位条件，在应用时要特别注意变压器同名端的接线，一旦接错，则得不到正反馈，无法振荡。选择合适的变压器原、次级匝数比及其他电路参数就能满足自激振荡的幅值条件。

变压器反馈式振荡电路结构简单，易于起振，通过改变电容大小可方便地调节振荡频

率，并且输出电压的失真较小，因此应用范围广泛。其缺点在于输出电压和反馈电压靠磁路耦合，由于耦合不够紧密，损耗较大，振荡频率稳定度不高，仅为 10^{-4}。

5.1.3.3 电感三点式振荡电路和电容三点式振荡电路

图 5-9 和图 5-10 分别给出了电感三点式振荡电路和电容三点式振荡电路。

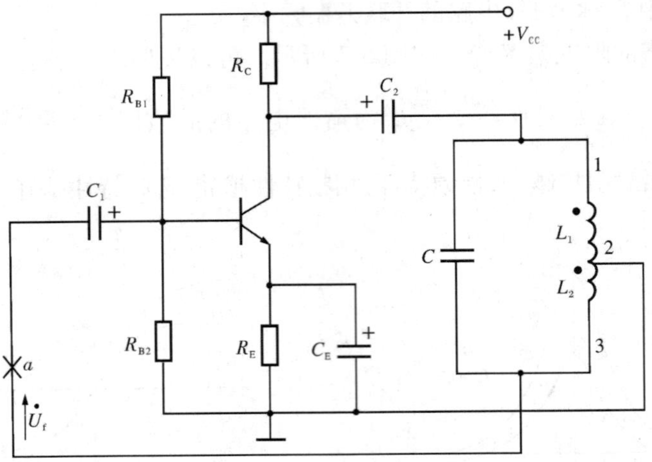

图 5-9　电感三点式振荡电路

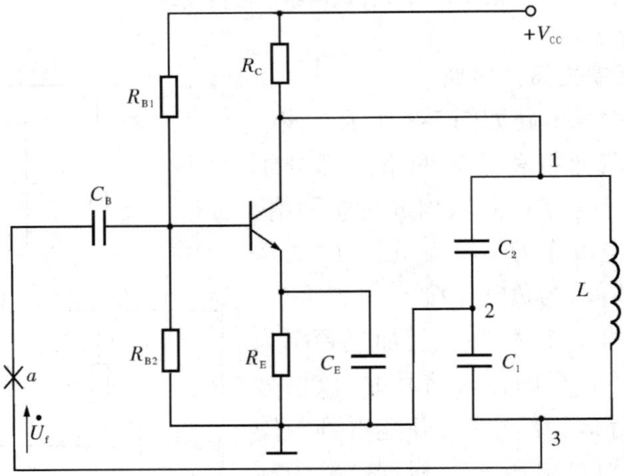

图 5-10　电容三点式振荡电路

电感三点式振荡电路用于产生几十兆赫兹以下的正弦波信号。其优点在于 L_1 和 L_2 耦合紧密，因此容易起振，振荡幅度较大，频率调节方便；缺点为输出波形中的高次谐波较大，导致输出波形质量较差，频率稳定度为 10^{-4}。

电容三点式振荡电路的振荡频率通常可达到 100 MHz 以上。由于反馈电压取自电容 C_2，其中的谐波分量较少，因此输出波形较好。但改变 C_1、C_2 调频的同时也将引起反馈系数变化，因此调频不方便。其频率稳定度比电感三点式振荡电路稍好些，为 10^{-4} ~ 10^{-5}，也不够高。

5.1.4 石英晶体振动器

在一些应用场合希望振荡电路能具有非常高的频率稳定度(如无线电通信的发射机频率),这对于前面所讨论的各种振荡电路是很难实现的。石英晶体谐振器构成的振荡电路的频率稳定度可达到10^{-6}以上。

若在石英晶片两面施加机械压力,则在受力方向上将产生电场;反之,在石英晶片两面加交变电场,晶片就会产生一定频率的机械变形,这种物理现象称为“压电效应”。机械振动的幅值一般很小,当外加交变电场频率达到某一特定频率时,幅值将突然增大。我们将这一物理现象称为压电谐振,产生压电谐振的频率即石英晶体的固有频率,也称谐振频率。

石英晶体谐振正是根据石英晶体的这种特性制成的,其外形和结构如图 5-11 所示。

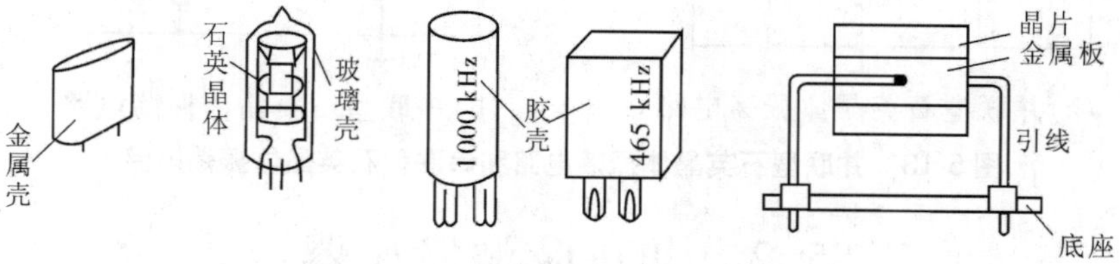

图 5-11 石英晶体谐振器的外形和结构

石英晶体谐振器的符号和等效电路如图 5-12(a)、(b)所示。从等效电路可以知道,石英晶体谐振器具有两个谐振频率。低频时,静态电容 C_0 相当于开路。电路可简化为 L、R、C 串联电路,其串联谐振频率为

$$f_S = \frac{1}{2\pi\sqrt{LC}} \tag{5-5}$$

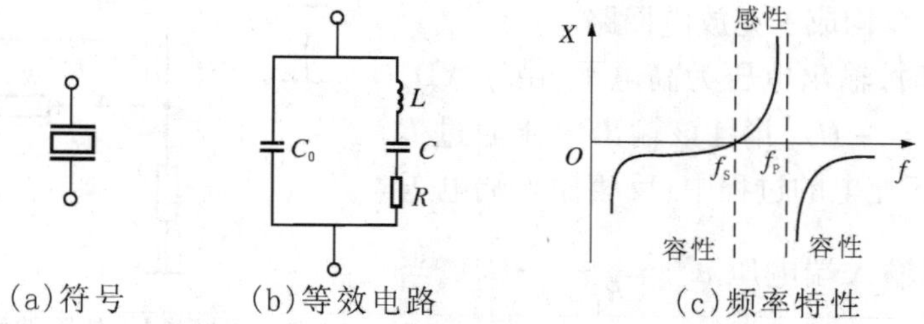

图 5-12 石英晶体谐振器的符号、等效电路和频率特性

当频率大于f_S时,L、C、R 支路呈感性,与 C_0 构成并联谐振回路,其并联振荡频率为

$$f_P = \frac{1}{2\pi\sqrt{L\frac{CC_0}{C+C_0}}} = f_S\sqrt{1+\frac{C}{C_0}} \tag{5-6}$$

并且 $C_0 \gg C$,因此$f_P \approx f_S$。

从图 5-12(c)所示的石英晶体谐振器的频率特性可知,低频时,由于 C_0、C 的容抗较大,电路呈容性;当频率增加到$f = f_S$时,由于串联谐振,电路呈电阻性;当$f > f_S$时,LC 支路

呈现感性；当 $f=f_P$时，由于并联谐振，电路呈电阻性；当$f>f_P$时，C_0 支路起主要作用，电路又呈容性。可见，只有在$f_S<f<f_P$时，石英晶体才呈现感性，而且 C 和 C_0 相差越大，这一区域将越窄。

石英晶体振荡电路有并联型石英晶体振荡电路和串联型石英晶体振荡电路两种，其电路如图 5-13 所示，其工作原理在此不展开讨论。

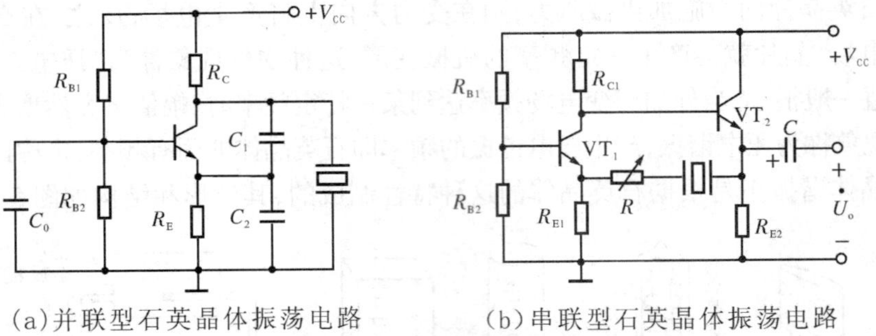

图 5-13　并联型石英晶体振荡电路和串联型石英晶体振荡电路

5.2　非正弦波发生器

非正弦波发生器主要用做脉冲和数字系统中的信号源。常见的非正弦波发生器有矩形波发生器、三角波发生器和锯齿波发生器等。

5.2.1　矩形波发生器

在图 5-14 所示电路的矩形波发生器中，集成运放的电阻 R_1、R_2 及稳压管 VD_Z 构成了滞回比较器，电阻 R 和 C 构成了充放电回路。

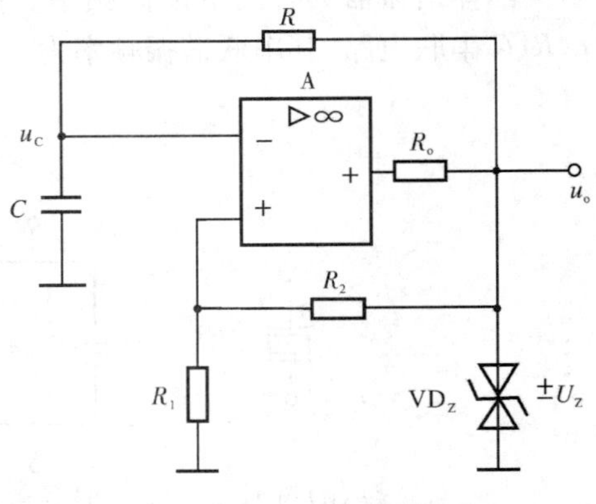

图 5-14　矩形波发生器

假设 $t=0$ 时，输出电压为高电平，由于 VD_Z 的限幅作用，$U_o=+U_Z$，并且该输出电压通过 R 对 C 充电。电容充电的过程中，反相输入端电压逐渐升高，同相输入端电压 $u_+=\frac{R_1}{R_1+R_2}U_Z$。当 $u_-=u_+$时，输出电压 U_o将由 $+U_Z$跳变为 $-U_Z$。输出电压的变化带来了同相输入端电压的变化，$u_+=-\frac{R_1}{R_1+R_2}U_Z$，同时电容又将通过 R 放电。随着电容放电，反相输入端电压逐渐降低，当 $u_-=u_+$时，输出电压 U_o将由 $-U_Z$跳变为 $+U_Z$。如此周而复始，最终在输出端得到正负交替的矩形波。

由于两种正负输出电压的幅度相等，并且同相输入端电压从 $-\frac{R_1}{R_1+R_2}U_Z$到$\frac{R_1}{R_1+R_2}U_Z$所需的电容正向充电时间和同相输入端电压从$\frac{R_1}{R_1+R_2}U_Z$到 $-\frac{R_1}{R_1+R_2}U_Z$所需要的电容反向放电时间相等，因此输出电压的波形为对称的方波，如图 5-15 所示。

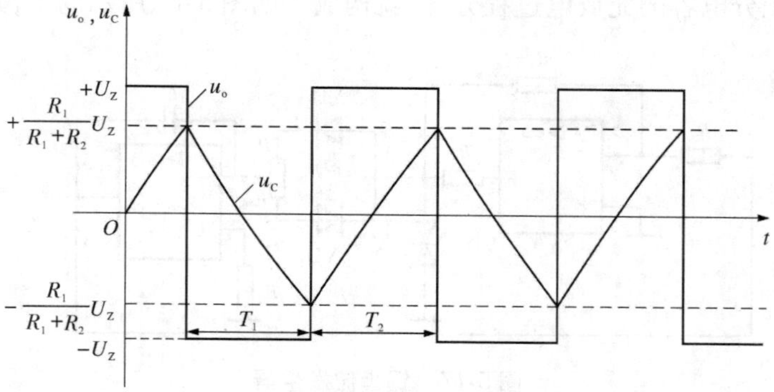

图 5-15　矩形波发生器中的波形

根据一阶 RC 电路的三要素法可知

$$u_C(t)=u_C(\infty)+[u_C(0)-u_C(\infty)]e^{-\frac{t}{\tau}}$$

其中

$$\tau=RC$$

对应图 5-15 所示波形，$u_C(0)=-\frac{R_1}{R_1+R_2}U_Z$，$u_C(\infty)=U_Z$，则应有

$$\frac{R_1}{R_1+R_2}U_Z=U_Z+\left[-\frac{R_1}{R_1+R_2}U_Z-U_Z\right]e^{-\frac{T/2}{RC}}$$

因此可计算出矩形波的振荡周期为

$$T=2RC\ln\left(1+\frac{2R_1}{R_2}\right) \tag{5-7}$$

由式(5-7)可知，通过改变充放电回路中的电阻 R、C 或滞回比较器中的电阻 R_1、R_2，就可调节矩形波的振荡周期。稳压管的稳定电压 U_Z 仅决定了矩形波的输出幅度，对其振荡周期不产生影响。

5.2.2　三角波发生器和锯齿波发生器

矩形波发生器是三角波发生器、锯齿波发生器等的基础。将矩形波发生器的输出信号作为接到积分运算电路的输入信号就得到如图 5-16 所示的三角波发生器。在三角波发生器的基础上，用二极管 VD_1、VD_2 和电位器 R_W 代替其中的积分电阻，由于二极管的

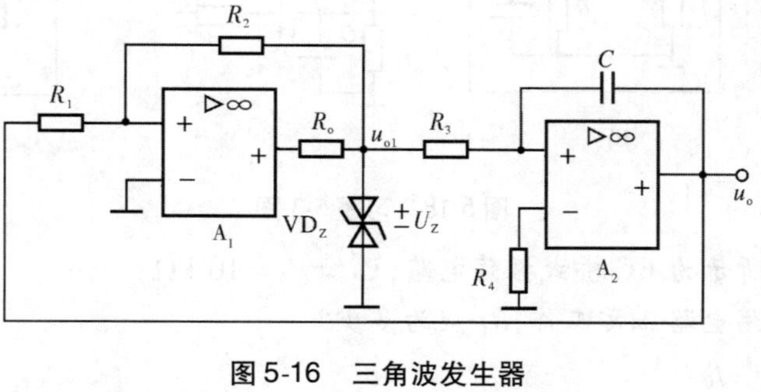

图 5-16　三角波发生器

单向导电性使积分电容的充放电过程分开，就构成了如图5-17所示的锯齿波发生器。

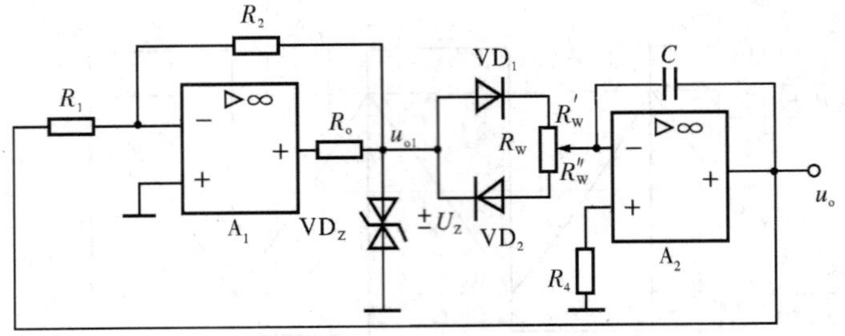

图5-17 锯齿波发生器

本章小结

由集成运放构成的信号发生电路有两大类：正弦波振动器和非正弦波发生器。

正弦波振动器又分为RC正弦波振动器、LC正弦波振动器和石英晶体振动器。其中，RC正弦波振动器用于产生低频信号，LC正弦波振动器产生的信号频率要比RC正弦波振动器高。石英晶体振动器的频率稳定度可达10^{-6}以上。

非正弦波发生器中最基本的是矩形波发生器，由滞回比较器和RC充放电回路组成。三角波发生器和锯齿波发生器都是在此基础上改进得到的。

习 题

5-1 产生正弦波振荡的条件是什么？

5-2 正弦波振动器由哪几部分组成？各部分的作用是什么？

5-3 分析图5-18所示各电路能否产生正弦振荡，说明理由。

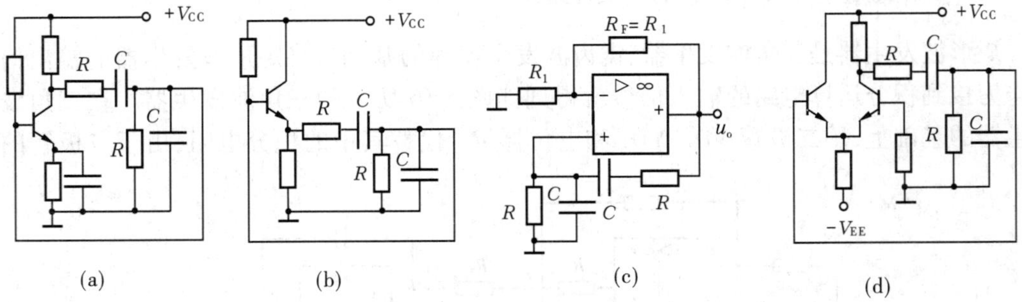

图5-18 习题5-3图

5-4 图5-19所示为RC桥式振荡电路，已知$R_2=10\ \text{k}\Omega$。

(1)为保证振荡电路正常工作，R_1应为多少？

(2)求振荡频率f_0。

(3)若用一个热敏电阻R_t去取代电阻R_1，则R_t应具有怎样的温度特性？

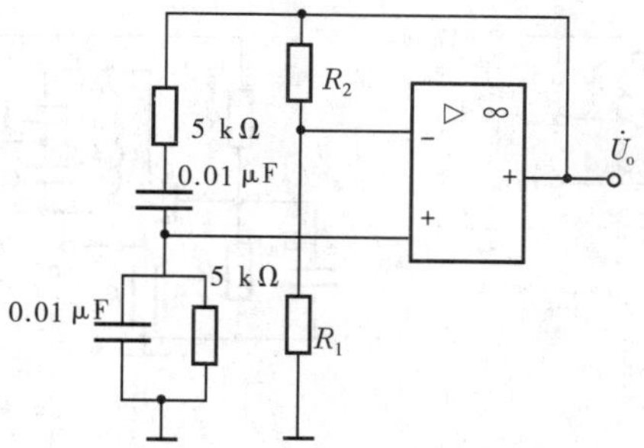

图 5-19　习题 5-4 图

5-5　试用相位平衡条件判断图 5-20 所示各电路能否产生正弦振荡,要求标出 u_i 和 u_f,并说明理由。

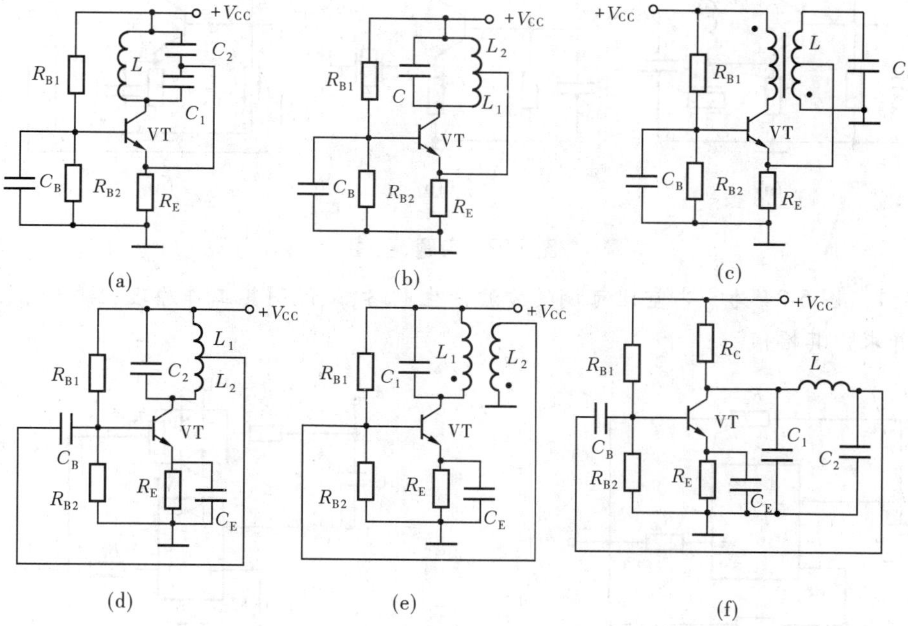

图 5-20　习题 5-5 图

5-6　试将图 5-21 所示各电路中的 j、k、m、n 点正确连接,使之成为正弦波振动器。

5-7　图 5-22 所示为石英晶体正弦波振动器,试说明它们属于哪种类型的石英晶体振动器,石英晶体在电路中的作用是什么。

5-8　利用集成运放组成的非正弦波发生器,其基本电路由哪些单元组成?

5-9　锯齿波产生电路和三角波产生电路有何区别?

5-10　电路如图 5-23 所示,已知 $R_1 = R_2 = R_3 = 50\ \text{k}\Omega$,$R_4 = 2\ \text{k}\Omega$,$C = 0.02\ \mu\text{F}$,$U_Z = \pm 6\ \text{V}$。

(1)分析电路的组成和各部分的功能,说明该电路产生何种类型的非正弦波信号。

(2)画出 u_C 和 u_o 的波形。

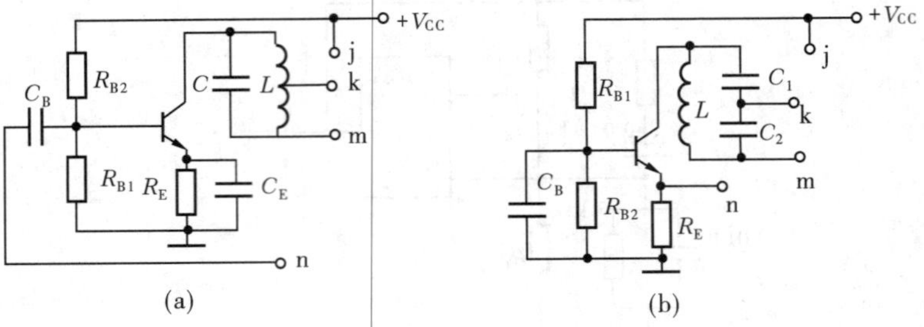

图 5-21　习题 5-6 图

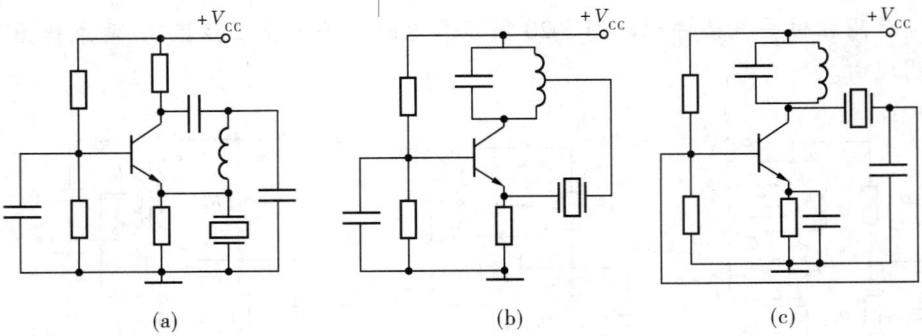

图 5-22　习题 5-7 图

5-11　图 5-24 为一占空比可调的方波产生电路，试说明其工作原理；画出 u_C、u_o的波形图，并求出其幅值。

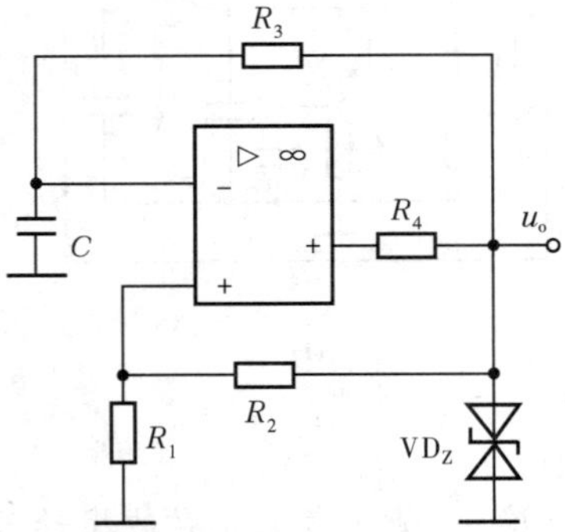

图 5-23　习题 5-10 图

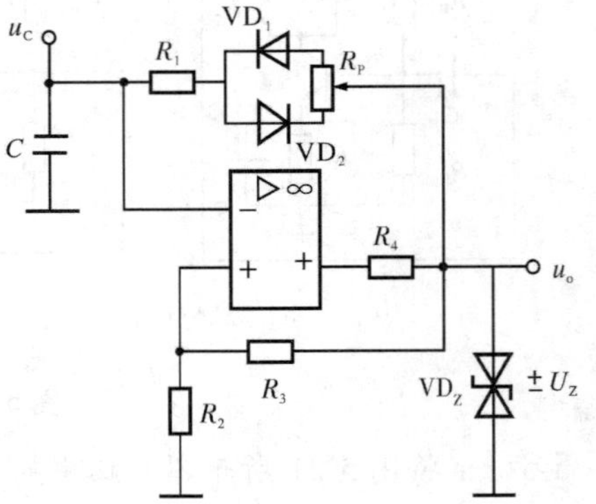

图 5-24　习题 5-11 图

第6章　晶闸管及其电路

学习指导

前面讨论的二极管整流电路，在输入交流电压时，输出的直流电压不能调节，称为不可控整流电路。

在许多情况下要求输出直流电压能够调节，即具有可控的特点。硅晶体闸流管(简称晶闸管)就是为了满足这种需要而于1957年研制出来的。晶闸管又称可控硅，是一种大功率半导体器件。晶闸管具有体积小、重量轻、效率高、动作迅速、寿命长、操作方便等优点，但它存在过载能力低、抗干扰能力差、控制复杂等缺点。

晶闸管的制造和应用技术发展很快，目前已制造出许多种类的晶闸管，在各个工业部门得到了广泛应用。应用得最多的是晶闸管整流电路。晶闸管具有可控制的开关作用，还用在交、直流无触点开关及交流调压等方面。

本章主要介绍晶闸管的基本结构、工作原理、伏安特性，常用的单相可控整流电路及晶闸管触发电路、晶闸管部分应用电路。

6.1　晶闸管结构及其工作原理

6.1.1　晶闸管的结构

如图6-1所示晶闸管从外形上来分，有螺栓式和平板式两种结构，额定电流小于200 A的晶闸管采用螺栓式，大于200 A的采用平板式。对于螺栓式晶闸管，螺栓是晶闸管的阳极A，它与散热器紧密连接。粗辫子线是晶闸管的阴极K，细辫子线是门极G。对于平板式晶闸管，它的两个平面分别是阳极和阴极，而细辫子线则是门极。使用时两个互相绝缘的散热器把晶闸管紧紧地夹在一起。

晶闸管的内部有一个由硅半导体材料做成的管芯。管芯是一个圆形薄片，它是四层(P、N、P、N)三端(A、K、G)器件，是决定晶闸管性能的重要器件。

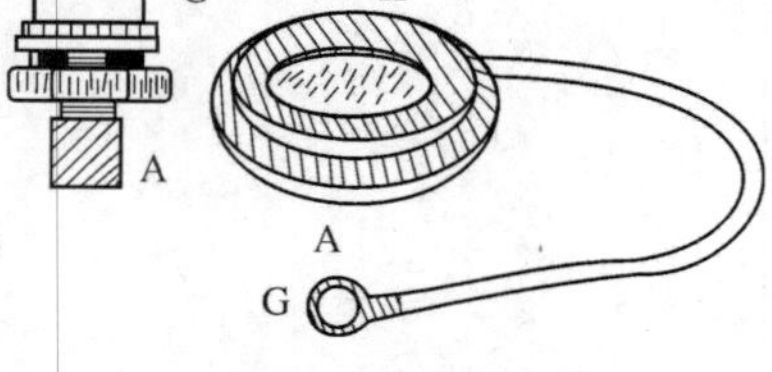

图6-1　晶闸管的外形及符号

6.1.2　晶闸管的工作原理

为了弄清晶闸管的工作条件，按图6-2做几个实验。主电源E_A(可为3～6 V)和门极电源E_G(一般为1.5～3 V)通过双掷双刀开关S_1和S_2正向或反向作用于晶闸管的有关电极，主电路的通断由灯泡显示，可得晶闸管通和断的规律如下：

(1)当晶闸管承受反向阳极电压时，不论门极承受何种电压，晶闸管都处于关断状态。

(2)当晶闸管承受正向阳极电压时，仅在门极承受正向电压的情况下晶闸管才能导通，正向阳极电压和正向门极电压两者缺一不可。晶闸管导通后的管压降为1 V左右，电源电压几乎全加到灯泡上，灯泡亮。

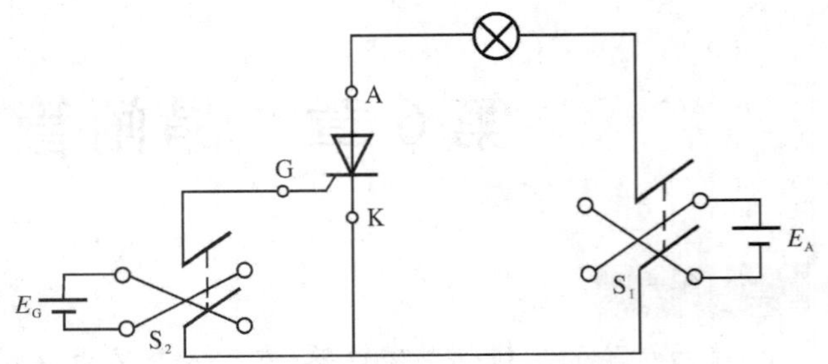

图6-2　晶闸管工作条件的实验电路

(3)晶闸管一旦导通，门极就失去控制作用，不论门极电压是正还是负，晶闸管保持导通，故导通的控制信号只需正向脉冲电压(称之为触发脉冲)即可。

(4)要使晶闸管关断，必须去掉阳极正向电压，或者给阳极加反压，或者降低正向阳极电压，使通过晶闸管的电流降低到一定数值以下。能保持晶闸管导通的最小电流称为维持电流。

(5)当门极未加触发电压时，晶闸管具有正向阻断能力，这是一般二极管不具备的。

上述现象的解释须从图6-3晶闸管内部的四层结构来分析。它有J_1、J_2和J_3三个PN结，是用扩散工艺制造的。P_1区引出阳极A，N_2区引出阴极K，P_2区引出门极G。如果正向电压加到器件上，中间结J_2便成反偏，PNPN结构处于阻断状态，只能通过极小的反向漏电流，与一般二极管的反向特性相似。

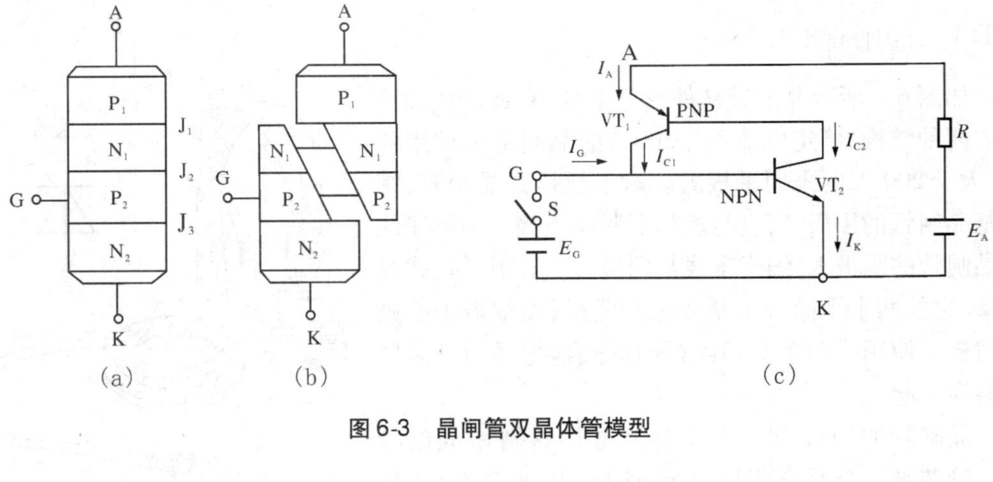

图6-3　晶闸管双晶体管模型

晶闸管的工作原理通常是用串极的双晶体管模型来解释的，如图6-3(c)所示。如在器件上取倾斜的截面，晶闸管可用PNP和NPN晶体管的组合来表述，如果门极电流I_G注入晶体管VT_2的基极，即产生集电极电流I_{C2}，它构成晶体管VT_1的基极电流，放大成集电极电流I_{C1}，又进一步增大VT_2的基极电流，如此形成强烈的正反馈，最后VT_1和VT_2进入完全饱和状态，即晶闸管饱和导通。

在阻断状态下可以写出下列方程

$$I_{C1}=a_1 I_A+I_{CBO1} \tag{6-1}$$
$$I_{C2}=a_2 I_K+I_{CBO2} \tag{6-2}$$
$$I_K=I_A+I_G \tag{6-3}$$

式中　a_1、a_2——VT_1和VT_2晶体管的共基极电流增益；

I_{CBO1}、I_{CBO2}——VT_1和VT_2的共基极漏电流。

联立方程式，得

$$I_A=\frac{a_1 I_G+I_{CBO1}+I_{CBO2}}{1-(a_1+a_2)} \tag{6-4}$$

硅晶体管的共同特性是：在低发射极电流下 a 是很小的，而当发射极电流建立起来后，a 迅速增大。在正常阻断情况下，$I_G=0$，而 a_1+a_2 是很小的，因此漏电流稍大于两个单管漏电流之和。如用触发手段使各个晶体管的发射极电流增大，以至 a_1+a_2 趋近于1的话，I_A将趋近无穷大，实现器件饱和导通，实际上有外接负载 R 限制阳极电流。

使晶闸管触发导通可能有下列几种情况：

(1)门极触发：如上所述，由两个晶体管之间强烈的正反馈使复合晶体管的 $a_1+a_2=1$，器件进入饱和导通状态。

(2)阳极电压作用：如正向阳极电压升至相当高的数值，中间结的少数载流子漏电流(集电结电流)会由雪崩效应而增大，而正反馈又导致漏电流的放大，最终使器件导通。

(3)du/dt 作用：如阳极电压以某高速率上升，则在中间结电容 C 中产生位移电流 $i=Cdu/dt$，将导致晶体管的发射极电流增大，并最后引起导通。

(4)温度作用：在较高结温下，晶体管的漏电流增大，最后引起晶闸管导通。

(5)光触发：光直接照射的硅片上会产生电子空穴对，在电场作用下，产生触发晶闸管导通的电流。

上述多数作用是综合起来影响器件导通的，从控制角度看，门极触发是最通用的方法，可在精确限定的瞬间触发晶闸管。升高阳极电压使之开通，这不但会引起器件的局部过热，易击穿，也不便控制。du/dt 更难控制，过大的 du/dt 会使晶闸管损坏，且要用保护措施来限制 du/dt。光触发晶闸管是一种专门设计的晶闸管，常用在高压直流输电中，因把器件用串并联方法连接起来，故用光触发可保证控制电路与主电路之间有良好的绝缘。

6.1.3　晶闸管的特性

晶闸管相当于一个可以控制接通的导电开关。从使用的角度来说，首先关心的问题是它的特性。

6.1.3.1　**晶闸管的伏安特性**

晶闸管阳极与阴极间的电压和它的阳极电流间的关系，称为晶闸管的伏安特性，如图6-4所示。位于第一象限的是正向特性，位于第三象限的是反向特性。当 $I_G=0$ 时，如果在器件两端施加正向电压，则如前所述，J_2 结处于反偏，晶闸管处于正向阻断状态，只流过很小的正向漏电流。如果正向电压超过零界极限正向转折电压 U_{BO}，则漏电流急剧增大器件导通。随着门极电流幅值的增大，正向转折电压降低。导通后晶闸管特性和二级管的正向特性相仿。即使通过较大的阳极电流，晶闸管本身的压降也很小。导通期间，如果门极电流为零,并且阳极电流降到维持电流 I_H以下,则晶闸管又回到正向阻断状态。当在晶闸管上施加反向电压时,器件的 J_1、J_3 结呈反偏,这时伏安特性类似二极管的反向特性。晶闸管处于反向阻断状态,只有极小的反向漏电流通过,当反向电压超过一定限度,到反向击穿电压后,反向漏电流急剧增大,导致晶闸管反向击穿而损坏。

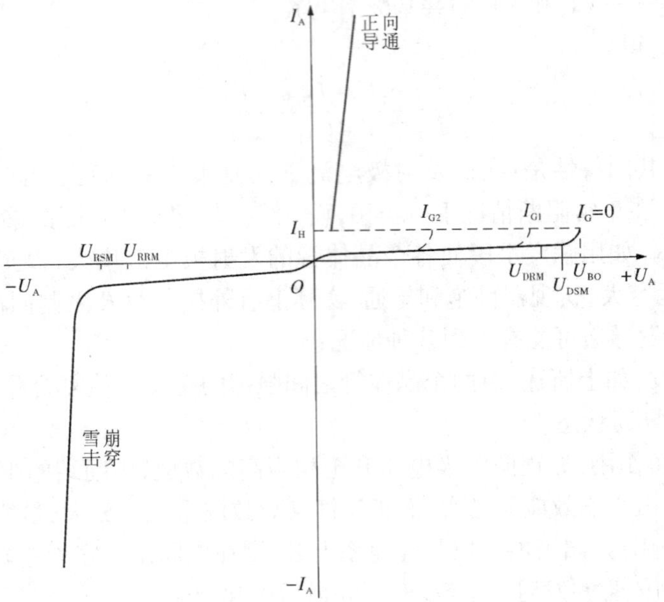

图 6-4　晶闸管的伏安特性

6.1.3.2　门极伏安特性

晶闸管的门极与阴极间存在一个 PN 结 J_3,门极伏安特性是指这个 PN 结上正向门极电压 U_G与门极电流 I_G间的关系。晶闸管门极伏安特性见图 6-4。实际产品的门极伏安特性分散性很大,为了应用方便,常以一条典型的极限高阻门极伏安特性和一条极限低阻门极伏安特性之间的特性区域来表示,图 6-5 示出了 500 A 晶闸管门极伏安特性区域。

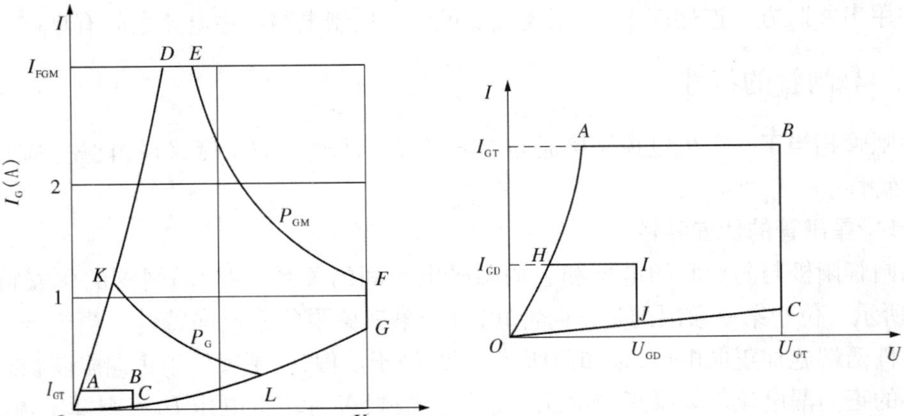

图 6-5　500 A 晶闸管的门极伏安特性

图6-5中，曲线 OD 和 OG 分别为极限低阻和高阻伏安特性。图6-5右边的放大图中 $OHIJO$ 的范围成为不触发区，任何合格器件在额定结温时，其门极信号在此区域中都不会被触发。$OABCO$ 的范围成为不可靠触发区，在室温下，此区域内有些器件能被触发，而对于触发电流或电压较高的器件来说，触发是不可靠的。图中 $ADEFGCBA$ 成为可靠触发区，对于正常使用的器件，其门极触发电流和电压都应该处在这个区域内。当给门极加上一定的功率后，会引起门极附近发热，当加入过大功率时，会使晶闸管整个结温上升，直接影响到晶闸管的正常工作，甚至会使门极烧坏。所以，施加于门极的电压、电流和功率是有一定限制的。

可靠触发区就是由门极正向峰值电流 I_{FGM}、允许的瞬时最大功率 P_{GM} 和正向峰值电压 U_{FGM} 划定的区域。此外，门极的平均功率损耗不应超过规定的平均功率 P_{GAV}，见图6-5中的曲线 KL。

因此，设计触发器时，触发电路产生的触发脉冲，其电压和电流必须大于相应晶闸管的门极触发电压和电流，才能保证任何一个合格的晶闸管都能正常工作。

器件不该触发时，触发电路输出的漏电压应低于晶闸管规定的门极不触发电压0.2 V，为了提高抗干扰能力，避免误触发，必要时可在晶闸管门极上加不大于5 V的负偏压，一般加1～3 V即可。门极加负偏压不仅可以提高器件抗干扰能力，还可提高器件的正向阻断性能。但过大的负压，会使器件的触发灵敏度降低，不利于器件快速导通，也增加了门极的功耗。

触发脉冲的幅值和前沿陡度影响晶闸管的导通时间。幅值增大、陡度提高时，器件的开通时间就缩短。缩短开通时间就能减小器件在电路的开通损耗，对器件的安全运行是有利的。在器件串并联的电路中，这一点尤其重要。

6.1.3.3 晶闸管的动态特性

晶闸管和其他电力电子器件一样，都在电路中起开关作用。由于器件的开通和关断的时间很短，当开关频率低时(如50 Hz的工频)，可假定晶闸管是瞬间开通和关断的，不需计其动态特性和损耗。但在工作频率较高时，因工作周期缩短，晶闸管的开通和关断的时间就不能忽略，动态损耗所占比例相对增大，并逐渐转化成晶闸管发热的主要原因，这就必须考虑其动态特性和动态损耗。

1. 开通时间

晶闸管的开通和关断过程的物理机理是很复杂的，从图6-6就可看出。现简述如下。

使门极在坐标原点开始受到理想阶跃电流的触发，由于晶闸管内部的正反馈过程需要时间，阳极电流增长不可能是瞬间的。从门极电流阶跃时刻开始，到阳极电流上升到稳态值的10%，这段时间称延迟时间 t_d，与此同时阳极与阴极间的压降也在减小。阳极电流从10%上升到稳态值的90%所需的时间称为上升时间 t_r，开通时间 t_{gt} 定义为两者之和，即

$$t_{gt} = t_d + t_r \tag{6-5}$$

对普通晶闸管，其 $t_d = 0.5 \sim 1.5\ \mu s$，$t_r = 0.5 \sim 3\ \mu s$，延迟时间随门极电流的增大而减小。上升时间 t_r 表示晶闸管本身的特性，但是外部电路也会影响 t_r。

延迟时间和上升时间受阳极电压的影响甚大，提高阳极电压，J_2 结自建电场增强，J_2

结的表面电荷层厚度增加，使 P_2 区的有效厚度减小，因而 a_2 增大，可使内部正反馈过程加速，延迟时间和上升时间都可显著缩短。

2. 关断时间

原来导通的晶闸管若电源电压突然改变方向，如图 6-6 中点画线所示波形，晶闸管过渡到阻断状态的全过程可分阶段说明。

由于晶闸管电路中总带有电感性元件，阳极电流在衰减过程中必有过渡过程，从导通时的电流逐步衰减到零，然后以由电路漏感决定的换向斜率 $\mathrm{d}i/\mathrm{d}t$ 在反方向建立的恢复电流，经过最大值 I_{RM} 后，再反方向衰减至接近于零。在恢复电流快速衰减时，由于漏感的作用，引起晶闸管两端出现尖峰电压 U_{RRM}，零电流时，中间结 J_2 继续保持正向偏置，最终中间结恢复其电压阻断能力，并且可以成功地施加正向电压。

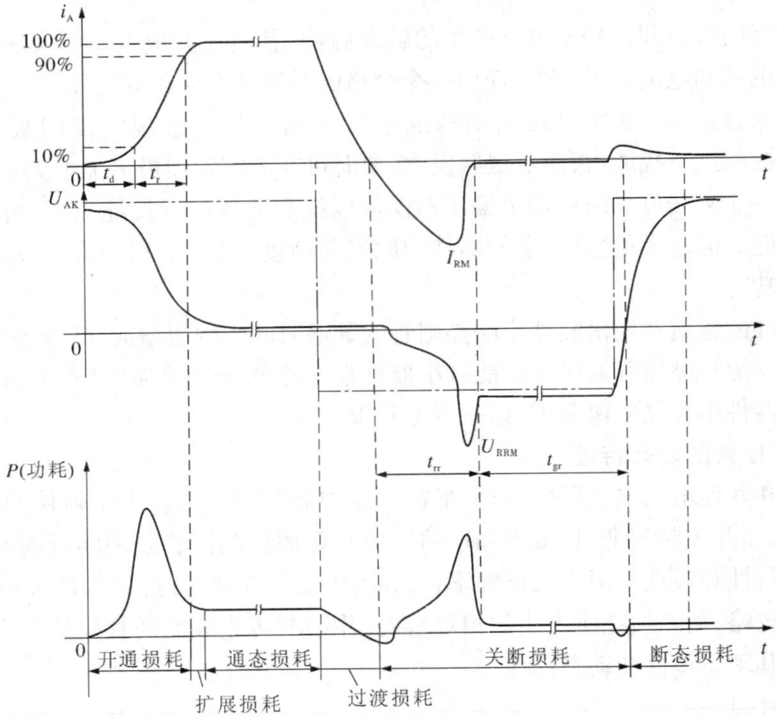

图 6-6　晶闸管的开通关断过程及相应的损耗

电源电压反向后，从正向电流降为零起到能重新施加正向电压为止的时间间隔，定义为晶闸管的电路换向关断时间 t_q，它亦由两部分组成。

$$t_q = t_{rr} + t_{gr} \tag{6-6}$$

式中　t_{rr}——反向阻断恢复时间，电流反向的持续期；

t_{gr}——正向阻断恢复时间。

由于载流子复合过程比较慢，所以正向阻断恢复时间比反向阻断恢复时间长得多，过早地施加正向电压会引起晶闸管误导通。故实际应用中，电路必须给晶闸管提供足够长时间的反向电压，保证晶闸管充分恢复其阻断能力，才能使它可靠工作。

普通晶闸管的关断时间一般为几百微秒,用于某些频率较高的逆变电路的快速晶闸管,其关断时间为几微秒至几十微秒。

晶闸管的关断时间与下列因素有关:

(1)关断前的正向电流越大,晶闸管内储存的载流子越多,关断时间越长。

(2)外加反向电压越高,反向电流越大,或反向电流上升率越大,排除过剩载流子的速率增加,关断时间越短。

(3)再次施加正向电压及正向电压上升率越接近其极限值,关断时间增长越明显。

(4)结温越高,载流子复合时间越长,关断时间也越长。

3. 动态损耗

图 6-6 中每一瞬时晶闸管电流电压相乘,可得到从导通到关断整个过程的晶闸管瞬时损耗曲线,可将损耗曲线分成以下几个部分:

(1)通态损耗。这是晶闸管在稳定导通期的功率损耗。

(2)断态损耗。这是晶闸管在稳定断态期的功率损耗。

(3)开通损耗。在开通过程中出现的相当大的瞬时功耗。

(4)关断损耗。在关断过程中出现的较大的瞬时功耗。

其中(1)、(2)两部分属静态损耗,在低频工作时,它是晶闸管发热的主要原因;(3)、(4)部分属动态损耗,它们的瞬时值虽大,但持续时间短、工作频率较高时,必须予以考虑。

此外,还有两部分也属于动态损耗,即扩展损耗和过渡损耗(见图 6-6),其值都不大。

6.1.4 晶闸管的主要参数

为了正确使用晶闸管,除了解晶闸管的静态特性、动态特性外,还必须定量地掌握晶闸管的一些主要参数。值得注意的是,普通晶闸管在反向稳态下,一定是处于阻断状态的。而与电力二极管不同,晶闸管在正向电压工作时不但可能处于导通状态,也可能处于阻断状态。在提到晶闸管的参数时,断态和通态都是指正向的不同工作状态,因此“正向”两字可以省略。

6.1.4.1 晶闸管的电压参数

1. 断态不重复峰值电压 U_{DSM}

U_{DSM}是指晶闸管在门极开路时,施加于晶闸管的正向阳极电压上升到正向伏安特性曲线急剧转折处所对应的电压值。它是一个不能重复施加,且每次持续时间不大于10 ms 的断态最大脉冲电压。U_{DSM}值应小于电压 U_{BO},所留裕量大小由生产厂家自行规定。

2. 断态重复峰值电压 U_{DRM}

U_{DRM}是指晶闸管在门极开路而结温为额定值时,允许每秒 50 次、每次持续时间不大于 10 ms,重复加于晶闸管上的正向断态最大脉冲电压。规定 U_{DRM} 为 U_{DSM}的 90%。

3. 反向不重复峰值电压 U_{RSM}

U_{RSM}是指晶闸管门极开路,晶闸管承受反向电压时,对应于反向伏安特性曲线急剧转折处的反向峰值电压值。它是一个不能重复施加,且持续时间不大于 10 ms 的反向脉冲电压。反向不重复峰值电压 U_{RSM} 应小于反向击穿电压,所留裕量大小由生产厂家自行规定。

4. 反向重复峰值电压 U_{RRM}

U_{RRM} 是指晶闸管在门极开路而结温为额定值时,允许每秒 50 次、每次持续时间不大于 10 ms,重复加于晶闸管上的反向最大脉冲电压。规定 U_{RRM} 为 U_{RSM} 的 90%。

5. 额定电压 U_R

U_R 是指断态重复峰值电压 U_{DRM} 和反向重复峰值电压 U_{RRM} 两者中,较小的一个电压值。

由于晶闸管在工作中可能会遇到一些意想不到的瞬时过电压,为了确保管子安全运行,在选用晶闸管时,应该使其额定电压为正常工作电压峰值 U_M 的 2~3 倍,以作为安全裕量。

$$U_R=(2\sim3)U_M \tag{6-7}$$

晶闸管产品的额定电压不是任意的,而是有一定规定等级的。额定电压在 1 000 V 以下时,每 100 V 为一个电压等级;在 1 000~3 000 V 时,则每 200 V 为一个电压等级。

6. 通态峰值电压 U_{TM}

U_{TM} 是指额定电流时管子导通的管压降峰值,一般为 1.5~2.5 V,且随阳极电流的增加而略微增加。额定电流时的通态平均电压降一般为 1 V 左右。

6.1.4.2 晶闸管的电流参数

1. 通态平均电流 $I_{T(AV)}$

在环境温度为 +40 ℃和规定的散热冷却条件下,晶闸管在导通角不小于 170°,电阻性负载的单相、工频半波导电,结温稳定在额定值 125 ℃时,所允许通过的电流平均值,将该电流按晶闸管标准电流系列取整数值,称为该晶闸管的通态平均电流,定义为晶闸管的额定电流。

晶闸管的结温是由电流有效值决定的。对于同一个有效值,不同的电流波形,它们的平均值也不同,因此选用一个晶闸管时,要根据所使用的具体电流波形来计算允许使用的电流平均值。

设单相工频半波电流峰值为 I_m 时的波形如图 6-7所示,则通态平均电流

$$I_{T(AV)}=\frac{1}{2\pi}\int_0^{\pi}I_m\sin\omega t\,d(\omega t)=\frac{I_m}{\pi} \tag{6-8}$$

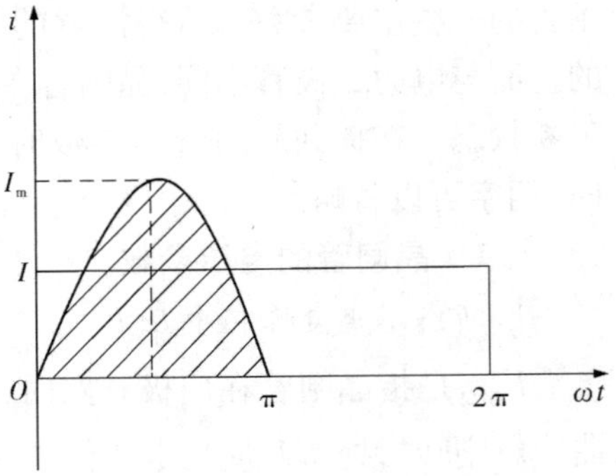

图 6-7 晶闸管的通态平均电流

正弦半波电流有效值

$$I=\sqrt{\frac{1}{2\pi}\int_0^{\pi}(I_m\sin\omega t)^2d(\omega t)}=\frac{I_m}{2} \tag{6-9}$$

晶闸管电流有效值与通态平均电流的比值

$$\frac{I}{I_{T(AV)}}=\frac{\pi}{2}\approx1.57 \tag{6-10}$$

根据有效值相等的原则,来计算晶闸管流过其他波形的允许平均电流 I_d。有效值与平均值的比值,称为波形系数,即

$$K_f = \frac{I}{I_d} \tag{6-11}$$

$$I = K_f I_d \approx 1.57 I_{T(AV)} \tag{6-12}$$

由式(6-12)可知：额定电流为100 A，其允许通过的电流有效值为157 A。

在实际电路中，由于晶闸管的热容量小，过载能力低，因此在实际选择时，一般取1.5～2倍的安全系数，故在给定晶闸管的额定电流后，可计算出晶闸管的任意波形时允许的电流平均值为

$$I_d = \frac{1.57 I_{T(AV)}}{(1.5 \sim 2) K_f} \tag{6-13}$$

2. 维持电流 I_H

I_H是指晶闸管维持导通所必需的最小电流，一般为几十毫安到几百毫安。维持电流与结温有关，结温越高，维持电流越小，晶闸管越难关断。

3. 擎住电流 I_L

I_L指晶闸管刚从阻断状态转化为导通状态并除掉门极触发信号时，能维持器件导通所需的最小电流。一般擎住电流比维持电流大2～4倍。

4. 浪涌电流 I_{TSM}

I_{TSM}是指在规定条件下，工频正弦半波周期内所允许的最大过载峰值电流。

晶闸管所承受的浪涌过载能力是有限的，在设计晶闸管电路时，必须考虑到电流产生的波动。

6.1.4.3 其他参数

1. 断态电压临界上升率 du/dt

du/dt是指在额定结温和门极断路条件下，使元件从断态转入通态的最低电压上升率。晶闸管在使用中要求断态下阳极电压的上升速度要低于此数值，如果du/dt过大，则会使晶闸管误导通。

为了限制du/dt上升率，一般在晶闸管阳极与阴极之间并联一个RC阻容缓冲电路，利用电容两端电压不能突变的特点，来限制电压的上升率。

2. 断态电流临界上升率 di/dt

di/dt是指在规定的条件下，晶闸管由门极触发导通时，管子能承受而不导致损坏的通态平均电流的最大上升率。如果断态电流临界上升率过大，会使门极附近过热而损坏晶闸管。为了限制电流上升率，可在阳极主电路中串入一个小电感，用于限制di/dt过大。

3. 门极触发电流 I_{GT}和门极触发电压 U_{GT}

I_{GT}是指在室温下，晶闸管阳极施加6 V正向电压时，元件从断态到完全开通所必需的最小门极电流。U_{GT}是指与此对应的门极电压。

一般来讲，晶闸管的触发电流、触发电压除与器件本身有关外，还受环境和器件工作温度的影响。温度高时，I_{GT}和U_{GT}会明显降低；天冷温度低时，I_{GT}和U_{GT}也会有所增加。为了保证变流装置的触发电路对同类晶闸管都能正常触发，要求触发电路提供的触发电流、触发电压值适当大于标准规定的I_{GT}和U_{GT}上限值，但不能超过门极所规定的各种参

数的极限值。

4. 额定结温 T_{JM}

T_{JM}是指器件在正常工作时所允许的最高结温,在此温度下,一切有关的额定值的特性都能得到保证。

晶闸管除上述介绍的参数之外,还有开通时间和关断时间等参数。由于半导体器件制造过程中的分散性,同一批产品性能差别可能很大。因此,出厂时都必须逐个通过试验,测定其参数。

6.2 其他一些电力电子器件

6.2.1 整流二极管

电力电子器件中的非可控器件整流二极管,它使用的基本材料是硅,是一个 PN 结,一般用扩散工艺制造。其结构、符号和特性见图 6-8,整流二极管广泛用于从交流到直流的不可控整流电路,在逆变中通常起反馈与续流作用。

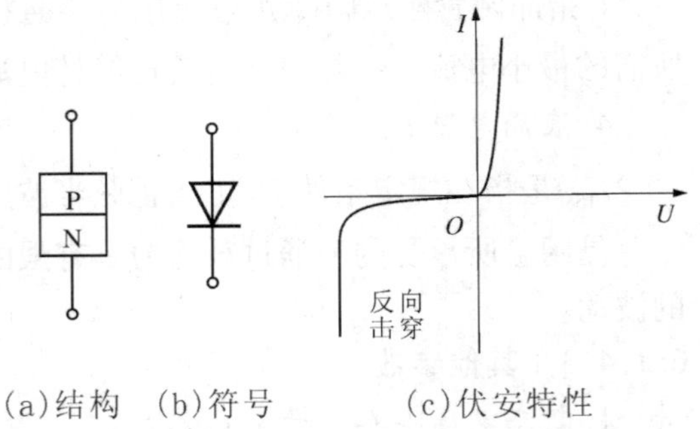

图 6-8 整流二极管

整流二极管有下列主要品种:

(1)标准工作型(或普通型)整流管。恢复特性慢但可获得高的电压和电流定额,如 1 ~ 6 000 A、200 ~ 6 000 V,多用做转换速度要求不高的整流器,包括电力牵引,蓄电池充电,电镀、焊接的不间断电源等。

(2)快速恢复二极管。恢复时间短,使用于中等电压和电流范围(1 ~ 2 000 A、200 ~ 3 000 V、300 ns、10 kHz),多做高频开关应用。通常和其他快速器件连接在一起,在斩波、逆变电路中应用,多作旁路二极管或阻塞二极管。因此,快速是重要的,反向恢复特性是其主要特性。

(3)肖特基势垒二极管。它由金属和半导体所构成,是多数载流子器件。它具有低导通电压和极短的开关时间等特性,但也有反向漏电流大和阻断电压低的局限性。目前的电流和电压的范围为:1 ~ 300 A、45 ~ 1 000 V,主要应用于高频、低压方面,如高频仪表和开关电源(计算机电源)。

6.2.2 晶闸管的一些派生器件

6.2.2.1 快速晶闸管

快速晶闸管包括所有专为快速应用而设计的晶闸管,有常规的晶闸管和工作在更高频率(10 kHz 以上)的高频晶闸管。它们主要用于斩波电路和中、高频电路中。由于器件不断地在快速开关的条件下工作,因此要求器件不仅有良好的静态特性,还要有良好的动态特性，如要求开通和关断时间短，具有较高的 du/dt、di/dt 耐量和具有高额电流定额等。当晶闸管的工作频率增高时，开通、关断和扩展损耗在总损耗中占的比重会增加，使用时一定要注意在特定工作条件下晶闸管允许的通态电流。

从关断时间看，一般普通晶闸管为数百微秒，快速晶闸管为数十微秒，而高频晶闸管为 10 μs 左右（用于 10 kHz 的最长也不超过 15 μs）。

设计高频晶闸管时，应采取适当的措施，保证器件在高频工作条件下能具有较高的 di/dt 耐量和高频电流值。快速晶闸管一般有两种：一种与普通晶闸管相仿，只是关断的时间比普通晶闸管短；另一种快速晶闸管在其阴极界面上增设了简单的门极图形，它的 di/dt 耐量比普通晶闸管高。因此，在挑选晶闸管用于高频逆变电路时，不但要求器件关断时间短，而且要求高频时 di/dt 耐量高，同时，为了保证器件的工作寿命长，应当留有适当的裕量。

高频晶闸管的硅片设计得比较薄，以满足高频工作对器件提出的要求，因此高频晶闸管的重复阻断电压不易做高。具有放大门极的快速晶闸管有较好的动态特性，适合于较高的工作频率，但是工作放大门极占据的面积增加，阴极面积被压缩，长期允许通过的电流受到限制，所以它不宜在低频下工作，这些都应注意。

6.2.2.2 逆导晶闸管(RCT)

在各类逆变器或斩波器的应用中，晶闸管不需阻断反向电压（被续流二极管旁路）。因而，产生反向电压耐量较低的不对称晶闸管（ASCR），可使开通、关断时间缩短，导通压降减小。典型的 ASCR 可以有 30 V 反向阻断电压，而其正向阻断耐压可达 400 ~ 2 000 V。逆导晶闸管是不对称晶闸管的一种特例，它是将晶闸管反并联一个二极管制作在同一管芯上的功率集成器件，其基本结构、等效电路及伏安特性见图 6-9。

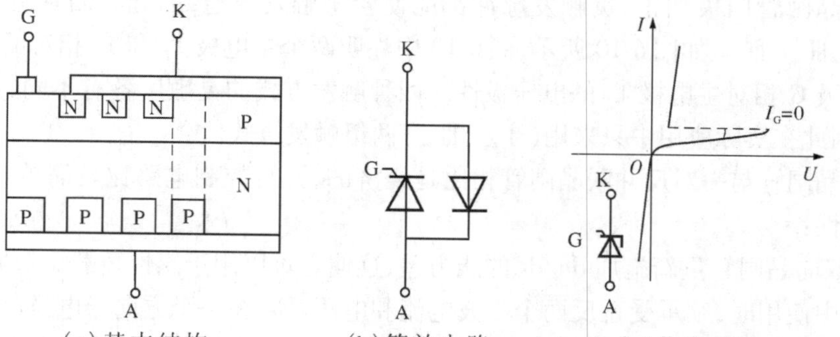

(a)基本结构　(b)等效电路　(c)伏安特性

图 6-9　逆导晶闸管

晶闸管和整流管区之间的隔离是极为重要的。如果没有隔离区，则反向恢复期间充满整流区的载流子就可能到达晶闸管区，并在晶闸管承受正向阳极电压时，引起不正常（非控制）的误导通，即所谓换相失败。逆导晶闸管的换相能力随结温升高而下降。

与普通晶闸管相比，逆导晶闸管具有正向压降小、关断时间短、高温特性好、额定结温高等优点。在使用时，器件的数目减少，装置体积缩小，重量减轻，价格降低，配线简单，经济性好，特别是消除了整流管的配线电感，使晶闸管承受的反向偏置时间增长，就有足够的时间进行关断,使换相电路小型并轻量化,但同时也由于晶闸管和整流管制作在同一管芯上,使晶闸管与整流管的载流容量的比值较为固定,从而限制了它的灵活应用。

逆导晶闸管的额定电流有两个,一个是晶闸管电流,另一个是整流管电流,一般前者列于分子,后者列于分母,例如300/300 A,300/150 A 等。两者比值根据应用要求确定,为1~3。

6.2.2.3 **双向晶闸管(TRIAC)**

双向晶闸管可被认为是一对反并联连接的普通晶闸管的集成。本节主要介绍双向晶闸管的结构和工作原理。图6-10为它的基本结构、符号及伏安特性。它有两个主电极 T_1 和 T_2,一个门极 G。门极使器件在主电极的正反两个方向均可触发导通,所以双向晶闸管在第一、第三象限有对称的伏安特性。

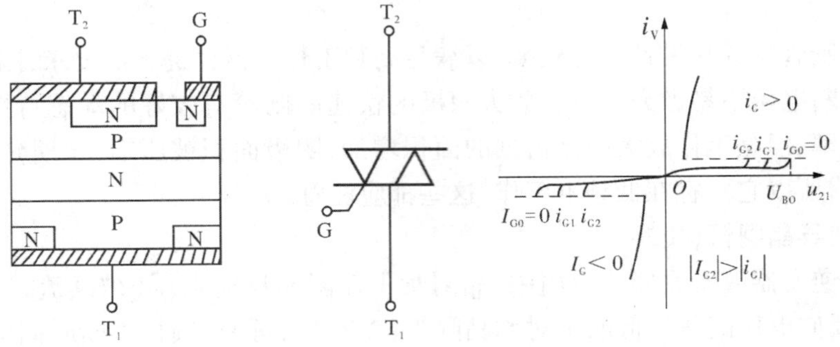

图6-10 双向晶闸管

双向晶闸管门极加正、负触发脉冲都能使管子触发导通,因此有四种触发方式:即 I_+、I_-、III_+、III_-,如图6-10所示,图6-10中注明两个主电极 T_1 和 T_2 相对的电压极性,并注明门极 G 相对主电极 T_2 的电压极性。四种触发方式的灵敏度各有不同,其中 III_+ 方式最低,因此在实际应用中只采用(I_+、III_-)两组触发方式。

双向晶闸管与一对反并联晶闸管相比是经济的,并且控制电路比较简单。但器件有下列局限性:

(1)双向晶闸管重新施加 du/dt 的能力差,这使它难以用于感性负载。双向晶闸管在交流电路中使用时,须承受正反两个半波电流和电压。它在一个方向导电虽已结束,但在管芯硅片各层中的载流子还没有恢复到阻断状态的位置时,就立即承受反向电压,这些载流子电流有可能成为晶闸管反向工作时的触发电流而使之误导通,造成换相失败。其换相能力随结温升高而下降。

(2)门极电路灵敏度比较低。

(3)管子的关断时间 t_q 比较长。

双向晶闸管通常用于电阻性负载作相位控制,也用做固态继电器,有时也用于电动机控制。供电频率通常被限制在工频左右。就目前工艺水平而言,器件的电压和电流定额比普通晶闸管低。

由于双向晶闸管通常用在交流电路中,因此不用平均值而用有效值来表示它的额定电流值。以200 A(有效值)双向晶闸管为例,其峰值电流即为 $200\sqrt{2}=283$ A。而由式(6-8)可知,一个峰值为283 A的普通晶闸管的平均电流为 $\frac{283\ \text{A}}{\pi}=90$ A,所以一个200 A(有效值)的双向晶闸管可代替两个90 A(平均值)的普通晶闸管。

6.3 单相可控整流电路

本节学习最常用的几种单相可控整流电流,分析和研究其工作原理,给出基本的数量关系,并分析各种整流电路的特点和适用范围,负载性质对整流电路的影响。这样,才能根据具体生产机械和设备的要求,选择适当的整流电路,正确选用元器件。

6.3.1 单相半波可控整流电路

6.3.1.1 电阻性负载

在生产实际中,有一些负载基本上是属于电阻性质的,例如电阻加热炉、电解、电镀等。这种电路的特点是结构简单,但输出脉动大,变压器二次侧电流中含有直流分量,易造成变压器铁芯直流磁化。学习单相半波可控整流电路的目的在于利用其简单易学的特点,建立起可控整流电路的基本概念和正确的学习方法。

1. 电路的结构形式及工作原理

图6-11(a)所示的单相半波可控整流电路中,变压器T用来变换电压。变压器一次和二次电压的有效值分别用 U_1 和 U_2 表示,瞬时值分别用 u_1 和 u_2 表示,u_2 是由需要的直流输出平均电压值 u_d 决定的。R 是负载电阻。

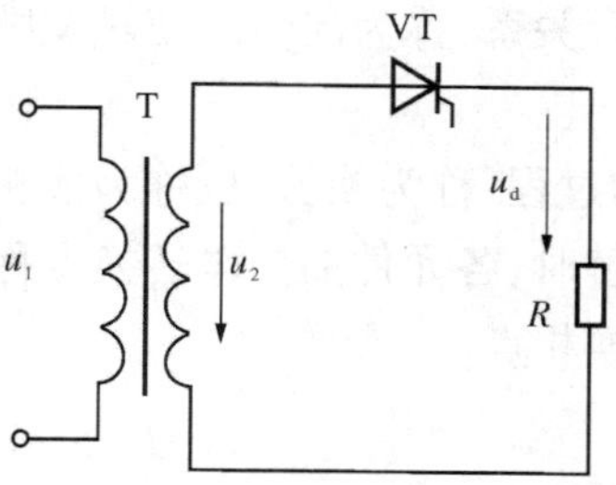

(a)

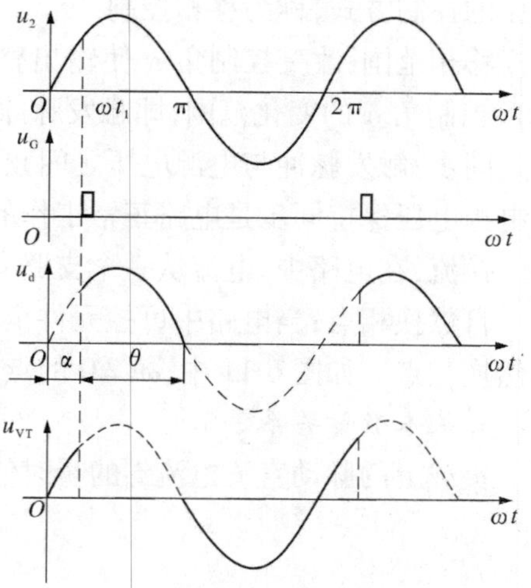

(b)

图6-11 晶闸管单相半波可控整流电路及波形

在 u_2 的正半周内,施加到晶闸管阳极的电压为正,满足VT导通条件之一,如果这时门极不加触发脉冲,VT不能导通,负载电阻上电压为零,电源电压全部加在晶闸管上。如

在 ωt_1 时刻向其门极施加一触发脉冲，如图 6-11 所示，晶闸管立即导通，负载电阻上便有电流经过。如果忽略晶闸管的正向压降（约 1 V），则电阻上变化着的电压瞬时值 u_d 应和交流电源电压瞬时值 u_2 相同。晶闸管一旦被触发导通，门极便失去控制作用，故门极触发信号只需一脉冲电压即可。晶闸管在电源电压正半周经触发后一直导通。当 $\omega t=\pi$ 即 u_2 降至为零时，晶闸管中流过的电流由于降到维持电流以下而使其关断，此时电阻上的电压和电流都消失。在 u_2 的负半周时，晶闸管承受反向电压而不能导通。直到第二个周期相当于 ωt_1 时刻再施加触发脉冲，晶闸管再次导通，如此不断循环下去。负载上的电压波形如图 6-11(b)所示。

输出电流 i_d 的波形与输出电压 u_d 的波形相同。改变晶闸管门极触发脉冲 u_G 的出现时刻，输出电压 u_d 的波形与输出电流 i_d 的波形随之改变。从图 6-11 中可以看出，输出电压 u_d 为极性不变，但瞬时值变化的脉动直流电压，输出电压 u_d 的波形只在 u_2 正半周出现，故称为半波可控整流。整流输出电压 u_d 波形在一个周期只有一个脉波，因此电路也称为单脉波整流电路。由于交流输入为单相，该电路又称为单相半波可控整流电路。

2. *常用名词术语和概念*

控制角 α：从晶闸管开始承受正向电压到被触发导通为止，这段时间所对应的电角度，称为触发延迟角或触发滞后角，也称为控制角或触发角。如图 6-11 中 $0\sim\omega t_1$ 一段所对应的电角度。

导通角 θ：晶闸管在一个电源周期中导通的电角度称为导通角。如图 6-11 中 $\omega t_1\sim\pi$ 一段所对应的电角度，$\theta=\pi-\alpha$。导通角与负载性质有关。

移相：改变控制角 α 的触发大小，即改变触发脉冲 u_G 出现时刻，称为移相。

移相控制：通过移相可以控制输出电压 u_d 的大小，故将通过改变控制角 α 调节输出电压的控制方式，称为移相控制。

移相范围：改变控制角 α 使输出整流电压平均值从最大值降到最小值（0 或负最大值），控制角 α 的变化范围，即触发脉冲移相范围。它与电路结构和负载性质有关。

同步：触发脉冲与电源电压之间频率和相位的协调配合关系，称为同步。使触发脉冲与电源电压保持同步是电路正常工作的不可缺少的条件。

换流：在电路中，电流从一个支路向另一个支路转移的过程，称为换流，也称为换相。

自然换相点：当电路中可控元件全部由不可控元件代替时，各元件的导电转换点称为自然换相点。如图 6-11 中，$\omega t=0$ 的点就是该电路的自然换相点。

3. *基本数量关系*

负载上的脉动直流电流 i_d 的瞬时值由欧姆定律决定，即

$$i_d=\frac{u_d}{R} \tag{6-14}$$

晶闸管本身承受的电压 u_{VT} 如图 6-11(b)所示，在导通期，由于忽略晶闸管的正向压降，所以 $u_{VT}=0$，在其余不导电时刻它承受全部电源电压。

从晶闸管开始承受正向电压起到加上触发脉冲止，这段时间所对应的电角度称为控制角 $\alpha(0\sim\omega t_1)$，晶闸管导通的电角度称为导通角 $\theta(\omega t_1\sim\pi)$，故 $\theta=\pi-\alpha$。整流电路输出的平均电压为

$$U_d = \frac{1}{2\pi}\int_{\alpha}^{\pi}\sqrt{2}U_2\sin\omega t\mathrm{d}(\omega t) = \frac{\sqrt{2}U_2}{2\pi}(1+\cos\alpha) = 0.45U_2\frac{1+\cos\alpha}{2} \tag{6-15}$$

它是 α 角的函数，也就是说改变 α，就可以控制改变 U_d。α 愈小，U_d 就愈大，当 $\alpha=0$ 时，晶闸管全导通，相当于二极管整流，输出最大，即 $U_{do}=0.45U_2$。当 $\alpha=\pi$ 时，整流输出电压为零。

应该指出的是，上述移相控制的方法只能是滞后触发，即使是电阻负载，对交流电源来说，变压器二次电流 i_2 总是要滞后于电压 u_2，相当于一个感性负载汲取滞后的无功电流。显然 α 角越大，i_2 滞后于 u_2 的角度就越大，其功率因数 $\cos\varphi$ 就越低，在忽略晶闸管的损耗时，功率因数为：

整流电路的功率 $P=I^2R=UI_2$

电源的视在功率 $S=U_2I_2$

功率因数

$$\cos\varphi = \frac{P}{S} = \frac{UI_2}{U_2I_2} = \frac{1}{\sqrt{2}}\sqrt{\frac{1}{2\pi}\sin2\alpha + \frac{\pi-\alpha}{\pi}} \tag{6-16}$$

6.3.1.2 电感性负载与续流二极管

1. 电路结构及工作原理

生产实践中，除电阻性负载外，经常还会碰到负载中既有电阻又有电感的情况。当负载的感抗 W_L 与电阻 R 的数值相比不可忽略时成为电感性负载，例如各种电机的励磁绕组。

理解电感性负载的特点，是理解电感性负载整流电路工作的关键。电感性负载的特点如下：

(1) 电感对电流变化有抗拒作用，因而电感期间中的电流是不能突变的。

(2) 当流过电抗器的电流变化时，在电抗器两端会产生一个感应电动势 $L\mathrm{d}i/\mathrm{d}t$，它的极性是阻止电流变化的。当电流增加时，电动势的方向阻止电流增加；当电流减小时，它阻止电流减小。

(3) 电感在电路的工作过程中，不消耗能量。

图 6-12(b) 为电感性负载单相半波整流电路的工作波形图。在 u_2 正半周，晶闸管 VT 承受正向电压，在 $0\sim\omega t_1$ 期间，无触发脉冲，VT 处在正向阻断状态，没有负载电流，晶闸管承受电源电压 $u_{VT}=u_2$，输出电压 $u_d=0$，电路中的电流 $i_d=0$；在 ωt_1 时刻，晶闸管 VT 由于触发脉冲 u_G 的作用而导通，u_2 加于负载两端，则输出电压 $u_d=u_2$，忽略晶闸管的管压降，则 $u_{VT}=0$，因电感 L 的存在，使得电流 i_d 不能突变，电流 i_d 从 0 开始增加，同时 L 的感应电动势 e_L 的极性为上正、下负，阻止电流 i_d 的增加，虽然此时 e_L 与 u_2 极性相反，但作用在晶闸管上的阳极电压 $u_2+e_L>0$，晶闸管导通。此时，交流电源除供给电阻 R 所消耗的能量外，还要供给电感 L 所吸收的磁场能量。在 π 时刻，$u_2=0$，$u_d=0$，但由于电感 L 中仍蓄有磁场能，$i_d>0$。在 $\pi\sim\omega t_2$ 期间，电感 L 放出先前的能量，除给电阻 R 消耗外，还要供给变压器二次绕组吸收的能量，并通过一次绕组把能量反送至电网，直至 i_d 逐渐减为 0。在此期间电感 L 感应电动势极性是上负、下正，使电流方向不变，只要该感应电动势 e_L 比

u_2 大，VT 仍承受正向电压而继续维持导通，直至 L 中磁场能量释放完毕，VT 承受反向电压而关断。晶闸管承受的最大正反电压均为电源电压 u_2 的峰值，即$\sqrt{2}U_2$。由于电感的存在，延迟了晶闸管关断的时刻，使输出电压 u_d波形出现负值，因此输出直流电压的平均值下降。

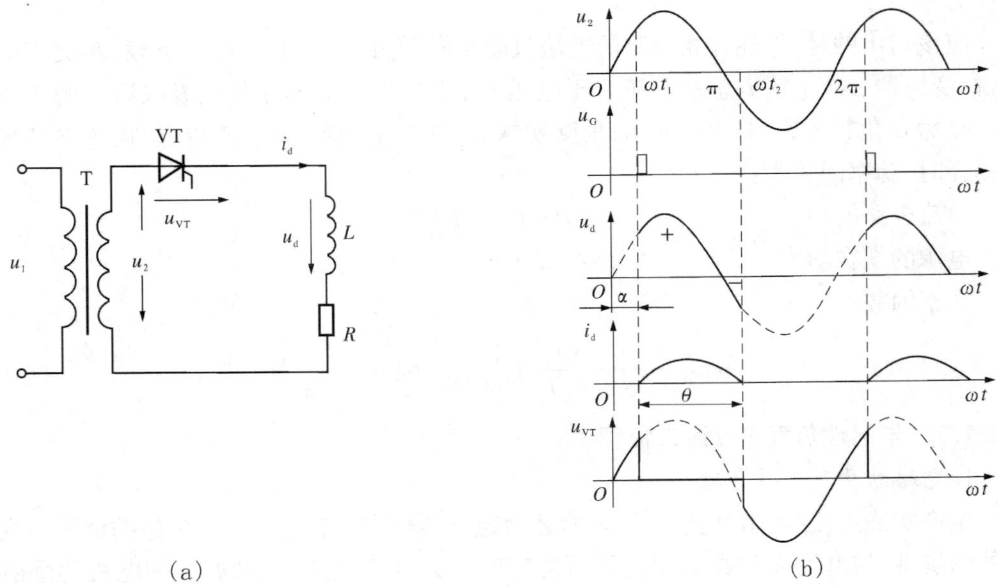

图 6-12　单相半波、电感性负载的电路及其波形

由上面的分析，由于负载为电感性负载，在电源电压进入负半周之后晶闸管仍维持一定的导通时间，当 R 为一定值时，L 越大，在 u_2 负半周电感 L 维持晶闸管导通的时间越长，就越接近晶闸管在 u_2 正半周导通的时间，输出电压 u_d中负的部分越接近正的部分，其平均值 U_d越接近 0，输出的直流电流平均值也越小，负载上得不到所需的功率。单相半波可控整流电路如不采取措施，是不可能直接带动大电感负载正常工作的。

为了解决大电感负载时的上述矛盾，在整流电路的负载两端并联一个整流二极管，称为续流二极管 VD_R，如图 6-13 所示。

在 u_2 的正半周，VD_R 承受反向电压，不导通，不影响电路的正常工作，电路的工作情况与没有续流二极管的情况一样，在 π ~ 2π 期间，电感 L 的感应电动势（上正、下负）使 VD_R 导通，VD_R 导通后，其管压降近似为 0，此时使负极性电源电压 u_2 通过 VD_R 全部施加在晶闸管 VT 上，晶闸管 VT 因承受反向阳极电压而关断。在电源电压 u_2 负半周内，负载上得不到电源的负电压，而只有续流二极管的管压降，其近似为 0，输出电压 $u_d=0$；L 释放其存储的能量，维持负载电流通过 L—R—VD_R 构成回路，而不通过变压器，此过程通常称为续流。当 $W_L \gg R$ 时，i_d不但连续，而且基本上维持不变，电流波形接近一条直线。

晶闸管承受的最大正反向电压均为电源电压 u_2 的峰值，即$\sqrt{2}U_2$，续流二极管承受的最大反向电压为$\sqrt{2}U_2$。

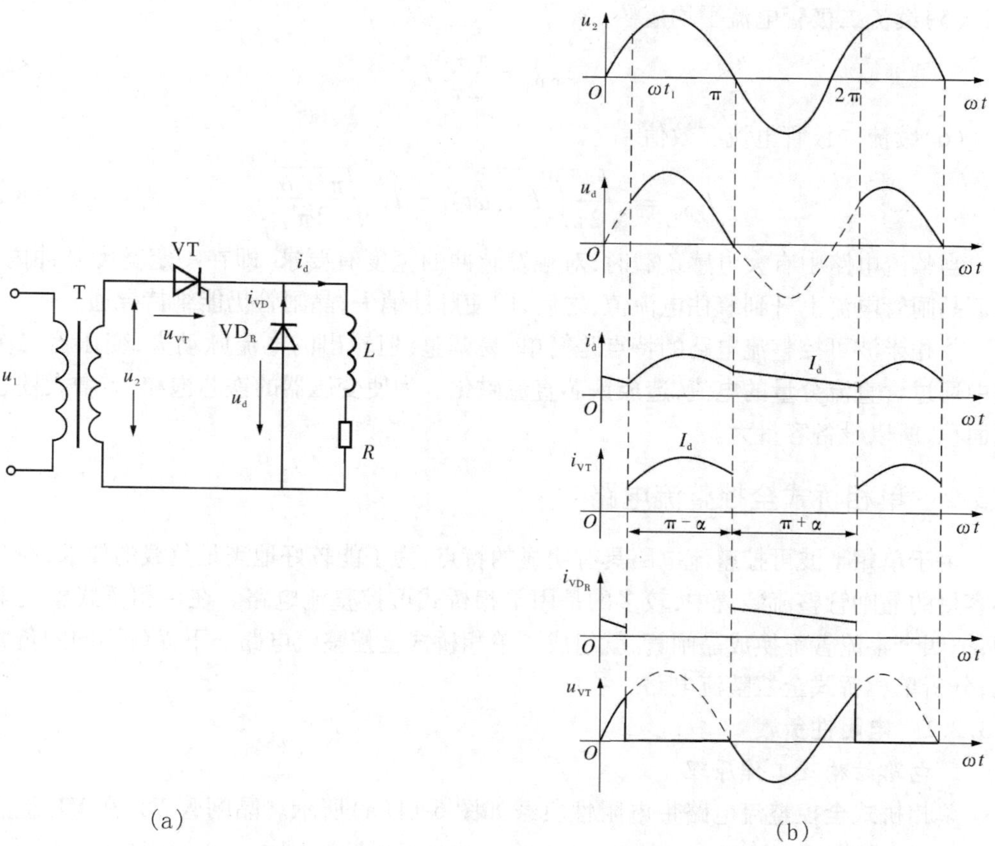

图 6-13　单相半波、带续流二极管电感性负载的电路即波形

2. 基本数量关系(有续流二极管)

(1)输出直流电压平均值

$$U_d = \frac{1}{2\pi}\int_{\alpha}^{\pi}\sqrt{2}U_2\sin\omega t\mathrm{d}(\omega t) = \frac{\sqrt{2}U_2}{2\pi}(1+\cos\alpha) = 0.45U_2\frac{1+\cos\alpha}{2} \qquad (6\text{-}17)$$

当 $\alpha=0$ 时,输出直流电压平均值最大,用 U_{d0} 表示,$U_d=U_{d0}=0.45U_2$;随着控制角 α 增大,输出直流电压的平均值减小,当 $\alpha=\pi$ 时,$U_d=0$;输出直流电压平均值在 $0.45U_2\sim0$ 之间连续可调;控制角 α 移相范围为 $0\sim\pi$。

(2)输出电流平均值

$$I_d = \frac{U_d}{R} = 0.45\frac{U_2}{R}\cdot\frac{1+\cos\alpha}{2} \qquad (6\text{-}18)$$

(3)晶闸管电流平均值

$$I_{dVT} = \frac{\pi-\alpha}{2\pi}I_d \qquad (6\text{-}19)$$

(4)晶闸管电流有效值

$$I_{VT} = \sqrt{\frac{1}{2\pi}\int_{\alpha}^{\pi}I^2\mathrm{d}(\omega t)} = I_d\sqrt{\frac{\pi-\alpha}{2\pi}} \qquad (6\text{-}20)$$

(5)续流二极管电流平均值

$$I_{dVD_R} = \frac{\pi + \alpha}{2\pi} I_d \tag{6-21}$$

(6)续流二极管电流有效值

$$I_{VD_R} = \sqrt{\frac{1}{2\pi}\int_{\pi}^{2\pi} I^2 d(\omega t)} = I_d \sqrt{\frac{\pi + \alpha}{2\pi}} \tag{6-22}$$

当整流电路中有大电感负载时,对触发脉冲的宽度有要求,即在一定宽度脉冲内,能保证晶闸管电流上升到擎住电流值,之后,即使脉冲消失,晶闸管仍能维持导通。

单相半波可控整流电路的特点是简单、易调整,但输出的电流脉动大,变压器二次绕组中通过含直流分量的电流,造成铁芯直流磁化。为使变压器的铁芯饱和,需增大铁芯的截面积,所以设备容量大。

6.3.2 单相桥式全控整流电路

由于单相半波可控整流电路具有明显的特点,为了能较好地满足负载的要求,在一般小容量的晶闸管整流装置中,较多的是用单相桥式可控整流电路。在单相桥式整流电路中,把四个整流管都换成晶闸管,就组成了单相桥式全控整流电路。下面就不同的负载情况,分析单相桥式全控整流电路。

6.3.2.1 **电阻性负载**

1. 电路结构及工作原理

单相桥式全控整流电路带电阻性负载如图 6-14(a)所示。晶闸管 VT_1和 VT_4组成一对桥壁,晶闸管 VT_2和 VT_3组成另一对桥壁。当变压器二次电压 u_2 为正半周时(即 a 端为正,b 端为正),相当于在控制角为 α 的瞬间给 VT_1和 VT_4以触发脉冲,VT_1和 VT_4即导通,这时电流从电源 a 端经 VT_1、R、VT_4流回电源 b 端。这期间 VT_2和 VT_3均承受反向电压而截止。当 u_2 过零时,电流也降到零,VT_1和 VT_4即关断。

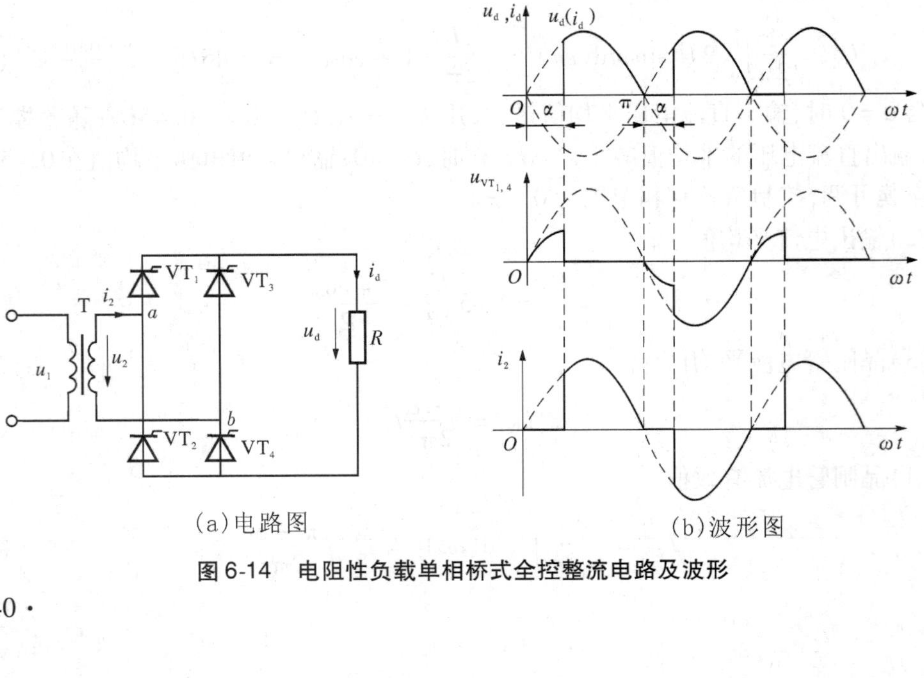

(a)电路图　　(b)波形图

图 6-14　电阻性负载单相桥式全控整流电路及波形

在 u_2 负半周，仍在控制角为 α 处触发晶闸管 VT_2 和 VT_3，则 VT_2 和 VT_3 导通。电流从电源 b 端经 VT_3、R、VT_2 流回电源 a 端。到一周期结束时电压过零，电流亦降至零，VT_2 和 VT_3 关断。在 u_2 负半周，VT_1 和 VT_4 均承受反向电压而截止。很显然，上述两组触发脉冲在相位上应相差 180°。以后又是 VT_1 和 VT_4 导通，如此循环工作下去。晶闸管承受的最大正向电压为 $\frac{\sqrt{2}}{2}U_2$，承受的最大反向电压为 $\sqrt{2}U_2$。

由于负载在两个半波中都有电流通过，属全波整流，在 u_2 的一个周期内，整流电压波形脉动 2 次，脉动次数多于半波整流电路，使直流电压、电流的脉动程度比单相半波得到了改善，该电路属于双脉波整流电路。因为桥式整流电路正负半周均工作，使得变压器二次侧绕组中的正、负半周均有电流流过，流过的电流方向相反且波形对称，即直流电流平均值为 0，故变压器不存在直流磁化问题，变压器绕组和铁芯的利用率较高。

2. 主要的数量参数

（1）整流输出电压的平均值为

$$U_d = \frac{1}{\pi}\int_{\alpha}^{\pi}\sqrt{2}U_2\sin\omega t\mathrm{d}(\omega t) = \frac{\sqrt{2}U_2}{\pi}(1+\cos\alpha) = 0.9U_2\frac{1+\cos\alpha}{2} \tag{6-23}$$

当 $\alpha=0$ 时，相当于不可控桥式整流，此时输出直流电压平均值最大，即 $U_d = U_{d0} = 0.9U_2$。

随着控制角 α 的增大，输出直流电压平均值减小，当 $\alpha=\pi$ 时，$U_d=0$；输出直流电压平均值在 $0.9U_2\sim0$ 之间可调；控制角 α 移相范围为 $0\sim\pi$。

（2）输出电流平均值为

$$I_d = \frac{U_d}{R} = 0.9\frac{U_2}{R}\cdot\frac{1+\cos\alpha}{2} \tag{6-24}$$

（3）晶闸管电流平均值。每个晶闸管流过负载电流的 1/2，即

$$I_{dVT} = \frac{U_d}{2R} = 0.45\frac{U_2}{R}\cdot\frac{1+\cos\alpha}{2} \tag{6-25}$$

（4）变压器二次侧电流有效值 I_2 与负载电流有效值 I 相等，即

$$I_2 = I = \sqrt{\frac{1}{\pi}\int_{\alpha}^{\pi}\left(\frac{\sqrt{2}U_2\sin\omega t}{R}\right)^2\mathrm{d}(\omega t)} = \frac{U_2}{R}\sqrt{\frac{1}{2\pi}\sin2\alpha+\frac{\pi-\alpha}{\pi}} \tag{6-26}$$

（5）功率因数。忽略晶闸管的损耗时，整流电路的有功功率

$$P = I^2R = I_2^2R = UI_2$$

电源的视在功率

$$S = U_2I_2$$

则功率因数

$$\cos\varphi = \frac{P}{S} = \frac{U}{U_2} = \sqrt{\frac{1}{2\pi}\sin2\alpha+\frac{\pi-\alpha}{\pi}} \tag{6-27}$$

6.3.2.2 电感性负载

单相桥式全控整流电路带电感性负载的接线如图 6-15 所示。假设电感很大，电流连续，且其波形为一水平线。为了讨论方便，分析电路工作情况时，假定线路已进入稳态，电

流波形已经形成。

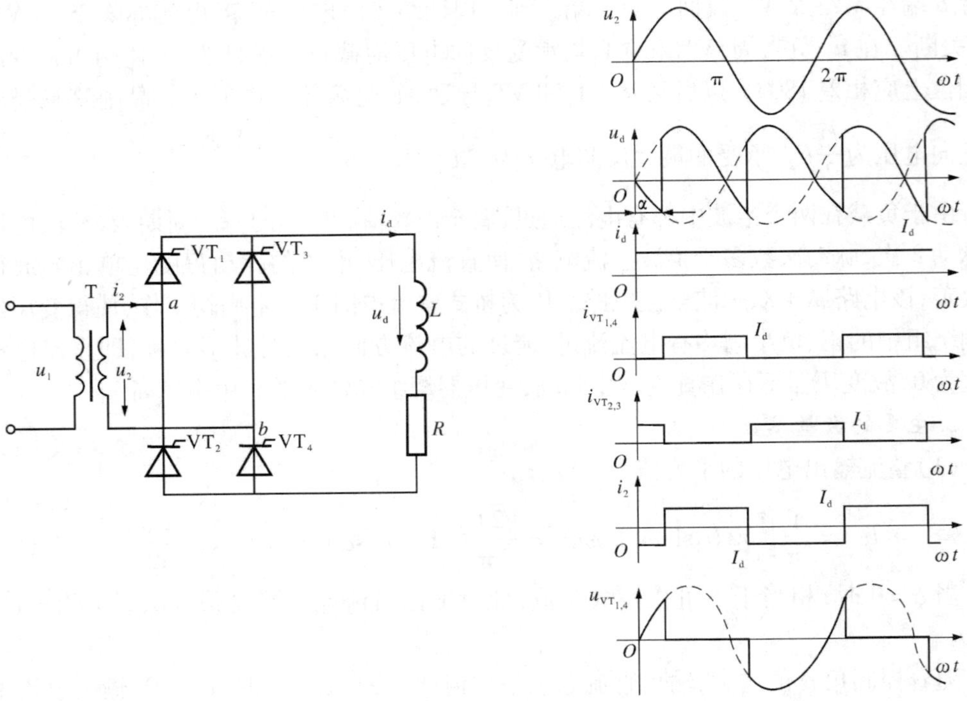

(a)电路图　　　　(b)波形图

图6-15　电感性负载单相桥式全控整流电路及波形

在变压器二次侧电压 u_2 的正半周(a 点电位高于 b 点电位),晶闸管 VT_1 和 VT_4 承受正向阳极电压。在控制角 α 处给晶闸管 VT_1 和 VT_4 施加触发脉冲使它们导通,整流输出电流从 a 端流出,经过 VT_1、L、R、VT_4 流回电源 b 端,u_2 通过 VT_1 和 VT_4 向晶闸管 VT_2 和 VT_3 施加反向电压,而使其关断。负载中有电感存在使负载电流不能突变,电感对负载电流起平波作用,假设负载感抗 $W_L \gg R$,负载电流 i_d 连续、平直,近似为一水平线,大小为 I_d,波形如图6-15(b)所示。当 u_2 减小时,负载电流 i_d 出现减小趋势,促使电感 L 上出现下正、上负的自感电动势 e_L,e_L 与 u_2 一起构成晶闸管上的阳极电压,如果 $|e_L| > |u_2|$,即使 u_2 过0变负,也能保证施加在晶闸管上的阳极电压 $e_L + u_2 > 0$,维持晶闸管继续导通。这样,整流输出电压 u_d 波形中将出现负值部分,持续到另一对晶闸管 VT_2 和 VT_3 导通为止。

在 u_2 的负半周(b 点电位高于 a 点电位),晶闸管 VT_2 和 VT_3 承受正向阳极电压,在 $\omega t = \pi + \alpha$ 时刻给 VT_2 和 VT_3 施加脉冲,晶闸管导通,整流电流从 b 端流出,经过 VT_3、L、R、VT_2 流回电源 a 端,u_2 通过 VT_2 和 VT_3 向晶闸管 VT_1 和 VT_4 施加反向电压,而使其关断,流过 VT_1 和 VT_4 的电流迅速转移到 VT_2 和 VT_3 上,此过程称为换相,也称换流。VT_2 和 VT_3 一直导通到下一周期相应的控制角 α 时,重新导通 VT_1 和 VT_4,如此循环下去。整流输出电压 u_d 的波形如图6-15(b)所示,具有正、负输出,即直流平均电压

$$U_d = \frac{1}{\pi}\int_{\alpha}^{\pi+\alpha}\sqrt{2}U_2\sin\omega t\mathrm{d}(\omega t) = \frac{\sqrt{2}U_2}{\pi}\cdot 2\cos\alpha = 0.9U_2\cos\alpha \tag{6-28}$$

当 $\alpha=0$ 时，输出直流电压最大，用 U_{d0} 表示，$U_d=U_{d0}=0.9U_2$；随着控制角 α 的增大，输出直流电压平均值减小，当 $\alpha=\pi/2$ 时，$U_d=0$；输出直流电压平均值在 $0.9U_2\sim0$ 之间连续可调；控制角 α 移相范围为 $0\sim\pi/2$。

晶闸管 VT_1 和 VT_4 两端电压波形，如图 6-15(b)所示，晶闸管承受的最大正反向电压均为 $\sqrt{2}U_2$。由于电流连续，晶闸管的导通角 θ 与控制角 α 无关，每只晶闸管的导通角为 1/2 周期，$\theta=\pi$，其电流波形如图 6-15(b)所示，宽度为 180°的矩形波。

晶闸管的平均电流值

$$I_{dVT} = \frac{I_d}{2} = 0.45\frac{U_2}{R}\cos\alpha \tag{6-29}$$

晶闸管电流有效值

$$I_{VT} = \frac{I_d}{\sqrt{2}} = 0.707I_d \tag{6-30}$$

在负载回路的电感量不够大时，电感中储藏的能量不足以维持电流导通到 $\pi+\alpha$，负载电流将不连续，其波形如图 6-16 所示。

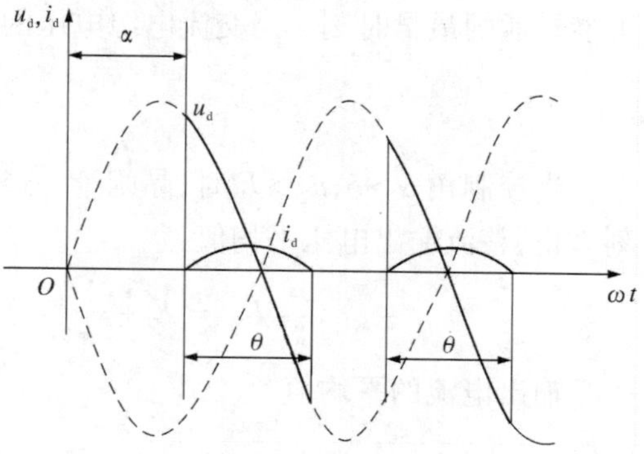

图 6-16　电感较小时整流电压和电流波形

当电流不连续时，输出电压的平均值

$$U_d = \frac{1}{\pi}\int_{\alpha}^{\pi+\theta}\sqrt{2}U_2\sin\omega t\mathrm{d}(\omega t) = \frac{\sqrt{2}U_2}{\pi}[\cos\alpha - \cos(\alpha+\theta)] \tag{6-31}$$

式中　θ ——晶闸管的导通角。

6.3.2.3　反电动势负载

蓄电池、直流电动机的电枢等这类负载本身是一个直流电源。对于可控整流电路来说，它们是反电动势的负载，如图 6-17 所示。

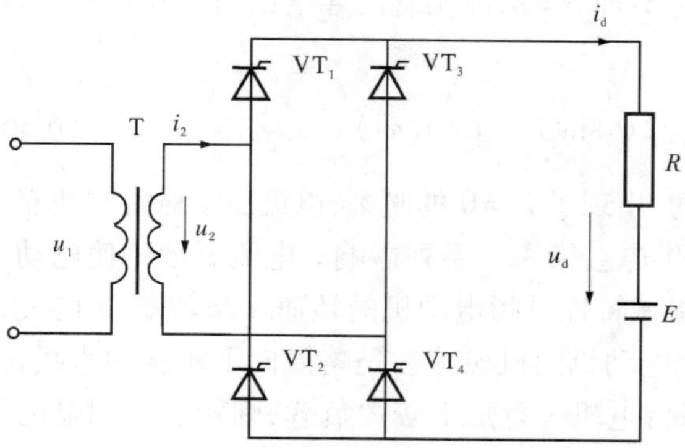

(a)电路图

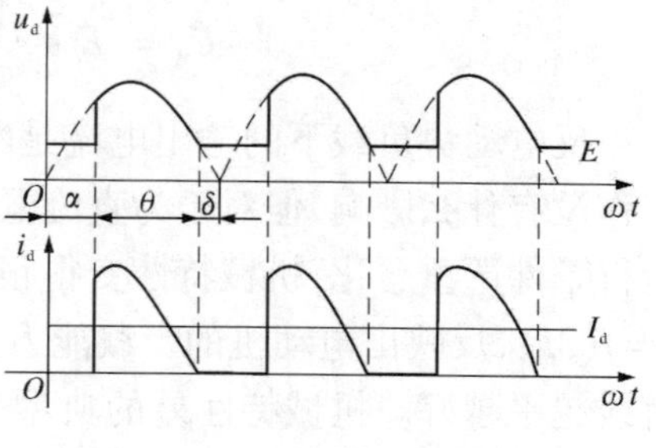

(b)波形图

图 6-17　反电动势负载单相全控桥式整流电路及波形

当忽略主回路的电感时，只有在整流输出电压大于反电动势时才有电流输出，因而晶

闸管导电的时间缩短了,如果要求相同的负载平均电流,就必须有较大的整流峰值电流,因而电流的有效值要比平均值大得多。如图 6-17(a)所示,只有当变压器二次侧电压 u_2 的绝对值大于反电动势,即 $|u_2| > E$ 时,整流桥中晶闸管才能承受正向阳极电压而被触发导通,电路中才有电流 i_d 输出。晶闸管导通以后,输出电压 $u_d = u_2$,负载电流 $i_d = \frac{u_d - E}{R}$,直到 $|u_2| = E$,i_d 降为 0,而使晶闸管关断,此后 $u_d = E$。与电阻性负载时相比,晶闸管的导通时间短,如图 6-17(b)所示,晶闸管提前 δ 电角度停止导电,δ 称为停止导电角或最小起始导电角。δ 表征了在给定的反电动势 E、交流电压有效值 U_2 条件下,晶闸管可能导通的最早时刻。当交流电源电压的峰值为 $\sqrt{2}U_2$,反电动势大小为 E 时,则

$$\delta = \arcsin\frac{E}{\sqrt{2}U_2} \tag{6-32}$$

当控制角 $\alpha > \delta$,$u_2 > E$ 时,晶闸管一经触发就能导通,晶闸管一直导通到 $\omega t = \pi - \delta$ 时刻为止,整流输出电压平均值

$$U_d = E + \frac{1}{\pi}\int_{\alpha}^{\pi-\delta}(\sqrt{2}U_2\sin\omega t - E)\,\mathrm{d}(\omega t) \tag{6-33}$$

输出电流的平均值

$$I_d = \frac{U_d - E}{R} \tag{6-34}$$

输出电流的有效值

$$I = \sqrt{\frac{1}{\pi}\int_{\alpha}^{\pi-\delta}\left(\frac{\sqrt{2}U_2\sin\omega t - E}{R}\right)^2\mathrm{d}(\omega t)} \tag{6-35}$$

当控制角 $\alpha < \delta$ 时,虽然在 $\omega t = \alpha$ 时刻给晶闸管门极施加了触发脉冲,但此时电源电压 u_2 小于反电动势 E,晶闸管承受反向阳极电压而不能导通,为了保证晶闸管可靠导通,要求触发脉冲有足够的宽度,确保当 $\omega t = \delta$ 时刻晶闸管开始承受正向阳极电压时,触发脉冲依然存在。这相当于将控制角 α 推迟为 δ,即 $\alpha = \delta$,晶闸管的导通区间为 $\delta \sim (\pi - \delta)$,输出电压平均值

$$U_d = E + \frac{1}{\pi}\int_{\delta}^{\pi-\delta}(\sqrt{2}U_2\sin\omega t - E)\,\mathrm{d}(\omega t) \tag{6-36}$$

反电动势负载下的输出电流是断续的,出现了 $i_d = 0$ 的时刻,电流断续对蓄电池充电工作没有什么影响,但对于为直流电动机供电会带来一系列影响。电流断续将使电动机运行条件严重恶化,机械特性变得很软,机械特性是指电动机的转速 n 与转矩 M 的关系 $n = f(M)$,反映出电动机的带载能力,直流电动机的机械特性是略微向下倾斜的直线,该直线越平越好。机械特性差的典型表现是:电机一旦加上较大负载,则转速有明显的下降;电流断续时导通角 θ 变小,电流波形的底部变窄。

平均电流是与电流波形的面积成比例的,为了增大平均电流,则电流峰值也需增大,有效值随之增大,高峰值的脉冲电流会造成直流电动机换向困难,并且在换向时容易产生火花,电流有效值增大,要求电源的容量增大。为了克服这些缺点,一般在反电动势负载主回路中串联平波电抗器,用来平滑电流脉动和延长晶闸管导通时间,保持电流连续。当

电感容量足够大时，电流连续，工作情况与电感性负载电流连续的情况相同：晶闸管每次导通 180°，这时整流输出电压 u_d 的波形和负载电流的波形与电感性负载电流连续时的波形相同，整流输出电压平均值 U_d 的计算公式也一样。

单相桥式全波整流电路，电动机负载，串联一个平波电抗器 L（负载为 L、R、E），电动机在低速轻载时电流连续。单相桥式全波整流电路带反电动势负载串平波电抗器，以及电流连续的情况下，u_d 和 i_d 波形如图 6-18 所示。

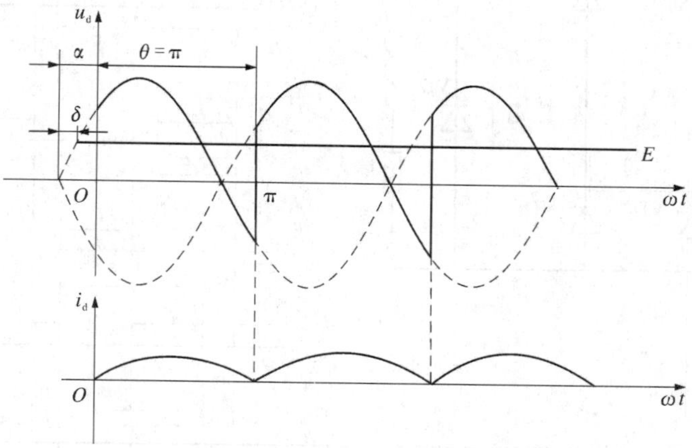

图 6-18　单相桥式全波整流电路带反电动势负载、串平波电抗器及电流连续的情况下的波形

单相桥式全波整流电路具有整流波形好、变压器无直流磁化、变压器绕组利用率高、整流电路电压放大倍数高、控制灵敏度高、电路结构简单以及整流电路功率因数高等优点，但也存在电压纹波过大、波形差以及控制滞后时间长等缺点。在负载容量较大以及对整流电路性能指标有更高要求时，多采用三相可控整流电路。

6.3.3　单相桥式半控整流电路

6.3.3.1　电路结构及工作原理

在单相桥式全控整流电路中，晶闸管作用是控制导通时间和确定电路的流通路径，如果仅仅是为了控制导通时间（可控整流），使用一只晶闸管就可以控制导通时间，另一只晶闸管可以用电力二极管代替，来确定电流的流通路径，从而使电路简化，如图 6-19 所示。半控电路在电阻性负载时的工作情况与全控电路完全相同，其参数的计算亦相同，下面我们讨论电感性负载的工作情况。

假设负载中电感很大，且电路已工作稳定，在电源电压 u_2 正半周期，如图 6-19（a）所示，控制角为 α 时刻触发晶闸管 VT_1 使其导通，电源经 VT_1 和 VD_4 向负载供电。u_2 过零变负时，由于电感的作用，VT_1 将继续导通，但此时 a 点电位比 b 点低，电流从 VD_4 转换到 VD_2，这样电流不再经过变压器绕组而由 VT_1 和 VD_2 续流。在此阶段，忽略二极管的管压降，则 $u_d=0$，不像全控电路那样出现负电压。

当 u_2 为负半周期，控制角为 α 时触发 VT_3，VT_3 导通，使 VT_1 承受反向电压而关断，电源通过 VT_3 和 VD_2 又向负载供电。在 u_2 从负半周过零变正时，则 VD_4 导通而 VD_2 关

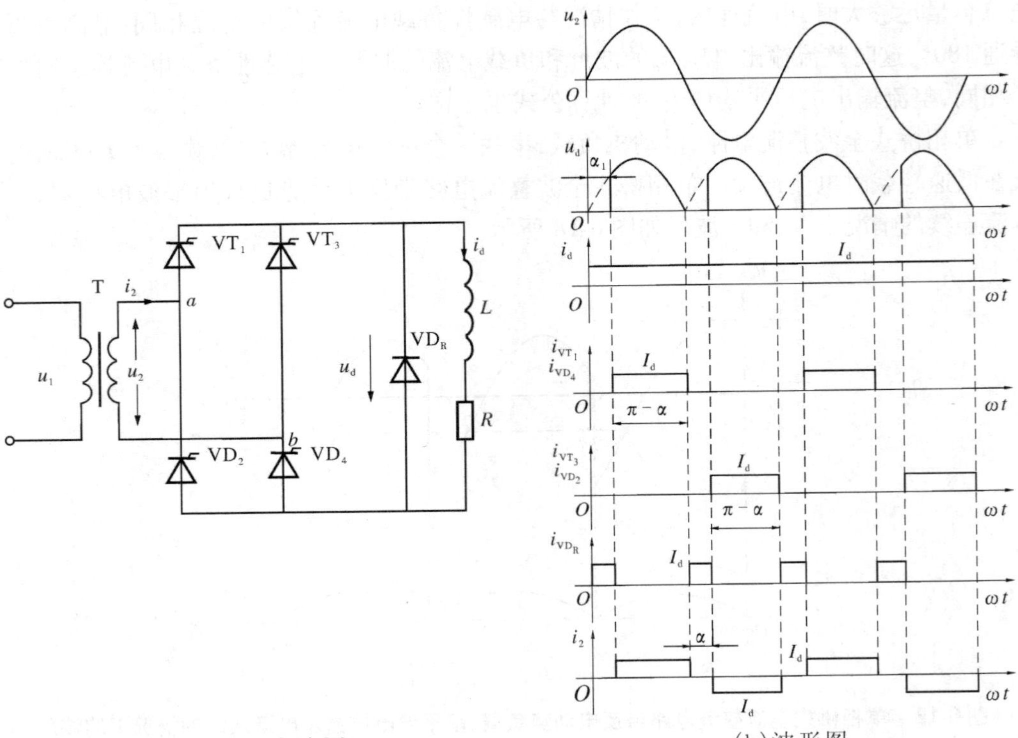

(a)电路图　　(b)波形图

图 6-19　有续流二极管及电感性负载单相桥式半控整流电路及波形

断,电感通过 VT_3、VD_4 续流,u_d也为零。以后 VT_1 再触发重复上述过程。根据各器件的导通情况,可得输出电压 u_d的波形如图 6-19(b)所示。它和电阻性负载时的波形相同。因有大电感存在,输出电流波形为一水平线,如图 6-19(b)所示。

可见在电感性负载时,上述主电路基本可以工作,特点是晶闸管在触发时换相,硅整流管则在电源电压过零时自然换相。但在实际运行中,当突然把控制角 α 增大到 180°或突然把触发电路切断时,会发生一个晶闸管直通而两个二极管轮流导通的异常现象,称为失控。例如当 VT_1 导通时切断触发电路,则当 u_2 变负时,由于电感的作用,负载电流有 VT_1 和 VD_2 续流;当 u_2 又为正时,因 VT_1 已经导通,所以电源又通过 VT_1 和 VD_4 向负载供电。此时输出电压 u_d的波形相当于单相半波不可控整流时的波形。为避免这种失控情况,可以在负载并联一个续流二极管 VD_R(此时图 6-19 中的 VD_R接入),使负载电流通过 VD_R续流,而不再经 VT_1 和 VD_2,这样就可使晶闸管 VT_1 恢复阻断能力。同时,续流器件导电回路中只有一个管压降,有利于降低损耗。

加了续流二极管后,输出波形 u_d不变,i_d依然是条直线,仅原先流经桥臂上器件的续流电流现都转移到 VD_R上。流过变压器绕组的电流 i_2 与无 VD_R时的 i_2 相同,如图 6-19(b)所示。在每个周期内,流过晶闸管 VT_1、VT_3 和二极管 VD_2、VD_4 的电流相同,其波形宽度都是 $\pi-\alpha$。

6.3.3.2　主要数量关系

(1)输出电压平均值为

$$U_d = \frac{1}{\pi}\int_{\alpha}^{\pi}\sqrt{2}U_2\sin\omega t\mathrm{d}(\omega t) = \frac{\sqrt{2}U_2}{\pi}(1+\cos\alpha) = 0.9U_2\frac{1+\cos\alpha}{2} \tag{6-37}$$

当 $\alpha=0$ 时,输出直流电压平均值最大,用 U_{d0} 表示,$U_d = U_{d0} = 0.9U_2$;随着控制角 α 的增大,输出直流电压平均值在 $0.9U_2 \sim 0$ 之间连续可调;控制角 α 移相范围为 $0 \sim \pi$。

(2)如果负载平均电流为 I_d,则流过晶闸管和二极管的电流有效值为

$$I_{VT} = I_{VD} = \sqrt{\frac{\pi-\alpha}{2\pi}}I_d \tag{6-38}$$

其平均值为

$$I_{dVT} = I_{dVD} = \frac{\pi-\alpha}{2\pi}I_d \tag{6-39}$$

流过续流二极管的电流波形宽度为 α,每个周期出现两次,其电流有效值为

$$I_{VD_R} = \sqrt{\frac{\alpha}{\pi}}I_d \tag{6-40}$$

变压器二次绕组电流有效值为

$$I_2 = \sqrt{\frac{\pi-\alpha}{\pi}}I_d \tag{6-41}$$

单相桥式半控电路中,也可以用 VT_1、VT_2 为晶闸管,VD_3、VD_4 为二极管组成的桥式电路,以便省去续流二极管(VD_3、VD_4 兼续流作用)。

6.3.4 单相双半波可控整流电路

单相双半波可控整流电路也称为单相全波可控整流电路。如图 6-20(a)所示,为电阻性负载单相双半波可控整流电路接线图,图中 T 是一个二次侧绕组带中心抽头的电源变压器,变压器二次侧绕组分别接晶闸管 VT_1 和 VT_2,晶闸管 VT_1 和 VT_2 的阴极连接在一起,称为共阴极连接。

在 u_2 的正半周,触发 VT_1,VT_1 导通,负载得到上正、下负的正向输出电压 u_d;在 u_2 的负半周,触发 VT_2,VT_2 导通,负载上得到上正、下负的正向输出电压 u_d,图 6-20(b)为电阻性负载单相双半波可控整流电路输出电压 u_d的波形和变压器一次侧电流 i_1 的波形。

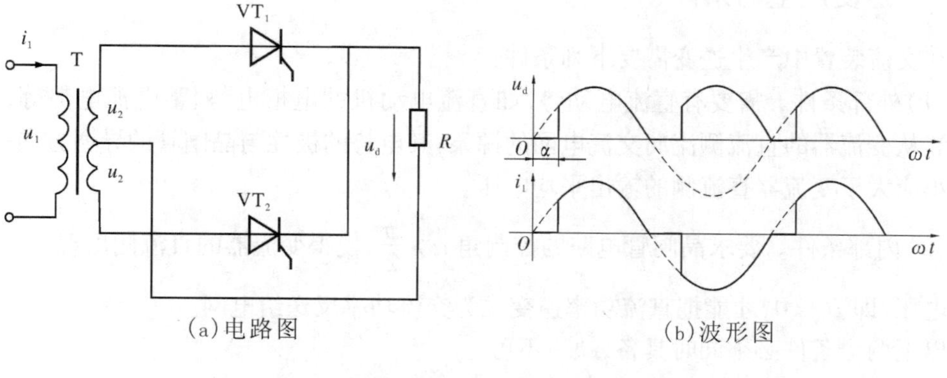

图 6-20 单相双半波可控整流电路及波形

由图 6-20(b)中的波形可知,输出电压 u_d 的波形和电阻性负载单相桥式全控整流电路的波形相同,交流输入端为交变电流,变压器不存在直流磁化问题。当接其他负载时,具有和电阻性负载相同的结论,单相双半波整流电路适合在低输出电压的场合应用。从直流输出和交流输入端看,可以说单相双半波可控整流电路与单相桥式全控整流电路是基本一致的,两者的区别是:

(1)单相双半波可控整流电路中变压器的二次侧绕组带中心抽头,结构复杂,绕组及铁芯对铜、铁等材料的消耗比单相全控桥多。

(2)单相双半波可控整流电路只用 2 个晶闸管,比单相全控少 2 个,相应地,门极驱动电路也少 2 个,但是晶闸管承受的最大电压为 $2\sqrt{2}U_2$,是单相全控桥的 2 倍。

(3)单相双半波可控整流电路中,导电回路只含 1 个晶闸管,比单相桥少 1 个,因而管压降也少 1 个。

6.4 晶闸管逆变技术

6.4.1 逆变的概念

逆变是相对整流而言的。在生产实践中,不仅可以通过整流装置把电网的交流电变成所需要的直流电,而且根据生产需要也可以通过变流技术把直流电变成交流电反馈给电网。如电力机车下坡行驶时,直流电机作发电机运行,机车的位能转变为电能并反送到交流电网中;又如使运转的直流电机迅速地制动,也是让直流电动机作为发电机运行,将其动能转化为电能,反送给电网。这种相对于整流的逆向过程定义为逆变。

将直流电逆变成和电网同频率的交流电并反送到电网的过程称为有源逆变,将直流电逆变为某一频率或可变频率的交流电直接供给负载的过程称为无源逆变。实现上述过程的电路称为有源逆变电路和无源逆变电路。

既能整流又能逆变的同一晶闸管装置称为交流装置或变流器。由此可见,整流和逆变、直流和交流在晶闸管变流器中是相互联系,并依一定的条件可以相互转化。

6.4.2 逆变产生的条件

在交流装置中产生逆变需要下列条件:

(1)外部条件。需要有直流电动势,如直流电动机的电枢电势、蓄电池电势等,它是使电流从变流器的直流侧流向交流电网的源泉,其电势的极性与晶闸管的导通方向一致,其大小应大于变流器直流侧的输出平均电压。

(2)内部条件。要求晶闸管电路的控制角 $\alpha > \frac{\pi}{2}$,使得变流器的直流侧出现一个负的平均电压,即 $U_d < 0$,才能把直流功率逆变成为交流功率反送给电网。

以上两个条件必须同时具备,缺一不可。

总之,同一变流器即可进行整流,又可进行逆变。$0 < \alpha < \frac{\pi}{2}$时为整流状态,$\alpha = \frac{\pi}{2}$时

为中间状态，$\frac{\pi}{2}<\alpha<\pi$ 时为逆变状态。

对于半控桥晶闸管电路或有续流二极管的电路，不可能输出负电压，也不允许直流侧接反极性的直流电源，故不能实现有源逆变，只能采用全控桥电路。

6.4.3 逆变角

变流器逆变工作时的控制角称为逆变角，用 β 表示。规定 β 的起始点为相邻负半周交点，其大小自 $\beta=0$ 的起始点向左计量。逆变角 β 与控制角 α 的关系为

$$\alpha+\beta=180°\text{或}\beta=180°-\alpha$$

在逆变时 β 处于 0～90°之间，其输出电压平均值公式为

$$U_d=-U_{d0}\cos\beta \tag{6-42}$$

为了保证逆变正常工作，对触发脉冲的最小逆变角 β_{min} 必须有严格的限制，使其满足

$$\beta_{min}\geqslant\gamma+\delta_0+Q_a\approx30°\sim50° \tag{6-43}$$

式中 γ——换相重叠角，一般取 15°～25°电角度；

δ_0——晶闸管关断时间所对应的电角度，一般取 3.6°～5.4°；

Q_a——安全裕量角，一般取 10°左右。

设计逆变电路时，必须保证 $\beta\geqslant\beta_{min}$。因此，常在触发电路中附加一套保护线路，保证控制脉冲不进入 β_{min} 区内。

6.4.4 常用的单相全控桥式有源逆变电路

常用的单相全控桥式有源逆变电路如图 6-21 所示，电动机的电动势 E_d 极性为上负下正，满足有源逆变条件，当 $\beta<\frac{\pi}{2}$、$E_d>|U_d|$ 时，即可实现有源逆变。

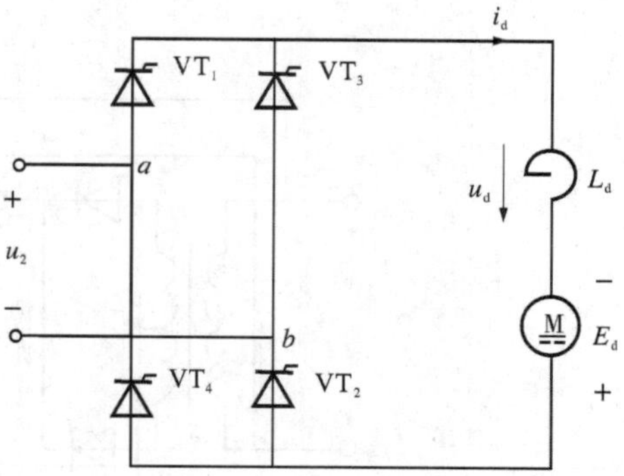

图 6-21 单相全控桥式有源逆变电路

当 u_2 为正半周的同时，给晶闸管 VT_1、VT_2 控制极加触发脉冲，便使其导通，VT_3、VT_4 因承受反向电压而关断；在 u_2 的负半周的同时，给 VT_3、VT_4 的控制极加触发脉冲，可使其触发导通，VT_1、VT_2 因承受反向电压而关断。其输出电压平均值为

$$U_d=-0.9U_2\cos\beta \tag{6-44}$$

6.5 晶闸管的简易触发电路

晶闸管装置的正常工作，与门极触发电路正确和可靠的运行密切相关，门极触发电路必须按主电路的要求来设计。为获取晶闸管装置负载的某些特性，往往通过门极触发电路实行各种要求的反馈控制。本节仅围绕单相整流触发电路的基本单元来论述。

对于晶闸管变流装置主电路，都可提出如下的门极触发电路一般要求：

(1)触发脉冲应有足够的功率,触发脉冲的电压和电流应大于晶闸管要求的数值,并留有一定的裕量。

(2)触发脉冲的相位应能在规定范围内移动。

(3)触发脉冲与晶闸管主电路电源必须同步,两者频率应该相同,而且要有固定的相位关系,使每一个周期都能在同样的相位上触发。

(4)触发脉冲的波形要符合要求。例如对电感性负载,脉冲的宽度要宽些。对于多个晶闸管作串并联运用时,为改善均压与均流,脉冲的前沿陡度希望大些。

具体的触发电路种类较多,简易的有阻容移向触发电路、单结晶体管触发电路等。这里先讨论单结晶体管触发电路。

6.5.1 单结晶体管触发电路

单结晶体管触发电路采用同步振荡电路,解决与主电源的同步问题。单相桥式半控整流电路的单结晶体管电路如图 6-22 所示。变压器初级接主电源,变压器次级电压经整流后,再经稳压管 VD_Z 限幅削波,得到梯形波,将此梯形波作为触发电路电源。因为梯形波是由主电源得到的,所以与主电源同步。

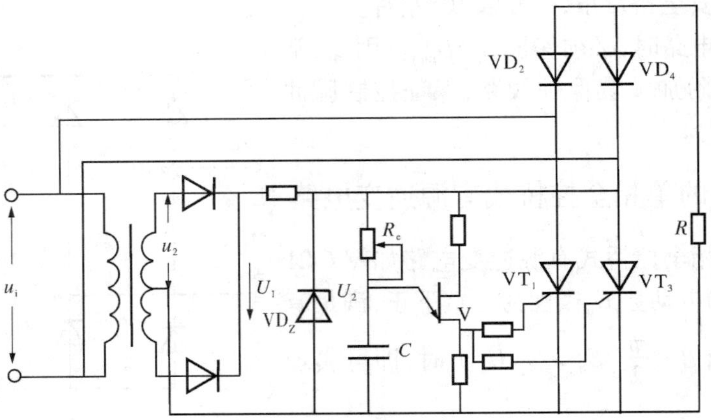

图 6-22 单结晶体管触发电路

当主电源电压为 0 时,触发电路电压也为 0,触发电路不向晶闸管输出触发信号,晶闸管截止。当主电源电压不为 0 时,电容 C 充电,充电电压达到单结晶体管 V 的峰点电压时,单结晶体管导通,触发电路向晶闸管输出触发信号,晶闸管导通。同时,电容放电,并为下一个半波的充电作准备。这样就使得每个半周内触发脉冲出现的时间都相等,从而达到了同步的目的。如果要改变触发脉冲在每个半波出现时刻,可以通过改变电路中的 R_e 的值来实现,此过程称为脉冲移相。

6.5.2 强触发电路

为了确保晶闸管门极施加触发脉冲时,器件能够快速、可靠开通,并降低门极损耗,通常采用强触发电路,如图 6-23 所示。强触发电路由强触发电源、脉冲放大、脉冲变压器

TP 和输出部分组成。当 VT_1 和 VT_2 导通瞬时，+50 V 强触发电源经脉冲变压器 TP 的初级绕组、电容 C_3、三极管 VT_2 构成通路，输出电路输出一个前沿很陡且幅值较大的电压。此后，C_3 开始充电，随着 C_3 充电的进行，输出电压幅值线性下降。当 B 点电压降到小于 +15 V时，VD_2 导通，使 B 点电压钳位在 +15 V。VD_1 和 R_3 是为了 VT_1 和 VT_2 由导通到截止时脉冲变压器 TP 释放其储存的能量而设置的。

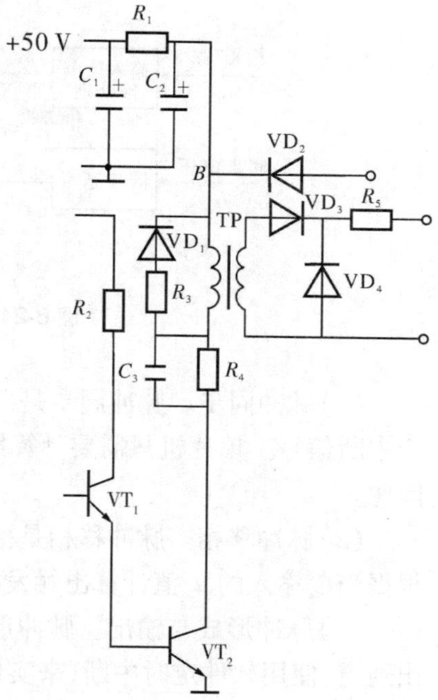

图 6-23 晶闸管强触发电路

6.5.3 集成触发电路

集成触发电路可靠性高，技术性能好，体积小，功耗低，调试方便，随着集成电路制造技术的提高，晶闸管触发电路的集成化已普及，它逐步取代分立元件电路。目前国内常用的有 KJ 和 KC 系列，两者生产厂家不同，但功能很相似。下面简单介绍几种集成触发电路的基本情况：

(1) KJ004 为双列直插式、16 引脚的 SCR（普通晶闸管）集成触发电路。其内部有同步检测、锯齿波形成、移相控制、脉冲形成和脉冲放大等电路，移相范围大于 170°，可以输出互差 180°的移相脉冲。其工作电压为 ±15 V，负载电流为 15 mA，适用于单相、三相全控桥式整流电路的 SCR 移相触发控制。

(2) KJ006 为双列直插式、16 引脚的双向 SCR 集成触发电路，可由交流电网直接供电，不需要同步信号和输出变压器，适用于双向 SCR 线路的交流相位控制，是交流调光、调压的理想触发电路。

(3) KC188 为双列直插式、18 引脚的数字式移相集成触发电路，自身能输出六路互差 60°的移相触发双窄脉冲，具有缺相、自对相位等功能，并有独立的脉冲封锁端。工作电源为 ±15 V，移相范围为 0 ~ 180°，适用于三相半波、三相桥式电路的 SCR 移相触发。其具有功耗小、功率强、输入阻抗高、抗干扰性能强、移相范围宽、外接元件少、内部工作全数字化和精度高等特点。

6.5.4 数字触发电路

前面介绍的分立元件及集成触发电路均属于模拟电路。它结构简单、工作可靠，但存在共同的缺点，即由于元件参数的分散性，同步电压波形畸变等原因，将引起各个触发器特性在某种程度上的不一致。为了克服该缺点，提高触发脉冲的对称度，电力电子装置通常采用数字触发电路。目前，数字触发器通常是以单片机为核心构成的。

由单片机构成的数字触发电路原理框图，如图 6-24 所示。该数字触发器由脉冲同步、脉冲移相及脉冲形成与输出等部分组成。

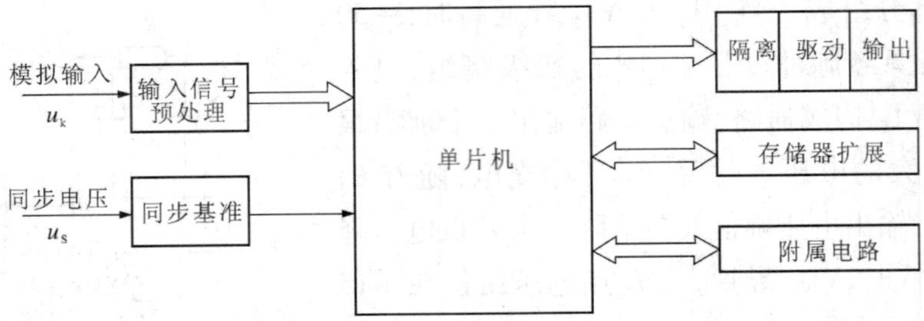

图 6-24　单片机数字触发电路原理框图

(1)脉冲同步。脉冲同步是以交流同步电压过 0 为基准,通过高速通道给单片机一个中断信号。单片机只需要计算第一个脉冲的定时值,再通过一定的计算,就能解决同步问题。

(2)脉冲移相。脉冲移相是指当单片机接收到同步信号发生突变时,响应中断后,再根据当前输入的 u_k 值计算出触发控制角 α,以满足电力电子电路移相控制特性的要求。

(3)脉冲形成与输出。脉冲形成与输出是指应用单片机的软、硬件定时器和高速输出通道,使用软件定时中断,来实现触发脉冲的产生,然后再经过隔离、驱动和输出区控制晶闸管。

6.6　晶闸管的保护

二极管和晶闸管承受过电流和过电压的能力较差,短时间的过电流和过电压就会把器件损坏,但不能完全根据装置运行时可能出现的暂时的过电流和过电压的数值来定器件参数,还要充分发挥器件应有的过载能力。因此,保护就成为提高电力电子装置运行可靠性必不可少的重要环节。

6.6.1　过电压的产生原因

过电压的产生原因有外部和内部两方面:外部过电压包括操作过电压和雷电击过电压,内部过电压包括换相过电压和关断过电压。

产生过电压的根本原因是电路中储能元件积蓄的电磁能量消耗不掉,比如电感的电路突然断开时,电感释放储能,会产生高电压。因此,过电压保护就是设法把这些电磁能量通过适当途径释放掉,或先加以吸收再逐渐释放。

6.6.2　过电压保护措施

为了防止过电压对电力电子装置造成损坏,必须采取有效的过电压保护措施。过电压保护措施一般采用器件限压(如硒堆保护)和 RC 阻容吸收等方法。

6.6.2.1　阻容保护

阻容保护是在晶闸管及交流电源侧或整流输出的负载侧并联阻容吸收支路。阻容吸收支路由一个电容与一个电阻串联组成,它实际上就是把可能产生过电压的电磁能量变为静电储能存在电容器内。串联电阻的作用是阻止 LC 回路振荡。电路中总有电感存在，在晶闸管阻断时，如未串电阻，LC 容易形成振荡。振荡的高电压加到晶闸管上会将晶闸管损坏。电阻还能限制晶闸管的开通损耗与电流上升率。并联在晶闸管两端的电容在换相时被充电，晶闸管触发导通瞬间，电容会立即经晶闸管放电。若未串电阻，放电电流峰值很大，增加了晶闸管的开通损耗，使流过管子的电流上升率过大，甚至损坏晶闸管。安装时，阻容吸收支路要尽量靠近晶闸管，引线要短。

6.6.2.2 **硒堆保护**

硒堆就是成组串联的硒整流片。硒整流片具有反向非线性特性。当反向电压刚刚超过转折电压后，反向电流便迅速增加。使用时将两组硒堆对接，并接在交流侧或直流侧。电压正常时，硒堆总有一组处于反向状态，漏电流很小。当出现过电压时，将造成硒堆反向击穿，如同瞬时把电源短路一样，可吸收过电压能量，限制了过电压的数值。由于硒片面积较大，击穿时只是烧焦几个点，过电压过后，整个硒片仍能恢复正常，继续使用。

6.7 晶闸管的交流开关电路

由于晶闸管既可以导通，又可以关断，因此可用来组成开关电路。这样，通过控制毫安级门极电流的通断，就能实现对高电压、大电流交流电气设备的开关控制。由于晶闸管组成的交流开关具有无触点、无电弧、动作快、寿命长等优点，因而获得了广泛的应用。

6.7.1 晶闸管直流开关电路

图 6-25 所示是晶闸管直流开关电路，其中 R_L是负载，U 是直流电源，晶闸管 VT_1是供电开关，VT_2是用来关断 VT_1的。

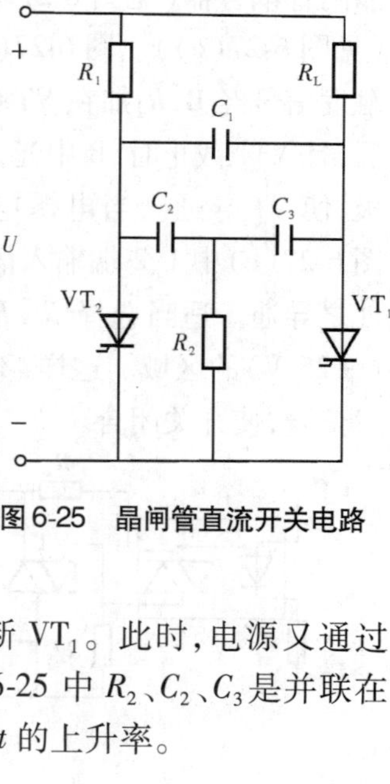

图 6-25 晶闸管直流开关电路

其工作过程如下：当需要供电时，给晶闸管 VT_1控制极加触发脉冲，VT_1导通，相当于电源开关闭合，直流电源 U 供电给负载 R_L。此时通过 R_1—C_1—VT_1给电容充电，左正右负，为关断 VT_1做好准备。当需要停止供电时，给晶闸管 VT_2加触发脉冲，VT_2导通，电容 C_1通过 VT_2、VT_1放电。C_1的放电电流大于原来 VT_1的工作电流，使其小于维持电流 I_H，从而关断 VT_1。此时，电源又通过 R_L—C_1—VT_2反向充电，右正左负，为关断 VT_2 做好准备。图 6-25 中 R_2、C_2、C_3是并联在晶闸管两端的 RC 阻容吸收回路，可以抑制晶闸管两端的 du/dt 的上升率。

6.7.2 简单的晶闸管交流开关电路

图 6-26 为两种基本的晶闸管交流开关电路。它们都是利用晶闸管或双向晶闸管门极电流的通断，来控制其阳极电流的通断以实现开关功能的。晶闸管在承受正半周电压时触发导通，在电流过零时自然关断。这些电路都利用管子本身的阳极电压作为触发电压，具有强触发性质，即使触发电压很大的管子也能可靠触发。开关 SQ 合上后，便可在负载上得到基本的正弦电压。图 6-26(a)是普通晶闸管，图 6-26(b)为双向晶闸管，工作

在Ⅰ₊、Ⅲ₋触发方式。

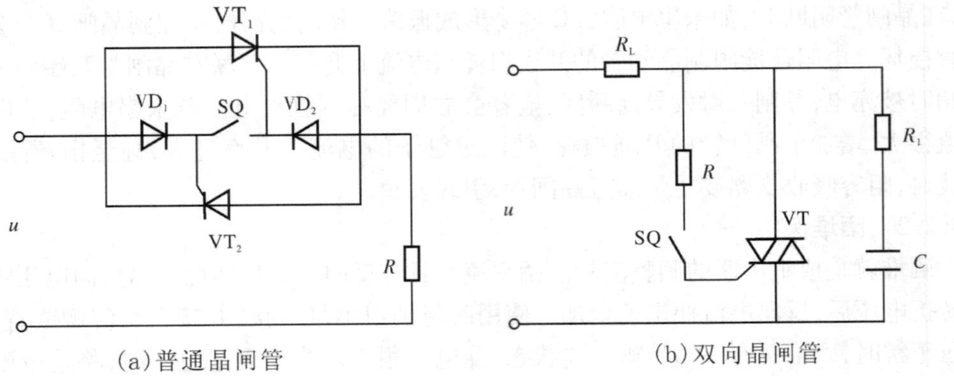

图6-26　晶闸管交流开关的基本形式

6.7.3　固态开关

固态开关包括固态继电器和固态接触器,均是以双向晶闸管为基础构成的交流开关。

图6-27为三种固态开关的电路。图中的B均为光电耦合器件,它们分别是光电双向晶闸管耦合器(见图6-27(a))、光电晶闸管耦合器(见图6-27(b))和光电三极管耦合器(见图6-27(c))。图6-27(a)中,1、2端为输入信号时,光电耦合器中的双向晶闸管导通,触发信号经B、R_2加在VT的门极,以Ⅰ₊、Ⅲ₋触发方式。图6-27(b)中1、2端输入信号后,且VT_1截止时,B中光控晶闸管导通,电流经整流桥及B中光控晶闸管加在VT的门极,使VT导通。当电源电压过零升高至一定幅值时,VT_1导通,光控晶闸管被关断。图6-27(c)中1、2端输入信号时,使VT_2截止,VT_3导通,给双向晶闸管VT_4提供门极电流,使之导通。适当选择R_2/R_3的值,可使VT_2的通断转换发生在交流电源电压接近零值(±25 V)的区域。这样,不管输入信号何时加上,都只能在电源电压过零附近给VT_4加触发信号,使开关闭合。

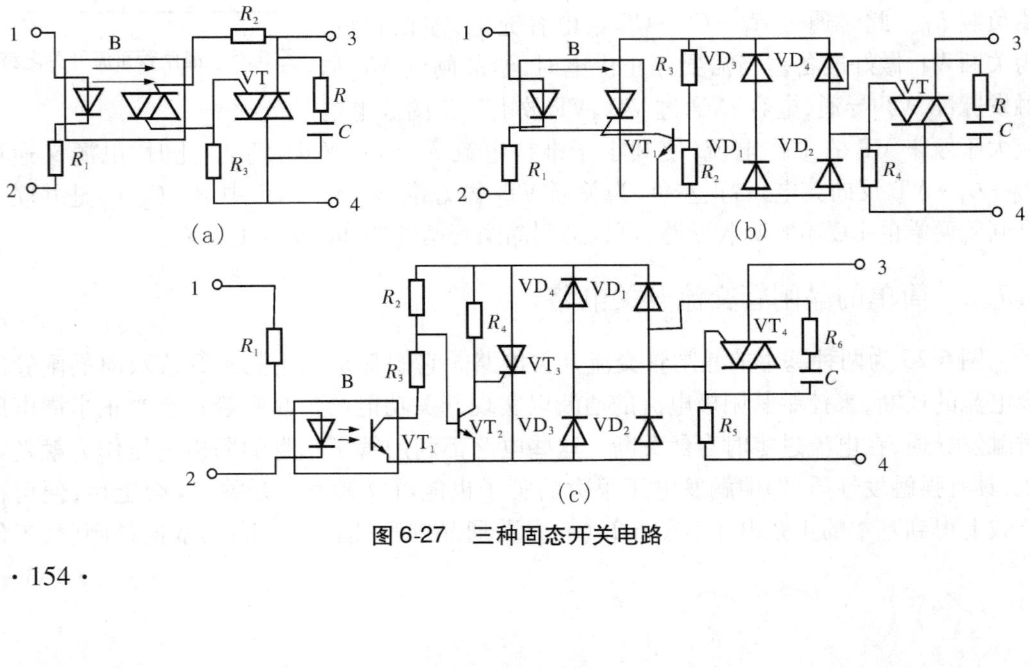

图6-27　三种固态开关电路

固态开关一般以环氧树脂封装。它具有体积小、无电弧、工作频率高等特点,因而特别适用于操作频繁、可逆运行以及潮湿、多尘、易燃等环境中。

6.8 交流调压电路

把交流开关串联在交流电路中,通过对交流开关的控制实现对交流正、负半周的对称控制,达到方便地调整输出电压的目的。交流调压电路原理图如图 6-28 所示,交流开关 S 一般为 2 个晶闸管反并联或双向晶闸管。交流调压电路可分为单相交流调压电路和三相交流调压电路。

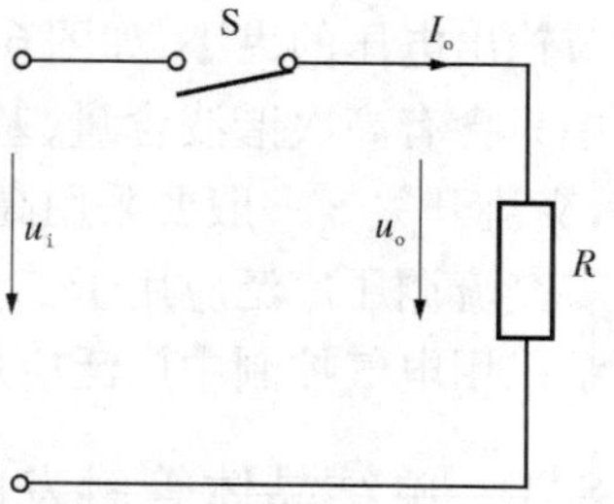

图 6-28 交流调压电路

交流调压电路的控制方式有 3 种:整周波通断控制、相位控制和斩波控制。其原理如图 6-29 所示。

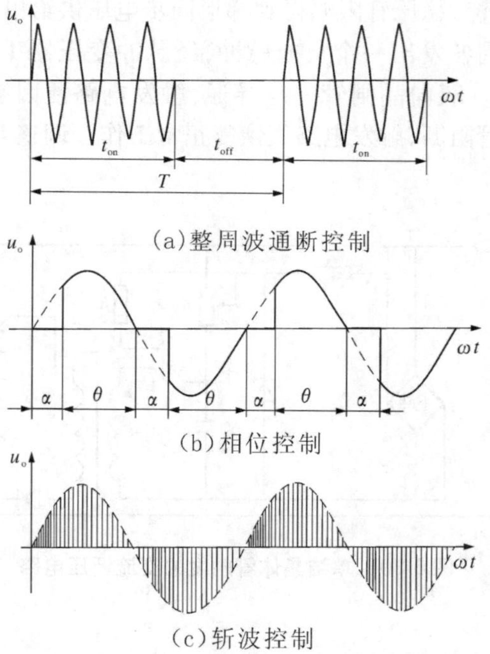

图 6-29 交流调压 3 种控制方式的输出电压波形

(1)整周波通断控制。

整周波通断控制是指在交流电压过 0 时刻开通或关断交流开关 S,使负载电路与交流电源接通几个周波、关断几个周波,通过改变导通、关断周波数的比值,实现调节输出电压大小的目的,如图 6-29(a)所示。这种控制方式由于输出电压断续,一般用于电炉调温、交流功率调节等。

(2)相位控制。

相位控制与可控整流电路的移相触发控制相同,分别在交流电源正、负半周,且在相同的移相角下，开通交流开关 S，以保证向负载提供正、负半周对称的交流电压波形，如图 6-29(b)所示。相位控制方式简单，能连续调节输出电压的大小，但输出电压波形非正弦，低次谐波含量大。

(3)斩波控制。

斩波控制利用脉宽调制技术，将交流电压波形斩控成脉冲列，改变脉冲占空比，即可调节输出电压的大小，如图 6-29(c)所示。斩波控制方式能连续调节输出电压的大小，波形中只含有高次谐波含量，基本克服了通断控制、相位控制的缺点。由于斩波频率比较高，交流开关 S 一般要采用高频自关断器件。

交流调压广泛应用于工业加热、灯光控制、电机调速等交流侧调压场合。本节只简单介绍民用电气控制中广泛应用的单相交流调压电路。

6.8.1 单结晶体管触发的交流调压电路

图 6-30 为单结晶体管触发的交流调压电路。其触发原理与触发普通晶闸管的电路相同。电源通过桥式整流、稳压管限幅得到梯形同步电压供给单结晶体管触发电路。

在电源的正、负半周各发出一个负向脉冲，经脉冲变压器 T 输出，触发双向晶闸管，属于 I_{+}、III_{-}触发方式。双向晶闸管一旦导通，触发电路便因端电压过低而停止工作。电源过零时，双向晶闸管阻断，触发电路又恢复正常工作。调整 R_P 可改变控制角，达到交流调压的目的。

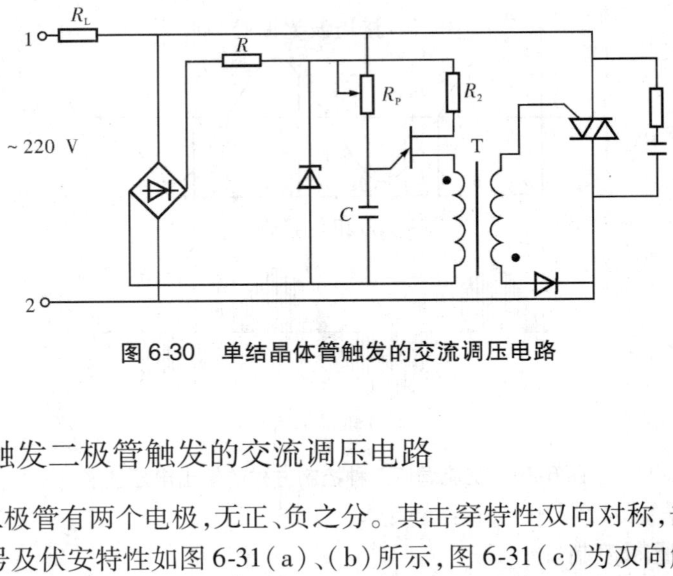

图 6-30 单结晶体管触发的交流调压电路

6.8.2 双向触发二极管触发的交流调压电路

双向触发二极管有两个电极，无正、负之分。其击穿特性双向对称，击穿电压通常为 30 V 左右。符号及伏安特性如图 6-31(a)、(b)所示，图 6-31(c)为双向触发二极管的交流调压电路。在电源正半周，电路经 R_P向电容充电，A 点电位 U_A升高，升至双向触发二极管的正向转折电压时，双向触发二极管突然转折，由阻断变为导通，电容 C 经双向触发二极管对双向晶闸管的门极 G 放电，使晶闸管导通。晶闸管导通后，将触发电路短路。电源电压过零时，双向晶闸管阻断，在电源负半周时，U_A下降，至双向触发二极管的负向转折电压 U_{BO2}时，双向触发二极管突然反向导通，给双向晶闸管一个负向触发脉冲。显然，双向晶闸管工作于 I_{+}、III_{-}触发方式。调节电位器 R_P，即可改变正、负半周的控制角，实现交流调压。该电路常用于白炽灯和电阻炉调温。

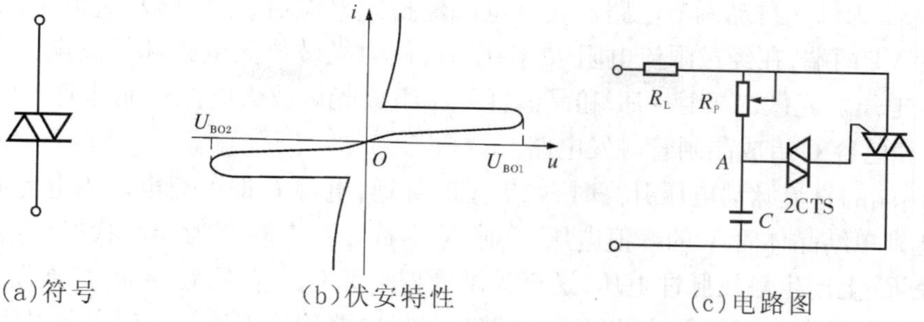

图 6-31　双向触发二极管及其触发电路

相位控制交流调压是交流中应用最广泛的控制技术,有关三相交流调压电路的工作原理请查阅相关书籍。

6.9　应用实例

6.9.1　电扇自动开关

电扇自动开关电路如图 6-32 所示。当环境温度低于或高于设定的温度时,此开关能够使电扇自动停转或启动,并且可以使电扇自动调速。图 6-32 中 J_k 为感温元件的触点。感温元件可以采用日光灯起辉器的双金属片。两只晶闸管反向并联后,与电扇电动机串联在电源电路中。当环境温度高于感温器上设定的温度时,双金属片触点将闭合,电扇电动机启动,开始运转,电扇的风力逐渐增大,从而使周围的温度降低。当环境温度低于设定的温度时,双金属片的触点断开,由于控制极 G 得不到触发信号而关断晶闸管,电动机停转。

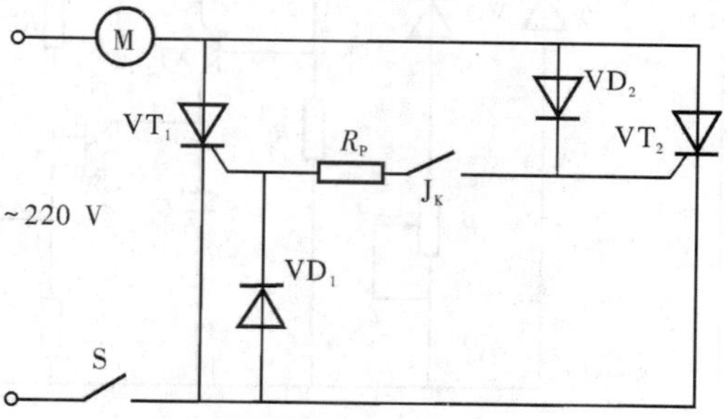

图 6-32　电扇自动开关电路

如果临睡前将感温器置于某一设定温度,则深夜室温低于设定温度后,感温器中的双金属片触点将不再闭合,晶闸管不能触发,电扇停止转动,图 6-32 中电位器 R_P 用来调节晶闸管开通角度,从而调整电扇的速度;二极管 VD_1、VD_2 的作用是避免晶闸管 VT_1 和 VT_2 控制极 G 承受反向电压,防止晶闸管开通不足情况的发生。

其工作原理为,在电源电压的正半周,VT_1 加正向电压,VT_1 的控制极经 VD_2、J_k、R_P 取得触发电压,故 VT_1 导通。在电源负半周,VT_2 加正向电压,经过 VD_1、J_k 和 R_P 回路取得触发电压,所以 VT_2 导通,使风扇电动机能转动。

6.9.2　灯光自动调节电路

光控开关随自然光线的强弱自动调节灯泡的亮度,它不但可以避免不必要的强灯光照射，而且可以消除长明灯，达到节电的目的。

图6-33为灯光自动调节电路。交流电源经桥式整流后，输出脉动直流电源电压，加在晶闸管VT两端，在经过限流电阻 R_1 降压后，作为光敏放大电路和触发电路的直流电源和同步电压。光敏二极管 VD_5 和晶体管 VT_1 组成光敏放大电路。晶体管 VT_2、单结晶闸管VT和电容 C 组成晶闸管触发电路。

AK 两端的直流脉动电压升高时，如果 VT_2 导通，电容 C 即可充电。当电容 C 上的充电电压达到单结晶体管V的峰值电压 U_P 时，V由截止状态转变为导通状态，电容 C 的放电电流在 R_6 上产生触发脉冲电压，送至晶闸管控制极G，使晶闸管导通，灯泡发光。晶闸管导通后，AK 两端电压很低，所以放大电路及触发电路均不工作。交流电源过零时，晶闸管关断。等下一个脉冲电压到来，电容 C 重新充电，重复上述过程。

照在光敏二极管 VD_5 上的光线发生变化时，流过 VD_5 的电流也随着发生变化，该电流经 VT_1 放大后控制 VT_2 的基极电流，从而使 VT_2 的集电极电流也发生变化，这就改变了电容 C 的充电电流，使触发脉冲的相位发生变化。例如，光线强时，光敏管两端的电阻变小，使 $i_{c1}\to u_{ce1}\to i_{c2}\to$ 触发脉冲后移 $\to$ 晶闸管控制角 α 增大 $\to$ 灯泡光线减弱。调节电位器 R_P 取合适的值可以使天亮时灯泡能够自动熄灭。

根据负载的大小，可以合理地选用 VD_1、VD_2、VD_3、VD_4 和晶体管。

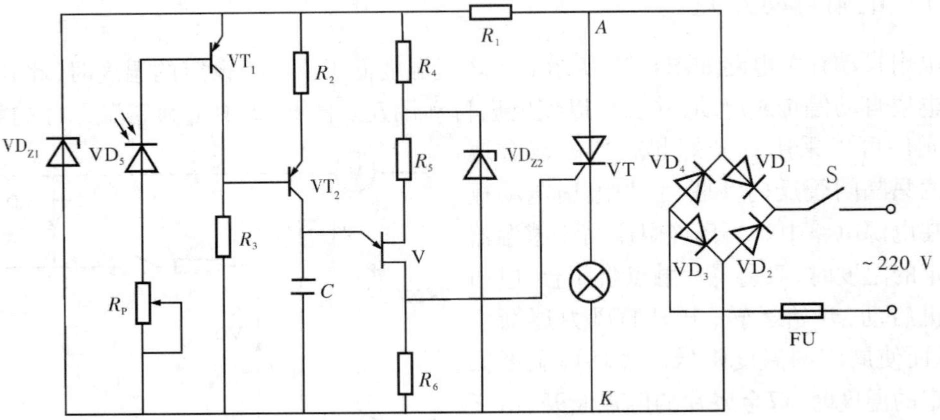

图6-33　灯光自动调节电路

本章小结

(1)晶闸管是一种大功率半导体器件，具有可控单方向导电性能。晶闸管导通的条件是，阳极电位高于阴极电位，控制极与阴极间加触发电压，建立起的阳极电流大于擎住电流。晶闸管导通后，控制极失去作用。要使导通的晶闸管关断，必须去掉或降低阳极正向电压到一定值，或者在阳极加反向电压，或使通过晶闸管的阳极电流降低到维持电流以下。

(2)可控整流电路可以把交流电变为电压大小可调的直流电压(或电流)。用晶闸管代替二极管,可把单相、三相交流电压整流(在此没有介绍,自己查阅相关资料)成输出直流电压大小可调的可控整流电路。通过改变控制角 α 的移相来改变晶闸管的导通时间,以调节直流输出电压的大小。对电阻性负载,输出电压平均值在两种电路中的表达式分别为:

单相半波可控整流 $U_d = 0.45U_2\dfrac{1+\cos\alpha}{2}$

单相半控桥式整流 $U_d = 0.9U_2\dfrac{1+\cos\alpha}{2}$

电感性负载电路要接续流二极管,此时输出电压波形和平均值与电阻性负载相同。大电感负载时,负载电流波形近似平直。

(3)晶闸管可控整流电路对触发电路有一定的要求,具体要求是,触发脉冲要有足够的功率,有一定的宽度,与主电路同步,有一定的移相范围,并且触发脉冲前沿要陡。

触发电路种类很多。单结晶体管触发电路结构简单,温度补偿性能好,但输出功率小,移相范围小于150°,只在一般电路中应用;集成触发电路移相线性好,移相范围宽,温漂小,可靠性高,维修方便,多用于工业系统中。

(4)交直流开关常由双向晶闸管构成,具有无触点、动作迅速、寿命长等特点。

学习本章的方法主要是波形分析法。根据整流元件和负载特性,分析导通和关断的物理过程,从而得到电压和电流波形,进行定量计算就有了依据。

实训6　晶闸管的简易测试及其导通、关断条件

1. 实训目的

(1)观察晶闸管道的结构,掌握测试晶闸管的正确方法。

(2)研究晶闸管的导通条件与关断条件。

2. 实训线路

实训线路如图6-34、图6-35所示。

3. 实训内容及步骤

1)鉴别晶闸管的好坏

用万用表“$R\times1\text{k}$”的电阻挡测量三只晶闸管的阳极—阴极之间以及用“$R\times10$”或“$R\times100$”电阻挡测量两只晶闸管的门极—阴极之间正反电阻,并将测量数据填入表6-1中。

表6-1　晶闸管各极间的正反电阻值

被测晶闸管	R_{AK}	R_{KA}	R_{GK}	R_{KG}	结论
VT_1					
VT_2					
VT_3					

2）晶闸管的导通条件实验

按图 6-34 接线。

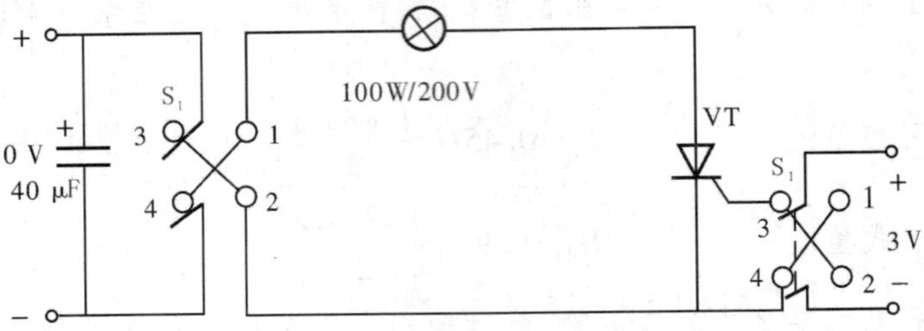

图 6-34　晶闸管的导通条件实验线路

（1）当 110 V 直流电源电压的正极加到晶闸管的阳极时，门极不加电压或接上反向电压，观察灯泡是否亮。当门极加正向电压时，观察灯泡是否亮。

（2）当 110 V 直流电源电压的负极加到晶闸管的阳极时，给门极加上负压或正压，观察灯泡是否亮。

（3）当灯泡亮时，切断门极电源，观察灯是否继续亮。

（4）当灯泡亮时，给门极加上反向电压，观察灯泡是否继续亮。

3）晶闸管的关断条件实验

按图 6-35 接通 110 V 直流电源。

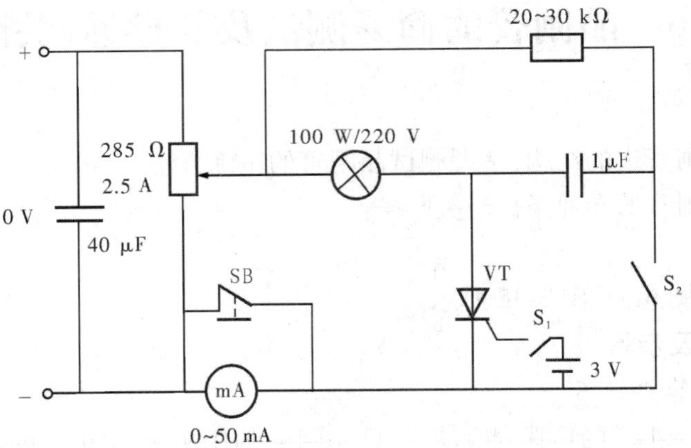

图 6-35　晶闸管的关断条件实验线路

（1）合上开关 S_1，晶闸管导通，灯亮。

（2）断开开关 S_1，再合上开关 S_2，灯灭。

（3）合上开关 S_1，断开开关 S_2，晶闸管导通，灯亮。调节滑线电阻，使负载电源电压 U_a 减小，这时灯泡慢慢地暗下来。在灯泡完全熄灭之前，按下按钮 SB 让电流从毫安表通过，继续减小负载电源电压 U_a，使流过晶闸管的阳极电流逐渐地减小到某值（一般为几十毫安），毫安表指针突然下降到零，然后再调节滑线电阻使 U_a 再升高，这时观察灯不再亮，这说明晶闸管已完全关断，恢复阻断状态。毫安表从某值突然降到零，该值电流就是被测

晶闸管的维持电流 I_H。

4. 实训说明

（1）用万用表不同电阻挡测量晶闸管门极与阴极之间正向电阻时，有时会发现读出的 R_{GK} 欧姆值相差很大。这是由于旋钮放在不同挡位时，加到晶闸管 J_3 结的正向电压数值就不同，而 J_3 结相当于二极管，其正向电阻在外加电压数值不同时，所测出的阻值也不同，这是 J_3 结的非线性所致。所以用万用表测试晶闸管各极间的阻值时，其旋钮应放在同一挡测量。另外，不要用"$R \times 10\text{k}$"挡测量，以防损坏门极。

（2）用万用表测试晶闸管门极与阴极间正反向电阻，旋钮放在"$R \times 10$"挡时，发现有的管正反向电阻很接近，为几百欧姆，出现这种现象还不能判断被测管已损坏。一般来说，虽然正反向电阻很接近，但只要正向电阻值比反向电阻值小一些，这个被测管还是好的。

（3）在做关断实验时，一定要在灯泡快要熄灭、通过灯泡的电流极小时，才按下常闭按钮 SB，否则将损坏表头。此外，关断电容 C 值（1 μF）不能过小，否则，因其放电时间太短，小于晶闸管关断所需要时间而使其无法关断。

5. 实训报告要求

（1）根据实验记录判断被测晶闸管的好坏，写出简易判断的办法。

（2）根据实验内容写出晶闸管的导通条件和关断条件。

习　题

6-1　使晶闸管导通的条件是什么？

6-2　维持晶闸管导通的条件是什么？怎样才能由导通变为关断？

6-3　晶闸管实际承受的正反方向电压最高是多少？考虑晶闸管的安全裕量，其额定电压应如何选取？

6-4　晶闸管的通态平均电流为 100 A，考虑晶闸管的安全裕量，试分别计算导通角为 180°（全导通）和 90°时，电路允许的峰值电流各是多少。

6-5　图 6-36 中阴影部分表示晶闸管导通区，各波形的电流最大值均为 I_m，试计算各波形的电流平均量 I_{d1}、I_{d2}、I_{d3} 与电流有效值 I_1、I_2、I_3 及其波形系数 K_{f1}、K_{f2}、K_{f3}。

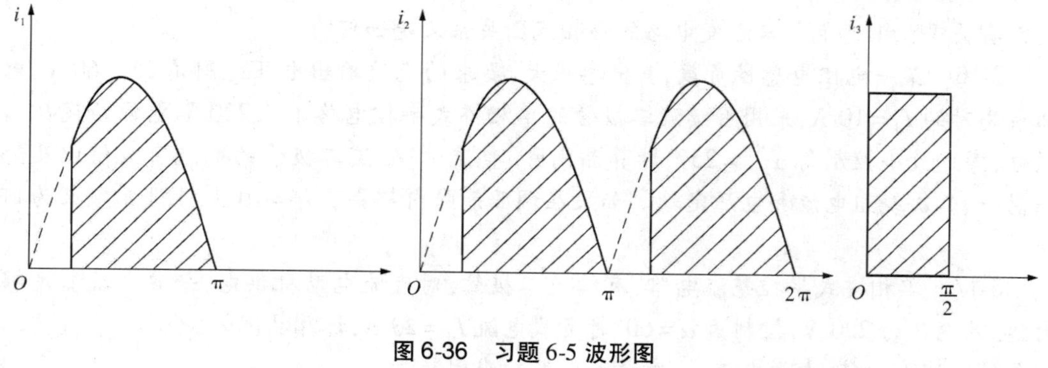

图 6-36　习题 6-5 波形图

6-6　题6-5中如果不考虑安全裕量，问100 A的晶闸管能送出平均电流I_{d1}、I_{d2}、I_{d3}各为多少？这时，相应的电流最大值I_{m1}、I_{m2}、I_{m3}各为多少？

6-7　具有续流二极管的单相半波晶闸管整流电路，对发电机励磁绕组供电。绕组的电阻为5 Ω，电感为0.2 H，励磁直流平均电流为10 A，交流电源电压为220 V，计算晶闸管和续流二极管的电流有效值，并指出其电压定额。

6-8　题6-7中电路，当$\alpha=0$和$\alpha=45°$时，试计算晶闸管和续流二极管的电流平均值和有效值。在什么情况下续流二极管中的电流有效值大于晶闸管的电流有效值？

6-9　单相半波可控整流电路对电感负载供电，$I=20$ mA，电源$U_2=100$ V，求当$\alpha=0$和60°时的负载电流I_d，并作出u_d与i_d曲线。

6-10　图6-37为具有变压器中心抽头的单相双半波可控整流电路，问该变压器还有直流磁化时，其输出电压和电流的波形与单相全控桥时是否相同。

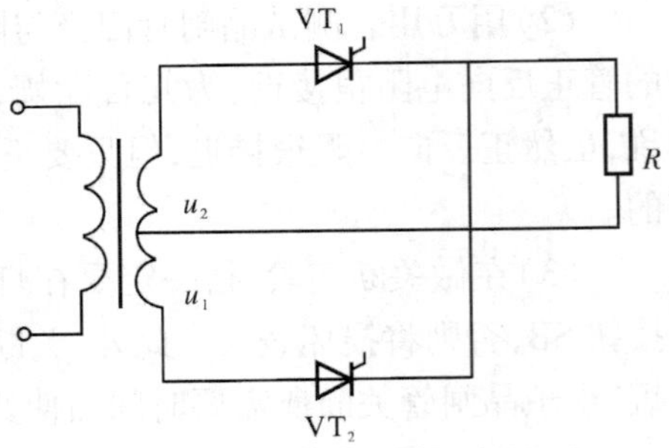

图6-37　习题6-10图

6-11　单相半波可控整流电路中，$U_2=110$ V，电阻电感负载，$R=10$ Ω，L值极大，有续流二极管。试绘出主电路图，并求出$\alpha=30°$时整流电压U_d，负载电流I_d及流过这些器件电流的平均值和有效值。变压器一次侧电压是220 V，求变压器一次侧绕组电流有效值I_1，试绘出u_d、i_{T1}、i_{T2}和i_{DR}的波形。

6-12　单相桥式不可控整流电路中，$U_2=220$ V，求在电阻负载$R=10$ Ω和电阻电感负载$R=10$ Ω，L值极大情况下的整流电压U_d，负载电流I_d，二极管平均电流I_{dD}以及二极管与电源输入电流的有效值I_D和I_2，并作出u_d、i_d、i_D、i_2的波形。

6-13　单相全控桥中，$U_2=100$ V，负载$R=2$ Ω，L值极大，反电动势$E=50$ V，当$\alpha=30°$时，求输出平均电压U_d、平均电流I_d、晶闸管电流平均值I_{dT}和有效值I_T，设整流变压器一次侧电压为220 V，求变压器一、二次侧绕组电流的有效值，并作出u_d、i_d和i_2的波形。

6-14　单相桥式半控整流电路，电阻性负载，画出硅整流管在一个周期内承受的电压波形。

6-15　单相桥式全控整流电路对直流电动机供电。主回路中平波电抗器的电感量足够大，要求电动机在额定转矩下调速，调速的范围是1:10，试问调速范围与晶闸管的电流定额有关吗？调速范围与触发电路的移相范围关系又是如何？

6-16　某一电阻电感性负载，其电感很大，要求的直流输出电压范围是15～60 V，电压最高时的$I_d=10$ A，采用有续流二极管的单相桥式半控电路。从220 V电源经变压器供电，考虑最小控制角$\alpha_{min}=25°$，计算晶闸管、整流管、续流二极管的电流有效值以及变压器一、二次绕组电流和电压定额。如果在调压范围内都要求$I_d=10$ A，上述定额又为何值？

6-17　单相桥式半控整流电路，有续流二极管，对直流电动机供电，平波电抗器足够大，电源电压为220 V，控制角$\alpha=60°$时负载电流$I_d=20$ A，计算晶闸管、整流管和续流二极管的电流有效值，电源电流I_2，容量S以及功率因数。

6-18 晶闸管串联的单相半控桥(桥中 VT_1、VT_2 为晶闸管),$U_2=100$ V,电阻电感负载,$R=2\ \Omega$,L 值很大,当 $\alpha=60°$时求流过器件电流的有效值,并作出 u_d、i_T和 I_D的波形。

6-19 试分析测图 6-38 所示白炽灯调光器电路的工作原理。

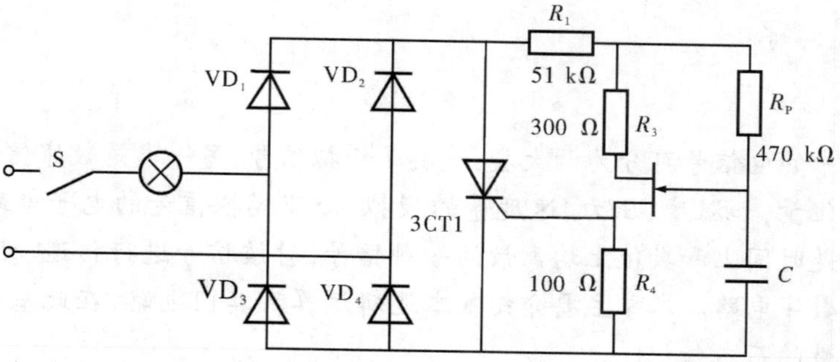

图 6-38 习题 6-19 图

第 7 章　数字电路基础

学习指导

电子电路中的电信号可分为两大类：一类是模拟信号，另一类是数字信号。模拟信号是各种连续变化量，如温度、压力、速度等的模拟，处理模拟信号的电子电路称为模拟电路。数字信号是时间上和数值上均离散的一种信号，对该信号进行传递、处理、运算和存储的电路称为数字电路。本章主要介绍基本逻辑运算及其门电路，在此基础上介绍逻辑代数与逻辑函数的基本知识。

7.1　基本逻辑运算及其门电路

7.1.1　基本逻辑运算

逻辑关系是各种因果关系的抽象概括，由原因到结果，因此逻辑关系是一种两值关系。基本的逻辑关系有与、或和非 3 种。为便于理解它们的含义，先看一个简单的例子。

图 7-1 中给出了三个指示灯的控制电路。图中 V 为电源，A、B 为开关，Y 为指示灯。

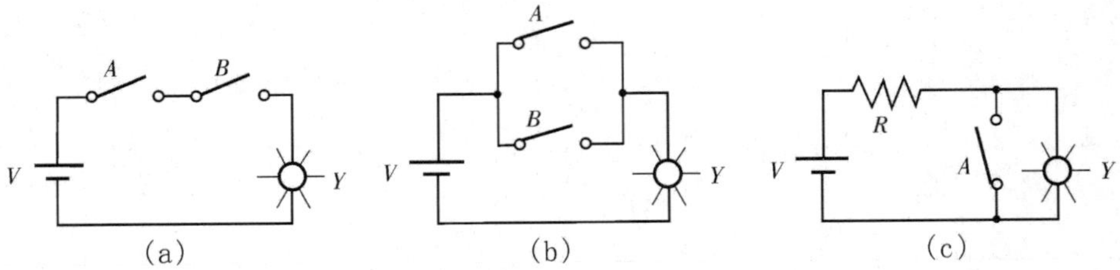

图 7-1　用于说明与、或、非定义的电路

图 7-1(a)所示为一个简单的与逻辑电路，电源 V 通过开关 A 和 B 向灯泡供电，只有当 A 和 B 两个开关同时闭合时，指示灯才会亮。A 和 B 中只要有一个断开或者两个均断开时，则指示灯不亮。在这个电路中，开关 A、B 与指示灯 Y 的逻辑关系是："只有当决定事物结果的全部条件同时具备时，结果才会发生。"这个因果关系叫做逻辑与，或者叫逻辑乘。

图 7-1(b)所示为一个简单的或逻辑电路，电源 V 通过开关 A 或 B 向指示灯 Y 供电。只要开关 A 或 B 闭合或两者均闭合，则灯亮。而当开关 A 和 B 均断开时，则灯不亮。此电路中，开关 A、B 和灯 Y 的逻辑关系是："在决定事物结果的诸条件中只要有任意一个满足，结果就会发生。"这种因果关系叫做逻辑或，也叫做逻辑相加。

而在图 7-1(c)电路中，电源 V 通过电阻给指示灯 Y 供电，当开关 A 断开时，指示灯亮，而当开关闭合时指示灯 Y 被短接而不亮。在这个电路中，开关 A 与灯 Y 的逻辑关系是："只要条件具备了，结果便不会发生；而条件不具备时，结果一定发生。"这种因果关系叫做逻辑非，也叫做逻辑取反。

与基本的逻辑关系对应的是三种基本的逻辑运算：与运算（逻辑乘）、或运算（逻辑加）、非运算（逻辑取反），下面分别讨论这三种基本的逻辑运算。

7.1.1.1 与运算

在图 7-1(a) 中，如果用 0 和 1 来表示开关和灯的状态，设开关断开和灯不亮均用 0 表示，而开关闭合和灯亮均用 1 表示，则可列出以 0、1 表示的与逻辑关系的图表，如表 7-1 所示。这种输入逻辑变量所有取值的组合与其所对应的输出逻辑函数值的表格，称为真值表。表中 F 表示灯的状态。若用逻辑表达式来描述，则可写为

$$F = A \cdot B \tag{7-1}$$

式中小圆点"·"表示 A、B 的与运算，也即逻辑乘。在不至于引起混淆的前提下，乘号"·"可省略。另外，与运算的的表示符号还有 ∧、∩。

7.1.1.2 或运算

参考前面所述，在图 7-1(b) 中，可以得出用 0、1 表示的或逻辑真值表，如表 7-2 所示。若用逻辑表达式来描述，则可写为

$$F = A + B \tag{7-2}$$

式中"+"表示 A、B 或运算，也即逻辑加。在某些文献中，也有用符号 ∨、∪ 来表示或运算。

7.1.1.3 非运算

同上理，在图 7-1(c) 中，若用 0 和 1 来表示开关和指示灯的状态，开关 A 断开和指示灯不亮用 0 表示，而 A 闭合和指示灯亮用 1 表示，则得出非逻辑的真值表，如表 7-3 所示。从表 7-3 可以看出，F 与 A 总是处于相反的逻辑状态。若用逻辑表达式来描述，则可以写为

$$F = \overline{A} \tag{7-3}$$

表 7-1　与逻辑真值表

A	B	$F = A \cdot B$
0	0	0
0	1	0
1	0	0
1	1	1

表 7-2　或逻辑真值表

A	B	$F = A + B$
0	0	0
0	1	1
1	0	1
1	1	1

表 7-3　非逻辑真值表

A	$F = \overline{A}$
0	1
1	0

式中字母 A 上方的"－"表示非运算。在某些文献中，也有用符号"～"、"¬"、"′"来表示非运算。在逻辑运算中，通常将 A 称为原变量，而将 $\overline{A}$ 称为反变量或非变量。

以上介绍的是三种最基本的逻辑运算，其中与、或逻辑运算可以推广到多变量的情况

$$F = A \cdot B \cdot C \cdot \cdots \tag{7-4}$$

$$F = A + B + C + \cdots \tag{7-5}$$

7.1.2 基本逻辑门电路

能实现逻辑运算的电路称为门电路,用基本的门电路可以构成复杂的逻辑电路,完成任何逻辑运算功能,这些逻辑电路是构成计算机及其他数字系统的重要基础。

能实现与、或、非逻辑运算的电路分别称之为与门、或门和非门电路,与门、或门和非门电路是最基本的门电路。

7.1.2.1 与门电路

与门电路用图 7-2 所示的逻辑符号表示。图 7-2(a)为国家标准(GB 4728.12—2008)符号;图 7-2(b)为国内以前使用的符号(SJ 1223—77 标准);图 7-2(c)为国际常用的符号(MIL-STD—806 标准)。其他各种门电路的逻辑符号同样分(a)、(b)、(c)三种,后面将不再一一赘述。输入端只要有一个为低电平时,输出端就为低电平;只有输入端全是高电平时,输出端才是高电平。即与门的意义是:“有 0 为 0,全 1 为 1”。

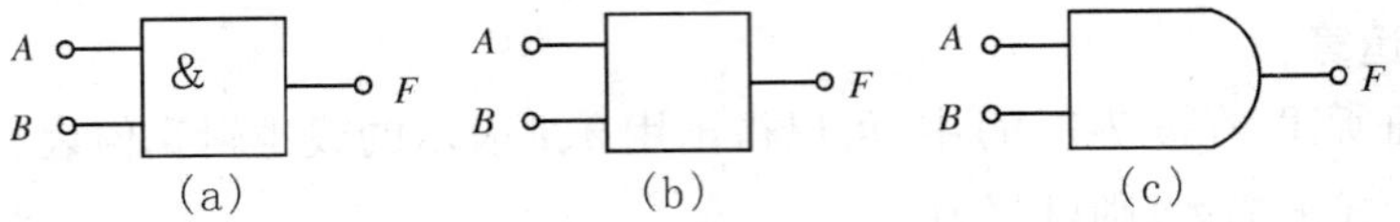

图 7-2　与门的逻辑符号

7.1.2.2 或门电路

或门电路用图 7-3 所示的逻辑符号表示。当输入端有一个或一个以上为高电平时,输出端就为高电平;只有输入端全是低电平时,输出端才是低电平。即或门的意义是:“有 1 为 1,全 0 为 0”。

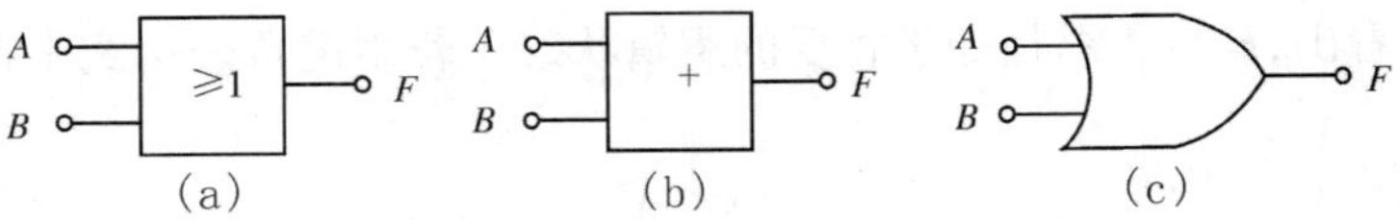

图 7-3　或门的逻辑符号

7.1.2.3 非门电路

非门电路用图 7-4 所示的逻辑符号表示。具有一个输入端和一个输出端,当输入端是低电平时,输出端是高电平;而输入端是高电平时,输出端是低电平。即非门的意义是:“入 1 出 0,入 0 出 1”。

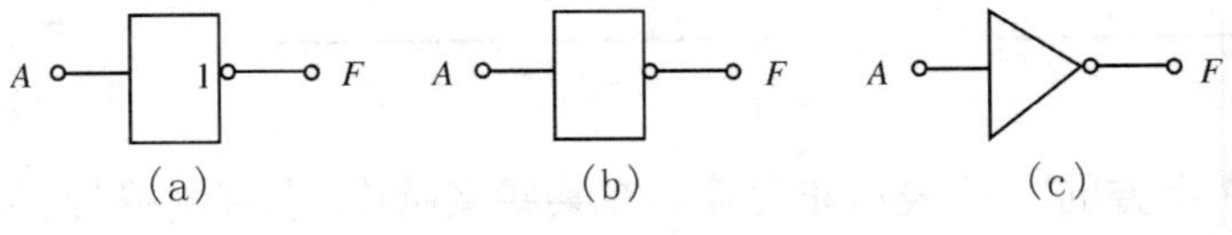

图 7-4　非门的逻辑符号

上述是三种基本的门电路,在实际应用中,通常利用与门、或门和非门之间的不同组合构成复合门电路,完成复合逻辑运算。常见的复合门电路有与非门、或非门、与或非门和异或门电路。

7.1.2.4 与非门电路

与非门电路相当于一个与门和一个非门的组合，其逻辑关系可表示为

$$F=\overline{A \cdot B} \tag{7-6}$$

与非门电路用图 7-5 所示的逻辑符号表示，对与非门完成的运算分析可知，与非门的功能是，仅当所有的输入端是高电平时，输出端才是低电平。只要输入端有低电平，输出端必为高电平。即与非门的意义是："有 0 出 1，全 1 出 0"。

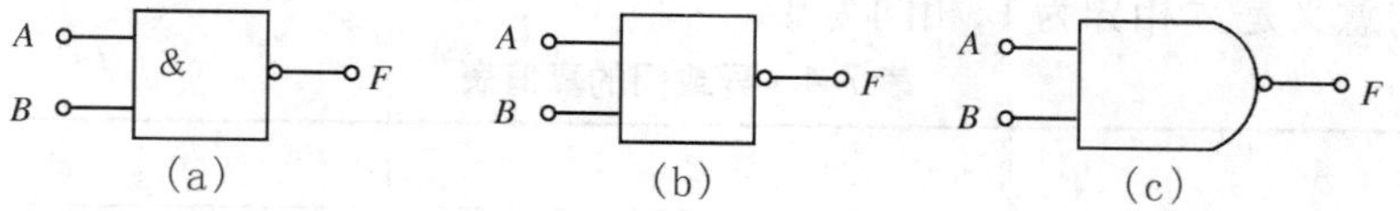

图 7-5　与非门的逻辑符号

7.1.2.5 或非门电路

或非门电路相当于一个或门和一个非门的组合，其逻辑关系可表示为

$$F=\overline{A+B} \tag{7-7}$$

或非门电路用图 7-6 所示的逻辑符号表示。对或非门完成的运算分析可知，仅当所有的输入端是低电平时，输出端才是高电平。只要输入端有高电平，输出必为低电平。即或非门的意义是："有 1 出 0，全 0 出 1"。

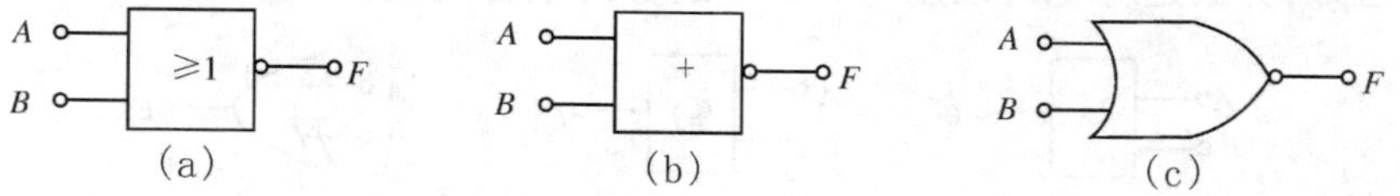

图 7-6　或非门的逻辑符号

7.1.2.6 与或非门电路

与或非门电路相当于两个与门、一个或门和一个非门的组合，其逻辑关系可表示为

$$F=\overline{AB+CD} \tag{7-8}$$

与或非门电路用图 7-7 所示的逻辑符号表示。对与或非门完成的运算分析可知，与或非门的功能是将两个与门的输出或起来后变反输出。与或非门电路也可以由多个与门和一个或门、一个非门组合而成，从而具有更强的逻辑运算功能。

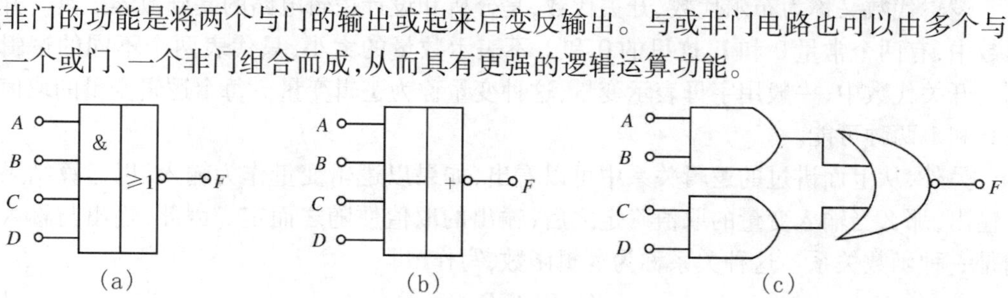

图 7-7　与或非门的逻辑符号

以上三种复合门电路都允许有两个以上的输入端。

7.1.2.7 异或门电路

异或门电路可以完成逻辑异或运算,运算符号用“⊕”表示。其逻辑关系可表示为

$$F = A \oplus B \tag{7-9}$$

异或门的输入变量是两个,异或门的真值表如表7-4所示。从表7-4中可以看出,异或门的运算规则如下:

$$0 \oplus 0 = 0 \qquad 0 \oplus 1 = 1$$

$$1 \oplus 0 = 1 \qquad 1 \oplus 1 = 0$$

即异或门的意义是:“相异为1,相同为0”。

表7-4 异或门的真值表

A	B	F
0	0	0
0	1	1
1	0	1
1	1	0

异或门电路用图7-8所示的逻辑符号表示,表7-4说明异或的逻辑关系可表示为

$$F = A\overline{B} + \overline{A}B \tag{7-10}$$

因此可知,异或运算也可以用与、或、非运算的组合完成。

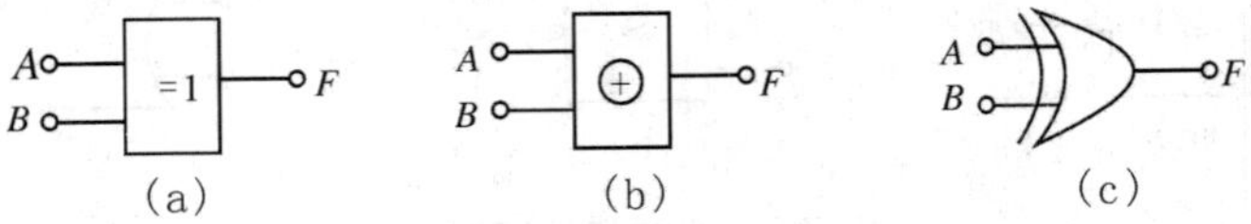

图7-8 异或门的逻辑符号

7.2 逻辑代数与逻辑函数

逻辑代数又称为布尔代数、开关代数,是分析和设计逻辑电路的基础数学工具。开关代数中,有两个常量0和1,这里的0和1不表示数量的大小,只代表两个不同的逻辑状态。开关代数中,一般用字母表示变量,这种变量称为逻辑变量。每个逻辑变量的取值只有0和1两种可能。

另外,从上面讲过的逻辑关系中可以看出,如果以逻辑变量作为输入,以运算结果作为输出,那么当输入变量的取值确定之后,输出的取值便随之而定。因此,输出与输入之间是一种函数关系。这种关系称为逻辑函数,写作

$$Y = F(A, B, C, \cdots) \tag{7-11}$$

由于变量和输出(函数)的取值只有0和1两种状态,所以我们所讨论的都是二值函数。

7.2.1 逻辑函数的表示方法

常用的逻辑函数表示方法有逻辑真值表(简称真值表)、逻辑函数表达式、逻辑图和卡诺图等。

图 7-9 所示电路的逻辑关系可用真值表来描述。设 F 代表灯的状态,即 $F=1$ 表示灯亮,$F=0$ 表示灯不亮。用 A、B 和 C 表示开关,用 1 表示开关闭合,用 0 表示开关断开。则 F 与 A、B、C 的逻辑关系的真值表如表 7-5 所示。

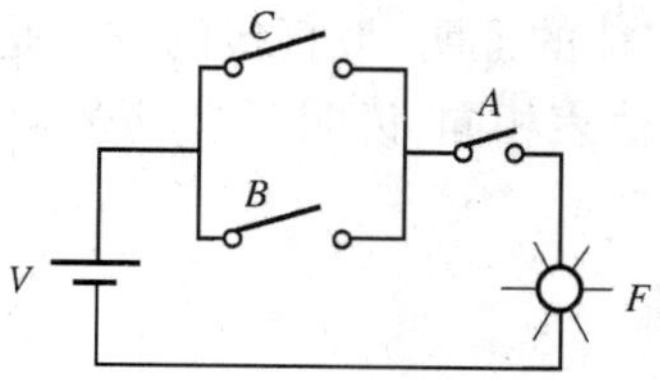

图 7-9 逻辑电路举例

表 7-5 图 7-9 电路的真值表

输入			输出
A	B	C	F
0	0	0	0
0	0	1	0
0	1	0	0
0	1	1	0
1	0	0	0
1	0	1	1
1	1	0	1
1	1	1	1

本章中逻辑函数的表示主要以逻辑表达式为主。

7.2.2 逻辑代数的基本公式与定律

逻辑代数的基本公式是一些不需要证明的、直观的、可以直接使用的恒等式。它们是逻辑代数的基础,利用这些基本公式可以化简逻辑函数,还可以用来证明一些基本定律。

7.2.2.1 逻辑代数的基本公式

逻辑变量只有 0 和 1 两种值,代表两种状态(正逻辑时 0 代表低电平,1 代表高电平,负逻辑则相反),设 A 为逻辑变量。对于常量与常量、常量与变量、变量与变量之间的基本逻辑运算公式见表 7-6。

表 7-6 逻辑代数的基本公式

名称	与运算	或运算	非运算
逻辑常量	$0\cdot0=0$ $0\cdot1=0$ $1\cdot0=0$ $1\cdot1=1$	$0+0=0$ $0+1=1$ $1+0=1$ $1+1=1$	$\overline{0}=1$ $\overline{1}=0$
逻辑变量	$A\cdot0=0$ $A\cdot1=A$ $A\cdot A=A$ $A\cdot\overline{A}=0$	$A+0=A$ $A+1=1$ $A+A=A$ $A+\overline{A}=1$	$\overline{\overline{A}}=A$

7.2.2.2 逻辑代数的基本定律

逻辑代数的基本定律是分析、设计逻辑电路,以及化简逻辑电路和变换逻辑函数式的重要工具。逻辑代数的基本定律见表 7-7。

表 7-7 逻辑代数的基本定律

交换定律	结合律	吸收律	分配律	摩根定律
$A+B=B+A$	$(A+B)+C=A+(B+C)$	$AB+A\overline{B}=A$ $A+A\cdot B=A$	$A\cdot(B+C)=A\cdot B+A\cdot C$	$\overline{A\cdot B}=\overline{A}+\overline{B}$
$A\cdot B=B\cdot A$	$(A\cdot B)\cdot C=A\cdot(B\cdot C)$	$A+\overline{A}\cdot B=A+B$ $AB+\overline{A}C+BC=AB+\overline{A}C$	$A+B\cdot C=(A+B)\cdot(A+C)$	$\overline{A+B}=\overline{A}\cdot\overline{B}$

对于表 7-6、表 7-7 中的逻辑代数的基本公式和基本定律的证明,最直接的方法是:列出等式左边函数与右边函数的真值表,如果等式两边的真值表相同,说明等式成立。下面以摩根定律为例,说明这种证明方法。

【例 7-1】 验证摩根定律$\overline{A\cdot B}=\overline{A}+\overline{B}$和$\overline{A+B}=\overline{A}\cdot\overline{B}$。

解:列出等式两边的真值表,见表 7-8。

表 7-8 摩根定律的证明

A	B	$\overline{A}$	$\overline{B}$	$\overline{A+B}$	$\overline{A}\cdot\overline{B}$	$\overline{A\cdot B}$	$\overline{A}+\overline{B}$
0	0	1	1	$\overline{0+0}=1$	$1\cdot1=1$	$\overline{0\cdot0}=1$	$1+1=1$
0	1	1	0	$\overline{0+1}=0$	$1\cdot0=0$	$\overline{0\cdot1}=1$	$1+0=1$
1	0	0	1	$\overline{1+0}=0$	$0\cdot1=0$	$\overline{1\cdot0}=1$	$0+1=1$
1	1	0	0	$\overline{1+1}=0$	$0\cdot0=0$	$\overline{1\cdot1}=0$	$0+0=0$

将表 7-8 中的第 5 列和第 6 列进行比较、第 7 列和第 8 列进行比较,可以得出等式两边的真值表相等,故等式成立。

7.2.3 逻辑代数的基本规则

逻辑代数有三个重要的运算规则,即代入规则、反演规则和对偶规则,这三个规则在逻辑函数的化简和变换中是十分有用的。

7.2.3.1 代入规则

代入规则是指:将逻辑等式中的一个逻辑变量用一个逻辑函数代替,则逻辑等式仍然成立。使用代入规则,可以容易地证明许多等式,扩大基本公式的应用范围。

例如,已知等式$\overline{AB}=\overline{A}+\overline{B}$,用函数 $Y=AC$ 代替等式中的 A,根据代入规则,等式仍然成立,即有:$\overline{(AC)B}=\overline{AC}+\overline{B}=\overline{A}+\overline{B}+\overline{C}$。

7.2.3.2 反演规则

反演规则是指:如果将逻辑函数 F 的表达式中所有的“·”都换成“+”,“+”都换成“·”,“1”都换成“0”,“0”都换成“1”,原变量都换成反变量,反变量都换成原变量,所得

到的逻辑函数就是 F 的反函数。

利用反演规则可以很容易地写出一个逻辑函数的反函数。

【例 7-2】 求逻辑函数 $F=AB+CD$ 的非。

解:根据反演规则有:$\overline{F}=(\overline{A}+\overline{B})\cdot(\overline{C}+\overline{D})$。

7.2.3.3 对偶规则

对偶规则是指:如果将逻辑函数 F 的表达式中所有的“·”都换成“+”,“+”都换成“·”,常量“1”都换成“0”,“0”都换成“1”,所得到的逻辑函数就是 F 的对偶式,记为 F',如果两个逻辑函数相等则对偶式也相等。利用对偶规则可以使逻辑函数证明简单化。例如:

$$Y=A\overline{B}+C\overline{D}E\rightarrow Y'=(A+\overline{B})(C+\overline{D}+E)$$

$$Y=A+\overline{B+\overline{C}+\overline{D+\overline{E}}}\rightarrow Y'=A\cdot\overline{B\cdot\overline{C}\cdot\overline{D\cdot\overline{E}}}$$

对偶规则的意义在于:如果两个函数相等,则它们的对偶函数也相等。利用对偶规则,可以使要证明及要记忆的公式数目减少一半。例如:

$$A\cdot B+A\cdot\overline{B}=A\rightarrow(A+B)\cdot(A+\overline{B})=A$$

$$A(B+C)=AB+AC\rightarrow A+BC=(A+B)(A+C)$$

注意:在运用反演规则和对偶规则时,必须按照逻辑运算的优先顺序进行:括号→与运算→或运算→非运算,否则容易出错。

7.2.4 逻辑函数的公式化简法

根据逻辑函数表达式,可以画出相应的逻辑图。然而,直接根据某种逻辑要求归纳出来的逻辑表达式往往不是最简的形式,这就需要对逻辑函数表达式进行化简。利用化简后的逻辑函数表达式构成逻辑电路时,可以节省元器件,降低成本,提高数字系统的可靠性。

总的说来,逻辑函数化简的意义就是:逻辑表达式越简单,实现它的电路越简单,电路工作越稳定可靠。

那什么样的逻辑函数表达式是最简的呢?

7.2.4.1 最简与或逻辑表达式

一个逻辑函数可以有多种不同的逻辑表达式,例如有一个逻辑函数表达式为

$$Y=\overline{A}B+A\overline{C} \tag{7-12}$$

式(7-12)中 $\overline{A}B$ 和 $A\overline{C}$ 两项都是由与运算把变量连接起来的,故称为与项,然后由或运算将这两个与项连接起来,这种类型的表达式称为与或逻辑表达式。

在若干个逻辑关系相同的与或表达式中,将其乘积项最少、并且每个乘积项中的变量也最少的与或表达式称之为最简与或表达式。

一个与或表达式易于转换为其他类型的函数式,例如,上面的最简与或表达式经变换,可以得到与非与非表达式、或与表达式、或非或非表达式以及与或非表达式等。例如:

$$Y=\overline{A}B+A\overline{C} \qquad \text{与或表达式}$$

$$=\overline{\overline{\overline{A}B}\cdot\overline{A\overline{C}}} \qquad \text{与非与非表达式}$$

$$=(\overline{C}+\overline{A})(A+B) \qquad \text{或与表达式}$$

$$=\overline{\overline{(\overline{C}+\overline{A})}+\overline{(A+B)}}$$ 或非或非表达式

$$=\overline{CA+\overline{A}\,\overline{B}}$$ 与或非表达式

以上五个式子是同一个函数的不同最简逻辑表达式。

逻辑函数化简就是要消去与或表达式中多余的乘积项和每个乘积项中多余的变量，以得到逻辑函数的最简与或表达式。有了最简与或表达式后，再用公式变换就可以得到其他类型的函数式，所以下面着重讨论与或表达式的化简。

7.2.4.2 逻辑函数的化简方法

逻辑函数的公式化简法就是运用逻辑代数的基本公式、定律和规则来化简逻辑函数。

1. 并项法

利用公式 $A+\overline{A}=1$，将两项合并为一项，并消去一个变量。

【例 7-3】 试用并项法化简下列与或逻辑函数表达式。

(1) $Y_1=ABC+\overline{A}BC+B\overline{C}$

(2) $Y_2=ABC+A\overline{B}+A\overline{C}$

解：(1) $Y_1=ABC+\overline{A}BC+B\overline{C}=(A+\overline{A})BC+B\overline{C}$

$=BC+B\overline{C}=B(C+\overline{C})=B$

(2) $Y_2=ABC+A\overline{B}+A\overline{C}=ABC+A(\overline{B}+\overline{C})$

$=ABC+A\overline{BC}=A(BC+\overline{BC})=A$

方法要点：当两个乘积项中分别包含同一个因子的原变量和反变量，而其他因子都相同时，则这两项可以合并成一项，并消去互为反变量的因子。

2. 吸收法

(1)利用公式 $A+AB=A$，消去多余的项。

【例 7-4】 试用吸收法化简下列与或逻辑函数表达式：

① $Y_1=\overline{A}B+\overline{A}BCD(E+F)$

② $Y_2=A+\overline{\overline{B}+\overline{CD}}+\overline{\overline{AD}\,\overline{B}}$

解：① $Y_1=\overline{A}B+\overline{A}BCD(E+F)=\overline{A}B$

② $Y_2=A+\overline{\overline{B}+\overline{CD}}+\overline{\overline{AD}\,\overline{B}}=A+BCD+AD+B$

$=(A+AD)+(B+BCD)=A+B$

方法要点：如果乘积项是另外一个乘积项的因子，则这另外一个乘积项是多余的。

(2)利用公式 $A+\overline{A}B=A+B$，消去多余的变量。

【例 7-5】 试用吸收法化简下列与或逻辑函数表达式：

① $Y=AB+\overline{A}C+\overline{B}C$

② $Y=A\overline{B}+C+\overline{A}\,\overline{C}D+B\overline{C}D$

解：① $Y=AB+\overline{A}C+\overline{B}C=AB+(\overline{A}+\overline{B})C=AB+\overline{AB}C=AB+C$

② $Y=A\overline{B}+C+\overline{A}\,\overline{C}D+B\overline{C}D=A\overline{B}+C+\overline{C}(\overline{A}+B)D$

$=A\overline{B}+C+(\overline{A}+B)D=A\overline{B}+C+\overline{A\overline{B}}D=A\overline{B}+C+D$

方法要点：如果一个乘积项的反是另一个乘积项的因子，则这个因子是多余的。

3. 配项法

(1)利用公式 $A=A(B+\overline{B})$,为某一项配上其所缺的变量,以便用其他方法进行化简。

【例 7-6】 试用配项法化简与或逻辑函数表达式 $Y=A\overline{B}+B\overline{C}+\overline{B}C+\overline{A}B$。

解:
$$\begin{aligned}Y&=A\overline{B}+B\overline{C}+\overline{B}C+\overline{A}B\\&=A\overline{B}+B\overline{C}+(A+\overline{A})\overline{B}C+\overline{A}B(C+\overline{C})\\&=A\overline{B}+B\overline{C}+A\overline{B}C+\overline{A}\,\overline{B}C+\overline{A}BC+\overline{A}B\overline{C}\\&=A\overline{B}(1+C)+B\overline{C}(1+\overline{A})+\overline{A}C(\overline{B}+B)\\&=A\overline{B}+B\overline{C}+\overline{A}C\end{aligned}$$

(2)利用公式 $A+A=A$,为某项配上其所能合并的项。

【例 7-7】 试用配项法化简与或逻辑函数表达式:$Y=ABC+AB\overline{C}+A\overline{B}C+\overline{A}BC$。

解:
$$\begin{aligned}Y&=ABC+AB\overline{C}+A\overline{B}C+\overline{A}BC\\&=(ABC+AB\overline{C})+(ABC+A\overline{B}C)+(ABC+\overline{A}BC)\\&=AB+AC+BC\end{aligned}$$

4. 消去冗余项法

利用冗余律 $AB+\overline{A}C+BC=AB+\overline{A}C$,将冗余项 BC 消去。

【例 7-8】 试用消去冗余项法化简下列与或逻辑函数表达式:

(1)$Y_1=A\overline{B}+AC+ADE+\overline{C}D$

(2)$Y_2=AB+\overline{B}C+AC(DE+FG)$

解:(1)
$$\begin{aligned}Y_1&=A\overline{B}+AC+ADE+\overline{C}D=A\overline{B}+(AC+\overline{C}D+ADE)\\&=A\overline{B}+AC+\overline{C}D\end{aligned}$$

(2)$Y_2=AB+\overline{B}C+AC(DE+FG)=AB+\overline{B}C$

7.2.5 逻辑函数的卡诺图化简法

利用公式化简逻辑函数,不仅要求掌握逻辑代数的基本公式、基本规则及常用公式等,而且要求有一定的技巧,尤其是用公式化简的结果是否为最简,往往很难确定。因而,我们在下面介绍图形化简法,又称为卡诺图化简法,是一种既直观又简便的化简方法,可以较方便地得到最简的逻辑函数表达式。

7.2.5.1 逻辑函数的最小项

1. 最小项的定义

如果一个具有 n 个变量的逻辑函数的“与项”包含全部 n 个变量,每个变量以原变量或反变量的形式出现,且仅出现一次,则这种“与项”被称为最小项。

对两个变量 A、B 来说,可以构成四个最小项:$\overline{A}\,\overline{B}$、$\overline{A}B$、$A\overline{B}$、$AB$;对三个变量 A、B、C 来说,可构成八个最小项:$\overline{A}\,\overline{B}\,\overline{C}$、$\overline{A}\,\overline{B}C$、$\overline{A}B\overline{C}$、$\overline{A}BC$、$A\overline{B}\,\overline{C}$、$A\overline{B}C$、$AB\overline{C}$、$ABC$;同理,对 n 个变量来说,可以构成 2^n 个最小项。

2. 最小项的性质

为了分析最小项的性质,下面列出 3 个变量 A、B、C 所有最小项的真值表,如表 7-9 所示。

表 7-9　3 变量最小项真值表

A	B	C	$\overline{A}\,\overline{B}\,\overline{C}$	$\overline{A}\,\overline{B}\,C$	$\overline{A}B\overline{C}$	$\overline{A}BC$	$A\overline{B}\,\overline{C}$	$A\overline{B}C$	$AB\overline{C}$	ABC
0	0	0	1	0	0	0	0	0	0	0
0	0	1	0	1	0	0	0	0	0	0
0	1	0	0	0	1	0	0	0	0	0
0	1	1	0	0	0	1	0	0	0	0
1	0	0	0	0	0	0	1	0	0	0
1	0	1	0	0	0	0	0	1	0	0
1	1	0	0	0	0	0	0	0	1	0
1	1	1	0	0	0	0	0	0	0	1

由表 7-9 可以看出,最小项具有下列性质:

(1)对于任意一个最小项,有且仅有对应一组变量取值,才能使其为 1,而在变量的其他取值时,这个最小项的值都是 0。对于 $AB\overline{C}$这个最小项,只有变量取值为 110 时,它的值为 1,而在变量取其他各组值时,这个最小项的值为 0。

(2)对于变量的任意一组值,任意两个最小项的乘积(逻辑与)为 0。

(3)对于变量的任意一组取值,所有最小项之和(逻辑或)为 1。

3. 最小项的编号

为了叙述和书写方便,最小项通常用符号 m_i 表示,下标 i 是最小项的编号,用十进制数表示。确定 i 的方法是:首先将最小项中的变量按顺序 A,B,C,D … 排列好,然后将最小项中的原变量用 1 表示,反变量用 0 表示,这时最小项表示的二进制数对应的十进制数就是该最小项的编号。例如,对 3 个变量的最小项来说,ABC 的编号是 7 符号用 m_7 表示,$A\overline{B}C$ 的编号是 5 符号用 m_5 表示。按此原则,3 个变量的最小项代表符号如表 7-10 所示。

表 7-10　3 变量最小项的编号

最小项	变量取值			表示符号	最小项	变量取值			表示符号
	A	B	C			A	B	C	
$\overline{A}\,\overline{B}\,\overline{C}$	0	0	0	m_0	$A\overline{B}\,\overline{C}$	1	0	0	m_4
$\overline{A}\,\overline{B}\,C$	0	0	1	m_1	$A\overline{B}C$	1	0	1	m_5
$\overline{A}B\overline{C}$	0	1	0	m_2	$AB\overline{C}$	1	1	0	m_6
$\overline{A}BC$	0	1	1	m_3	ABC	1	1	1	m_7

7.2.5.2　逻辑函数的最小项表达式

利用逻辑代数的基本公式,可以把任意一个逻辑函数表达式表示成若干个最小项之和的形式,这种表达式称为逻辑函数的最小项表达式,也叫标准与或式。

【例 7-9】　将逻辑函数 $F=\overline{A}\,\overline{B}+BC$ 展开成最小项表达式。

解:

$$
\begin{aligned}
F &= \overline{A}\,\overline{B}+BC \\
&= \overline{A}\,\overline{B}(\overline{C}+C)+BC(\overline{A}+A) \\
&= \overline{A}\,\overline{B}\,\overline{C}+\overline{A}\,\overline{B}C+\overline{A}BC+ABC
\end{aligned}
$$

$= m_0 + m_1 + m_3 + m_7$

$= \sum m(0,1,3,7)$

由例 7-9 可知，可利用配项法，将每个乘积项都变成包含 A、B、C 变量的项，则由一般逻辑函数式可得到最小项表达式。

当然，要写出一个逻辑函数的最小项表达式，可以有多种方法，但最简单的方法是先给出逻辑函数的真值表，将真值表中能使逻辑函数取值为 1 的各个最小项相或就可以了。

【例 7-10】 已知 3 变量逻辑函数：$F = AB + BC + AC$，写出 F 的最小项表达式。

解：首先列出 F 的真值表，如表 7-11 所示，将表中能使 F 为 1 的最小项相或可得下式：

$$F = \overline{A}BC + A\overline{B}C + AB\overline{C} + ABC$$
$$= \sum m(3,5,6,7)$$

表 7-11　$F = AB + BC + AC$ 的真值表

A	B	C	$F = AB + BC + AC$
0	0	0	0
0	0	1	0
0	1	0	0
0	1	1	1
1	0	0	0
1	0	1	1
1	1	0	1
1	1	1	1

7.2.5.3　用卡诺图化简逻辑函数

采用逻辑代数法化简，不仅要求熟练掌握逻辑代数的公式，且需具有较强的化简技巧。卡诺图化简法简单、直观、有规律可循，当变量较少时，用来化简逻辑函数是十分方便的。

1. 卡诺图

卡诺图是真值表的一种特殊的图示方式，是根据真值表按一定的规则画出的一种方格图，所以又叫真值图。它是由若干个按一定规律排列起来的方格图组成的。每一个方格代表一个最小项，它用几何位置上的相邻，形象地表示了组成逻辑函数的各个最小项之间在逻辑上的相邻性，所以卡诺图又叫最小方格图。下面介绍卡诺图的画法。

（1）因为 n 个变量的逻辑函数有 2^n 个最小项，我们首先画一个矩形，将这个矩形分成 2^n 个小格。

（2）将每个小格按最小项 m_i 编号，图 7-10 画出了 2 ~4 变量的卡诺图及其编号。

为了说明编号的方法，我们以 3 个变量为例。因为 $2^3 = 8$，所以 3 变量对应的方格数为 8，因为变量 AB 可能的取值有 00、01、11、10，而 C 的取值可能有 0 或 1，因此第一行第一列小方格对应着 $A = 0$、$B = 0$、$C = 0$，即 $\overline{A}\,\overline{B}\,\overline{C}$，故其编号为 m_0，记为 0；第一行第二列小方格对应着 $A = 0$、$B = 1$、$C = 0$，即 $\overline{A}B\,\overline{C}$，其编号为 m_2，记为 2，其他的编号以此类推，这里就不再一一赘述。

从图 7-10 中可以看出，在多变量时，变量的取值不是按 00→01→10→11 的顺序排

B \ A	0	1
0	0	2
1	1	3

(a)

C \ AB	00	01	11	10
0	0	2	6	4
1	1	3	7	5

(b)

CD \ AB	00	01	11	10
00	0	4	12	8
01	1	5	13	9
11	3	7	15	11
10	2	6	14	10

(c)

图 7-10　2 ~ 4 变量的卡诺图

列,而是按 00→01→11→10 的循环码排列,这是因为编号还要遵循一个原则,那就是相邻两个方格的二进制编码只能有一位不同。如对 2 变量,第一行第一列小方格的二进制编号为 00,第一行第二列小方格的二进制编号为 01,第一位相同,都是 0;第二位不同。再比如 3 变量,编号为 6 的小方格与编号为 4 的小方格,前者的二进制编号是 110,后者的二进制编号是 100,只有第二位不同。

(3)在对小方格编好号后,就可根据逻辑函数的最小项表达式,将表达式中存在的项填入相应的方格中,而不存在的项则略去不填。例如,有逻辑函数

$$F(A,B,C) = m_1 + m_3 + m_6 + m_7 = \sum m(1,3,6,7)$$

则其相应的卡诺图如图 7-11 所示。

C \ AB	00	01	11	10
0			6	
1	1	3	7	

图 7-11　卡诺图

2. 用卡诺图化简逻辑函数

在已知逻辑函数的最小项表达式并画出逻辑函数的卡诺图后,我们就要进行以下几项工作。

(1)在卡诺图上按 1 个、2 个、4 个、8 个、…、2^n 个为一组,将相邻的项圈起来。

(2)把相邻项进行合并。合并的方法是:保留相邻项中相同的因子,舍弃不同的因子。

(3)将合并项相加,即得最简与或表达式。

(4)在化简时还应注意以下几个问题:

①所谓"相邻项"是指只有一位不同的那些最小项。如图 7-12 所示,可以从图 7-12 中看出 6 号和 7 号相邻,而 1 号和 9 号、4 号和 6 号、17 号和 25 号也都是相邻的,因为它们都符合"只有一位不同"的条件。例如 1 号(00001)代表$\bar{A}\,\bar{B}\,\bar{C}\,\bar{D}E$,9 号(01001)代表$\bar{A}B\,\bar{C}\,\bar{D}E$,它们只有第二位不同。1 号和 7 号、7 号和 9 号、17 号和 23 号等则是不相邻的,这些在卡诺图上还是很容易看出来的。但是 9 号和 25 号也是相邻的,因为它们只有第一位不同,而 9 号和 17 号则是不相邻的,因为它们第一位和第二位都不同。像这样的情况容易忽略,希望大家在学习中注意。

我们从中也可以得知,在变量数较多时,卡诺图的直观性变差了。因此,对于多于 6 个变量的情况,由于其卡诺图缺乏几何直观性,一般很少使用。

②圈的面积越大,消去的变量越多,即乘积项越简。两项合并可以消去一个变量,四项合并可以消去两个变量,八项合并可以消去三个变量等。

③圈的数目越少,化简得到的乘积项的数目越少。

④每画一个圈,都至少含一个新的最小项。

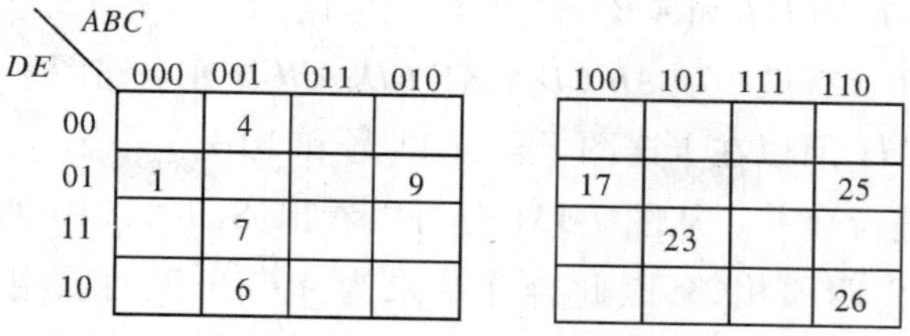

图 7-12　5 变量卡诺图

⑤一个最小项可以多次被重复使用，但至少要使用一次。

⑥当所有最小项都圈完时，化简结束。

【例 7-11】　用卡诺图化简逻辑函数：$F(A,B,C,D)=\sum m(1,2,4,6,9)$。

解：(1)画出逻辑函数的卡诺图，如图 7-13(a)所示；

(2)对相邻项进行合并。从图 7-13(a)可以看出：1 号和 9 号相邻，合并结果为$\overline{B}\,\overline{C}D$；4 号和 6 号相邻，合并结果为$\overline{A}B\,\overline{D}$；2 号和 6 号相邻，合并结果为$\overline{A}C\,\overline{D}$。

至此，所有项都被圈完，最简与或表达式为

$$F(A,B,C,D)=\overline{B}\,\overline{C}D+\overline{A}C\,\overline{D}+\overline{A}B\,\overline{D}$$

这里的 6 号被使用两次，但第二次使用时包含了一个新的最小项。

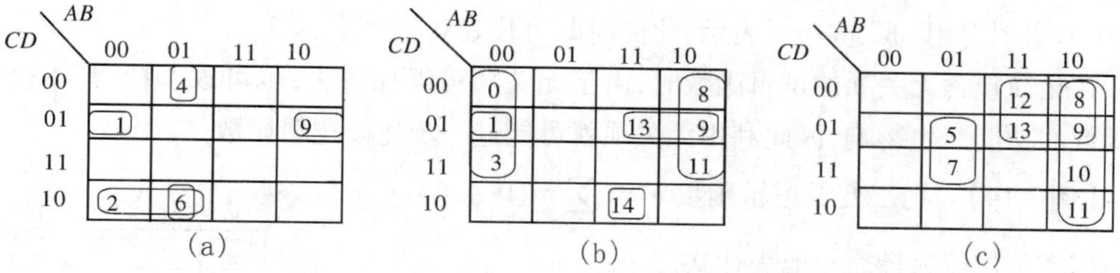

图 7-13　用卡诺图化简逻辑函数

【例 7-12】　用卡诺图化简逻辑函数：$F(A,B,C,D)=\sum m(0,1,3,8,9,11,13,14)$。

解：(1)画出逻辑函数的卡诺图，如图 7-13(b)所示。

(2)对相邻项进行合并。从图 7-13(b)上可以看出：0、1、8、9 四项相邻，合并结果为$\overline{B}\,\overline{C}$；1、3、9、11 四项相邻，合并结果为$\overline{B}D$；13、9 两项相邻，合并结果为 $A\,\overline{C}D$；而 14 号没有相邻项，所以合并的结果是 $ABC\,\overline{D}$。

至此，所有项都被圈完，最简与或表达式为

$$F(A,B,C,D)=\overline{B}\,\overline{C}+\overline{B}D+A\,\overline{C}D+ABC\,\overline{D}$$

【例 7-13】　用卡诺图化简逻辑函数：

$$F(A,B,C,D)=A\,\overline{C}\,\overline{D}+A\,\overline{B}\,\overline{C}D+B\,\overline{C}D+\overline{A}BCD+A\,\overline{B}C$$

解：根据表达可知，这里给出的逻辑函数表达式不是最小项表达式，所以应先将其化为最小项表达式。但有时为了方便，也可以直接标出 F 所包含的最小项。本例中，我们采用直接标出的方法。

(1)画出逻辑函数的卡诺图，如图 7-13(c)所示。

$A\overline{C}\,\overline{D}$含有最小项$AB\overline{C}\,\overline{D}$和$A\overline{B}\,\overline{C}\,\overline{D}$,所以在卡诺图上含有12号和8号;$A\overline{B}\,\overline{C}D$在卡诺图上是9号;$B\overline{C}D$含有最小项$AB\overline{C}D$和$\overline{A}B\overline{C}D$;$\overline{A}BCD$在卡诺图上是7号;$A\overline{B}C$含有最小项$A\overline{B}CD$和$A\overline{B}C\overline{D}$,所以在卡诺图上含有11号和10号。

(2)对相邻项进行合并。从图7-13(c)可以看出:8、9、11、10四项相邻,因此合并结果为$A\overline{B}$;12、8、13、9四项相邻,因此合并结果为$A\overline{C}$;5、7两项相邻,因此合并结果为$\overline{A}BD$。

至此,所有最小项都被圈完,最简与或表达式为

$$F(A,B,C,D)=A\overline{B}+A\overline{C}+\overline{A}BD$$

3. 包含无关项的逻辑函数的化简

对一个逻辑函数来说,如果针对逻辑变量的每一组取值,逻辑函数都有一个确定的值相对应,则这类逻辑函数称为完全描述逻辑函数。但是,从某些实际问题归纳出的逻辑函数,输入变量的某些取值对应的最小项不会出现或不允许出现,也就是说,这些输入变量之间存在一定的约束条件。那么,这些不会出现或不允许出现的最小项称为约束项,其值恒为0。还有一些最小项,无论是取值0还是取值1,对逻辑函数代表的功能都不会产生影响。那么,这些取值任意的最小项称为任意项。约束项和任意项统称无关项,包含无关项的逻辑函数称为非完全描述逻辑函数。无关最小项在逻辑表达式中用$\sum d(\cdots)$表示,在卡诺图上用"φ"或"×"表示,化简时既可代表0,也可代表1。

在化简包含无关项的逻辑函数时,由于无关项可以加进去,也可以去掉,都不会对逻辑函数的功能产生影响,因此利用无关项就可能进一步化简逻辑函数。

【例7-14】 把三变量逻辑函数$F=\sum m(0,4,6)+\sum d(2,3)$化简为最简与或表达式。

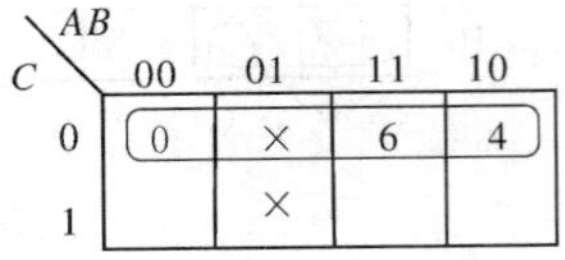

图7-14 例7-14的卡诺图

解:首先根据逻辑表达式画出F的卡诺图,如图7-14所示。如果按不包含无关项化简,最简表达式为:$F=A\overline{C}+\overline{B}\,\overline{C}$;

当有选择地加入无关项后,可扩大卡诺圈的范围,使表达式更简练,成为:$F=\overline{C}$。

本章小结

本章主要介绍了基本的逻辑关系及其对应的逻辑运算、基本逻辑门电路、逻辑代数的公式和定理、逻辑函数的表示方法、逻辑函数的化简方法等几部分内容。

(1)逻辑运算是分析逻辑关系的基础,而逻辑运算离不开常用逻辑代数的公式和定理,因此掌握尽可能多的常用公式和定理是非常有益的,如能适当引用这些公式和定理将大大提高运算速度。

(2)基本的门电路有与门、或门和非门3种,它们的共同特点是利用二极管和三极管的导通和截止作为开关来实现逻辑功能。由与门和非门可以组成常用的门电路。

(3)逻辑函数的表示方式有4种,即真值表、逻辑函数式、逻辑图和卡诺图。这4种方法之间可以任意地互相转换。根据具体的使用情况,可以选择最适当的一种方法表示所研究的逻辑函数。

(4)逻辑函数的化简是本章的重点。本章介绍了两种化简方法——公式化简法和卡诺图化简法。公式化简法的优点是它的使用不受任何条件的限制,但由于这种方法没有固定的步骤可循,所以在化简一些复杂的逻辑函数时,不仅需要熟练地运用各种公式和定理,而且需要有一定的运算技巧和经验;卡诺图化简法的优点是简单、直观,而且有一定的化简步骤可循,初学者容易掌握这种方法,而且化简过程中也易于避免差错。然而,在逻辑变量超过5个以上时,将失去简单、直观的优点,因而也就没有太大的实用意义。

实训7　交通灯监视电路的设计

1. 实训目的

(1)锻炼和提高独立设计、调试和测试电路的能力;

(2)进一步巩固和掌握数字电路的基础知识;

(3)熟悉 Electronics Workbench 的使用。

2. 实训设备

(1)PC 机一台;

(2)Electronics Workbench 软件。

3. 设计要求

(1)设计一个监视交通信号灯工作状态的逻辑电路。每一组信号灯由红、黄、绿三个灯组成。在正常工作情况下,任何时候必有一个灯点亮,而且只允许一个灯点亮。当出现其他点亮状态时,电路发生故障,这时要求发出故障信号,以提醒维护人员前去修理。

(2)设计逻辑电路,编写该电路的测试程序并进行仿真。

(3)要求用 Electronics Workbench 软件进行设计、调试和测试。

4. 设计步骤

1)设计

(1)进行逻辑抽象,取红、黄、绿三个灯的状态为输入变量,分别用R、Y、G表示,并规定灯亮时为1,灯灭时为0。取故障信号为输出变量,用Z表示,并规定正常工作状态下Z为0,发生故障时Z为1。

(2)根据题意列出逻辑真值表如表7-12所示。由表7-12得出电路的逻辑表达式如下

$$\begin{aligned}Z &= \overline{R}\,\overline{Y}\,\overline{G}+\overline{R}YG+R\,\overline{Y}G+RY\,\overline{G}+RYG\\&=\overline{R}\,\overline{Y}\,\overline{G}+\overline{R}YG+R\,\overline{Y}G+RY\,\overline{G}+RYG+RYG+RYG\\&=\overline{R}\,\overline{Y}\,\overline{G}+YG+RG+RY\end{aligned}$$

(3)根据逻辑函数表达式画出逻辑电路图,如图7-15所示。

(4)图7-15中R、Y、G分别用直流电源代替,0 V代表灯灭,5 V代表灯亮。

表 7-12　交通灯监视电路的真值表

R	Y	G	Z
0	0	0	1
0	0	1	0
0	1	0	0
0	1	1	1
1	0	0	0
1	0	1	1
1	1	0	1
1	1	1	1

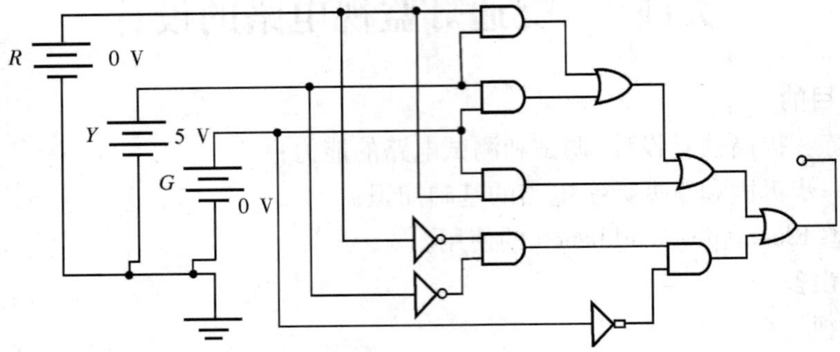

图 7-15　交通灯监视电路

2）调试和测试

在 Electronics Workbench 软件中分别改变 R、Y、G 的电压（在 0 V 和 5 V 两个值中变换），同时观察输出指示灯的状态。

习　题

7-1　何谓逻辑变量，它与逻辑函数是什么关系？

7-2　什么叫逻辑函数的真值表，它有什么作用？

7-3　画出与门、或门、非门、与非门、或非门、与或非门、异或门及同或门的符号，写出真值表及输出表达式。

7-4　何谓正逻辑与负逻辑？你能举个例子吗？

7-5　按正逻辑写出图 7-16（a）、（b）所示电路中 Y_1 和 Y_2 的逻辑表达式。

7-6　已知门电路及输入信号的电压波形如图 7-17 所示，试画出 $F_1 \sim F_6$ 的波形。

7-7　请用真值表描述三个开关与一个灯泡之间的关系。

7-8　使用 TTL 集成门电路应注意哪些问题？

7-9　何谓 CMOS 集成电路？试分析集成 CMOS 与非门工作原理。

7-10　试分析图 7-18 所示 CMOS 电路实现的逻辑功能。

7-11　使用 CMOS 集成门电路应注意哪些问题？CMOS 集成门电路与 TTL 集成电路

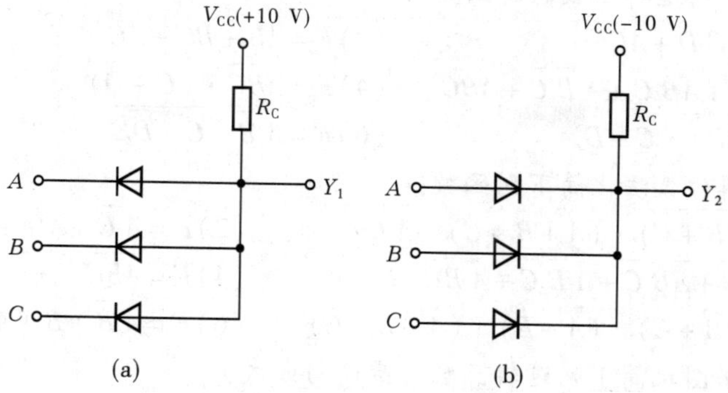

图 7-16　习题 7-5 图

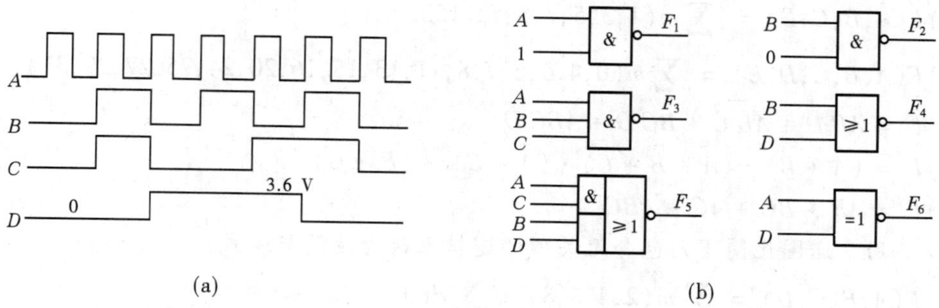

图 7-17　习题 7-6 图

相比,有何特点?

7-12　你能用 74LS30 完成 $Y=AB$ 的功能吗?请画出完整的接线图。

7-13　同系列与不同系列集成电路之间的驱动应注意什么问题?

7-14　请说说 TTL 电路输入输出高低电平是如何要求的。

7-15　请说说 CMOS 电路输入输出高低电平是如何要求和判定的。

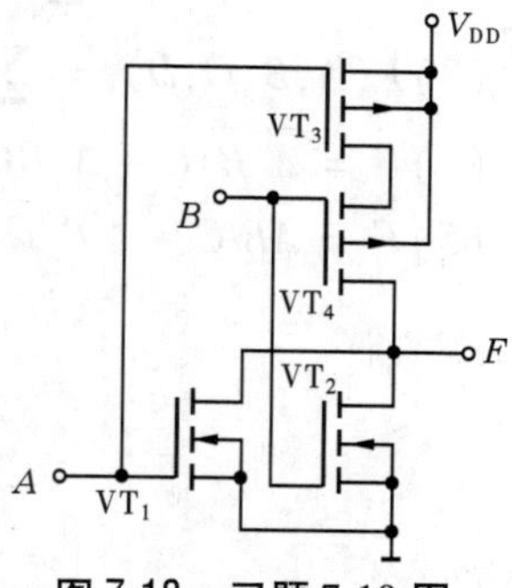

图 7-18　习题 7-10 图

7-16　用逻辑代数的方法证明下列等式:

(1) $\overline{AB+AC}=\overline{A}+\overline{B}\,\overline{C}$　　(2) $AB+\overline{A}C+\overline{B}D+\overline{C}D=AB+\overline{A}C+D$

(3) $\overline{A}\oplus\overline{B}=A\oplus B$　　(4) $A\cdot(B\oplus C)=AB\oplus AC$

(5) $(A+B)\cdot(\overline{A}+C)\cdot(B+C)=(A+B)\cdot(\overline{A}+C)$

7-17　写出下列逻辑函数的对偶函数:

(1) $F=\overline{AB}+AB+CD$　　(2) $F=(\overline{A}+B)\cdot(A+\overline{C})\cdot(\overline{A}+C)$

(3) $F=A\cdot(\overline{B}+C\,\overline{D}+E)$　　(4) $F=\overline{(A+B)}\cdot\overline{(C+D)}$

(5) $F=A+\overline{B+\overline{C}+\overline{\overline{D+E}}}$　　(6) $F=(A+B+C+D)\cdot\overline{ABCD}$

7-18　写出逻辑函数:$F=\overline{A}B+AC$ 的或与式、与非与非式、或非或非式、与或非式,并用相应的门电路去实现。

7-19　写出下列逻辑函数的反函数：

(1) $F=AB+C\overline{D}+AC$　　(2) $F=AB+BC+AC$

(3) $F=\overline{A}\,\overline{B}C+\overline{A}B\overline{C}+A\overline{B}\,\overline{C}+ABC$　　(4) $F=\overline{ABC}\cdot\overline{(C+D)}$

(5) $F=\overline{(A+B)\cdot\overline{C}}+\overline{D}$　　(6) $F=A\overline{B}\cdot\overline{C\cdot\overline{DE}}$

7-20　用逻辑代数法化简下列函数：

(1) $F=\overline{\overline{A}\cdot(B+\overline{C})}\cdot(A+\overline{B}+C)\cdot\overline{\overline{A}\,\overline{B}\,\overline{C}}$　　(2) $F=A\overline{C}+ABC+AC\overline{D}+CD$

(3) $F=\overline{A}\,\overline{B}\,\overline{C}+\overline{A}B\overline{C}+A\overline{B}\,\overline{C}+\overline{A}\,\overline{B}C$　　(4) $F=\overline{ABC}+\overline{AB}$

(5) $F=(A+B+C)\cdot(\overline{A}+B)\cdot(A+B+\overline{C})$　　(6) $F=A\overline{B}+B+\overline{A}B$

7-21　用卡诺图化简下列逻辑函数为最简与或式：

(1) $F(A,B,C)=\sum m(0,2,5,6,7)$

(2) $F(A,B,C,D)=\sum m(1,3,5,7,8,13,15)$

(3) $F(A,B,C,D,E)=\sum m(0,4,5,6,7,8,11,13,15,16,20,24,25,27,29,31)$

(4) $F=\overline{A}B\overline{D}+AB\overline{C}+\overline{B}C\overline{D}+ABC\overline{D}$

(5) $F=(A+B)\cdot(\overline{A}+\overline{B}+C)\cdot(\overline{A}+C)+(B+C)$

(6) $F=AB+BC+AC+ABC$

7-22　用卡诺图化简下列包含无关项的逻辑函数为最简与或式：

(1) $F(A,B,C,D)=\sum m(2,4,6,8)+\sum d(0,1,13)$

(2) $F(A,B,C)=\sum m(2,4)+\sum d(3,5,6,7)$

(3) $F(A,B,C,D)=\sum m(4,6,10,13,15)+\sum d(0,1,2,5,7,8)$

(4) $F=\overline{A}\,\overline{B}\,\overline{C}+\overline{A}\,\overline{B}C$，无关项为 $A\overline{C}+A\overline{B}=1$

(5) $F=\overline{A}B\overline{C}+A\overline{B}\,\overline{C}$，无关项为 $AB+BC+AC=0$

第 8 章　组合逻辑电路

学习指导

数字电路可以分为两类:组合逻辑电路(Combinational Logic Circuit)和时序逻辑电路(Sequential Logic Circuit)。

组合逻辑电路可以有一个或多个输入端,也可以有一个或多个输出端。在组合电路中,数字信号是单向传递的,即只有从输入到输出的传递,没有从输出到输入的反传递,各输出只与各输入的即时状态有关。所以,组合逻辑电路的特点是电路在任意时刻的输出仅取决于同一时刻的输入,与电路原来的状态没有关系。

组合逻辑电路是一种应用很广的逻辑电路。本章先介绍构成组合逻辑电路的单元器件 —— 集成门电路,然后介绍组合逻辑电路的分析和设计方法,再介绍几种常用的组合逻辑电路的应用,最后说明组合逻辑电路中存在的特殊问题。

8.1　集成门电路

在数字电路中,用来实现各种逻辑运算的电路,称做逻辑门电路,简称门电路。

门电路可以分为分立元件门电路和集成门电路。目前,在实际中广泛采用集成门电路。将逻辑电路的元器件和连线通过一定的工艺都制作在一块半导体基片上,并具有一定的逻辑功能的电路称为逻辑集成电路。集成电路(Integrated Circuit,简称 IC)具有体积小、重量轻、抗干扰能力和带负载能力强等优点。

集成电路依据制造工艺和性能特点可分为以下几种:

(1) 按电路类型和工艺可分为 TTL 电路、MOS 电路、CMOS 电路、ECL 电路和 HTL 电路。其中 TTL 电路和 CMOS 电路应用较为广泛。

(2) 按使用场合可分为通用电路和专用电路(如音响、电视电路、通信专用电路、接口电路等)。

(3) 按器件工作速度可分为中速、高速和超高速电路。

(4) 按功耗可分为一般电路和低功耗电路。

(5) 按器件功能可分为门电路及其组合单元、触发器、代码转换器(码制变换器)、计数器、移位寄存器、存储器和其他电路(如加法器、乘法器和数值比较器等)。

(6) 用一个芯片包含逻辑门电路(或晶体管) 数量的多少来衡量数字集成电路的规模。表 8-1 为数字集成电路集成度的分类表。目前,数字电路芯片的集成度分为六大类:小规模集成电路 SSI(Small Scale Integration)、中规模集成电路 MSI(Medium Scale Integration)、大规模集成电路 LSI(Large Scale Integration)、超大规模集成电路 VLSI(Very Large Scale Integration)、特大规模集成电路 ULSI(Ultra Large Scale Integration) 和巨大规模集成电路 GSI(Gigantic Scale Integration)。

表 8-1　数字集成电路集成度的分类

类　别	SSI	MSI	LSI	VLSI	ULSI	GSI
芯片所含门电路数	<10	$10\sim10^2$	$10^2\sim10^4$	$10^4\sim10^6$	$10^6\sim10^8$	$>10^8$
芯片所含元件个数	$<10^2$	$10^2\sim10^3$	$10^3\sim10^5$	$10^5\sim10^7$	$10^7\sim10^9$	$>10^9$

8.1.1　TTL 集成门电路

输入端和输出端都用双极型三极管的逻辑电路称为三极管－三极管逻辑电路，简称TTL 电路。目前，广泛应用的数字集成电路主要有双极型门电路和单极型门电路两种，其中以双极型 TTL 门电路和单极型 CMOS 门电路的应用最为广泛。

TTL 集成门电路具有体积小、重量轻、功耗低、负载能力强、抗干扰能力好等优点，同时产品性能稳定、工作可靠、开关速度高，因此得到了广泛的应用。在实际应用中，用户不需要了解集成电路的内部构造，只需要掌握集成电路的外部引脚特性和元件的主要参数。我们仅以 TTL 与非门电路为例说明电路的内部构造，其他类型的 TTL 门电路只介绍外部引脚特性，参数可以在 TTL 集成电路手册里查到。

8.1.1.1　TTL 与非门

1. 电路组成及工作原理

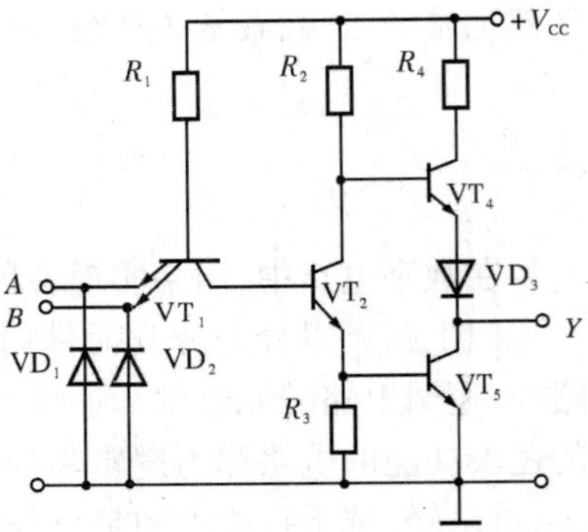

图 8-1　TTL 与非门电路

图 8-1 为 TTL 与非门的典型电路结构。图中输入级 VT_1 是一个多发射结三极管，它和 R_1 构成输入级，VD_1、VD_2 为输入端钳位二极管，抑制输入出现的负电压干扰。VT_2、R_2、R_3 组成中间反相级，VT_3、VT_4、VD_3、R_4 组成输出级。其工作原理如下：

(1) 当输入端全部接高电平（+3.6 V）时。VT_1 的几个发射结都处于反向偏置，电源 V_{CC} 经过电阻 R_1 向 VT_2、VT_4 提供足够的基极电流而使 VT_2、VT_4 饱和导通，$u_{C2}=U_{CE2(sat)}+U_{BE5}=1$ V，因此 VT_3 导通 VD_5 截止，VT_5 处于深度饱合状态，所以输出电位 $u_Y=U_{CE(sat)}\approx0.3$ V，即输出低电平。

(2) 当输入端有一个或几个接低电平（+0.3 V）时，对应于输入端接低电平的发射结导通，VT_1 管饱和导通，VT_2、VT_4 截止，VT_2 的集电极电压 u_{C2} 为高电平，即 $u_{C2}\approx5$ V，VT_3、VD_3 导通，输出电位为：$u_Y\approx5\text{ V}-0.7\text{ V}-0.7\text{ V}=3.6$ V 为高电平。

综上所述，图 8-1 所示电路的输入与输出之间的逻辑关系为与非逻辑关系，即输入有 0 时输出为 1，输入全 1 时输出为 0，实现了与非逻辑运算，是与非门。即有：$Y=\overline{AB}$。

2. TTL 与非门的主要参数

(1) 平均传输延迟时间 t_{pd}：信号通过与非门时所需的平均延迟时间。在工作频率较高的数字电路中，信号经过多级传输后造成的时间延迟会影响电路的逻辑功能。

(2) 空载功耗：与非门空载时电源总电流 I_{CC} 与电源电压 V_{CC} 的乘积。

(3) 逻辑电平：主要包括输入开门电平 U_{ON}、输入关门电平 U_{OFF}，输出高电平 U_{OH}、输出低电平 U_{OL}。

输入开门电平 U_{ON} 是在额定负载下使与非门的输出电平达到标准低电平 U_{SL} 的输入

电平。它表示使与非门开通所需的最小输入电平。一般 TTL 门电路的 $U_{ON} \approx 1.4$ V。

输入关门电平 U_{OFF} 是使与非门的输出电平达到标准高电平 U_{SH} 的输入电平。它表示使与非门关断所需的最大输入电平。一般 TTL 门电路的 $U_{OFF} \approx 0.9$ V。

输出高电平 U_{OH} 是 TTL 与非门的一个或几个输入为低电平时的输出电平。产品规范值 $U_{OH} \geq 2.4$ V，标准高电平 $U_{SH} = 2.4$ V。

输出低电平 U_{OL} 是 TTL 与非门的输入全为高电平时的输出电平。产品规范值 $U_{OL} \leq 0.4$ V，标准低电平 $U_{SL} = 0.4$ V。

(4)阈值电压：近似为输入高、低电平的中点电压值，也称为门限电压。

(5)噪声容限：在使用 TTL 与非门时，输入端有时会有干扰信号叠加在输入信号上，干扰信号用噪声电压来描述。不会影响输出端正常逻辑功能所允许的噪声电压的幅度称为噪声容限。

低电平噪声容限 U_{NL}：为保证输出为高电平，在输入低电平时所允许叠加的最大正向干扰电压，$U_{NL} = U_{OFF} - U_{IL}$。

高电平噪声容限 U_{NH}：为保证输出为低电平，在输入高电平时所允许叠加的最大负向干扰电压，$U_{NH} = U_{IH} - U_{ON}$。

噪声容限越大，电路抗干扰能力越强。

(6)扇出系数 N_O：一个门电路能带同类门的最大数目，它表示门电路的带负载能力。

(7)工作温度范围：CT54 系列的工作温度范围为 −55 ~ 125 ℃，CT74 系列的工作温度范围为 0 ~ 70 ℃。

(8)最大工作频率 f_{max}：超过此频率电路就不能正常工作。

上述参数指标可以在 TTL 集成电路手册里查到。对于功能复杂的 TTL 集成电路，在使用时还要参考手册上提供的波形图(或时序图)、真值表(或功能表)，以及引脚信号电平的要求，这样才能正确使用各类 TTL 集成电路。

8.1.1.2 TTL 集成门电路芯片简介

我国 TTL 数字集成电路有 CT54 系列和 CT74 系列两大类，其主要区别是电源电压和工作温度不同，其他功能完全相同。它们的工作条件对比如表 8-2 所示。

表 8-2 CT54 系列和 CT74 系列的工作条件对比

参数	CT54 系列			CT74 系列		
	最小	一般	最大	最小	一般	最大
电源电压(V)	4.5	5.0	5.5	4.75	5.00	5.25
工作温度(℃)	−55	25	125	0	25	70

由表 8-2 可以看出，CT54 系列 TTL 集成电路更适合温度条件恶劣、供电电源变化大的环境，常用于军品；而 CT74 系列 TTL 集成电路则适合在常规条件下工作，常用于民品，价格也低于 CT54 系列。

CT74 系列和 CT54 系列还各有它们的子系列，表 8-3 列出了 CT74 系列的各子系列门电路最重要的参数。

表 8-3　CT74 系列各子系列门电路最重要的参数比较

TTL 子系列	标准 TTL	HTTL	LSTTL	ASTTL	ALSTTL
系列名称	CT7400	CT74H00	CT74LS00	CT74AS00	CT74ALS00
工作电压(V)	5	5	5	5	5
平均功耗/门(mW)	10	22.5	2	8	1.2
平均传输延迟时间/门(ns)	9	6	9.5	3	3.5
功耗延迟积(mW·ns)	90	135	19	24	4.2
最高工作频率(MHz)	40	80	50	230	100
典型噪声容限(V)	1	1	0.6	0.5	0.5

一个理想的门电路应具有工作速度高、平均功耗低和抗干扰能力强的特点，然而要同时做到这三点是很困难的，只能选择折中的方法。LS(低功耗肖特基)TTL 子系列的功耗延迟很小，是一种性能优越的集成电路，其生产量大、品种多，且价格便宜，是目前使用最多的 TTL 数字集成电路的主要产品。表 8-4 是常用 TTL 集成门电路 LS 系列逻辑功能说明表。

表 8-4　常用 TTL 集成门电路 LS 系列逻辑功能表

国际常用系列型号	名称	说明
74LS00 74LS32 74LS02 74LS08 74LS86	四 2 输入与非门 四 2 输入或门 四 2 输入或非门 四 2 输入与门 四 2 异或门	一个组件内有四个门，每个门有两个输入端一个输出端
74LS21 74LS20	双 4 输入与门 双 4 输入与非门	一个组件内有两个门，每个门有四个输入端
74LS30	8 输入与非门	只一个门，八个输入端
74LS04	六反相器	有六个反相器

如 TTL 芯片 74LS00(四 2 输入与非门)门电路。图 8-2 是集成与非门 74LS00 引脚排列图和外形图。

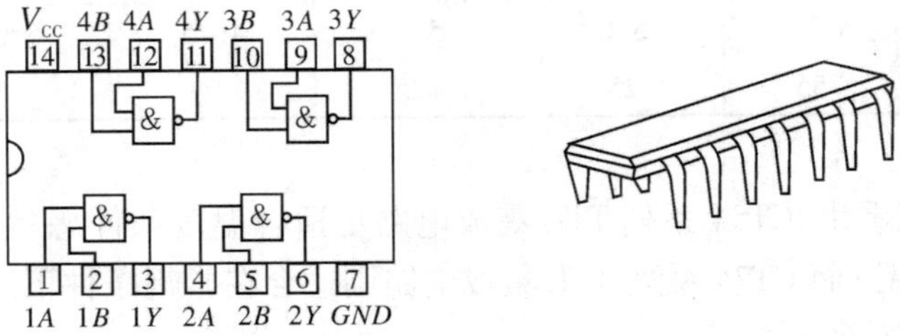

(a)引脚排列图　　　　(b)外形图

图 8-2　集成 TTL 与非门 74LS00 外引脚排列图和外形图

8.1.1.3 两种特殊的门电路

1. 三态输出门(TSL)

三态输出门简称 TSL(Three-State Logic),与普通门电路结构不同,三态门输出有 3 种状态:高电平、低电平、高阻态。其中,高阻态也称悬浮态,是与高电平和低电平都断开的悬浮状态。现在以三态与非门为例作介绍。

三态与非门的逻辑符号如图 8-3 所示,EN 为使能控制端。图 8-3(a)所示为高电平控制的三态与非门,即 $EN=1$ 时为工作状态,输入与输出关系为 $Y=\overline{AB}$;$EN=0$ 时输出为高阻态。图 8-3(b)所示为低电平控制的三态与非门,$\overline{EN}=0$ 时为工作状态,输入与输出关系为 $Y=\overline{AB}$;$\overline{EN}=1$ 时输出为高阻态。

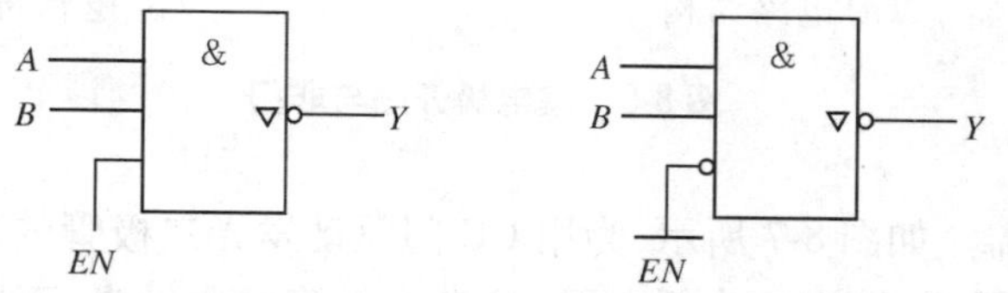

(a)控制端高电平有效　　(b)控制端低电平有效

图 8-3　三态与非门逻辑符号

三态门不是以逻辑运算功能分类,只是电路的输出结构不同,除三态非门外,还有其他功能的三态门,如三态与非门、三态与门、三态或门等各种功能的三态门。

三态非门的逻辑符号如图 8-4 所示。

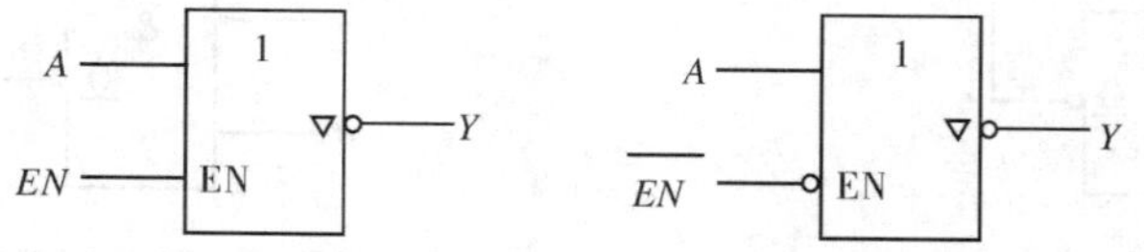

(a)控制端高电平有效　　(b)控制端低电平有效

图 8-4　三态非门的逻辑符号

2. 集电极开路门(OC 门)

集电极开路门又称 OC 门(OC 是 Open Collector 的缩写),它也不是以逻辑功能分类,只是电路的结构不同。以集电极开路与非门为例,输出管集电极内部开路,如图 8-5(a)所示。OC 门仍能实现与非的功能,但工作时需要在输出端 Y 和电源 V_{CC} 之间外接一个上拉负载电阻 R_L,其逻辑符号如图 8-5(b)所示。输出与输入的逻辑关系为 $Y=\overline{ABC}$。

OC 门有实现线与、驱动显示器和实现电平转换三种应用。

(1)实现线与。所谓线与是指门电路的输出端并联使用来实现与的逻辑功能。一般的 TTL 门电路的输出端不允许并联使用,否则可能烧坏器件。

OC 门工作时采用外接上拉电阻和电源连接的方式,因此多个 OC 门的输出端可以直接并联使用,实现线与的逻辑功能,如图 8-6 所示。图中小方框为表示线与逻辑功能的图形符号,输出端的逻辑表达式可以写成 $Y=\overline{AB}\cdot\overline{CD}$。

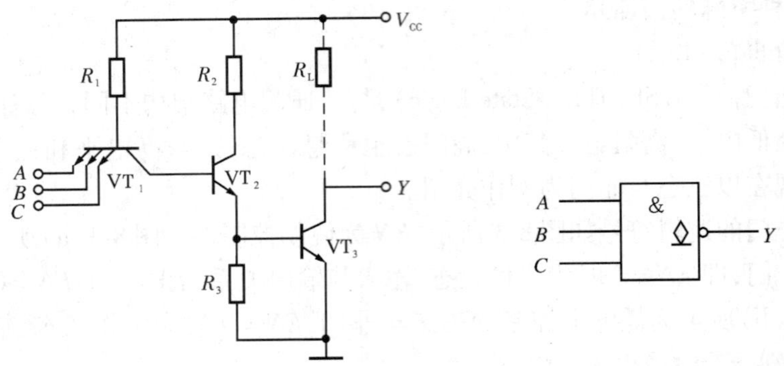

(a)电路结构　　(b)逻辑符号

图 8-5　集电极开路与非门

(2)驱动显示器。如图 8-7 所示,为用 OC 门驱动发光二极管的显示电路。该电路只有在输入都为高电平时,输出才为低电平,发光二极管导通发光;否则,输出高电平,发光二极管熄灭。OC 门还常用来驱动继电器电路。

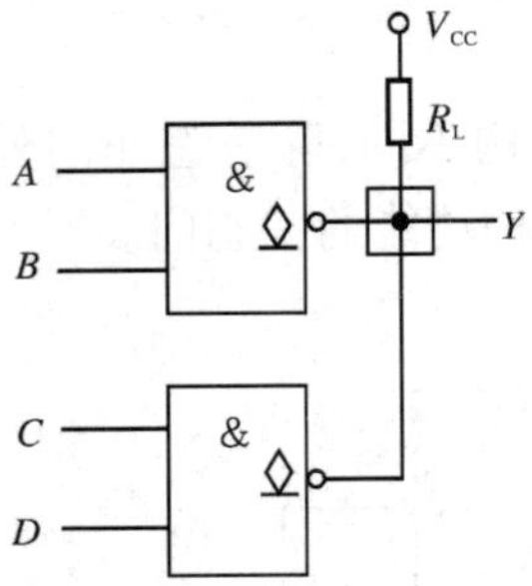

图 8-6　用 OC 门实现线与

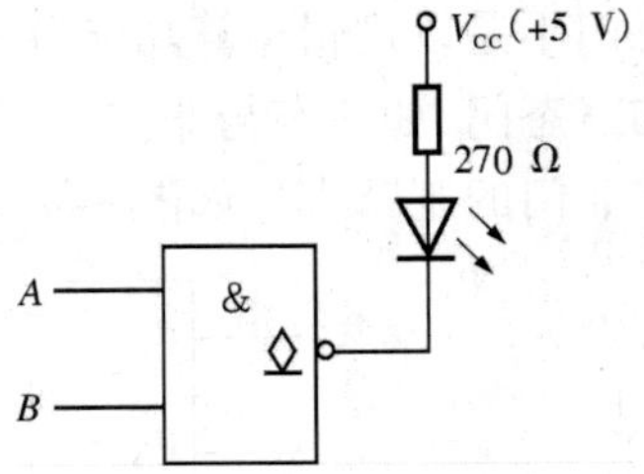

图 8-7　用 OC 门实现驱动显示

(3)实现电平转换。图 8-8 所示的是由 OC 门组成的电平转换电路。外加电源 V_{CC} 的工作范围较宽,可驱动较高电压、大电流负载,或者用于电平转换接口等电路。

8.1.1.4　TTL 集成电路使用中注意事项

(1)电源电压的变化对 54 系列应满足 5 V ±10%、对 74 系列应满足 5 V ±5% 的要求,电源的正极和地线不可接错,为了防止外来干扰通过电源串入电路,需要对电源进行滤波。

(2)TTL 电路(OC 门和三态门除外)的输出端不允许并联使用,也不允许直接与 +5 V 电源或地线相连;否则,将会使电路的逻辑混乱并损坏器件。

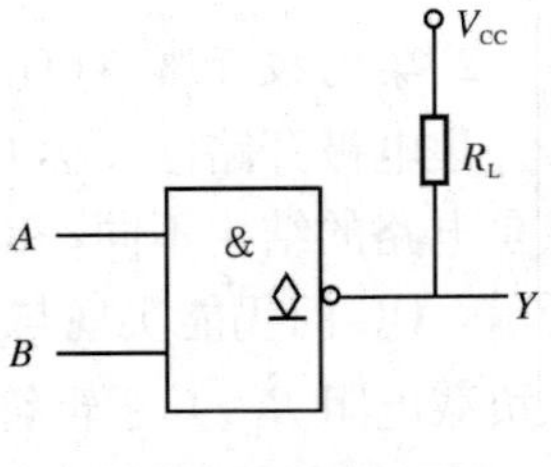

图 8-8　用 OC 门实现电平转换电路

(3)TTL 电路输入端外接电阻要慎重,对外接电阻的阻值有特别要求,否则会影响电路的正常工作。

(4)或门、或非门等 TTL 电路的多余输入端不能悬空,只能接地。对于与或非门中不使用的与门,至少应有 1 个输入端接地。

(5)与门和与非门的多余端有两种处理方法:一种是悬空,另一种是与其他输入端并联使用。后者增加了电路的可靠性,但对信号的驱动电流的要求也增加了。

8.1.2 CMOS 集成门电路

CMOS 集成门电路是互补金属-氧化物-半导体场效应管门电路的简称,采用单极型晶体管(即场效应管),大部分都应用绝缘栅型场效应管(即 MOS 管),由增强型 PMOS 管和增强型 NMOS 管组成的互补对称 MOS 门电路,即为 CMOS 电路。和 TTL 数字集成电路相比,CMOS 电路的突出优点是微功耗、高抗干扰能力。因此,它在中、大规模数字集成电路中有着广泛的应用。

本节仅以 CMOS 反相器为例说明电路的内部构造,其他类型的 CMOS 门电路只介绍外部引脚特性,参数可以在 CMOS 集成电路手册里查到。

8.1.2.1 CMOS 反相器

CMOS 反相器由增强型 NMOS 管和增强型 PMOS 管组成,图 8-9(a)是 CMOS 反相器的电路图。V_N是 NMOS 管,V_P是 PMOS 管,两管的参数对称相同,NMOS 管的开启电压用$U_{GS(th)N}$表示,为正值;PMOS 管的开启电压用$U_{GS(th)P}$表示,为负值,$U_{GS(th)N} = -U_{GS(th)P}$,电源电压$V_{DD} > |U_{GS(th)P}| + U_{GS(th)N}$,$V_N$作驱动管,$V_P$作负载管。

CMOS 反相器工作原理:

(1)当输入信号$u_I = U_{IL} = 0$时,$u_{GSN} = 0 < U_{GS(th)N}$　　V_N截止

$u_{GSP} = 0 - V_{DD} = -V_{DD}$,$|u_{GSP}| > |U_{GS(th)P}|$　　V_P导通

输出电压$u_O = U_{OH} \approx V_{DD}$。

(2)当输入信号$u_I = U_{IH} = V_{DD}$时,$u_{GSN} = V_{DD} > U_{GS(th)N}$　　V_N导通

$u_{GSP} = V_{DD} - V_{DD} = 0$,$|u_{GSP}| < |U_{GS(th)P}|$　　V_P截止

输出电压$u_O = U_{OL} \approx 0$。

综上所述,图 8-9(a)具有逻辑非的功能,其逻辑表达式为$Y = \bar{A}$,逻辑符号如图 8-9(b)所示,与 TTL 非门的逻辑符号相同。

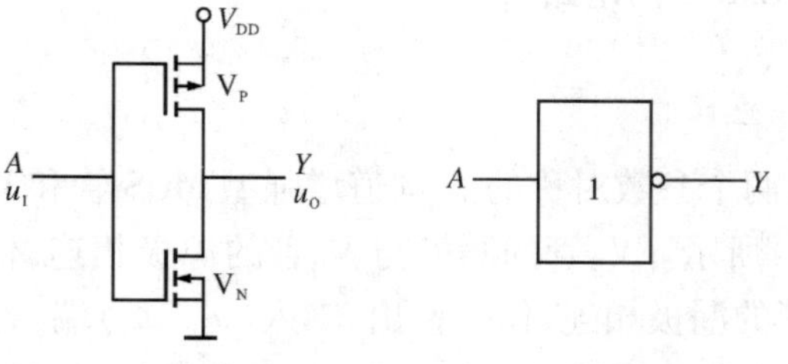

(a)电路结构　　(b)逻辑符号

图 8-9　CMOS 反相器

8.1.2.2 CMOS 集成门电路芯片简介

国产 CMOS 数字集成电路主要有 4000 系列和高速 CMOS 系列,它们是目前的 CMOS 数字集成电路的主要产品。

1. CMOS4000 系列

CMOS4000 系列的工作电压为 3 ~ 18 V，它具有功耗低、噪声容限大、集成度高等优点，并且该系列产品带有反相器作缓冲级，具有对称的驱动能力，使用已相当普遍。它的缺点是工作频率低，最高频率不大于 5 MHz，驱动能力低，门电路的输出电流为 0.51 mA/门，因此使 CMOS4000 系列的使用受到一定的限制。

2. 高速 CMOS 电路

高速 CMOS 电路具有更快的速度、更高的工作频率、更强的负载能力等特点，它集中了 CMOS 和 TTL 电路的优点，并且克服了它们各自的缺点。高速 CMOS 电路主要有 CC54HC/CC74HC 和 CC54HCT/CC74HCT 两大类，54 系列和 74 系列的主要差别是工作温度不同，它们的逻辑功能、外引线排列与同型号的 TTL 电路 CT54LS/CT74LS 系列相同，例如 74HC00 与 74LS00。CC54HC/CC74HC 系列的工作电压为 2 ~ 6 V，输入电平特性与 CMOS4000 系列相仿。若电源电压取 5 V，输出高低电平与 TTL 电路兼容。CC54HCT/CC74HCT 中的 T 表示与 TTL 电路兼容，其电源电压为 4.5 ~ 5.5 V，电平特性与 TTL 电路 LS 系列兼容。表 8-5 为常用 CMOS 集成门电路逻辑功能说明表。

表 8-5　常用 CMOS 集成门电路逻辑功能表

国际常用系列型号	名　称	说　明
CC4011 CC4071 CC4001 CC4082 CC4030	四 2 输入与非门 四 2 输入或门 四 2 输入或非门 四 2 输入与门 四 2 异或门	一个芯片内部有四个门，每个门有两个输入端一个输出端
CC4012	双 4 输入与非门	一个芯片内有两个门，每个门有四个输入端
CC4069	六反相器	一个芯片内有六个反相器

8.1.2.3　两种特殊的 CMOS 门电路

1. CMOS 传输门

1）电路结构和逻辑符号

CMOS 传输门是由两个参数对称的 N 沟道增强型 MOS 管和 P 沟道增强型 MOS 管并联组成的，如图 8-10(a)所示。V_N管的漏极与 V_P管的源极相连，作为输入/输出（u_I/ u_O）端，V_N管的源极与 V_P管的漏极相连，作为输出/输入（u_O/ u_I）端，V_N和 V_P的栅极分别接入控制信号 C 和$\overline{C}$。其逻辑符号如图 8-10(b)所示。

2）CMOS 传输门的逻辑功能

（1）当 C 为高电平，$\overline{C}$为低电平时，若输入 u_I在 0 ~ V_{DD}之间变化，则 V_P和 V_N中至少有一个导通，输入与输出之间呈低阻态，$u_I = u_O$，相当于开关闭合。

（2）当 C 为低电平，$\overline{C}$为高电平时，V_P和 V_N均截止。输入与输出之间呈高阻态，传输门不能传递信号，u_I和 u_O之间不相通，相当于开关断开。

CMOS 传输门中栅极引出线画在中间位置，MOS 管的漏极和源极在结构上是对称的，其输入和输出端可以互换使用，故 CMOS 传输门是双向传输器件。该电路在逻辑电平的控制下，既能传输数字信号，也能传输连续变化的模拟信号，故又称为模拟开关。

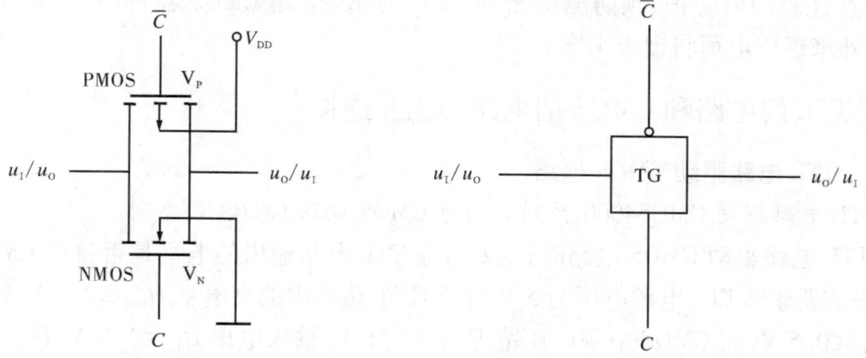

(a)电路结构　　(b)逻辑符号

图 8-10　CMOS 传输门

2. CMOS 漏极开路门

CMOS 漏极开路与非门(OD 门)的电路和逻辑符号如图 8-11 所示，由于输出 MOS 管的漏极是开路的，工作时必须外接电源 V_{DD} 和电阻 R_D，电路才能正常工作，实现 $Y=\overline{A \cdot B}$。

OD 门同样可以实现线与和逻辑电平的转换。

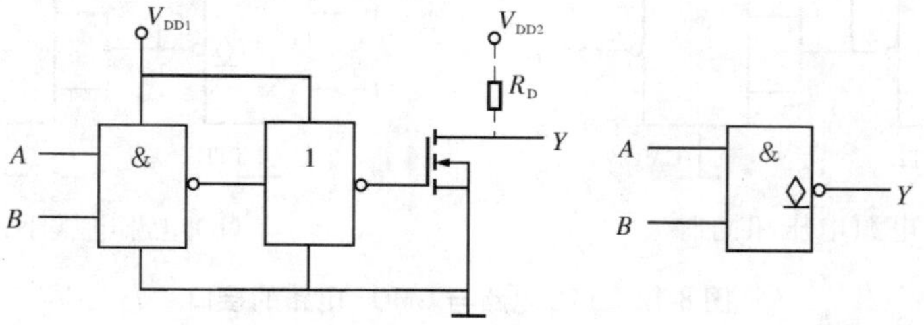

(a)电路结构　　(b)逻辑符号

图 8-11　CMOS 漏极开路与非门

8.1.2.4　CMOS 集成电路使用中注意事项

(1)CMOS 的电源电压的极性不可以接反，CC4000 系列电源电压可在 3 ~ 18 V 的范围内选择，HC 系列的电源电压可在 2 ~ 6 V 的范围内选择，HCT 系列的电源电压可在 4.5 ~ 5.5 V 的范围内选择。在进行 CMOS 电路实验时，或对 CMOS 数字系统进行调试、测量时，应先接通 CMOS 电路的电源，再输入信号源；使用结束时，应先去掉输入信号源，再断开 CMOS 电路的电源。

(2)正确识别器件的输入端和输出端，并正确连接它们。CMOS 电路的输入端不得悬空，应该按要求接 V_{DD} 或 V_{SS}(地)，一个集成 CMOS 芯片中不用的门电路的输入端也不得悬空。输出端不能和 V_{DD} 或 V_{SS} 短接，否则会损坏输出级。

(3)为了提高电路的驱动能力，可将同一集成芯片上相同门电路的输入端和输出端并联使用。

(4)在连接电路、拔插电路元器件时必须切断电源,严禁带电操作。

(5)在注意静电防护,预防栅极击穿损坏,存放、运输 CMOS 器件时,最好用金属容器,防止外来感应电荷将栅极击穿。

8.1.3 TTL 门电路和 CMOS 门电路的相互连接

8.1.3.1 TTL 电路驱动 CMOS 电路

1. TTL 电路驱动 CMOS4000 系列和高速 CMOS 电路 CC74HC 系列

用 TTL 电路驱动 CMOS 电路时,主要考虑 TTL 电路输出的电平是否符合 CMOS 电路输入电平的要求。TTL 电源电压为 5 V 时,TTL 电路输出的高电平 $U_{OH} \geqslant 2.4$ V,输出的低电平 $U_{OL} \leqslant 0.5$ V,而 CMOS 电源电压范围为 3 ~ 18 V,输入电压 $U_{IL} \leqslant 1.7$ V,$U_{IH} \geqslant 3.4$ V,所以 TTL 输出的低电平输出电压满足 CMOS 电路输入电平的要求,而高电平输出电压不满足 CMOS 电路输入电平的要求。解决的办法就是在 TTL 电路的输出端和电源之间接一个上拉电阻 R,将 TTL 输出电平提高到 3.4 V 以上,如图 8-12(a)所示。在 CMOS 电源电压较高时,可采用 OC 门实现电平转换,然后驱动 CMOS 门,如图 8-12(b)所示。

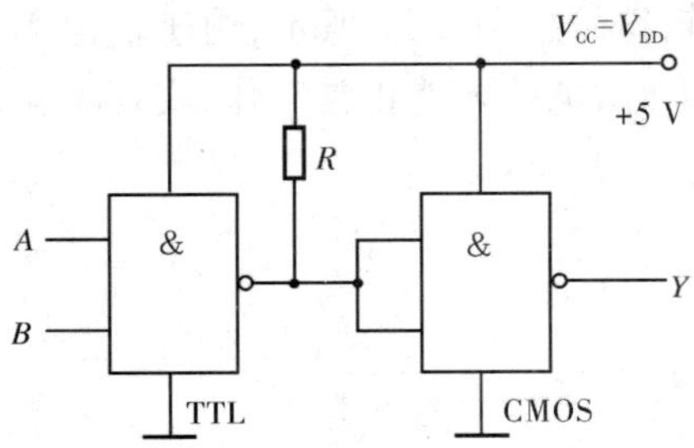

(a)电源电压相同时

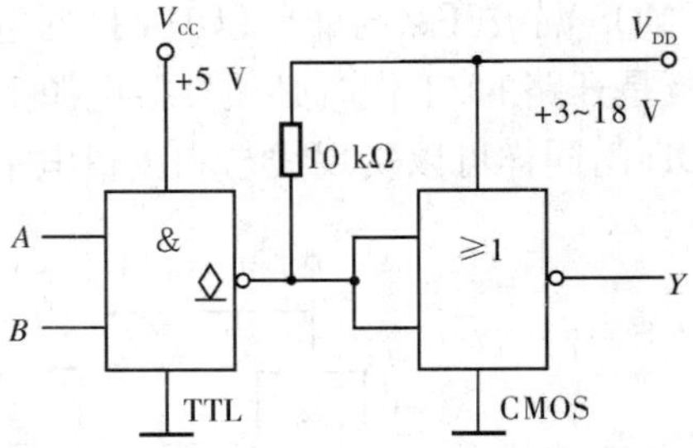

(b)电源电压不同时

图 8-12 TTL 电路与 CMOS 电路的接口

2. TTL 电路驱动高速 CMOS 电路 CC74HCT 系列

高速 CMOS 电路 CC74HCT 系列在制造时已经考虑了和 TTL 电路的兼容问题,因此 TTL 电路的输出端可以直接与高速 CMOS 电路 CC74HCT 系列的输入端相连,不需要另外再加其他器件。

8.1.3.2 CMOS 电路驱动 TTL 电路

1. CMOS4000 系列驱动 TTL 电路

当 CMOS 和 TTL 电路的电源电压都为 5 V 时,CMOS4000 系列电路可以直接驱动 TTL 电路。但由于 TTL 电路的输入低电平电流较大,CMOS4000 系列输出的低电平电流却很小,不能向 TTL 电路提供较大的输入低电平电流,解决的办法为:将同一芯片上的多个 CMOS 门电路并联使用或者在 CMOS 电路输出端和 TTL 电路输入端之间接入 CMOS 驱动器,如图 8-13 所示。

2. 高速 CMOS 电路驱动 TTL 电路

当高速 CMOS 电路和 TTL 电路的电源电压都为 5 V 时,CC74HC、CC74HCT 系列的输

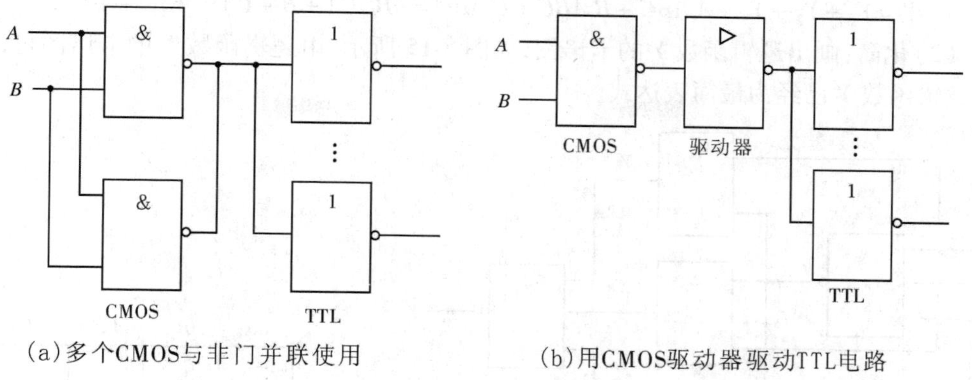

图 8-13　CMOS4000 系列驱动 TTL 电路

出端和 TTL 电路的输入端可以直接相连。

8.2　组合逻辑电路的分析和设计

在工程实际中,研究组合电路通常有以下三方面任务:

(1)分析:对已给定的组合电路分析其逻辑功能或改进设计。

(2)设计:根据实际需要的逻辑要求设计组合电路。

(3)应用:掌握常用典型中规模集成组合电路的逻辑功能和使用方法,选择和应用到工程实际中去。

在本节中主要讲述组合逻辑电路的分析方法和设计方法。

8.2.1　组合逻辑电路的分析

组合逻辑电路的分析就是根据给定的逻辑电路图,找出输入信号和输出信号间的逻辑关系,从而确定它的逻辑功能或提出改进设计方案。

8.2.1.1　组合逻辑电路的分析步骤

(1)写表达式:一般方法是根据给定的逻辑电路,逐级写出每个门电路的输入、输出关系式,最后得到整个电路的输入、输出关系式,即输出逻辑函数表达式。

(2)化简:利用公式法或卡诺图法进行化简,得出最简逻辑函数表达式(若确定逻辑函数表达式已经为最简,此步骤可略去)。

(3)列真值表:根据最简逻辑函数表达式列出函数真值表。

(4)逻辑功能描述:分析逻辑函数真值表总结出的逻辑功能,作出简要的文字描述,或进行改进设计。

8.2.1.2　分析举例

【例 8-1】　分析图 8-14 所示组合逻辑电路。

解:(1)写表达式:由图 8-14 得

$$Y_1=\overline{ABC};Y_2=AY_1=A\,\overline{ABC};Y_3=BY_1=B\,\overline{ABC};Y_4=CY_1=C\,\overline{ABC}$$

$$Y=\overline{Y_1+Y_2+Y_3}+\overline{A\,\overline{ABC}+B\,\overline{ABC}+C\,\overline{ABC}}=\overline{\overline{ABC}(A+B+C)}=ABC+\bar{A}\,\bar{B}\,\bar{C}$$

(2)化简:画出逻辑函数 Y 的卡诺图,如图 8-15 所示,由逻辑函数 Y 的卡诺图可以看出,逻辑函数 Y 已经为最简表达式。

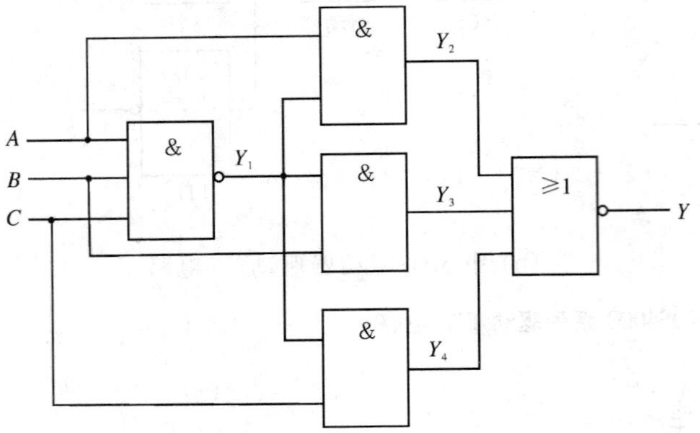

图 8-14　例 8-1 的逻辑电路图

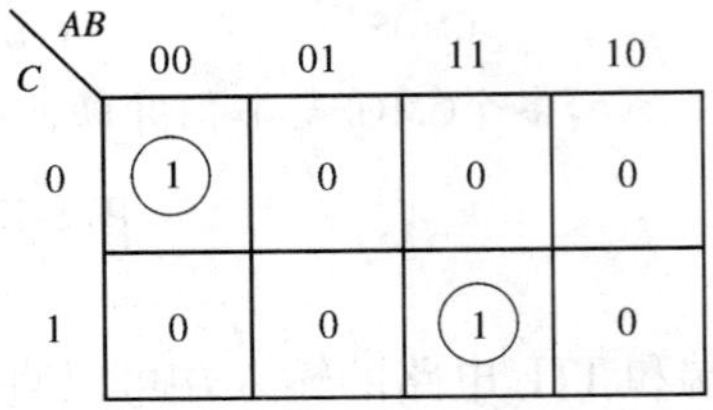

图 8-15　例 8-1 中逻辑函数 Y 的卡诺图

(3)列真值表:根据 Y 表达式计算或由卡诺图转变得到相应真值表。表 8-6 为例 8-1 图的真值表。

表 8-6　例 8-1 的真值表

输入			输出
A	B	C	Y
0	0	0	1
0	0	1	0
0	1	0	0
0	1	1	0
1	0	0	0
1	0	1	0
1	1	0	0
1	1	1	1

(4)逻辑功能描述:分析以上真值表可以发现,当三个输入逻辑变量 A、B、C 取值一致时,电路输出 1;否则,电路输出 0。所以,它是一个对输入信号取值进行判断的电路,称为“三变量一致判断电路”。

【例 8-2】　分析图 8-16(a)所示的组合逻辑电路。

解:(1)写表达式:由图 8-16 的逻辑电路容易得出

$$Y_1=\overline{ABC},\ Y_2=\overline{AB\bar{C}},\ Y_3=\overline{\bar{A}BC},\ Y_4=\overline{A\bar{B}C}$$

所以输出函数 Y 的表达式为

$$Y=\overline{Y_1Y_2Y_3Y_4}=\overline{Y_1}+\overline{Y_2}+\overline{Y_3}+\overline{Y_4}=ABC+AB\bar{C}+\bar{A}BC+A\bar{B}C \qquad (8\text{-}1)$$

(2)化简:画出 Y 的卡诺图,如图 8-16(b)所示。从卡诺图可明显看出,Y 可化简为

$$Y=AB+AC+BC$$

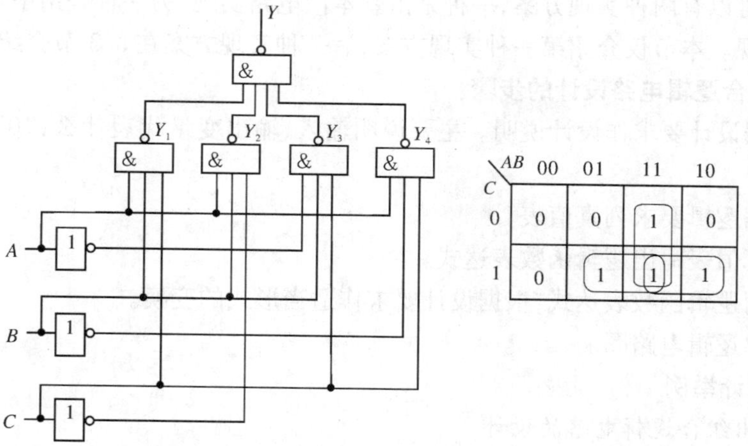

(a)逻辑电路图　　　　　　　　(b)卡诺图

图 8-16　例 8-2 的逻辑电路图和卡诺图

(3)列真值表:根据 Y 表达式计算或由卡诺图转变得到相应真值表,见表 8-7。

表 8-7　例 8-2 的真值表

输入			输出
A	B	C	Y
0	0	0	0
0	0	1	0
0	1	0	0
0	1	1	1
1	0	0	0
1	0	1	1
1	1	0	1
1	1	1	1

(4)逻辑功能描述:分析表 8-7 可看出,该逻辑电路输入变量有两个或两个以上输入为 1 时,输出 Y 才为 1;否则为 0,故该逻辑电路的的逻辑功能是:三变量多数表决。

由分析过程中化简后的 Y 表达式(式(8-1))可对图 8-16(a)所示的逻辑电路图进行改进设计,改进电路如图 8-17 所示,它比图 8-16(a)所示的逻辑电路节省了四个门。

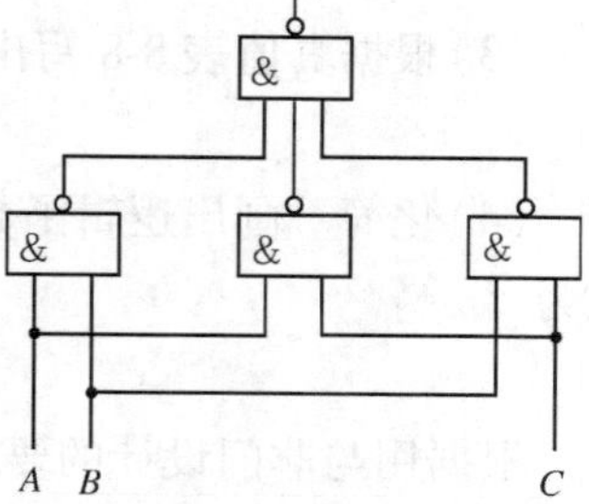

图 8-17　例 8-2 的改进电路

8.2.2　组合逻辑电路的设计

组合逻辑电路的设计过程正好与组合逻辑电路的分析过程相反,它是根据给定的逻辑功能要求,确定用最少逻辑门来实现该逻辑功能的电路。

实际设计中可以有两种实现方案，一种是由基本门电路实现，另一种是由中规模集成组合逻辑电路实现。本节仅介绍第一种实现方案，后一种实现方案在 8.3 节介绍。

8.2.2.1 组合逻辑电路设计的步骤

(1) 根据设计要求作设计说明。主要说明输入、输出变量代表什么；“0”、“1”的含义是什么。

(2) 根据逻辑要求列真值表。

(3) 由真值表写出逻辑函数表达式。

(4) 化简逻辑函数表达式，根据设计要求作适当形式的变换。

(5) 画出逻辑电路图。

8.2.2.2 设计举例

1. 单输出组合逻辑电路的设计

【例 8-3】 用与非门设计一个 A、B、C 三人表决电路。当表决某个提案时，多数人同意，提案通过，同时 A 具有否决权。

解：(1) 根据设计要求作设计说明。设 A、B、C 三个人表决，同意提案时用 1 表示，不同意时用 0 表示；Y 为表决结果，提案通过用 1 表示，通不过用 0 表示，同时还应考虑 A 具有否决权。

(2) 列真值表。列出真值表如表 8-8 所示。

表 8-8 例 8-3 真值表

输入			输出
A	B	C	Y
0	0	0	0
0	0	1	0
0	1	0	0
0	1	1	0
1	0	0	0
1	0	1	1
1	1	0	1
1	1	1	1

(3) 根据真值表 8-8 写出函数表达式为

$$Y = A\overline{B}C + AB\overline{C} + ABC$$

(4) 化简。画出逻辑函数 Y 的卡诺图，如图 8-18 所示，由卡诺图化简得最简与或表达式为

$$Y = AC + AB \tag{8-2}$$

根据用与非门设计的要求，将式(8-2)变换成与非表达式为

$$Y = \overline{\overline{AC + AB}} = \overline{\overline{AC} \cdot \overline{AB}} \tag{8-3}$$

(5) 画出逻辑电路图。根据输出逻辑函数式(8-3)画逻辑图，画出的逻辑图如图 8-19 所示。

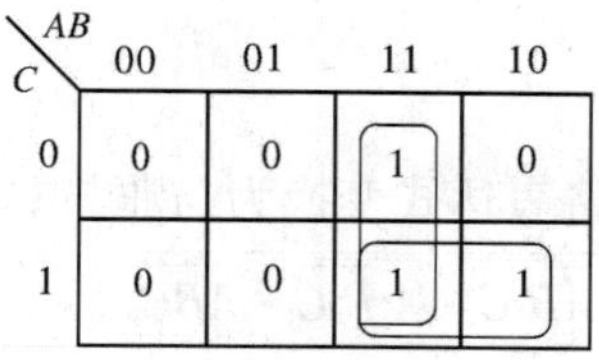

图 8-18　例 8-3 的卡诺图

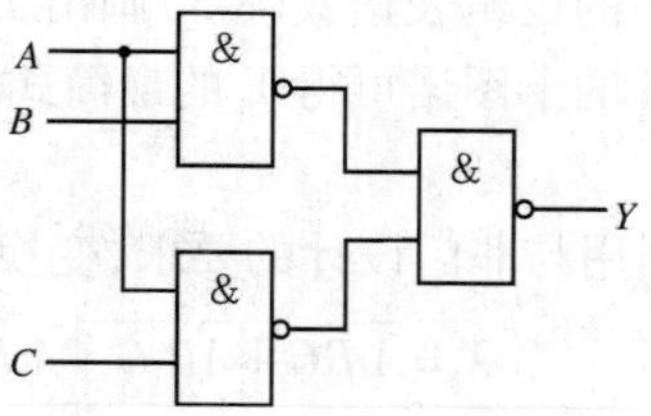

图 8-19　例 8-3 的逻辑电路图

2. 多输出组合逻辑电路的设计

【例 8-4】　某工厂有 A、B、C 三个车间和一个自备电站，站内有两台发电机 X 和 Y。Y 的容量是 X 的两倍。如果一个车间开工，只需 X 运行即可满足要求；如果两个车间开工，只需 Y 运行；如果三个车间同时开工，则 X 和 Y 均需运行。试用与非门设计出控制 X 和 Y 运行的逻辑电路图。

解：(1)设计说明：设 A、B、C 分别表示三个车间的开工状态：开工为“1”，不开工为“0”；X 和 Y 状态：运行为“1”，不运行为“0”。

(2)列真值表：根据上述设计说明和逻辑功能要求列出真值表，如表 8-9 所示。

表 8-9　例 8-4 真值表

输入			输出	
A	B	C	X	Y
0	0	0	0	0
0	0	1	1	0
0	1	0	1	0
0	1	1	0	1
1	0	0	1	0
1	0	1	0	1
1	1	0	0	1
1	1	1	1	1

(3)由真值表写出逻辑表达式为

$$X=\overline{A}\,\overline{B}C+\overline{A}B\overline{C}+A\overline{B}\,\overline{C}+ABC \tag{8-4}$$

$$Y=\overline{A}BC+A\overline{B}C+AB\overline{C}+ABC \tag{8-5}$$

(4)化简：由 X 的逻辑表达式(8-4)画出逻辑函数 X 的卡诺图，如图 8-20(a)所示。由卡图诺可知，逻辑函数 X 的表达式(8-4)已经为最简。

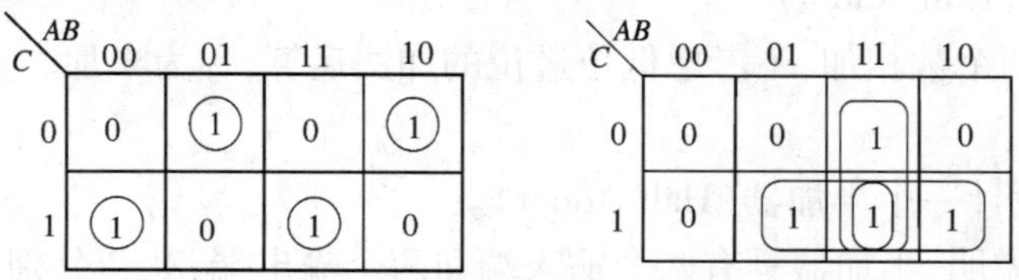

(a) X的卡诺图　　(b) Y的卡诺图

图 8-20　例 8-4 的卡诺图

由 Y 的逻辑表达式(8-5)画出 Y 的卡诺图,如图 8-20(b)所示。

由 Y 的卡图诺可得 Y 的最简式为

$$Y = AB + BC + AC \tag{8-6}$$

根据用与非门设计的要求,变换逻辑函数表达式,将表达式变换为与非与非形式

$$X = \overline{A}\,\overline{B}C + \overline{A}B\overline{C} + A\overline{B}\,\overline{C} + ABC = \overline{\overline{\overline{A}\,\overline{B}C} \cdot \overline{\overline{A}B\overline{C}} \cdot \overline{A\overline{B}\,\overline{C}} \cdot \overline{ABC}} \tag{8-7}$$

$$Y = AB + BC + AC = \overline{\overline{AB + BC + AC}} = \overline{\overline{AB} \cdot \overline{BC} \cdot \overline{AC}} \tag{8-8}$$

(5)根据逻辑表达式(8-7)和式(8-8)画出逻辑电路图,如图 8-21 所示。

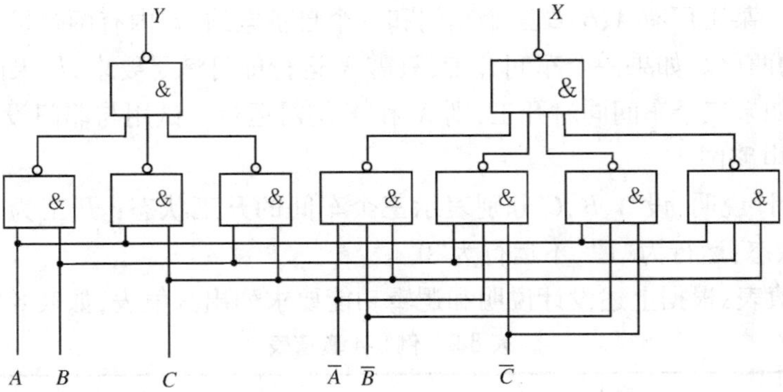

图 8-21　例 8-4 的逻辑电路图

8.3　组合逻辑电路的应用

在数字系统中,有些组合逻辑电路经常大量地被采用,出于应用的需要,这些组合逻辑电路都被集成化和标准化了。常见的中规模集成组合逻辑电路包括加法器、编码器、译码器、比较器、数据选择器和数据分配器等。它们具有通用、兼容性好、功耗小、工作稳定等特点。

8.3.1　加法器(Adder)

在数字系统中,两个二进制之间的算术运算,无论是加、减,还是乘、除,目前在数字计算机中都是化为若干步加法运算进行的,因此加法器是构成算术运算器的基本单元。

8.3.1.1　**半加器**(Half Adder)

只考虑本位两个数相加,不考虑低位进位的加法运算,称为半加。完成半加功能的电路,称为半加器。

【例 8-5】　设计一个半加器(Half Adder)。

解:(1)设计说明:半加器具有两个输入端和两个输出端,A、B 分别为两个输入端(即分别为被加数与加数),S、C 分别为两个输出端,S 是和的输出,C 是进位输出。

(2)列真值表:列出真值表,如表 8-10 所示。

表 8-10 半加器的真值表

输入		输出	
A	B	S	C
0	0	0	0
0	1	1	0
1	0	1	0
1	1	0	1

(3)根据真值表 8-10 写出函数表达式为

$$S=\overline{A}B+A\overline{B}=A\oplus B \tag{8-9}$$

$$C=AB \tag{8-10}$$

容易判断式(8-9)、式(8-10)两个表达式已经为最简表达式,故可以方便地用一个异或门产生和数 S,再用一个与门产生进位位 C,即可构成半加器。

(4)画出逻辑电路图。半加器的逻辑电路图和图形符号如图 8-22 所示。

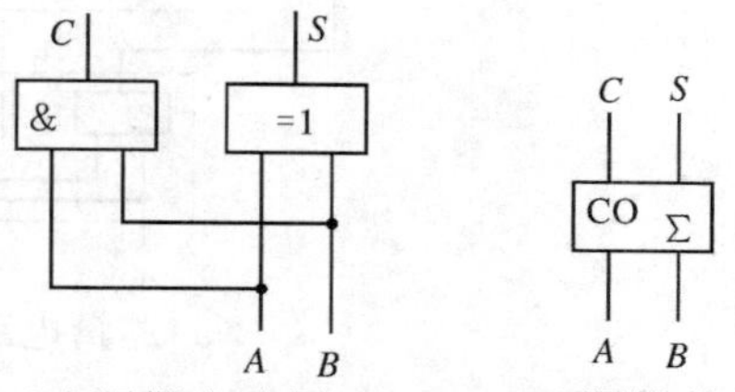

(a)逻辑电路图 (b)逻辑符号

图 8-22 半加器

8.3.1.2 **全加器(Full Adder)**

考虑本位两个数相加且考虑低位进位的加法称为全加,完成全加功能的电路称为全加器。

【例 8-6】 设计一个全加器(Full Adder)。

解:(1)设计说明:全加器具有三个输入端和两个输出端,A_i、B_i 分别为两个一位二进制数的输入端,C_i 为前一位的进位输入端,S_i 是和的输出,C_{i+1} 是进位输出。

(2)列真值表:列出真值表如表 8-11 所示。

表 8-11 全加器的真值表

输入			输出	
A_i	B_i	C_i	S_i	C_{i+1}
0	0	0	0	0
0	0	1	1	0
0	1	0	1	0
0	1	1	0	1
1	0	0	1	0
1	0	1	0	1
1	1	0	0	1
1	1	1	1	1

(3)由全加器的真值表 8-11 写出函数表达式为

$$S_i=\overline{A_i}\,\overline{B_i}C_i+\overline{A_i}B_i\overline{C_i}+A_i\overline{B_i}\,\overline{C_i}+A_iB_iC_i=\sum m(1,2,4,7) \tag{8-11}$$

$$C_{i+1} = \overline{A_i}B_iC_i + A_i\overline{B_i}C_i + A_iB_i\overline{C_i} + A_iB_iC_i = \sum m(3,5,6,7) \tag{8-12}$$

对式(8-11)、式(8-12)两式做适当的变换得

$$\begin{aligned} S_i &= (\overline{A_i}\,\overline{B_i} + A_iB_i)C_i + (\overline{A_i}B_i + A_i\overline{B_i})\overline{C_i} \\ &= \overline{A_i \oplus B_i}C_i + (A_i \oplus B_i)\overline{C_i} \\ &= (A_i \oplus B_i) \oplus C_i \end{aligned} \tag{8-13}$$

$$\begin{aligned} C_{i+1} &= (\overline{A_i}B_i + A_i\overline{B_i})C_i + A_iB_i(C_i + \overline{C_i}) \\ &= (A_i \oplus B_i)C_i + A_iB_i \end{aligned} \tag{8-14}$$

(4)根据所得结果式(8-13)、式(8-14),画出全加器逻辑图,如图 8-23(a)所示,其图形符号如图 8-23(b)所示。

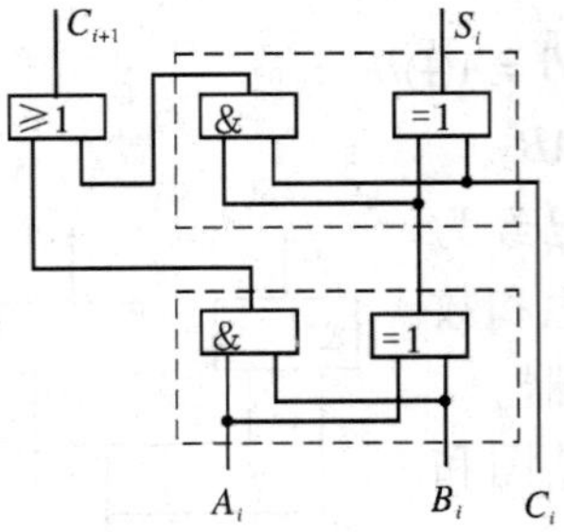

(a)逻辑电路图

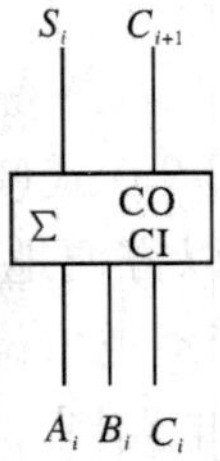

(b)逻辑符号

图 8-23 全加器

8.3.1.3 多位加法器

实现多位二进制数加法运算的电路称为多位加法器,简称加法器。加法器按进位方式不同可分为串行进位加法器和超前进位加法器。

1. 串行进位加法器

把四个全加器依次级联起来,便可构成 4 位串行进位加法器,如图 8-24 所示。这种加法器电路简单,由于每一位的相加结果都必须等到低一位的进位产生后才能建立起来,因此它的缺点是运算速度慢。

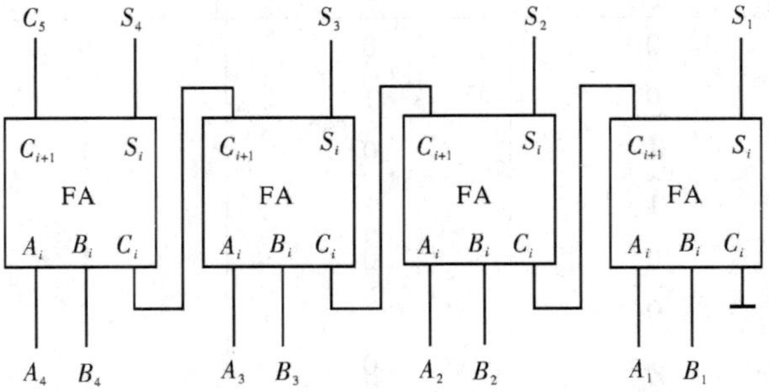

图 8-24 4 位串行进位加法器

2. 超前进位加法器

超前进位加法器克服串行进位加法器运算速度慢的缺点,其每一位的进位根据各位

的输入同时预先形成，而不需要等到低位的进位送来后才形成。其运算速度快，但电路较串行加法器复杂。集成芯片 74LS283 是 4 位二进制超前进位全加器，图 8-25 是它的符号和外引脚线排列图。

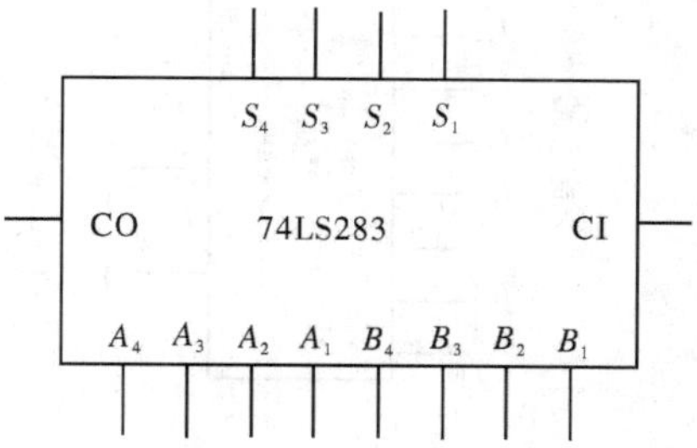

(a)逻辑符号

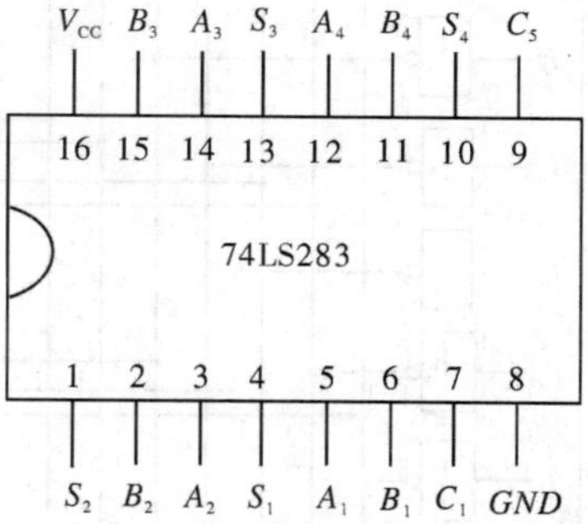

(b)外引脚图

图 8-25　集成芯片 74LS283

8.3.2　编码器

在数字电路中，通常把具有特定含义的信号变成二进制代码的过程，称为编码。实现编码功能的电路叫编码器。其输入为被编信息，输出为二进制代码。

如图 8-26 所示为编码器的一般结构框图。一个编码器有 n 个输入端、m 个输出端，则此编码器称为 n 线 - m 线编码器，其中 n 为待编码信号个数，m 为输出编码位数。由于 m 位二进制代码最多有 2^m 种组合，即最多可以表示 2^m 种信号，故输入个数 n 与输出个数 m 应符合 $n \leqslant 2^m$ 的关系，若 $n = 2^m$，此编码器称为全编码或二进制编码，否则称为部分编码。

编码器按是否允许在几个输入端同时有输入信号请求编码分为普通编码器和优先编码器；按输出端输出编码的形式不同可分为二进制编码器和二 - 十进制编码器。

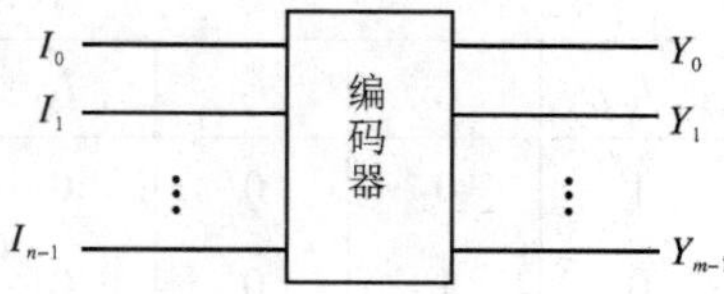

图 8-26　编码器框图

8.3.2.1　普通编码器

普通编码器在某一时刻只对一个输入信号进行编码，即只能有一个输入端有效，不允许有多个信号同时请求编码。常用的普通编码器有二进制编码器和二 - 十进制编码器。

二进制编码器是用 m 位二进制代码对 2^m 个信号进行编码的电路，即 $n = 2^m$。现在以 3 位二进制普通编码器为例介绍。

3 位二进制编码器有 8 个输入端、3 个输出端，故常称为 8 线 - 3 线编码器，图 8-27(a)是由非门和与非门组成的 3 位二进制编码器逻辑图。$I_0 \sim I_7$ 为 8 个需要编码的输入信号，输出 Y_2、Y_1 和 Y_0 为 3 位二进制代码。图 8-27(b)所示为 3 位二进制编码器的逻辑框图。

由图 8-27(a)可以得出输入和输出之间存在如下的逻辑关系，即

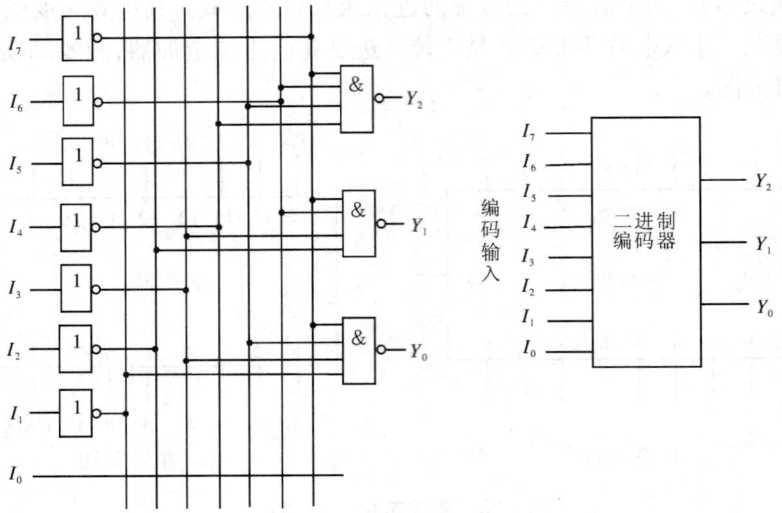

(a)逻辑图　　　　　　　　　　(b)逻辑框图

图 8-27　8 线 - 3 线编码器

$$
\left.\begin{aligned}
Y_2 &= \overline{\overline{I_4}\ \overline{I_5}\ \overline{I_6}\ \overline{I_7}} = I_4 + I_5 + I_6 + I_7 \\
Y_1 &= \overline{\overline{I_2}\ \overline{I_3}\ \overline{I_6}\ \overline{I_7}} = I_2 + I_3 + I_6 + I_7 \\
Y_0 &= \overline{\overline{I_1}\ \overline{I_3}\ \overline{I_5}\ \overline{I_7}} = I_1 + I_3 + I_5 + I_7
\end{aligned}\right\} \tag{8-15}
$$

根据式(8-15)可列出表 8-12 所示的真值表。

表 8-12　8 线 - 3 线编码器的真值表

输入								输出		
I_0	I_1	I_2	I_3	I_4	I_5	I_6	I_7	Y_2	Y_1	Y_0
1	0	0	0	0	0	0	0	0	0	0
0	1	0	0	0	0	0	0	0	0	1
0	0	1	0	0	0	0	0	0	1	0
0	0	0	1	0	0	0	0	0	1	1
0	0	0	0	1	0	0	0	1	0	0
0	0	0	0	0	1	0	0	1	0	1
0	0	0	0	0	0	1	0	1	1	0
0	0	0	0	0	0	0	1	1	1	1

由表 8-12 可知该编码器在任何时刻只能对一个输入信号进行编码，不允许有两个或两个以上的输入信号同时请求编码，否则输出编码会发生混乱。这就是说 $I_0, I_1, \cdots, I_7$ 这 8 个编码信息是相互排斥的。

8.3.2.2　优先编码器

优先编码器的功能是允许同时在几个输入端有输入信号请求编码,编码器按输入信号预先排定的优先顺序,只对同时输入的几个信号中优先权限最高的一个编码。

集成芯片 74LS147 是 10 线 - 4 线 8421BCD 码优先二 - 十进制编码器,它的功能见表 8-13,逻辑符号、外引脚排列如图 8-28 所示。

表 8-13　74LS147 功能表

输入									输出			
$\overline{I}_1$	$\overline{I}_2$	$\overline{I}_3$	$\overline{I}_4$	$\overline{I}_5$	$\overline{I}_6$	$\overline{I}_7$	$\overline{I}_8$	$\overline{I}_9$	$\overline{Y}_3$	$\overline{Y}_2$	$\overline{Y}_1$	$\overline{Y}_0$
1	1	1	1	1	1	1	1	1	1	1	1	1
×	×	×	×	×	×	×	×	0	0	1	1	0
×	×	×	×	×	×	×	0	1	0	1	1	1
×	×	×	×	×	×	0	1	1	1	0	0	0
×	×	×	×	×	0	1	1	1	1	0	0	1
×	×	×	×	0	1	1	1	1	1	0	1	0
×	×	×	0	1	1	1	1	1	1	0	1	1
×	×	0	1	1	1	1	1	1	1	1	0	0
×	0	1	1	1	1	1	1	1	1	1	0	1
0	1	1	1	1	1	1	1	1	1	1	1	0

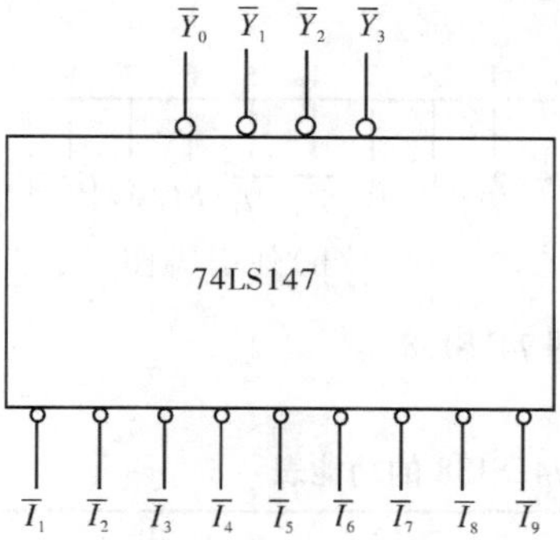

(a)逻辑符号

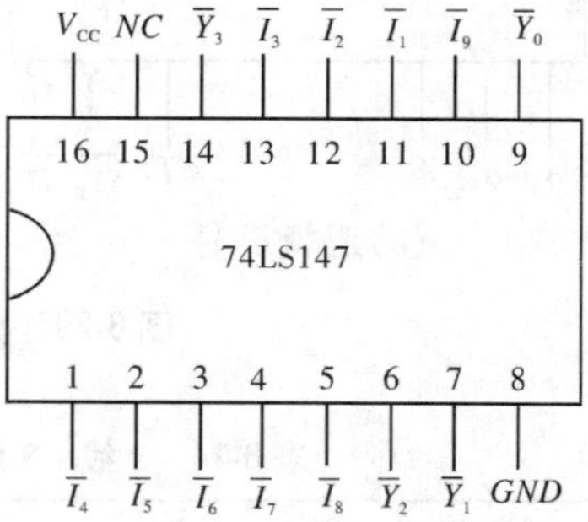

(b)外引脚图

图 8-28　集成编码器 74LS147

根据表 8-13 所示 74LS147 的功能表,对其逻辑功能说明如下:

$\overline{Y}_3$、$\overline{Y}_2$、$\overline{Y}_1$、$\overline{Y}_0$ 为数码输出端,输出为 8421BCD 码的反码。$\overline{I}_1 \sim \overline{I}_9$ 为编码信号输入端,输入低电平 0 有效,这时表示有编码请求。输入高电平 1 无效,表示无编码请求。在$\overline{I}_1 \sim \overline{I}_9$ 中,$\overline{I}_9$ 的优先级别最高,$\overline{I}_8$ 次之,其余依次类推,$\overline{I}_1$ 的优先级别最低。当$\overline{I}_9=0$ 时,其余输入信号不论是 0 还是 1 都不起作用,电路只对$\overline{I}_9$ 进行编码,输出$\overline{Y}_3\ \overline{Y}_2\ \overline{Y}_1\ \overline{Y}_0=0110$,为反码,其原码为 1001,其余依次类推。在图 8-28 中,没有$\overline{I}_0$,这是因为当$\overline{I}_1 \sim \overline{I}_9$ 都为高电平 1 时,输出$\overline{Y}_3\ \overline{Y}_2\ \overline{Y}_1\ \overline{Y}_0=1111$,其反码为 0000,相当于输入$\overline{I}_0$。因此,在逻辑功能示意图中没有输入端$\overline{I}_0$。

8.3.3 译码器

译码是编码的逆过程。译码是将表示特定意义信号的二进制代码翻译出来。实现译码功能的电路称为译码器。译码器输入为二进制代码,输出为与输入代码对应的特定信号,按用途的不同,译码器可分为变量译码器和显示译码器。

8.3.3.1 变量译码器

变量译码器是将一组二进制编码转换成相应高低电平输出信号的电路。常用的变量译码器有二进制译码器和二－十进制译码器。

二进制译码器就是将输入的二进制代码转换成相应高低电平输出信号的电路。这类译码器是全译码器,对所有变量输入组合均有相应的输出。74LS138 是一种常用的二进制集成译码器,其逻辑符号、外引脚排列如图 8-29 所示,它有 3 个输入端和 8 个输出端,因此称为 3 线－8 线译码器,其逻辑功能见表 8-14。

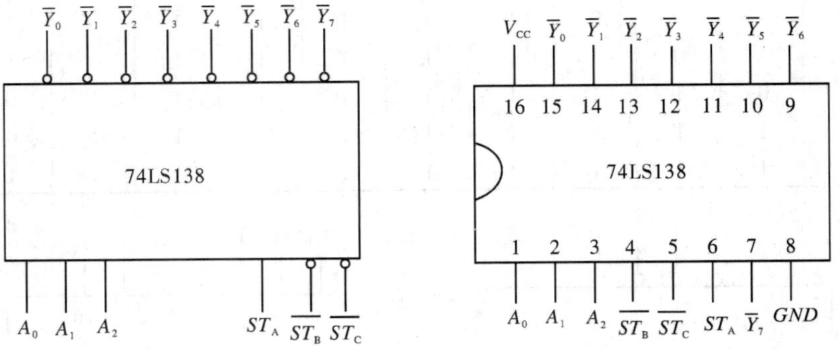

(a)逻辑符号　　(b)外引脚图

图 8-29　集成译码器 74LS138

表 8-14　3 线－8 线译码器 74LS138 的功能表

输入						输出							
ST_A	$\overline{ST_B}$	$\overline{ST_C}$	A_2	A_1	A_0	$\overline{Y_7}$	$\overline{Y_6}$	$\overline{Y_5}$	$\overline{Y_4}$	$\overline{Y_3}$	$\overline{Y_2}$	$\overline{Y_1}$	$\overline{Y_0}$
0	×	×	×	×	×	1	1	1	1	1	1	1	1
×	×	1	×	×	×	1	1	1	1	1	1	1	1
×	1	×	×	×	×	1	1	1	1	1	1	1	1
1	0	0	0	0	0	1	1	1	1	1	1	1	0
1	0	0	0	0	1	1	1	1	1	1	1	0	1
1	0	0	0	1	0	1	1	1	1	1	0	1	1
1	0	0	0	1	1	1	1	1	1	0	1	1	1
1	0	0	1	0	0	1	1	1	0	1	1	1	1
1	0	0	1	0	1	1	1	0	1	1	1	1	1
1	0	0	1	1	0	1	0	1	1	1	1	1	1
1	0	0	1	1	1	0	1	1	1	1	1	1	1

由表 8-14 可知 3 线－8 线译码器 74LS138 有如下逻辑功能:

（1）当 $ST_A=0$，或$\overline{ST_B}+\overline{ST_C}=1$ 时，译码器不工作，输出$\overline{Y_7}\sim\overline{Y_0}$都为高电平 1。

（2）当 $ST_A=1$ 且$\overline{ST_B}+\overline{ST_C}=0$ 时，译码器工作，输出端$\overline{Y_7}\sim\overline{Y_0}$的状态由输入端 $A_2A_1A_0$ 的二进制代码决定，输出低电平 0 有效。例如，输入信号 $A_2A_1A_0$ 为 000 时，$\overline{Y_0}$为低电平 0，$\overline{Y_1}\sim\overline{Y_7}$为高电平 1；$A_2A_1A_0$ 为 001 时，$\overline{Y_1}$为低电平 0，其他输出端都为高电平 1，其余依次类推，即有 74LS138 的输出逻辑函数式为

$$\left.\begin{aligned}
\overline{Y_0}&=\overline{\overline{A_2}\,\overline{A_1}\,\overline{A_0}}=\overline{m_0}, & \overline{Y_4}&=\overline{A_2\,\overline{A_1}\,\overline{A_0}}=\overline{m_4}\\
\overline{Y_1}&=\overline{\overline{A_2}\,\overline{A_1}\,A_0}=\overline{m_1}, & \overline{Y_5}&=\overline{A_2\,\overline{A_1}A_0}=\overline{m_5}\\
\overline{Y_2}&=\overline{\overline{A_2}A_1\overline{A_0}}=\overline{m_2}, & \overline{Y_6}&=\overline{A_2\,A_1\overline{A_0}}=\overline{m_6}\\
\overline{Y_3}&=\overline{\overline{A_2}A_1A_0}=\overline{m_3}, & \overline{Y_7}&=\overline{A_2\,A_1A_0}=\overline{m_7}
\end{aligned}\right\}\qquad(8\text{-}16)$$

74LS139 是双 2 线 -4 线译码器，它的内部集成了两组 2 线 -4 线译码器，其功能表见表 8-15，它的引脚排列图见图 8-30。

表 8-15　74LS139 译码器的功能表

控制	输入		输出
$\overline{E}$	B	A	$\overline{Y_0}\sim\overline{Y_3}$
0	0	0	$\overline{Y_0}=0$，其余为 1
	0	1	$\overline{Y_1}=0$，其余为 1
	1	0	$\overline{Y_2}=0$，其余为 1
	1	1	$\overline{Y_3}=0$，其余为 1
1	×	×	$\overline{Y_0}\sim\overline{Y_3}$全为 1

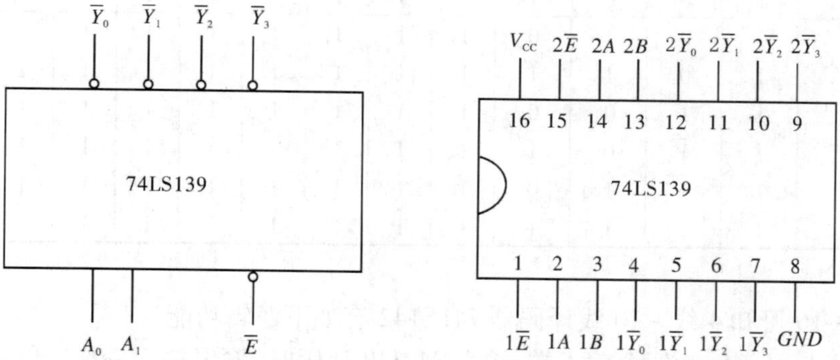

（a）逻辑符号　　　（b）外引脚图

图 8-30　集成译码器 74LS139

二 - 十进制译码器是将 4 位二 - 十进制代码（BCD）译为十进制代码 0 ~ 9 的逻辑电路，称为二 - 十进制译码器。它有 4 个输入端、10 个输出端，所以又称为 4 线 -10 线译码器。

常用的二 - 十进制集成译码器为 74LS142，其逻辑符号、外引脚排列如图 8-31 所示，功能表见表 8-16。

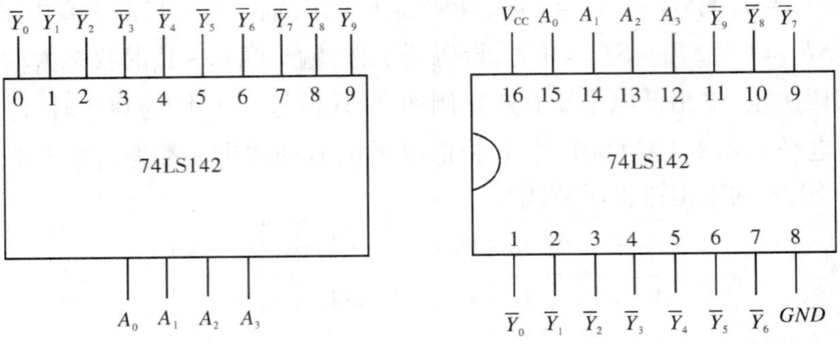

(a)逻辑符号　　(b)外引脚图

图 8-31　集成译码器 74LS142

表 8-16　集成译码器 74LS142 功能表

十进制数	输入				输出									
	A_3	A_2	A_1	A_0	$\overline{Y_0}$	$\overline{Y_1}$	$\overline{Y_2}$	$\overline{Y_3}$	$\overline{Y_4}$	$\overline{Y_5}$	$\overline{Y_6}$	$\overline{Y_7}$	$\overline{Y_8}$	$\overline{Y_9}$
0	0	0	0	0	0	1	1	1	1	1	1	1	1	1
1	0	0	0	1	1	0	1	1	1	1	1	1	1	1
2	0	0	1	0	1	1	0	1	1	1	1	1	1	1
3	0	0	1	1	1	1	1	0	1	1	1	1	1	1
4	0	1	0	0	1	1	1	1	0	1	1	1	1	1
5	0	1	0	1	1	1	1	1	1	0	1	1	1	1
6	0	1	1	0	1	1	1	1	1	1	0	1	1	1
7	0	1	1	1	1	1	1	1	1	1	1	0	1	1
8	1	0	0	0	1	1	1	1	1	1	1	1	0	1
9	1	0	0	1	1	1	1	1	1	1	1	1	1	0
伪码	1	0	1	0	1	1	1	1	1	1	1	1	1	1
	1	0	1	1	1	1	1	1	1	1	1	1	1	1
	1	1	0	0	1	1	1	1	1	1	1	1	1	1
	1	1	0	1	1	1	1	1	1	1	1	1	1	1
	1	1	1	0	1	1	1	1	1	1	1	1	1	1
	1	1	1	1	1	1	1	1	1	1	1	1	1	1

由表 8-16 可知 4 线 - 10 线译码器 74LS142 有如下逻辑功能：

(1) A_3、A_2、A_1、A_0 为四个输入端，输入 8421BCD 码时，输出端 $\overline{Y_0} \sim \overline{Y_9}$（低电平有效）有相应的输出，分别与十进制数 0 ~ 9 相对应。当 $A_3A_2A_1A_0 = 0000$ 时，对应 $\overline{Y_0} = 0$，其余均为高电平 1；当 $A_3A_2A_1A_0 = 0001$ 时，$\overline{Y_1} = 0$，其余均为高电平 1，其余依次类推。

(2) 当输入伪码时，输出端 $\overline{Y_0} \sim \overline{Y_9}$ 全为高电平。

(3) 无使能端，但可以用 A_3 作控制端，$\overline{Y_0} \sim \overline{Y_7}$ 作输出端，$\overline{Y_8}$、$\overline{Y_9}$ 不用，当做 3 线 - 8 线译码器使用。

8.3.3.2　数码显示译码器

在电子仪器设备中，经常需要用显示器将处理和运算结果显示出来，以便人们的观测、查看。显示译码器主要由译码器和驱动器两部分组成,通常这二者都集成在一块芯片中。显示译码器的输入一般为二－十进制代码,其输出的信号用以驱动显示器件,显示出十进制数字来。

1. 七段数字显示器

常见的七段数字显示器有半导体数码显示器(LED)和液晶显示器(LCD)等。七段半导体数码显示器(LED)的优点是亮度较高、工作电压较低、体积小、可靠性高,有多种颜色可供选择,应用广泛;缺点是工作电流较大。如图8-32所示为由七段发光二极管组成的数码显示器及显示数字的外形。

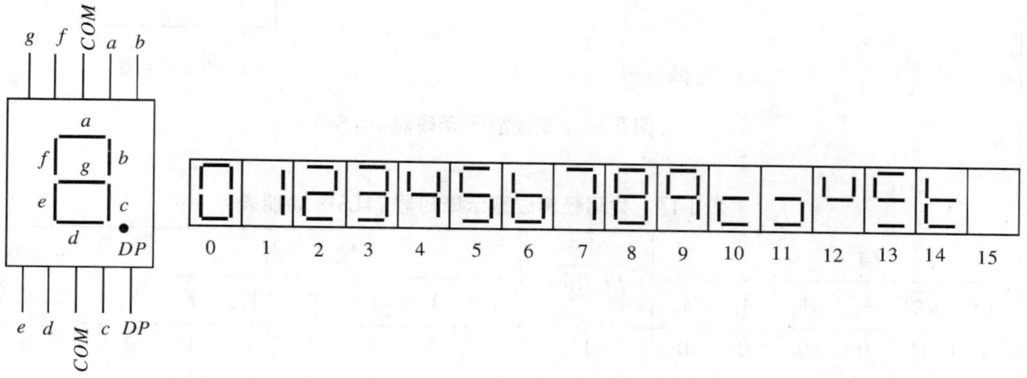

(a)七段数码显示器　　(b)显示的数字

图8-32　七段半导体数码显示器

发光二极管数码显示器的内部接法有两种:共阳极接法和共阴极接法,如图8-33所示,图中R为限流电阻。七段译码器输出低电平时,需选用共阳极接法的数码显示器;七段译码器输出高电平时,则需选用共阴极接法的数码显示器。

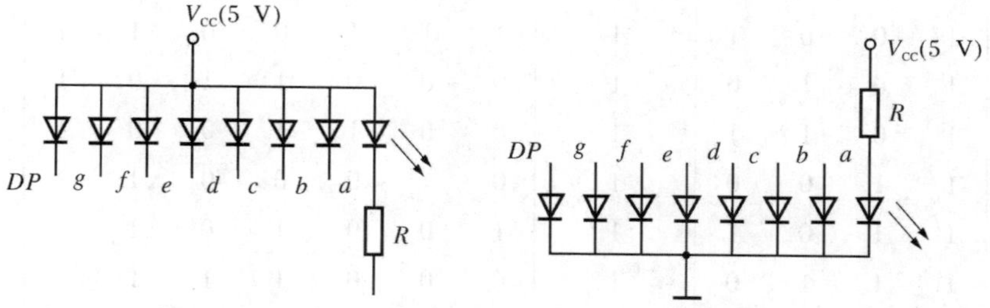

(a)共阳极　　(b)共阴极

图8-33　数码显示器的内部接法

2. 七段显示译码器

74LS48是8421BCD七段显示译码器/驱动器,用于与共阴极半导体数码显示器件相连。其逻辑符号、外引脚排列如图8-34所示,其功能表见表8-17。

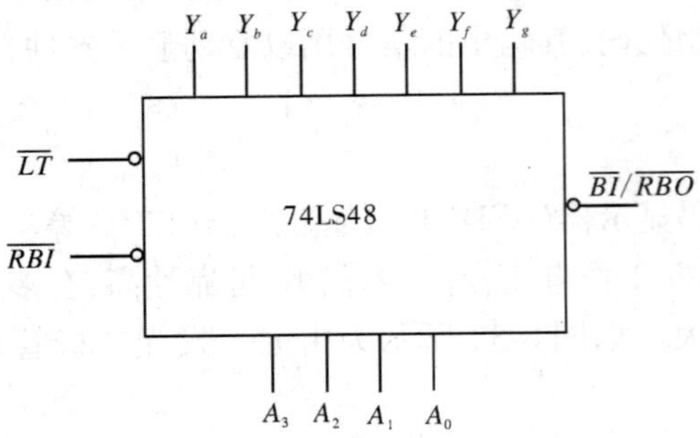

(a)逻辑符号

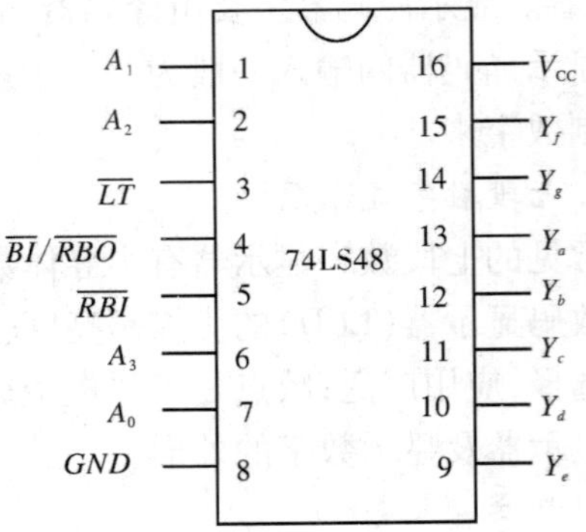

(b)外引脚图

图 8-34　集成显示译码器 74LS48

表 8-17　共阴极集成显示译码器 74LS48 功能表

输入						$\overline{BI}/\overline{RBO}$	输出							十进制数或功能
$\overline{LT}$	$\overline{RBI}$	A_3	A_2	A_1	A_0		Y_a	Y_b	Y_c	Y_d	Y_e	Y_f	Y_g	
1	1	0	0	0	0	1	1	1	1	1	1	1	0	0
1	×	0	0	0	1	1	0	1	1	0	0	0	0	1
1	×	0	0	1	0	1	1	1	0	1	1	0	1	2
1	×	0	0	1	1	1	1	1	1	1	0	0	1	3
1	×	0	1	0	0	1	0	1	1	0	0	1	1	4
1	×	0	1	0	1	1	1	0	1	1	0	1	1	5
1	×	0	1	1	0	1	0	0	1	1	1	1	1	6
1	×	0	1	1	1	1	1	1	1	0	0	0	0	7
1	×	1	0	0	0	1	1	1	1	1	1	1	1	8
1	×	1	0	0	1	1	1	1	1	0	0	1	1	9
1	×	1	0	1	0	1	0	0	0	1	1	0	1	10
1	×	1	0	1	1	1	0	0	1	1	0	0	1	11
1	×	1	1	0	0	1	0	1	0	0	0	1	1	12
1	×	1	1	0	1	1	1	0	0	1	0	1	1	13
1	×	1	1	1	0	1	0	0	0	1	1	1	1	14
1	×	1	1	1	1	1	0	0	0	0	0	0	0	15
×	×	×	×	×	×	0	0	0	0	0	0	0	0	灭灯
1	0	0	0	0	0	0	0	0	0	0	0	0	0	灭零
0	×	×	×	×	×	1	1	1	1	1	1	1	1	灯测试

由表 8-17 可知 74LS48 是有灭零功能的显示译码器，其功能说明如下：

(1)输入信号是由 $A_3A_2A_1A_0$ 组成的 8421BCD 码，输出信号是 $Y_a \sim Y_g$。图 8-35 为 74LS48 驱动共阴极数码管电路。

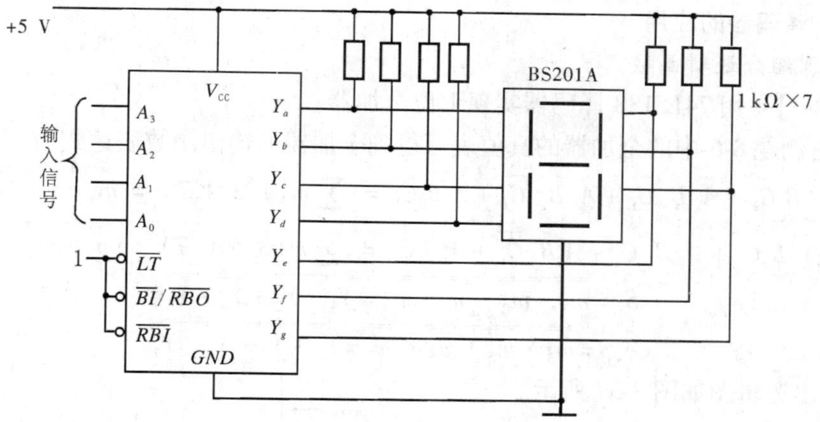

图 8-35　74LS48 驱动共阴极数码管电路

(2)灯测试输入$\overline{LT}$:它是为测试数码管发光段好坏而设置的,当$\overline{LT}=0$ 时,$Y_a \sim Y_g$ 全部为 1,数码管七段全亮,说明数码管工作正常。

(3)灭零输入$\overline{RBI}$:它接受来自高位的灭零控制信号,当$\overline{RBI}=0$、$\overline{LT}=1$ 时,如果 $A_3A_2A_1A_0=0000$,则输出为 0,但此时这个零不显示出来;如果高位不要求低位灭零,即$\overline{RBI}=1$,零就被显示出来。

(4)灭灯输入/灭零输出$\overline{BI}/\overline{RBO}$:是一个双功能的输入/输出端,工作时$\overline{BI}/\overline{RBO}=1$。$\overline{BI}/\overline{RBO}$作为输入端使用时,称灭灯控制输入端。只要$\overline{BI}=0$,无论$\overline{LT}$、$\overline{RBI}$、$A_3A_2A_1A_0$ 的状态是什么,可使输出 $a \sim g$ 各段均灭,即数码管熄灭。$\overline{BI}/\overline{RBO}$作为输出端使用时,称灭零输出端。只有当输入 $A_3A_2A_1A_0=0000$,且灭零输入$\overline{RBI}=0$ 时,$a \sim g$ 各段均灭,不再显示 0 的字形,且仅在此时$\overline{RBO}$输出低电平。

将$\overline{RBO}$和$\overline{RBI}$配合使用,很容易实现多位数码显示的灭零控制。

74LS48 的灭零功能的应用方法:在如图 8-36 所示的数码显示系统中,整数部分最高位的$\overline{RBI}$接 0,最低位的$\overline{RBI}$接 1,其余各位将高位的$\overline{RBO}$与低位的$\overline{RBI}$相连;小数部分最高位$\overline{RBI}$接 1,最低位的$\overline{RBI}$接 0,其余各位将低位的$\overline{RBO}$与高位的$\overline{RBI}$相连。在这种连接方式下,可以把前后多余的零灭掉。即整数部分只有在高位是零而且被熄灭时,低位才有灭零输入信号;小数部分只有在低位是零且被熄灭时,高位才有灭零输入信号。如果各位均为零,则只有小数点的前一位和后一位的 0 被显示出来。

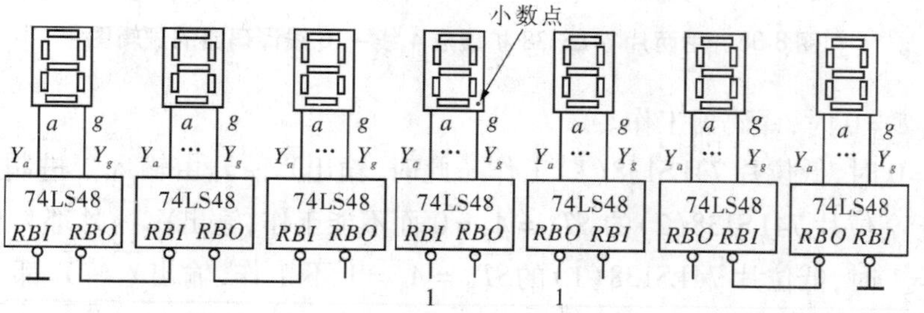

图 8-36　有灭零功能的数码显示系统

8.3.3.3 译码器的应用

1. 实现组合逻辑函数

【例 8-7】 用 74LS138 译码器实现 1 位全加器。

解:由例题 8-6 中的全加器的真值表可得到全加器的输出函数表达式为

$$S_i = \overline{A_i}\ \overline{B_i}C_i + \overline{A_i}B_i\overline{C_i} + A_i\overline{B_i}\ \overline{C_i} + A_iB_iC_i = \sum m(1,2,4,7) = \overline{\overline{m_1}\cdot\overline{m_2}\cdot\overline{m_4}\cdot\overline{m_7}}$$

$$C_{i+1} = \overline{A_i}B_iC_i + A_i\overline{B_i}C_i + A_iB_i\overline{C_i} + A_iB_iC_i = \sum m(3,5,6,7) = \overline{\overline{m_3}\cdot\overline{m_5}\cdot\overline{m_6}\cdot\overline{m_7}}$$

$$S_i = \overline{\overline{m_1}\cdot\overline{m_2}\cdot\overline{m_4}\cdot\overline{m_7}} = \overline{\overline{Y_1}\cdot\overline{Y_2}\cdot\overline{Y_4}\cdot\overline{Y_7}}$$

$$C_{i+1} = \overline{\overline{m_3}\cdot\overline{m_5}\cdot\overline{m_6}\cdot\overline{m_7}} = \overline{\overline{Y_3}\cdot\overline{Y_5}\cdot\overline{Y_6}\cdot\overline{Y_7}}$$

故画出逻辑图如图 8-37 所示。

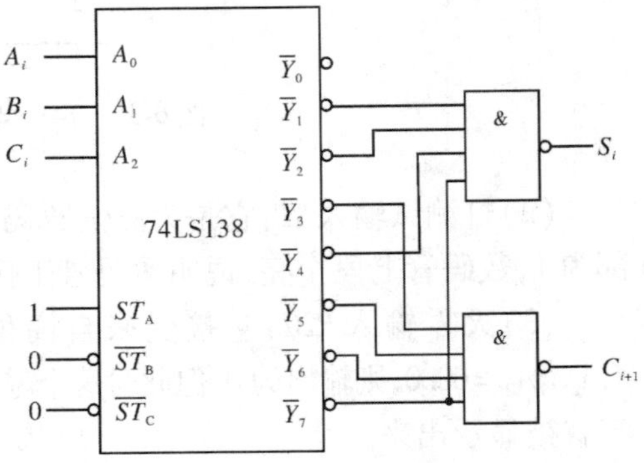

图 8-37 用 74LS138 译码器和与非门实现 1 位全加器

2. 扩展电路

用 3 线 - 8 线译码器(74LS138)构成 4 线 - 16 线译码器。

如图 8-38 所示为用两片 74LS138 组成的 4 线 - 16 线译码器的逻辑图。74LS138(1)为低位片,74LS138(2)为高位片。将高位片 74LS138(2)的 ST_A 和低位片的 $\overline{ST_B}$ 相连作 A_3,同时将低位片的 $\overline{ST_C}$ 和高位片的 $\overline{ST_B}$、$\overline{ST_C}$ 相连作使能端 E,便组成了 4 线 - 16 线译码器。

(1)当 $E=1$ 时,两个译码器都不工作,输出 $\overline{Y_{15}} \sim \overline{Y_0}$ 都为高电平 1。

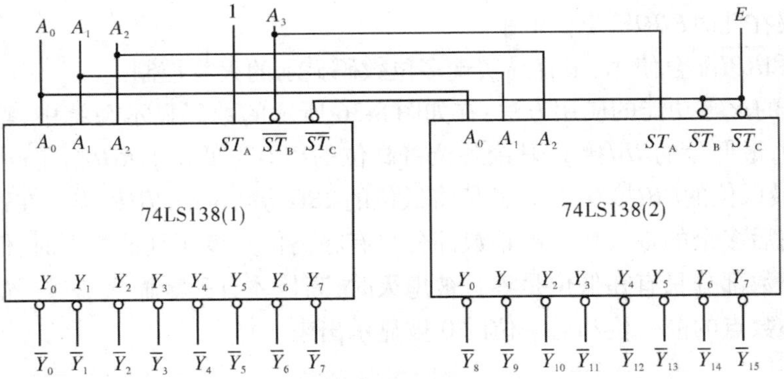

图 8-38 用两片 74LS138 扩展成 4 线 - 16 线译码器的逻辑图

(2)当 $E=0$ 时,译码器工作。

当 $A_3=0$ 时,低位片 74LS138(1)工作。此时,输出 $\overline{Y_7} \sim \overline{Y_0}$ 由输入二进制代码 $A_2A_1A_0$ 决定。由于高位片 74LS138(2)的 $ST_A=A_3=0$ 而不能工作,输出 $\overline{Y_{15}} \sim \overline{Y_8}$ 都为高电平 1。

当 $A_3=1$ 时,低位片 74LS138(1)的 $\overline{ST_B}=A_3=1$ 不工作,输出 $\overline{Y_7} \sim \overline{Y_0}$ 都为高电平 1。高位片 74LS138(2)的 $ST_A=A_3=1$,$\overline{ST_C}=\overline{ST_B}=0$,处于工作状态,输出 $\overline{Y_{15}} \sim \overline{Y_8}$ 由输入二进制 $A_2A_1A_0$ 决定。

3. 模拟信号多路转换的数字控制

如图 8-39 所示,用集成芯片 74LS139(2 线 -4 线译码器)的地址线 A_1、A_0 来控制模拟电压 u_0、u_1、u_2、u_3 的开关的通断。如当 A_1A_0 为 00 时,$\overline{Y_0}=0$,$\overline{Y_1}$、$\overline{Y_2}$、$\overline{Y_3}$都为 1,此时与模拟电压 u_0 相通的开关闭合,输出电压 $u=u_0$;依次类推,A_1A_0 的值分别为 01、10、11 时输出电压 u_0 分别等于 u_1、u_2、u_3。这样就实现了模拟信号多路转换的数字控制。

8.3.4 数据选择器

数据选择器是根据地址码的要求,从多路输入信号中选择其中一路输出的电路,简称 MUX,也称多路选择器、多路调制器或多路开关。数据选择器是多输入、单输出的电路,其原理框图如图 8-40 所示。

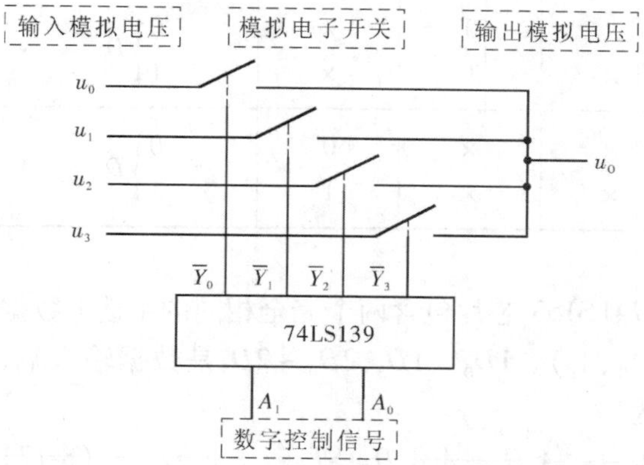

图 8-39 模拟信号多路转换的数字控制

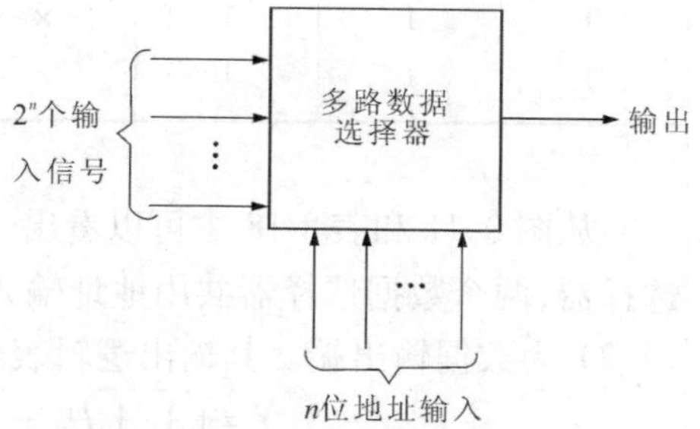

图 8-40 多路数据选择器的原理框图

从图 8-40 可以看出,具有 2^n 个输入信号和一个输出信号的多路选择器,需要用 n 个地址输入端来选择一路信号输出。目前,常用的数据选择器有 4 选 1、8 选 1,另外还有 2 选 1 和 16 选 1 等多种类型。

8.3.4.1 4 选 1 数据选择器

集成芯片 74LS153 是双 4 选 1 数据选择器,图 8-41 是它的逻辑符号和外引脚排列图,其功能见表 8-18。

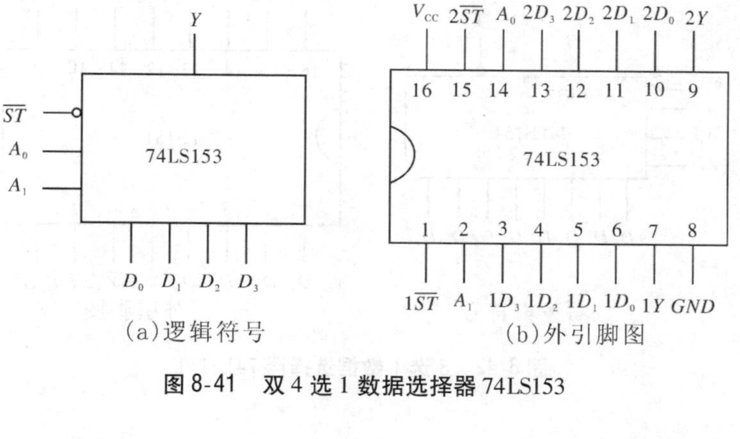

图 8-41 双 4 选 1 数据选择器 74LS153

表 8-18　74LS153 功能表

输入							输出
$\overline{ST}$	A_1	A_0	D_0	D_1	D_2	D_3	Y
1	×	×	×	×	×	×	0
0	0	0	0	×	×	×	0 } D_0
0	0	0	1	×	×	×	1
0	0	1	×	0	×	×	0 } D_1
0	0	1	×	1	×	×	1
0	1	0	×	×	0	×	0 } D_2
0	1	0	×	×	1	×	1
0	1	1	×	×	×	0	0 } D_3
0	1	1	×	×	×	1	1

从图 8-41 和表 8-18 中可以看出，一个 74LS153 芯片包含两个完全相同的 4 选 1 数据选择器，两个数据选择器共用地址输入端（A_0、A_1）。$1D_0 \sim 1D_3$，$2D_0 \sim 2D_3$ 是数据输入端，$1Y$、$2Y$ 为数据输出端。其输出逻辑表达式为

$$Y = (\overline{A_1}\,\overline{A_0}D_0 + \overline{A_1}A_0D_1 + A_1\overline{A_0}D_2 + A_1A_0D_3)ST \tag{8-17}$$

当$\overline{ST}=1$ 时，输出 $Y=0$，数据选择器不工作。

当$\overline{ST}=0$ 时，数据选择器工作。其输出为

$$Y = \overline{A_1}\,\overline{A_0}D_0 + \overline{A_1}A_0D_1 + A_1\overline{A_0}D_2 + A_1A_0D_3 \tag{8-18}$$

若 $A_1A_0=00$，$Y=D_0$；$A_1A_0=01$，$Y=D_1$；$A_1A_0=10$，$Y=D_2$；$A_1A_0=11$，$Y=D_3$。

8.3.4.2　8 选 1 数据选择器

集成芯片 74LS151 是 8 选 1 数据选择器，图 8-42 是它的逻辑符号和外引脚排列图，其逻辑功能见表 8-19。

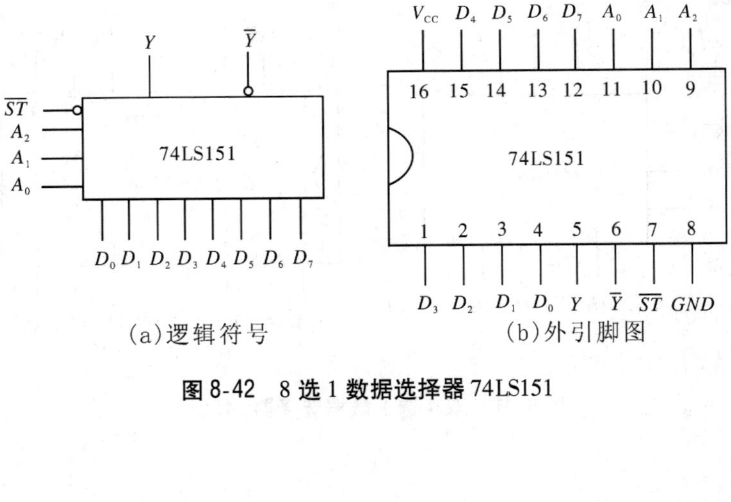

(a)逻辑符号　　(b)外引脚图

图 8-42　8 选 1 数据选择器 74LS151

表 8-19　74LS151 功能表

输　　入				输　出	
$\overline{ST}$	A_2	A_1	A_0	Y	$\overline{Y}$
1	×	×	×	0	1
0	0	0	0	D_0	$\overline{D_0}$
0	0	0	1	D_1	$\overline{D_1}$
0	0	1	0	D_2	$\overline{D_2}$
0	0	1	1	D_3	$\overline{D_3}$
0	1	0	0	D_4	$\overline{D_4}$
0	1	0	1	D_5	$\overline{D_5}$
0	1	1	0	D_6	$\overline{D_6}$
0	1	1	1	D_7	$\overline{D_7}$

由图 8-42 和表 8-19 可看出，8 选 1 数据选择器 74LS151 有 8 个数据输入端（D_0 ~ D_7），3 个地址输入端（A_2、A_1、A_0），选通信号输入端$\overline{ST}$和 2 个互补数据输出端（Y、$\overline{Y}$）。

当$\overline{ST}=1$ 时，数据选择器不工作，$Y=0$，$\overline{Y}=1$；

当$\overline{ST}=0$ 时，数据选择器工作，此时输出函数表达式为

$$Y=\overline{A_2}\,\overline{A_1}\,\overline{A_0}D_0+\overline{A_2}\,\overline{A_1}A_0D_1+\overline{A_2}A_1\overline{A_0}D_2+\overline{A_2}A_1A_0D_3+A_2\,\overline{A_1}\,\overline{A_0}D_4+A_2\overline{A_1}A_0D_5+A_2A_1\overline{A_0}D_6+A_2A_1A_0D_7 \tag{8-19}$$

8.3.4.3　数据选择器的应用

1. 实现组合逻辑函数

当数据选择器在输入数据全部为 1 时，输出为地址输入变量全体最小项的和，故也称数据选择器是一个逻辑函数的最小项输出器。所以，我们可以很方便地用数据选择器实现组合逻辑函数。

用数据选择器实现组合逻辑函数的方法是：如果数据选择器输出表达式中包含逻辑函数的最小项时，相应的数据取 1；而对于没有包含的逻辑函数的最小项，则相应的数据取 0。这时，数据选择器输出的就是要实现的逻辑函数。

（1）当逻辑函数的变量个数和数据选择器的地址输入变量个数相同时，可直接用数据选择器来实现逻辑函数。

【例 8-8】　用 8 选 1 数据选择器 74LS151 构成 1 位全加器。

解：①写出逻辑函数的标准与或表达式。

设二进制数在第 i 位相加，输入变量分别为被加数 A_i，加数 B_i，来自低位的进位数 C_i，输出逻辑函数分别为本位和 S_i，向相邻高位的进位数 C_{i+1}，由例题 8-6 中的全加器的真值表可得到全加器的输出函数表达式为

$$S_i=\overline{A_i}\,\overline{B_i}C_i+\overline{A_i}B_i\overline{C_i}+A_i\overline{B_i}\,\overline{C_i}+A_iB_iC_i=\sum m(1,2,4,7) \tag{8-20}$$

$$C_{i+1}=\overline{A_i}B_iC_i+A_i\overline{B_i}C_i+A_iB_i\overline{C_i}+A_iB_iC_i=\sum m(3,5,6,7) \tag{8-21}$$

由于有两个输出函数 S_i 和 C_{i+1}，故需选用两片 74LS151。

②写出 8 选 1 数据选择器的输出表达式 Y，见式（8-19）。

③分别用式(8-20)、式(8-21)与式(8-19)比较两式中最小项的对应关系。设 $S_i=Y$，$A_i=A_2$，$B_i=A_1$，$C_{i+1}=A_0$，S_i 式中包含 Y 式中的最小项时，数据取 1，没有包含 Y 式中的最小项时，数据取 0，由此得

$$\left.\begin{aligned}D_1=D_2=D_4=D_7=1\\D_0=D_3=D_5=D_6=0\end{aligned}\right\}\tag{8-22}$$

设 $C_{i+1}=Y$，$A_i=A_2$，$B_i=A_1$，$C_{i+1}=A_0$，C_{i+1}式中包含 Y 式中的最小项时，数据取 1，没有包含 Y 式中的最小项时，数据取 0，由此得

$$\left.\begin{aligned}D_3=D_5=D_6=D_7=1\\D_0=D_1=D_2=D_4=0\end{aligned}\right\}\tag{8-23}$$

④画连线图，如图 8-43 所示。

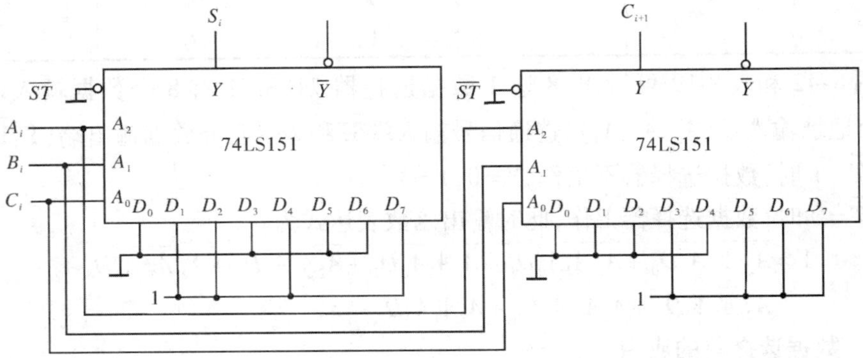

图 8-43　例 8-8 的连线图

(2)当逻辑函数的变量个数多于数据选择器的地址输入变量个数时，应分离出多余的变量，将余下的变量分别有序地加到数据选择器的地址输入端上。

【例 8-9】　用双 4 选 1 数据选择器 74LS153 和非门构成 1 位全加器。

解：①写出逻辑函数的标准与或表达式。设二进制数在第 i 位相加，输入变量分别为被加数 A_i，加数 B_i，来自低位的进位数 C_i，输出逻辑函数分别为本位和 S_i，向相邻高位的进位数 C_{i+1}，由例题 8-6 中的全加器的真值表可得到全加器的输出函数表达式为

$$S_i=\overline{A_i}\,\overline{B_i}C_i+\overline{A_i}B_i\overline{C_i}+A_i\overline{B_i}\,\overline{C_i}+A_iB_iC_i\tag{8-24}$$

$$\begin{aligned}C_{i+1}&=\overline{A_i}B_iC_i+A_i\overline{B_i}C_i+A_iB_i\overline{C_i}+A_iB_iC_i\\&=\overline{A_i}B_iC_i+A_i\overline{B_i}C_i+A_iB_i(\overline{C_i}+C_i)=\overline{A_i}B_iC_i+A_i\overline{B_i}C_i+A_iB_i\end{aligned}\tag{8-25}$$

②写出数据选择器的输出逻辑函数。74LS153 的输出逻辑函数式为

$$\left.\begin{aligned}1Y=\overline{A_1}\,\overline{A_0}1D_0+\overline{A_1}A_01D_1+A_1\overline{A_0}1D_2+A_1A_01D_3\\2Y=\overline{A_1}\,\overline{A_0}2D_0+\overline{A_1}A_02D_1+A_1\overline{A_0}2D_2+A_1A_02D_3\end{aligned}\right\}\tag{8-26}$$

③将全加器的输出逻辑函数式和数据选择器的输出逻辑函数式进行比较。设 $S_i=1Y$、$A_i=A_1$、$B_i=A_0$，则

$$\left.\begin{aligned}C_i=1D_0=1D_3\\\overline{C_i}=1D_1=1D_2\end{aligned}\right\}\tag{8-27}$$

设 $C_{i+1}=2Y, A_i=A_1$、$B_i=A_0$，则

$$\left.\begin{aligned} C_i &= 2D_1 = 2D_2 \\ 2D_0 &= 0 \\ 2D_3 &= 1 \end{aligned}\right\} \qquad (8\text{-}28)$$

④画连线图。根据式(8-27)和式(8-28)可画出图8-44所示的连线图。

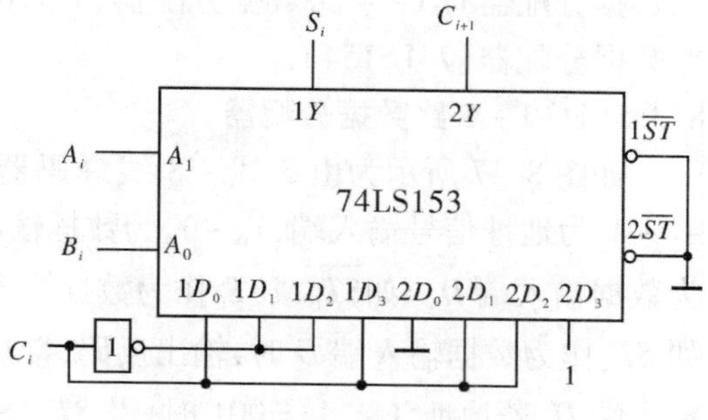

图 8-44　例 8-9 的连线图

2. 扩展数据通道

在实际应用中，可采取芯片扩展的方法来扩大数据选择器的容量，下面以两片 8 选 1 的数据选择器 74LS151 连接起来构成 16 选 1 的数据选择器来说明扩展的方法。连接图如图 8-45 所示。

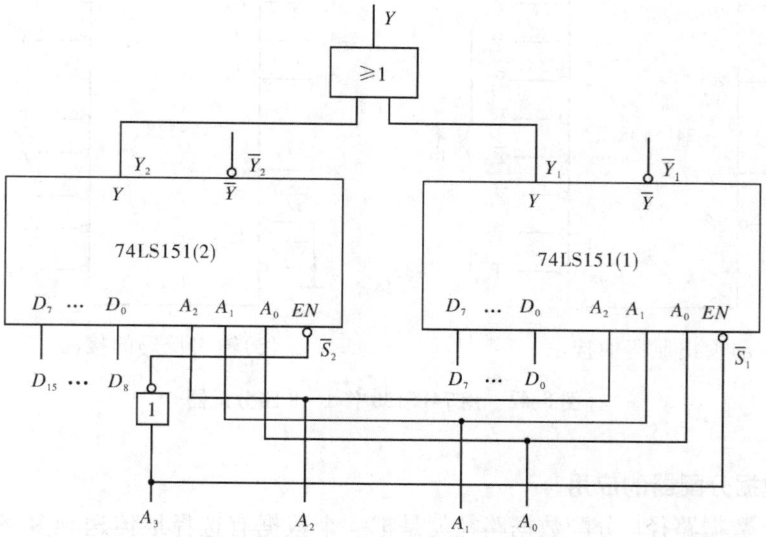

图 8-45　数据选择器芯片的扩展

8.3.5　数据分配器

数据分配是数据选择的逆过程。根据地址信号的要求，将一路数据分配到指定输出通道上去的电路，称为数据分配器，也称多路分配器、多路调节器，简称 DEMUX(DX)。它的功能与数据选择器相反，其电路结构为单输入、多输出形式，如图 8-46 所示。

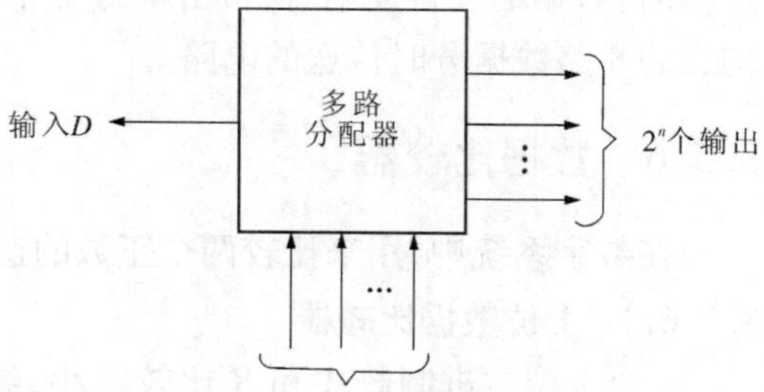

图 8-46　数据分配器的原理框图

如将译码器的使能端作为数据输入端，二进制代码输入端作为地址信号输入端使用，则译码器便成为一个数据分配器。常用

的数据分配器有1－4路数据分配器(74LS139)、1－8路数据分配器(74LS138)和1－16路数据分配器(74LS154)。

8.3.5.1　1－8路数据分配器

如图8-47所示为由3线－8线译码器74LS138构成的1－8路数据分配器。图中$A_2 \sim A_0$为地址信号输入端，$\overline{Y_0} \sim \overline{Y_7}$为数据输出端，可从使能端$ST_A$、$\overline{ST_B}$、$\overline{ST_C}$中选择一个作为数据输入端$D$。如$\overline{ST_B}$或$\overline{ST_C}$作为数据输入端$D$时，输出原码，接法如图8-47(a)所示。如$ST_A$作为数据输入端$D$时，输出反码，接法如图8-47(b)所示。例如：选择$\overline{ST_B}$作为数据输入端D，若地址$A_2A_1A_0 = 001$时，设ST_A、$\overline{ST_B}(D)$、$\overline{ST_C}$状态为1、0、0，数据分配器正常工作，则$\overline{Y_1} = 0$，与数据D的状态相同；设ST_A、$\overline{ST_B}(D)$、$\overline{ST_C}$状态为1、1、0，数据分配器不工作，则$\overline{Y_1} = 1$，与数据D的状态相同，此时数据分配器为原码输出功能。

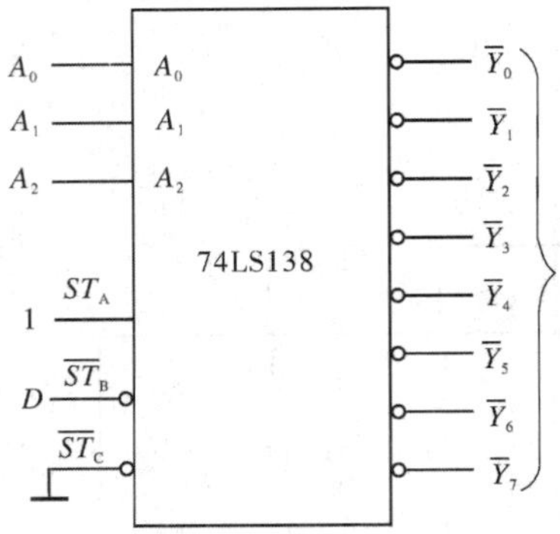

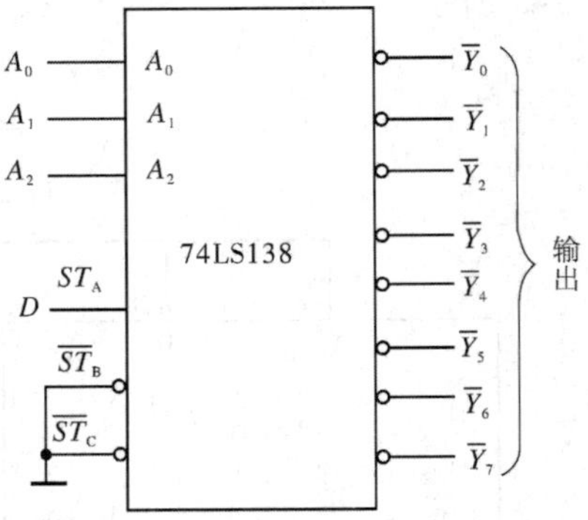

图8-47　用74LS138作1－8路分配器

8.3.5.2　数据分配器的应用

(1)分配数据路径。分配数据路径就是把一个数据有选择地传送到多路输出中的某一路去。如一台计算机的数据要分时传送到打印机、绘图仪和监控终端中去，用74LS139或74LS138作数据分配器，只要合适地选择地址输入端的状态，计算机的数据D即可分别传送到上述的外部设备中去。

(2)多路数据分时传送。数据选择器与数据分配器配合，可实现多路数据的分时传送(即将数据的并行变串行，再由串行变并行)。图8-48所示的是由74LS151和74LS138构成的8路数据分时传送的电路。

8.3.6　数据比较器

在数字系统中，用来比较两个正数的逻辑电路称为数据比较器。

8.3.6.1　1位数据比较器

2个1位二进制数A和B比较大小，结果有3种情况：$H(A>B)$，$L(A<B)$，$E(A=B)$。1位数据比较器有2个输入端A、B，3个输出端H、L和E。1位二进制数比较器的真值表如表8-20所示。

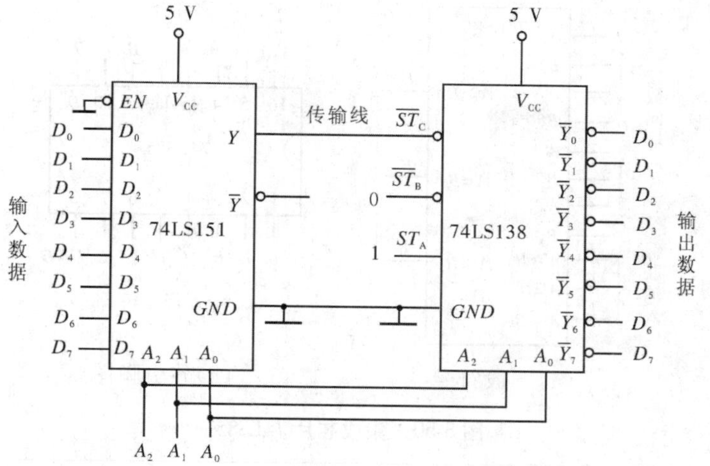

图 8-48　8 路数据分时传送的电路

表 8-20　1 位数据比较器的真值表

输　入		输　出		
A	B	$H(A>B)$	$E(A=B)$	$L(A<B)$
0	0	0	1	0
0	1	0	0	1
1	0	1	0	0
1	1	0	1	0

由真值表可分别写出 3 个输出信号逻辑表达式为

$$\left.\begin{aligned} &H = A\overline{B} \\ &L = \overline{A}B \\ &E = \overline{A}\,\overline{B} + AB = \overline{A\overline{B} + \overline{A}B} \end{aligned}\right\} \qquad (8\text{-}29)$$

其逻辑图如图 8-49 所示。

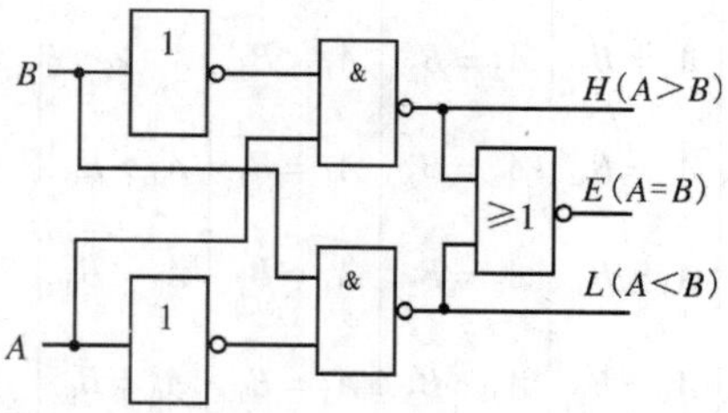

图 8-49　1 位数据比较器的逻辑图

8.3.6.2　多位数据比较器

两个多位数相比较时必须从最高位到低位逐位比较，只有高位相等时，才能进行低位比较。例如，比较 $A_3A_2A_1A_0$ 和 $B_3B_2B_1B_0$ 的大小，首先比较 A_3 和 B_3，若 $A_3>B_3$，则肯定 $A>B$；$A_3<B_3$，则肯定 $A<B$；若 $A_3=B_3$，再去比较次高位 A_2 和 B_2，依次类推。

集成芯片 74LS85 是 4 位数据比较器，它有 8 个数码输入端（$A_3 \sim A_0$ 和 $B_3 \sim B_0$），分别为要进行比较的 2 个 4 位二进制数；它有 3 个级联输入端 $L'(A<B)$、$E'(A=B)$、$H'(A>B)$，表示低 4 位比较的结果输入；它有 3 个级联输出端 $L(A<B)$、$E(A=B)$、$H(A>B)$，表示本级 2 个 4 位二进制数比较的结果输出。它的逻辑符号和外引脚排列如图 8-50 所示，功能表如表 8-21 所示。

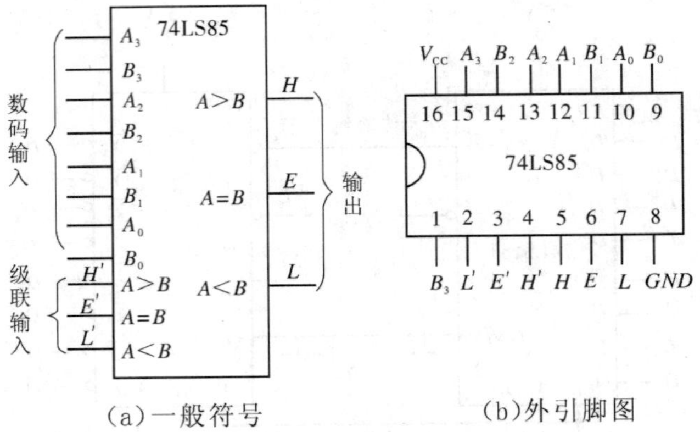

图 8-50　集成芯片 74LS85

表 8-21　74LS85 功能表

比较输入				级联输入			输出		
A_3B_3	A_2B_2	A_1B_1	A_0B_0	H'	L'	E'	$H(A>B)$	$L(A<B)$	$E(A=B)$
$A_3>B_3$	×	×	×	×	×	×	1	0	0
$A_3<B_3$	×	×	×	×	×	×	0	1	0
$A_3=B_3$	$A_2>B_2$	×	×	×	×	×	1	0	0
$A_3=B_3$	$A_2<B_2$	×	×	×	×	×	0	1	0
$A_3=B_3$	$A_2=B_2$	$A_1>B_1$	×	×	×	×	1	0	0
$A_3=B_3$	$A_2=B_2$	$A_1<B_1$	×	×	×	×	0	1	0
$A_3=B_3$	$A_2=B_2$	$A_1=B_1$	$A_0>B_0$	×	×	×	1	0	0
$A_3=B_3$	$A_2=B_2$	$A_1=B_1$	$A_0<B_0$	×	×	×	0	1	0
$A_3=B_3$	$A_2=B_2$	$A_1=B_1$	$A_0=B_0$	1	0	0	1	0	0
$A_3=B_3$	$A_2=B_2$	$A_1=B_1$	$A_0=B_0$	0	1	0	0	1	0
$A_3=B_3$	$A_2=B_2$	$A_1=B_1$	$A_0=B_0$	0	0	1	0	0	1

8.3.6.3　比较器的应用

(1)用2片4位比较器串联而成8位二进制比较器。如图8-51所示,74LS85(1)的输入为待比较码的低4位,74LS85(2)的输入为待比较码的高4位。

(2)用5片4位比较器实现16位二进制数比较。如图8-52所示,此种连接方式为并联方式。并联方式的优点是比串联方式速度快,但电路较复杂。若改为串联方式实现16

位二进制数比较仅用4片4位比较器串联即可。

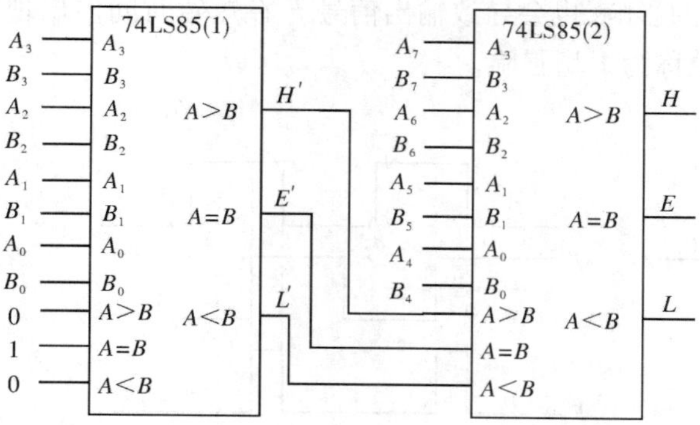

图8-51　2片4位比较器串联而成的8位二进制比较器

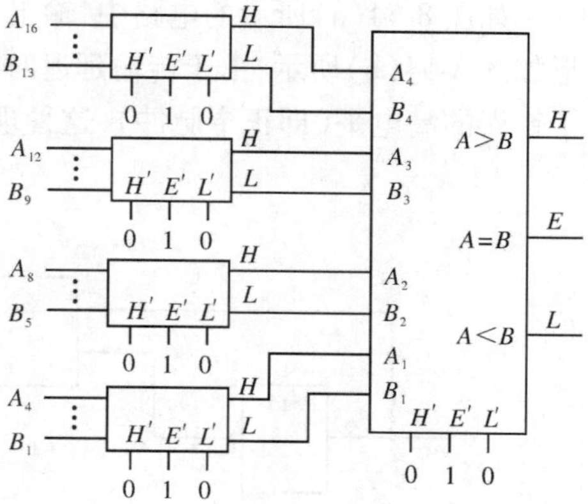

图8-52　用5片4位比较器实现16位二进制数比较

8.4　组合逻辑电路中存在的特殊问题

在组合逻辑电路中，由于存在信号传递的传输延迟时间或信号状态变化的不一致，导致信号的变化出现快慢的差异，这种现象叫竞争（Race）。竞争的结果是使输出信号可能发生错误，这种现象叫冒险（Hazard）。出现的短暂错误电平信号，也称为毛刺（Glitch）。

8.4.1　竞争冒险的产生

产生竞争冒险的原因是：当一个门电路输入两个同时向相反方向变化的互补信号时，则在输出端可能会产生不应有的干扰脉冲。

8.4.1.1　0型冒险

如图8-53（a）所示的电路中，输出函数 $F = A + \overline{A}$，电路输出应恒为高电平，其实际工作波形如图8-53（b）所示。电路在 $t_2 \sim t_2 + t_{pd}$ 这段时间内，$A = \overline{A} = 0$，导致输出 F 为0，出现了不该出现的低电平（即负窄脉冲）。这种现象称为0型冒险。

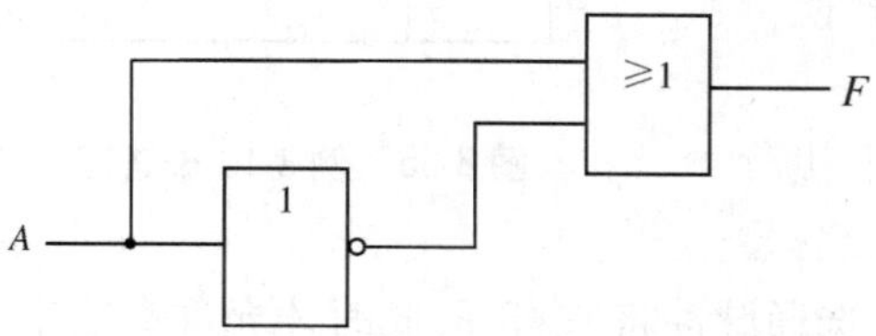

（a）电路

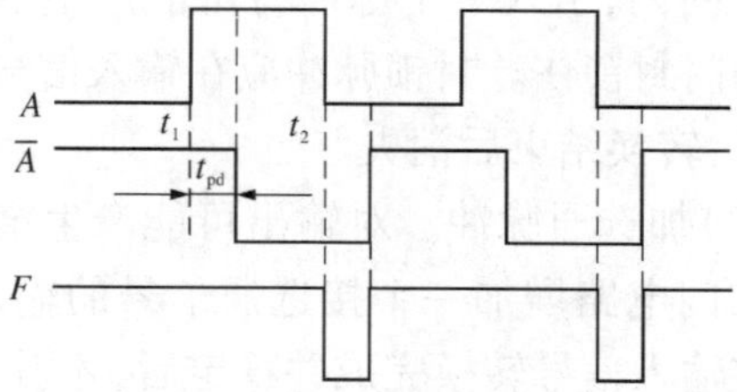

（b）工作波形

图8-53　0型冒险

8.4.1.2 1 型冒险

如图 8-54(a)所示的电路中,输出 $F = A \cdot \overline{A}$,电路输出应恒为低电平,其实际工作波形如图 8-54(b)所示,由于传输延迟时间的影响,也会导致输出信号 F 在短暂时间内出现了错误的高电平(即正窄脉冲),这种现象称为 1 型冒险。

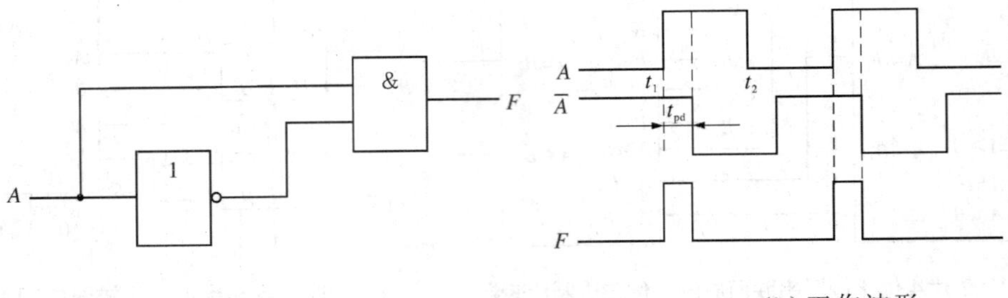

(a)电路　　(b)工作波形

图 8-54　1 型冒险

8.4.2　竞争冒险的判断

我们可以利用卡诺图来判断一个逻辑函数是否存在竞争冒险现象。

具体的方法是:根据做出的已知逻辑函数的卡诺图,若卡诺图中填 1 的方格所形成的卡诺圈中,存在两个或两个以上相切的卡诺圈,则存在竞争冒险的可能性。

【例 8-10】　利用卡诺图判断法判断函数 F 是否存在竞争冒险。已知逻辑函数 $F = \overline{A}D + AB\overline{C} + A\overline{B}C$。

解:做出函数 F 的卡诺图,见图 8-55,可以看出图中有两个卡诺圈相切,即当 $BCD = 101$ 和 $BCD = 011$ 时,函数形式变化为 $F = A + \overline{A}$,存在 0 型冒险。

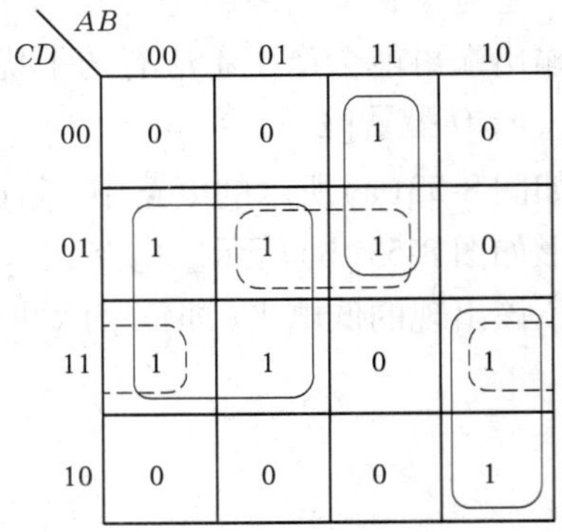

图 8-55　例 8-10 卡诺图

8.4.3　消除冒险现象的方法

(1)加封锁脉冲。在输入信号产生竞争冒险的时间内,引入一个脉冲将可能产生窄干扰脉冲的门封锁住。封锁脉冲应在输入信号转换前到来,转换结束后消失。

(2)加选通脉冲。对输出可能产生窄干扰脉冲的门电路增加一个接选通信号的输入端,只有在输入信号转换完成并稳定后,才引入选通脉冲将它打开,此时才允许有输出。在转换过程中,由于没有加选通脉冲,因此输出不会出现窄干扰脉冲。

(3)接入滤波电容。由于窄干扰脉冲的宽度一般都很窄,在可能产生窄干扰脉冲的门电路输出端与地之间接入一个容量为几十皮法的电容就可吸收掉窄干扰脉冲。

(4)修改逻辑设计,增加冗余项。

【例 8-11】 已知函数 $F = AB + \overline{A}C$,判断它是否存在竞争冒险;若存在,请消除。

解:做出逻辑函数 F 的卡诺图,见图 8-56,从图 8-56 可以看出,函数存在两个相切的卡诺圈。当 $BC = 11$ 时,函数形式变化为 $F = A + \overline{A}$,存在 0 型冒险。

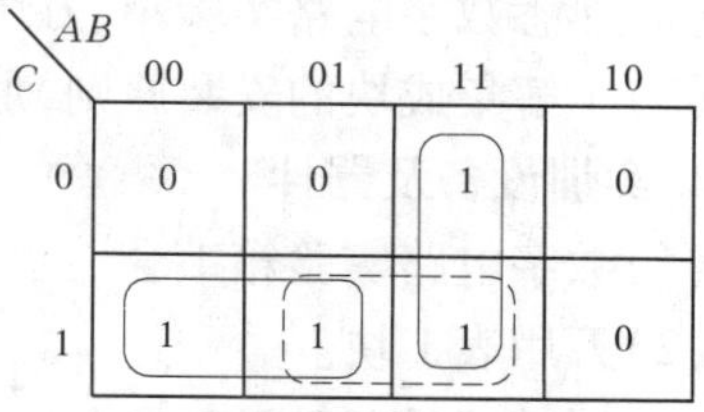

图 8-56 例 8-11 卡诺图

消除的办法是增加一项冗余项 BC,使原函数变为 $F = AB + \overline{A}C + BC$,从而避免了 0 型冒险的出现。

本章小结

(1)组合逻辑电路是由各种门电路组成的没有记忆功能的电路。它的特点是任一时刻的输出信号只取决于该时刻输入信号的取值组合,而与电路原来所处的状态无关。

(2)逻辑门电路是组成组合逻辑电路的基本单元。目前,广泛采用的集成门电路有双极型的 TTL 门电路和单极型的 CMOS 门电路。TTL 集成电路具有体积小、重量轻、功耗低、开关速度高、负载能力强、抗干扰能力好、产品性能稳定、工作可靠等优点。CMOS 电路的突出优点是微功耗、高抗干扰能力,它在中、大规模数字集成电路中有着广泛的应用。本章简单介绍了 TTL 集成电路和 CMOS 集成电路,包括内部结构、芯片简介、特殊结构的门电路(OC 门、三态门等)、正确使用方法和不同类型间的接口问题。

(3)组合逻辑电路的分析是根据给定的逻辑电路图,找出输入信号和输出信号之间的逻辑关系,从而确定它的逻辑功能或改进设计方案。

组合逻辑电路的分析步骤:写出逻辑函数表达式,化简函数表达式,列出函数真值表,描述逻辑功能或进行改进设计。

(4)组合逻辑电路的设计是根据给定的逻辑功能要求,设计出实现该逻辑功能的电路。实际设计中可以有两种实现方案,一种由基本门电路实现,另一种由中规模集成组合逻辑电路实现。目前,用中规模集成器件(MSI 芯片)设计组合逻辑电路已越来越普遍。

组合逻辑电路的设计步骤是:根据设计要求作出设计说明,并列出真值表;根据真值表写出输出逻辑函数式;化简输出逻辑函数式,并变换成所要求的形式;画出逻辑电路图。

(5)组合逻辑电路的应用主要是指常用的中规模集成组合逻辑电路的应用。常用的中规模集成组合逻辑电路包含加法器、编码器、译码器、比较器、数据选择器和数据分配器等。它们具有通用、兼容性好、功耗小、工作稳定等特点。掌握常用典型中规模集成逻辑器件的逻辑功能和使用方法,灵活选择应用到工程实际中。

实训 8 集成门电路逻辑功能测试

1. 实训目的

(1)掌握集成门电路的逻辑功能及测试方法。

(2)熟悉数字电路实验箱、万用表的使用方法。

(3)了解集成块的安装原则,加强对集成电路的感性认识。

2. 实训设备及器件

(1)数字电路实验箱1套。

(2)万用表1块。

(3)器件:74LS00 四2输入与非门1片;

74LS04 六1输入非门1片;

74LS08 四2输入与门1片;

74LS32 四2输入或门1片;

74LS86 四2输入异或门1片;

74LS125 三态门输出四总线缓冲器1片。

3. 实训内容

(1)74LS00 四2输入与非门集成电路逻辑功能的测试。

(2)74LS08 四2输入与门集成电路逻辑功能的测试。

(3)74LS32 四2输入或门集成电路逻辑功能的测试。

(4)74LS86 四2输入异或门集成电路逻辑功能的测试。

(5)74LS04 六1输入非门集成电路逻辑功能的测试。

(6)74LS125 三态门输出四总线缓冲器集成电路逻辑功能的测试。

4. 实训要求

(1)复习各种门电路的逻辑符号、逻辑函数式、真值表。

(2)查手册查出实验所用集成电路的外引脚线排列图,熟悉其引脚线位置及各引脚线用途。

5. 实训报告

(1)设计填写测试功能表,并画出逻辑图和标出集成块引脚号。

(2)讨论各集成电路的功能。

(3)总结本实训的体会。

实训9　组合逻辑电路实验分析

1. 实训目的

(1)掌握组合逻辑电路的分析方法与测试方法。

(2)进一步巩固集成门电路的逻辑功能及测试方法。

2. 实训设备与器件

(1)数字电路实验箱1台。

(2)万用表1块。

(3)器件:CC4011(或74LS00)×3;

CC4030(或74LS86)×1。

3. 实训内容

(1)分析、测试用与非门 CC4011(或 74LS00)组成的半加器的逻辑功能,如图 8-57 所示。

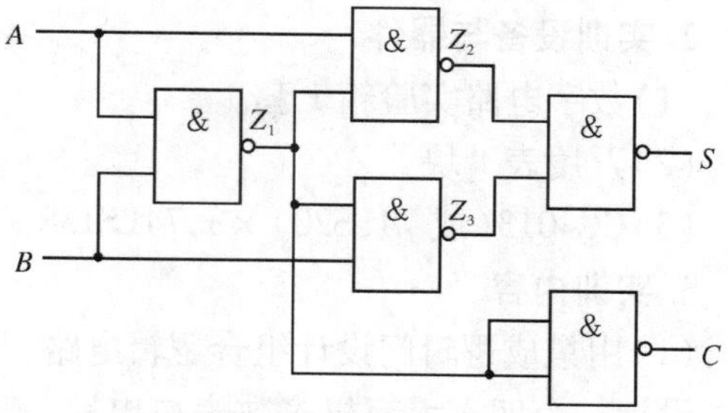

图 8-57 由与非门组成的半加器电路

(2)分析、测试用异或门 CC4030(或 74LS86)和与非门 CC4011(或 74LS00)组成的半加器逻辑电路。半加器可用一个集成异或门和两个与非门组成,如图 8-58 所示。

(3)分析、测试全加器的逻辑电路,如图 8-59 所示。

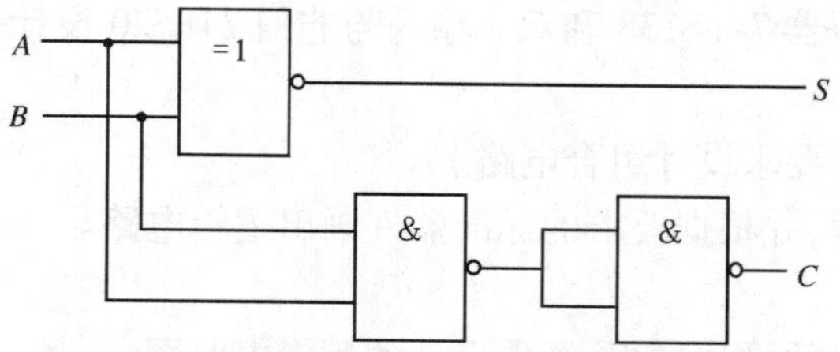

图 8-58 由异或门和与非门组成的半加器电路

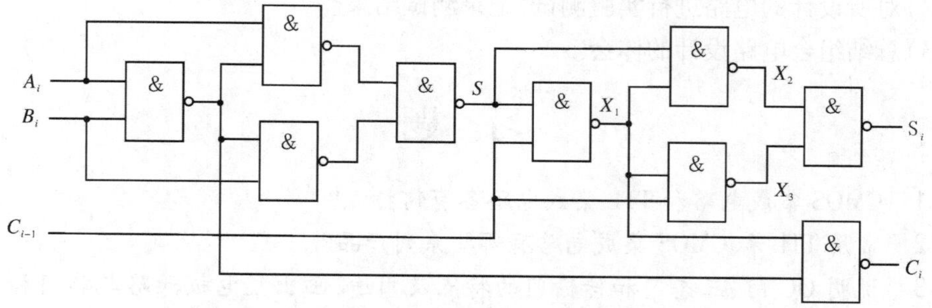

图 8-59 由与非门组成的全加器电路

4. 实训要求

(1)复习组合逻辑电路的分析方法。

(2)复习用与非门和异或门等构成半加器、全加器的工作原理。

5. 实训报告

(1)整理实验数据、图表,并对实验结果进行分析讨论。

(2)总结组合电路的分析与测试方法。

(3)总结实训体会。

实训 10 组合逻辑电路的设计与测试

1. 实训目的

(1)学习查阅手册,根据设计要求选用集成芯片。

(2)掌握用集成逻辑门设计组合逻辑电路的方法和测试方法。

(3)掌握测试集成中规模组合逻辑电路器件逻辑功能的方法。

(4)掌握用集成中规模组合逻辑电路器件设计组合逻辑电路的方法和测试方法。

2. 实训设备与器件

(1)数字电路实验箱1套。

(2)万用表1块。

(3)CC4013(或74LS20)×3,74LS138×1。

3. 实训内容

(1)用集成逻辑门设计组合逻辑电路,并测试。

设计一个四人无弃权多数表决电路(多数赞成则提案通过)。本设计要求采用双4输入与非门74LS20实现。

(2)用集成中规模组合逻辑电路器件设计组合逻辑电路,并测试。

用3线-8线译码器74LS138和双4输入与非门74LS20设计一个全加器。

4. 实训要求

(1)根据实训任务要求设计组合电路。

(2)写出设计过程,并根据要求的标准器件画出逻辑电路。

5. 实训报告

(1)列出实训任务的设计过程,画出设计的逻辑电路图。

(2)对所设计的电路进行实验测试,记录测试结果。

(3)总结组合电路设计的体会。

习 题

8-1 CMOS集成电路和TTL集成电路各有何特点?

8-2 常用TTL和CMOS集成电路有哪些系列产品?

8-3 说明OC门、三态门和传输门的特点及用途,画出集电极开路与非门和三态非门的符号,写出真值表及输出表达式。

8-4 CMOS集成电路与TTL集成电路在使用上有何不同?

8-5 画出两个TTL电路驱动CMOS电路的接口电路。

8-6 指出图8-60所示各TTL门电路的输出状态。

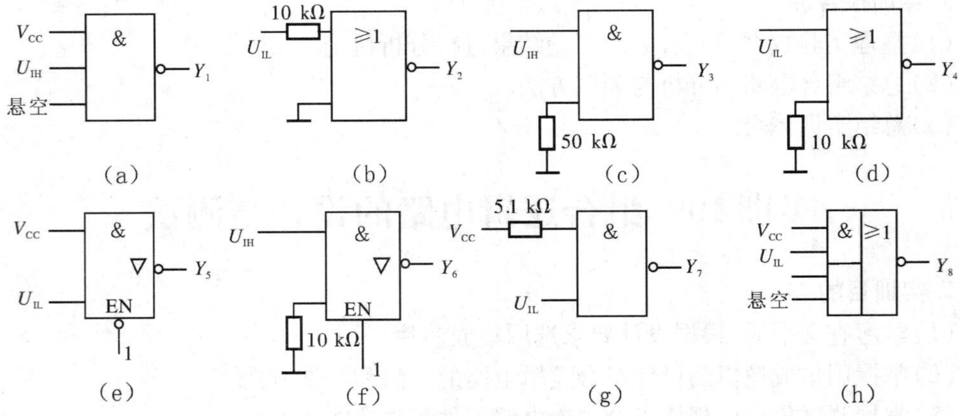

图8-60 习题8-6图

8-7　指出图 8-61 所示各 CMOS 门电路的输出状态。

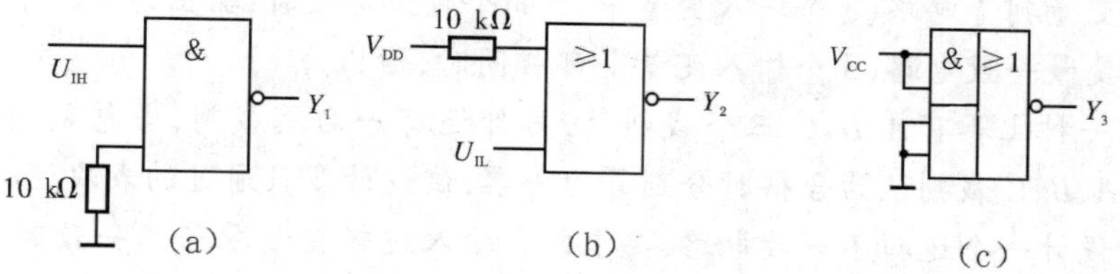

图 8-61　习题 8-7 图

8-8　门电路如图 8-62 所示，写出输出函数的逻辑表达式。

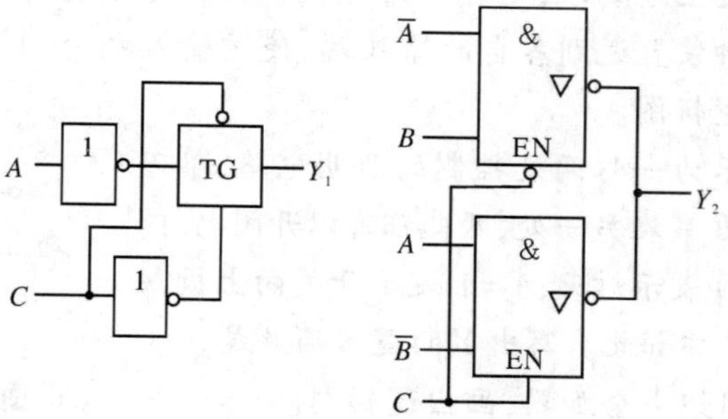

图 8-62　习题 8-8 图

8-9　简述组合逻辑电路的分析和设计的主要步骤。

8-10　什么是半加器，什么是全加器？

8-11　什么是加法器？4 位二进制串行进位加法器是如何实现的？

8-12　简述编码器和译码器的功能。

8-13　优先权编码器和普通编码器有何不同？

8-14　译码器有哪些方面的应用？

8-15　数据选择器和数据分配器的功能是什么？它们有何应用？

8-16　比较器的功能是什么？多位二进制数比较是怎样实现的？

8-17　分析图 8-63 所示电路的逻辑功能。

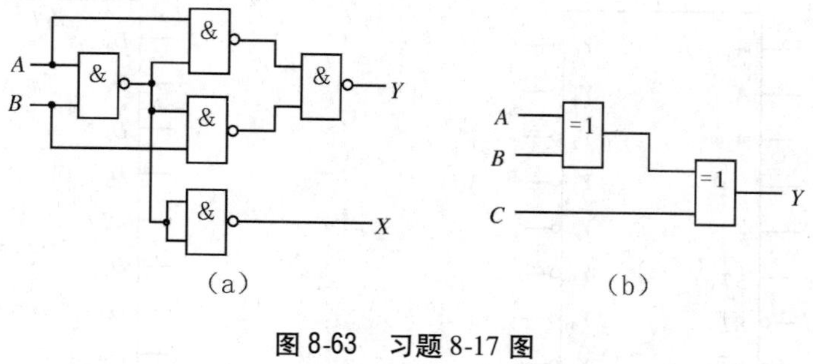

图 8-63　习题 8-17 图

8-18　3 个阀门中必须有两个或两个以上开通时才算工作正常，否则不发出正常信号。试设计一个能发出正常信号的逻辑电路。

8-19　分别用与非门设计实现如下逻辑功能的电路：

(1)四变量多数表决电路(4 个输入变量中,3 个或 4 个为 1 时,输出为 1)。

(2)三变量判奇电路(3 个输入变量中,1 的个数为奇数时,输出为 1)。

(3)三变量一致电路(3 个输入变量全部相同时,输出为 1)。

8-20　一种比赛有 A、B、C 三个裁判员,另外还有一名总裁判,当总裁判认为合格时算两票,而 A、B、C 裁判认为合格时分别算为一票,试设计多数通过的表决逻辑电路。

8-21　设计一个逻辑不一致电路,要求四个输入逻辑变量取值不一致时输出为 1,取值一致时输出为 0。

8-22　某车间有 A、B、C、D 四台电动机,要求:①A 必须开机;②其他三台电动机至少有两台开机。如不满足上述要求,则指示灯熄灭。设指示灯亮为“1”,熄灭为“0”。电动机的开机信号通过某种装置送到各自的输入端,使该输入端为“1”,否则为“0”。试用与非门组成指示灯亮的逻辑图。

8-23　图 8-64 所示为一灯两处控制的照明电路,单刀双投开关 A 装在一处,B 装在另一处,两处都可以开闭电灯。设 $Y=1$ 表示灯亮,$Y=0$ 表示灯灭;$A=1$ 表示开关向上扳,$A=0$ 表示开关向下扳,B 亦如此。写出 Y 的逻辑函数式。

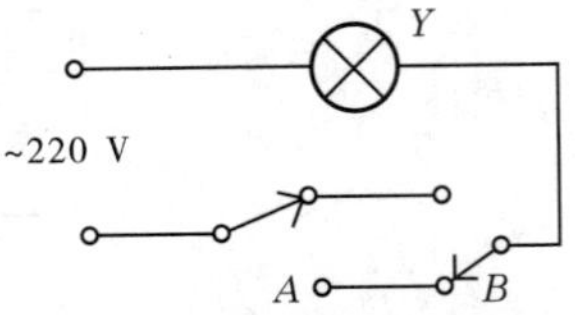

图 8-64　习题 8-23 图

8-24　请用与非门组成全加器,画出逻辑图。

8-25　七段译码器中,若输入 $DCBA=0100$,译码器 7 个输出端的状态如何?而当输入数码为 $DCBA=0101$ 时,译码器的输出状态又如何?

8-26　试用 3 线 – 8 线译码器 74LS138 和门电路产生下列逻辑函数,请在图 8-65 中画出外部连线。

(1)$Y_1=\overline{A}\,\overline{B}\,\overline{C}+ABC$

(2)$Y_2=\overline{A}B\,\overline{C}+AB$

8-27　试用 4 选 1 数据选择器实现逻辑函数 $F=\overline{A}\,\overline{B}\,\overline{C}+\overline{A}\,\overline{B}C+AB\,\overline{C}+ABC$。

8-28　试用图 8-66 所示 8 选 1 数据选择器 74LS151 产生函数 $Y=\overline{A}\,\overline{B}C+\overline{A}B\,\overline{C}+AB$,并画出外部接线。

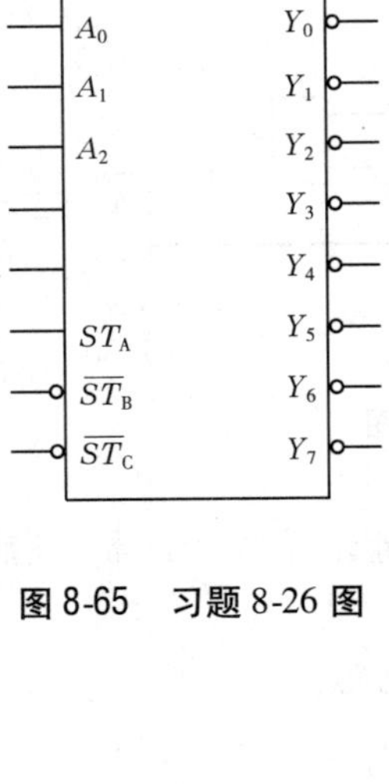

图 8-65　习题 8-26 图

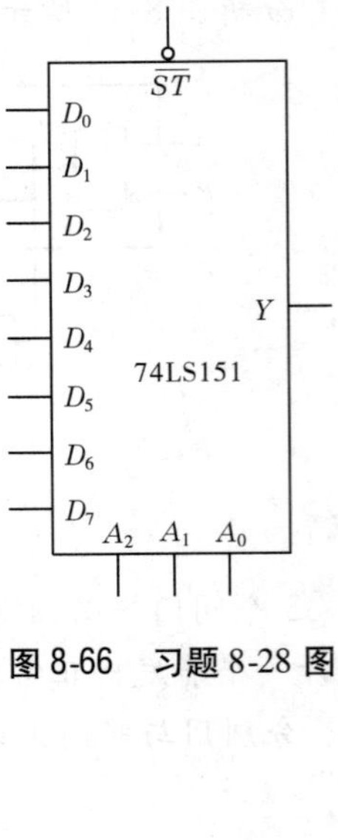

图 8-66　习题 8-28 图

第 9 章　触发器和时序逻辑电路

学习指导

在数字电路中，要连续进行各种复杂的运算和控制，就必须将某些信号暂时保存起来，以便与新的信号综合，共同决定电路的工作状态，这就需要具有记忆功能的基本单元——触发器。触发器具有两个稳定状态，即0状态和1状态。在输入信号作用下，两个稳态可以互相转化；输入信号消失后，新建立的状态可以长久保留。集成触发器的类型很多，本章主要介绍各种触发器的逻辑功能及其工作特性，这是学习时序逻辑电路的基础。

与组合逻辑电路形成鲜明对照，时序逻辑电路在任何一个时刻的输出状态不仅取决于当时的输入信号，还与电路的原状态有关。

时序逻辑电路结构框图如图9-1所示，它由两部分组成：一部分是由逻辑门构成的组合电路，另一部分是由具有记忆功能的触发器构成的反馈支路或存储电路。图9-1中，$X_0 \sim X_i$代表时序电路输入信号，$Z_0 \sim Z_k$代表时序电路输出信号，$W_0 \sim W_m$代表存储电路现时输入信号，$Q_0 \sim Q_n$代表存储电路现时输出信号，由$X_0 \sim X_i$和$Q_0 \sim Q_n$共同决定时序电路输出状态$Z_0 \sim Z_k$。

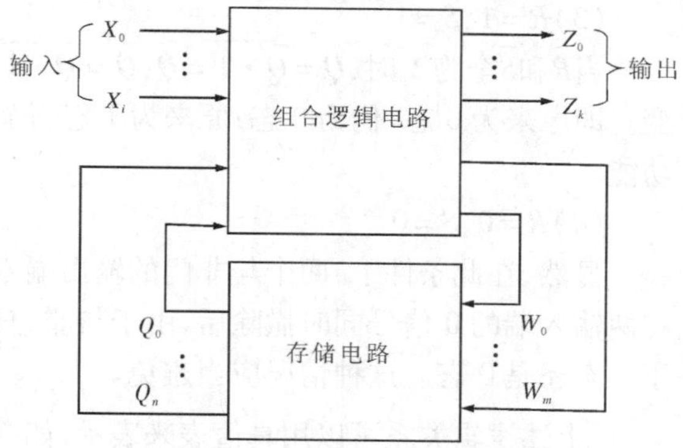

图 9-1　时序逻辑电路结构框图

本章介绍时序逻辑电路的一般分析方法，然后重点讨论典型时序逻辑部件计数器和寄存器的工作原理、逻辑功能、集成芯片及其使用方法。

9.1　触发器概述

9.1.1　基本 RS 触发器

9.1.1.1　电路组成

基本RS触发器又称基本触发器，它可由两个与非门交叉耦合组成，如图9-2(a)所示。它有两个输入端$\overline{R}$、$\overline{S}$和一对互补输出端Q、$\overline{Q}$，其逻辑符号如图9-2(b)所示。规定以输出端Q的状态为触发器的状态，如$Q=1(\overline{Q}=0)$时称触发器为1状态，$Q=0(\overline{Q}=1)$时称触发器为0状态。

9.1.1.2 功能分析

根据与非门的逻辑关系，Q 和 $\overline{Q}$ 的逻辑表达式为

$$Q=\overline{\overline{Q}\,\overline{S}} \qquad (9\text{-}1)$$

$$\overline{Q}=\overline{Q\,\overline{R}} \qquad (9\text{-}2)$$

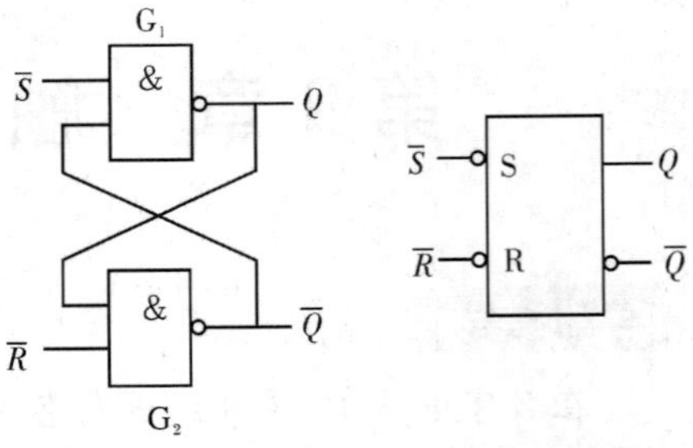

(a)逻辑电路　　(b)逻辑符号

图 9-2　与非门构成基本 RS 触发器

根据式(9-1)、式(9-2)，触发器的输出和输入之间的关系有四种情况，现分析如下：

(1)$\overline{R}=0,\overline{S}=1$。

由式(9-2)可知，当 $\overline{R}=0$ 时，不论 Q 原来处于何种状态，都有 $\overline{Q}=\overline{Q\cdot 0}=1$；再根据式(9-1)可得 $Q=\overline{1\cdot 1}=0$。这时触发器处于 0 状态或称复位状态。因复位的决定性条件是 $\overline{R}=0$，故称 $\overline{R}$ 端为置 0 端。

(2)$\overline{R}=1,\overline{S}=0$。

根据式(9-1)和式(9-2)得 $Q=\overline{\overline{Q}\cdot 0}=1$（不论 $\overline{Q}$ 原来为何种状态），$\overline{Q}=\overline{1\cdot 1}=0$。这时触发器处于 1 状态或称置位状态。因置位的决定性条件是 $\overline{S}=0$，故称 $\overline{S}$ 端为置 1 端。

(3)$\overline{R}=1,\overline{S}=1$。

当 $\overline{R}$ 和 $\overline{S}$ 全为 1 时，$Q=\overline{\overline{Q}\cdot 1}=Q$，$\overline{Q}=\overline{Q\cdot 1}=\overline{Q}$，故触发器的状态和原来一样，保持不变。即原来为 0 态，仍为 0 态；原来为 1 态，仍为 1 态。这体现了触发器具有存储和记忆功能。

(4)$\overline{R}=0,\overline{S}=0$。

显然，在此条件下，两个与非门的输出端 Q 和 $\overline{Q}$ 全为 1，则破坏了触发器的逻辑关系。在两输入端的 0 信号同时撤除后，由于与非门延迟时间不可能完全相等，将不能确定是处于 1 态还是 0 态。这种情况应当避免。

上述逻辑关系可以用真值表来表示，如表 9-1 所示。

表 9-1　基本 RS 触发器真值表

$\overline{R}$	$\overline{S}$	Q
0	0	不定
0	1	置 0
1	0	置 1
1	1	保持

此外，还可以用两个或非门交叉耦合组成基本 RS 触发器，如图 9-3 所示。它具有与图 9-2 所示电路同样的功能，只不过触发输入端需要用高电平来触发，用 R 和 S 来表示。它的真值表如表 9-2 所示。

【例 9-1】　在图 9-2 所示的基本 RS 触发器电路中，已知 $\overline{S}$ 和 $\overline{R}$ 的波形如图 9-4(a)、(b)所示，试画出 Q 和 $\overline{Q}$ 端的波形。

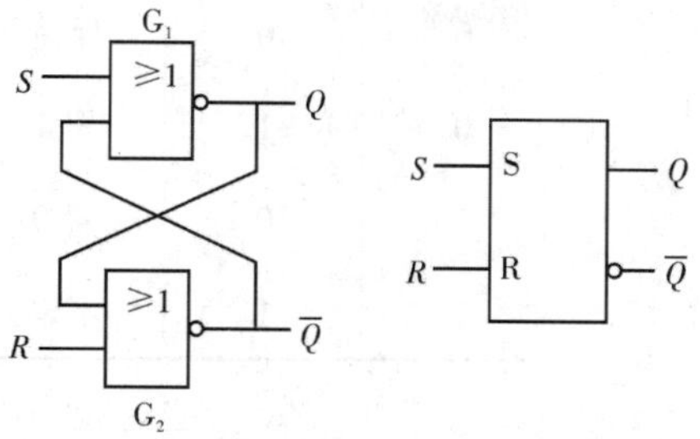

图 9-3　或非门组成基本 RS 触发器

表 9-2　或非门组成的基本 RS 触发器真值表

R	S	Q
0	0	保持
0	1	置 1
1	0	置 0
1	1	不定

解：根据某一时刻两个输入的状态去查触发器的特性表，便可找出对应的 Q 和 $\overline{Q}$ 的状态，并画出波形图如图 9-4（c）、（d）所示。

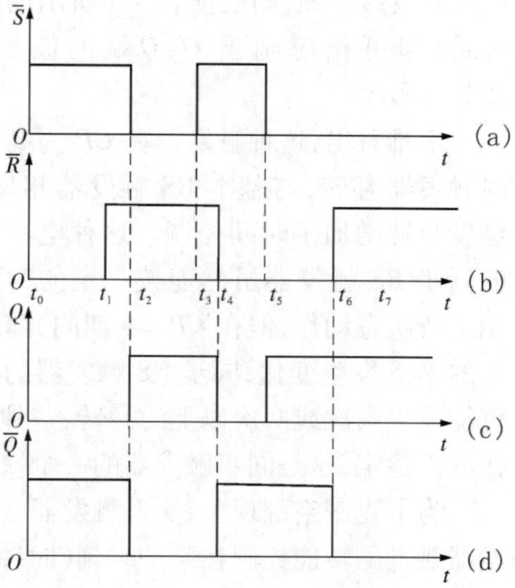

图 9-4　例 9-1 的波形图

9.1.2　触发器的触发方式

9.1.2.1　电平触发

前面介绍的基本 RS 触发器的输入信号直接控制触发器的翻转，而实际应用中，常常要求触发器在某指定时刻按输入信号状态触发翻转，这个时刻可由外加时钟脉冲 CP 来决定。用时钟脉冲控制的触发器如图 9-5 所示，称为同步 RS 触发器。

从图 9-5 可以看出，当 $CP=1$ 时，门 G_1、G_2 的输出逻辑表达式为

$$Q_1=\overline{S\cdot CP}=\overline{S},Q_2=\overline{R\cdot CP}=\overline{R} \quad (9\text{-}3)$$

因此，当 $CP=1$ 时，如果 $R=1,S=0$，则 $Q_1=\overline{S}=1,Q_2=\overline{R}=0$，使 $Q=0$，即触发器置 0，其余类推。

当 $CP=0$ 时，$Q_1=Q_2=1$，G_3、G_4 的输出与 R、S 状态无关，触发器保持原来状态不变。

根据以上分析，作出同步 RS 触发器的真值表，如表 9-3 所示。用 Q^n、Q^{n+1} 分别表示 CP 作用前、后触发器 Q 端的状态。Q^n 为现态，Q^{n+1} 为次态。

如果把表 9-3 所示的逻辑功能用逻辑表达式表示出来，就可得到时钟脉冲控制的 RS 触发器的特性方程

$$\left.\begin{aligned}&SR=0（约束条件）\\&Q^{n+1}=S+\overline{R}Q^n\end{aligned}\right\} \quad (9\text{-}4)$$

为了防止触发器处于不定状态，因而规定了约束条件 $RS=0$。

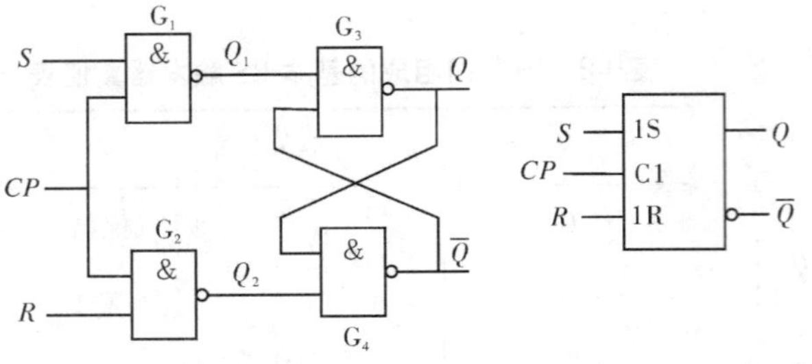

(a)逻辑电路　　(b)逻辑符号

图 9-5　同步 RS 触发器逻辑电路及逻辑符号

表 9-3　同步 RS 触发器真值表

R	*S*	*Q*
0	0	保持
0	1	置 1
1	0	置 0
1	1	不定

在图 9-5 所示的同步 RS 触发器中，假定它的原始状态为 $Q=0,\overline{Q}=1$，输入信号 R、S 的波形已知，则根据表 9-3 所示的逻辑关系，即可相应画出 Q、$\overline{Q}$ 端的波形，如图 9-6所示。

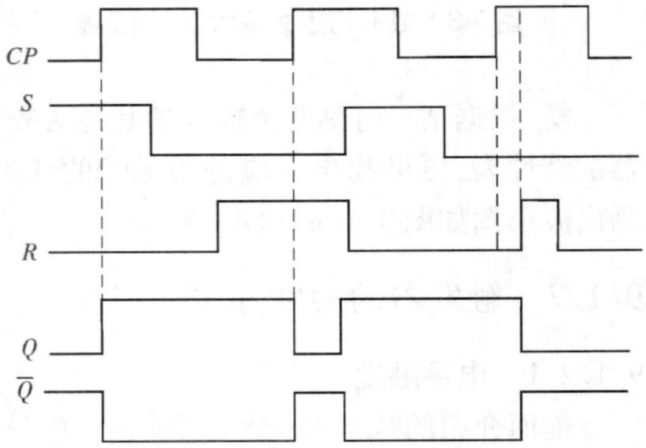

图 9-6　同步 RS 触发器波形图

不难看出，这种触发器在 CP 为高电平时触发器翻转，与基本 RS 触发器相比，对触发翻转增加了时间控制。这种电平触发的同步 RS 触发器虽然能按一定的时间节拍进行状态动作，但在 $CP=1$ 期间，随着输入的 R、S 发生变化，同步 RS 触发器的状态可能发生两次或两次以上的翻转，这种现象称为空翻。空翻会造成节拍的混乱和系统工作的不稳定，这是同步触发器的一个缺陷。

为了克服空翻现象，实现触发器状态的可靠翻转，对触发器电路作进一步改进，使触发器触发翻转能控制在某一时刻（时钟脉冲的上升沿或下降沿）进行，即边沿触发。

9.1.2.2　边沿触发

采用边沿触发方式的触发器有主从触发器和边沿触发器。

1. 主从触发器

主从触发器的特点是：电路由主触发器和从触发器两部分组成，它们受互补时钟脉冲控制，触发翻转只在时钟脉冲的跳变沿进行。下面以主从 RS 触发器为例讲述主从触发器的特点。

1）电路组成

主从 RS 触发器由两个同步 RS 触发器构成，如图 9-7 所示。图 9-7（a）中左面的一个为主触发器，右面的一个为从触发器，加在主触发器上的时钟脉冲 CP 经过反相后再加到从触发器上，即主、从两个触发器所要求的时钟脉冲彼此反相。

2）工作原理

当时钟脉冲为高电平（$CP=1$）时，主触发器接受输入数据，R 和 S 端的输入信号决定了主触发器的状态 Q_m。而在此期间，从触发器被非门输出的反相时钟（$\overline{CP}=0$）封锁，因此不论主触发器的状态如何改变对从触发器均无影响，即触发器的输出保持不变。

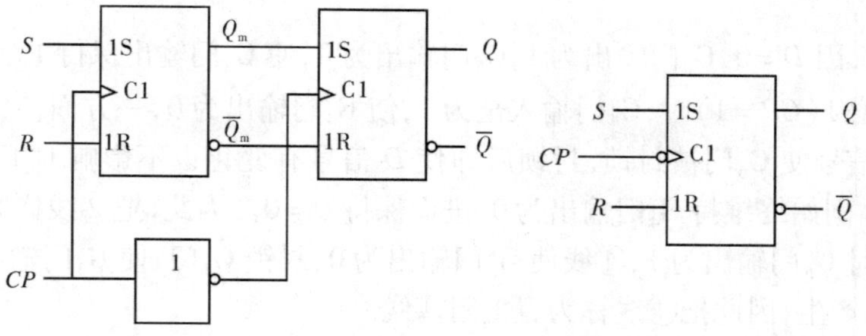

(a)逻辑电路　　　　(b)逻辑符号

图 9-7　主从 RS 触发器

当时钟脉冲为低电平($CP=0$)时,主触发器被封锁,输入端 R 和 S 的状态不影响主触发器的状态。而此时从触发器打开,将主触发器的状态传输到从触发器的输出端。这样就保证了每来一个时钟脉冲,触发器的状态变化不多于一次,从而防止了空翻。

2. 边沿触发器

边沿触发器的特点是:次态 Q^{n+1} 仅取决于 CP 下降沿(或上升沿)到达前瞬间的输入信号,而在此之前或之后的一段时间内,输入信号状态的变化对输出状态不产生影响。它具有工作可靠性高、抗干扰能力强、不存在一次变化问题等优点。常见的边沿触发器有 CP 上升沿触发和 CP 下降沿触发两大类。下面以集成上升沿 D 触发器为例讲述边沿触发器的特点。

1)电路组成

维持阻塞型 D 触发器采用上升沿触发工作方式。其逻辑图和逻辑符号如图 9-8 所示。图中的$\overline{R}_D$、$\overline{S}_D$为直接置 0、置 1 端,CP 为时钟脉冲输入端,D 为信号输入端。

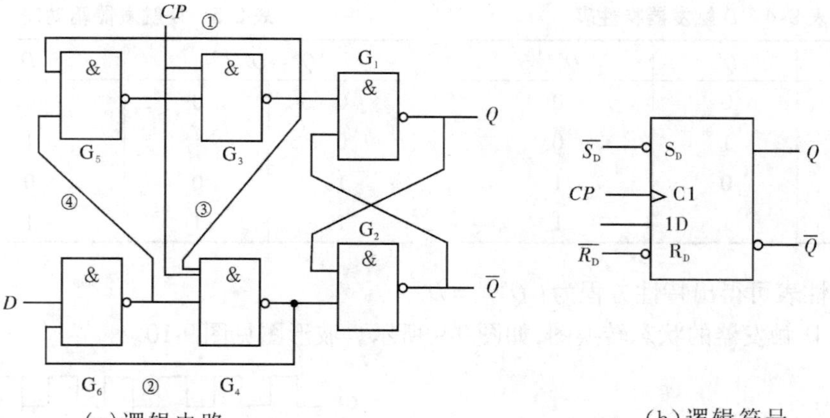

(a)逻辑电路　　　　(b)逻辑符号

图 9-8　维持阻塞型 D 触发器

2)工作原理

工作时$\overline{R}_D=\overline{S}_D=1$,当 $CP=0$ 时,G_3、G_4门均输出为 1,因此 G_1、G_2门构成的基本 RS 触发器保持原状态不变。下面分别讨论 $D=0$、$D=1$ 两种情况。

(1) $D=0$。

$CP=0$ 时，因 $D=0$，G_6门输出为1，G_5门输出为0，使 G_3门输出保持1。

CP 由0变1（$CP=1$）时，G_4门输入全为1，使 G_4门输出为0，一方面使$\overline{Q}=1$、$Q=0$；另一方面，此0信号使 G_6门被封锁，封锁后即使 D 信号有变化也不影响 G_6门输出，从而保证了在 $CP=1$ 间始终维持 G_4门输出为0，进而保持 $Q=0$。因此，把②线称为置0维持线。同时，由于这时 G_6门输出为1，④线使 G_5门输出为0，封锁 G_3门，使 G_3门输出仍为1，阻塞了置1信号的产生，因此把④线称为置1阻塞线。

(2) $D=1$。

$CP=0$ 时，因 $D=1$，G_6门输出为0，使 G_5门输出为1，打开 G_3门，且使 G_4门输出保持1。

CP 由0变1（$CP=1$）时，G_3门输入全为1，输出为0，一方面使 $Q=1$，$\overline{Q}=0$，另一方面通过①线使 G_5门输出为1，维持 G_3产生置1负脉冲，因此把①线称为置1维持线；同时，G_3门输出负脉冲通过③线封锁 G_4门，阻止 G_4门产生置0负脉冲，故称③线为置0阻塞线。

总之，触发器是在 CP 上升沿前接受输入信号，上升沿到来时触发翻转，称为上升沿触发。而在 $CP=0$ 和 $CP=1$ 期间触发器状态都不会发生变化。这样，每来一个脉冲，触发器的状态只改变一次。由于存在维持和阻塞作用，防止了空翻。

9.1.3 各种逻辑功能的触发器

触发器的逻辑功能可用特性表、驱动表、特性方程、状态转换图、波形图等几种方法来描述。

9.1.3.1 D触发器

D触发器的逻辑符号如图9-8所示。其特性表见表9-4，驱动表见表9-5。

表9-4 D触发器特性表

D	Q^n	Q^{n+1}
0	0	0
0	1	0
1	0	1
1	1	1

表9-5 D触发器驱动表

$Q^n \to Q^{n+1}$		D
0	0	0
0	1	1
1	0	0
1	1	1

由特性表可得出特性方程为：$Q^{n+1}=D$。

画出D触发器的状态转换图，如图9-9所示。波形图见图9-10。

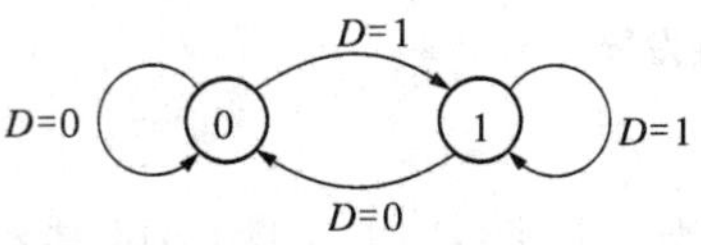

图9-9 D触发器状态转换图

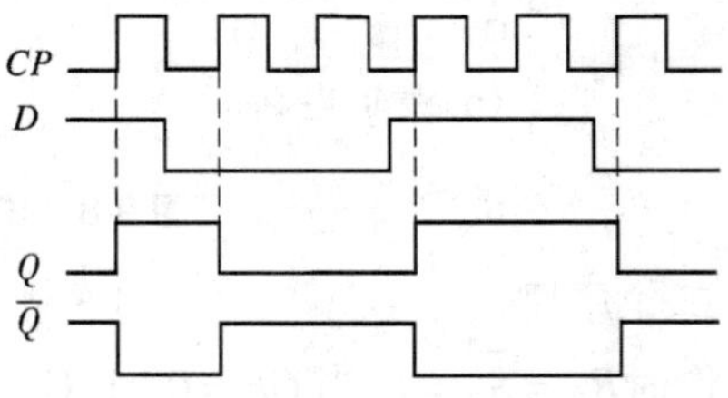

图9-10 D触发器波形图

9.1.3.2 JK 触发器

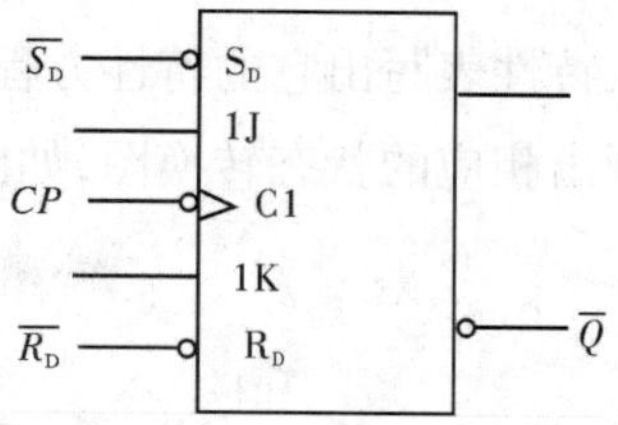

图 9-11 JK 触发器符号图

JK 触发器的逻辑符号如图 9-11 所示。其特性表见表 9-6,由此得出的驱动表见表 9-7。

由特性表可得出 JK 触发器的特性方程为:$Q^{n+1}=J\overline{Q^n}+\overline{K}Q^n$。

表 9-6 JK 触发器特性表

J	K	Q^n	Q^{n+1}	J	K	Q^n	Q^{n+1}
0	0	0	0	1	0	0	1
0	0	1	1	1	0	1	1
0	1	0	0	1	1	0	1
0	1	1	0	1	1	1	0

表 9-7

$Q^n \to Q^{n+1}$		J
0	0	0
0	1	1
1	0	×
1	1	×

画出相应的状态转换图,如图 9-12 所示。波形图如图 9-13 所示。

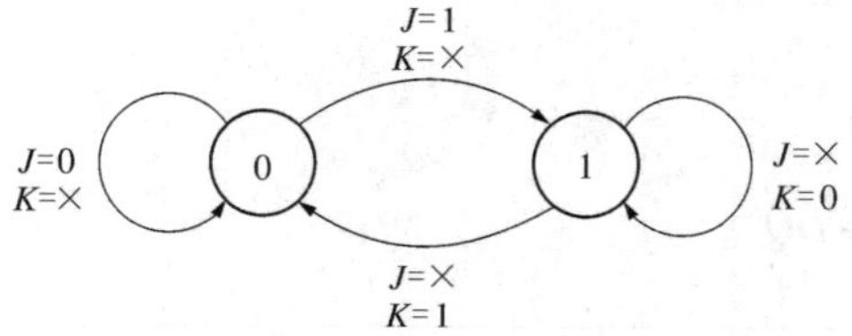

图 9-12 JK 触发器状态转换图

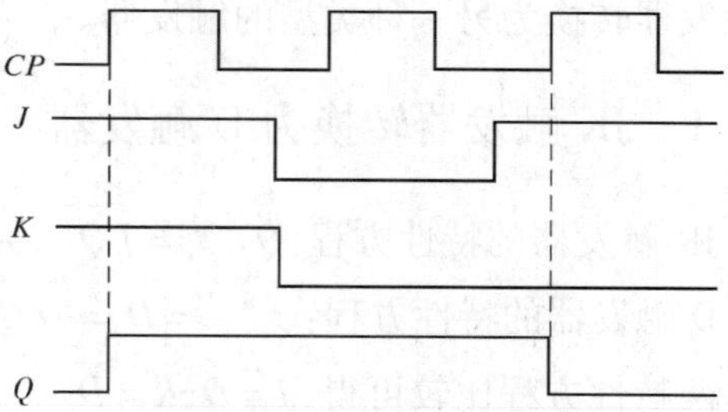

图 9-13 JK 触发器波形图

9.1.3.3 T 触发器

将 JK 触发器的 J、K 端连在一起,即可构成 T 触发器,如图 9-14 所示。描述其逻辑功能的特性表如表 9-8 所示,对应的驱动表如表 9-9所示。

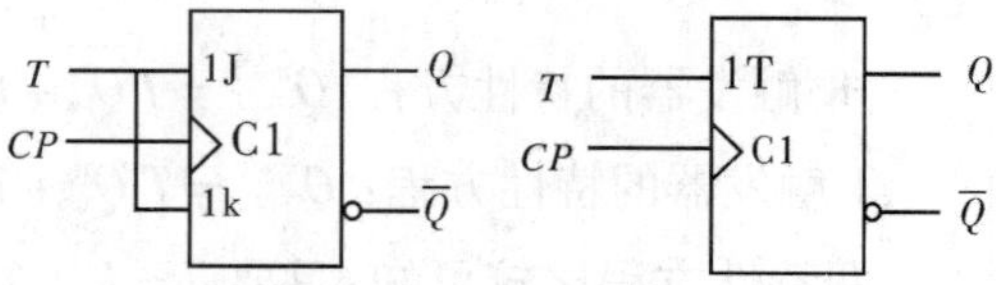

图 9-14 T 触发器

表 9-8 T 触发器状态特性表

T	Q^n	Q^{n+1}
0	0	0
0	1	1
1	0	1
1	1	0

表 9-9 T 触发器驱动表

$Q^n \to Q^{n+1}$		T
0	0	0
0	1	1
1	0	1
1	1	0

从特性表写出它的特性方程为：$Q^{n+1}=T\overline{Q^n}+\overline{T}Q^n$。

画出相应的状态转换图，如图 9-15 所示，波形图见图 9-16。

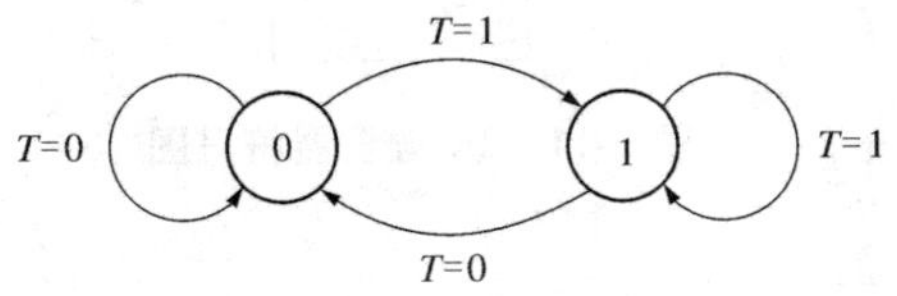

图 9-15　T 触发器状态转换图

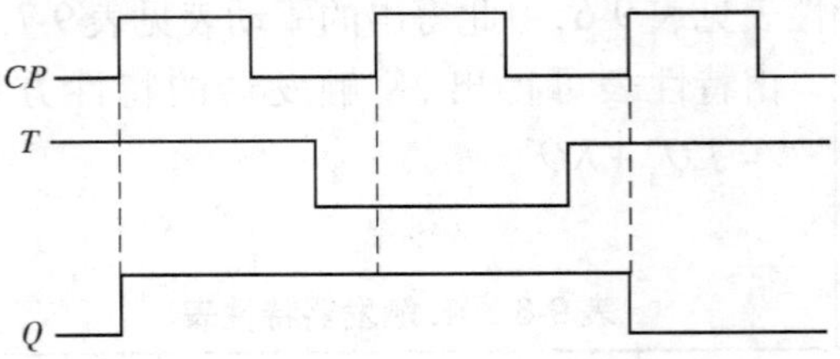

图 9-16　T 触发器波形图

9.1.3.4　T′触发器

当 T 触发器的 $T=1$ 时，$Q^{n+1}=\overline{Q^n}$，即构成 T′触发器。

9.2　触发器间的相互转换

触发器类型很多，它们分别有各自的特性方程。在实际应用中，有时可以将一种类型的触发器转换为另一种类型的触发器。

9.2.1　JK 触发器转换为 D 触发器

JK 触发器的特性方程：$Q^{n+1}=J\overline{Q^n}+\overline{K}Q^n$。

D 触发器的特性方程：$Q^{n+1}=D=D\overline{Q^n}+DQ^n$。

两特性方程比较可得：$J=D,K=\overline{D}$。

JK 触发器转换为 D 触发器的转换电路如图 9-17 所示。

9.2.2　JK 触发器转换为 T 触发器

JK 触发器的特性方程：$Q^{n+1}=J\overline{Q^n}+\overline{K}Q^n$。

T 触发器的特性方程：$Q^{n+1}=T\overline{Q^n}+\overline{T}Q^n$。

两特性方程比较可知：只要 $J=K=T$，即可由 JK 触发器得到 T 触发器，转换电路如图 9-18所示。

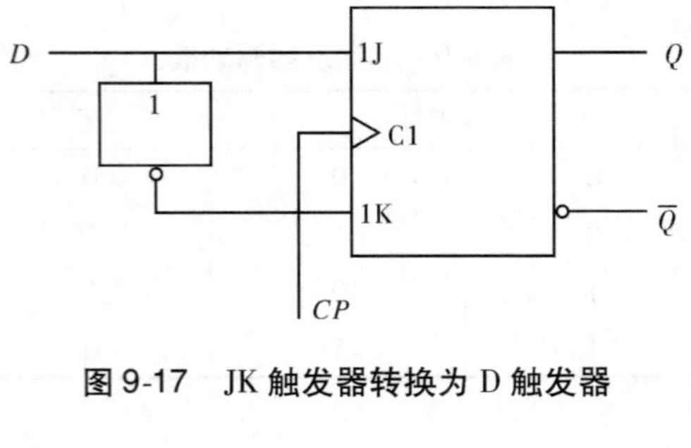

图 9-17　JK 触发器转换为 D 触发器

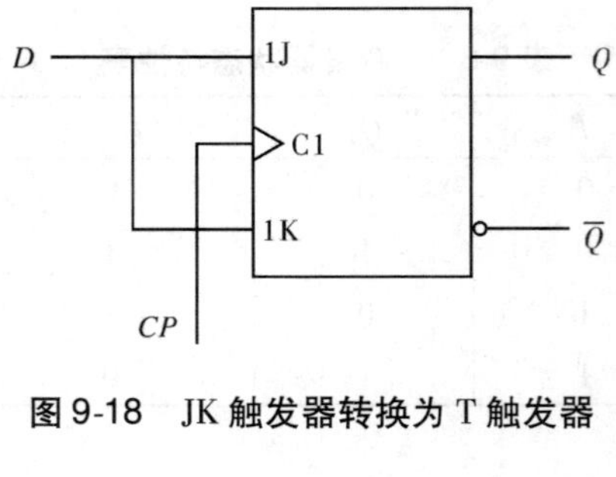

图 9-18　JK 触发器转换为 T 触发器

9.2.3 D 触发器转换为 JK 触发器

D 触发器的特性方程为:$Q^{n+1}=D$。

JK 触发器的特性方程为:$Q^{n+1}=J\overline{Q^n}+\overline{K}Q^n$。

因此,只要 $D=J\overline{Q^n}+\overline{K}Q^n$,即可得到 JK 触发器,其转换电路如图 9-19 所示。

9.2.4 D 触发器转换为 T 触发器

D 触发器特性方程:$Q^{n+1}=D$。

T 触发器特性方程:$Q^{n+1}=T\overline{Q^n}+\overline{T}Q^n$。

两特性方程比较可知:只要 $D=T\overline{Q^n}+\overline{T}Q^n$,即可得到 T 触发器,如图 9-20 所示。

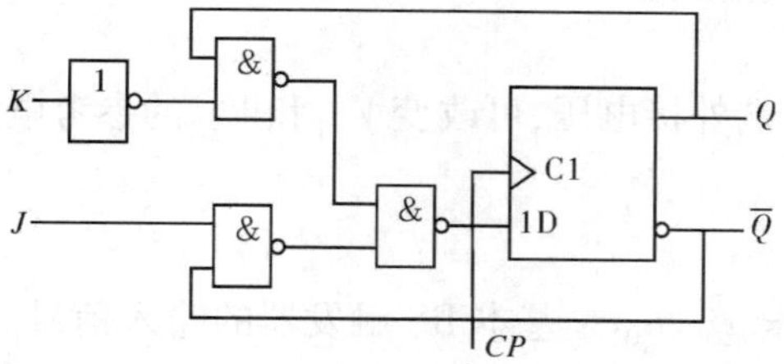

图 9-19 D 触发器转换为 JK 触发器

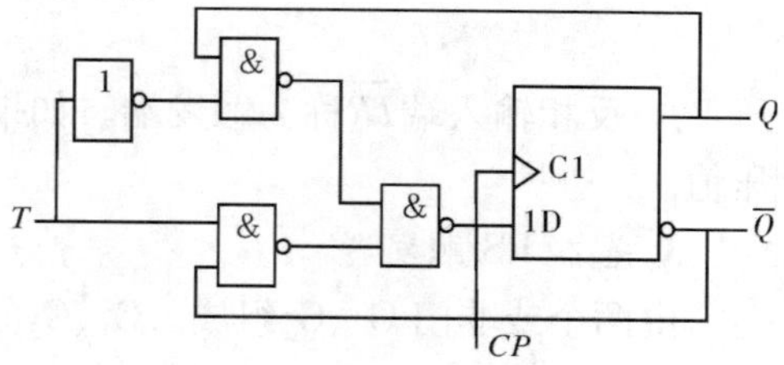

图 9-20 D 触发器转换为 T 触发器

9.3 555 定时器

555 定时器是一种将模拟功能和数字功能巧妙地结合在一起的中规模集成电路。电路功能灵活,应用范围广,只要外接少量的阻容元件,可以很方便地构成施密特触发器、单稳态触发器和多谐振荡器等电路。因而在信号的产生与变换、自动检测及控制、定时和报警、家用电器等方面都有广泛的应用。

9.3.1 555 定时器基本结构

CC7555 是 CMOS 集成 555 定时器的典型产品,现以它为例进行介绍。

9.3.1.1 电路组成

CC7555 的逻辑图和管脚分布图如图 9-21 所示。它由电阻分压器、电压比较器、基本 RS 触发器、MOS 开关及输出缓冲器等五个基本单元组成。

1. 电阻分压器

由三个阻值相同的电阻 R 串联构成,为电压比较器 C_1、C_2 提供两个参考电压。

$$V_{-1}=2/3V_{DD},V_{+2}=1/3V_{DD}$$

2. 电压比较器 C_1 和 C_2

它们是两个结构完全相同的高增益集成运算放大器。C_1 的反相输入端接参考电压 V_{-1},其引出端称为控制端 $C-V$,同相输入端 TH 称为阈值端。C_2 的同相输入端接参考电

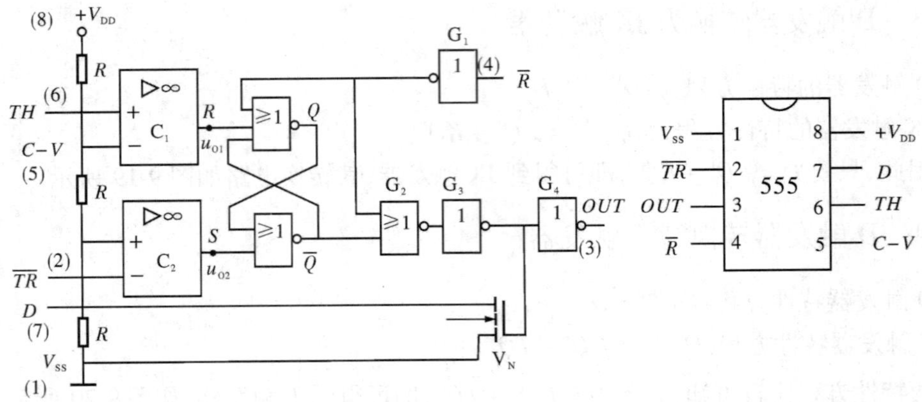

图 9-21　CC7555 集成定时器

压 V_{+2}；反相输入端$\overline{TR}$称为触发端。如果在 $C-V$ 端外接电压，可改变 V_{-1} 和 V_{+2} 的参考电压值。

3. 基本 RS 触发器

由两个或非门 G_1、G_2 组成。G_1、G_2 的输出电压 u_{O1}、u_{O2} 是基本 RS 触发器的输入信号。u_{O1}、u_{O2} 状态的改变，决定触发器输出端 Q、$\overline{Q}$ 的状态。

4. MOS 开关管

N 沟道增强型 MOS 管，用来作为放电开关。受 $\overline{Q}$ 控制，当 $\overline{Q}=0$ 时，V_N 管截止；当 $\overline{Q}=1$ 时，V_N 管导通。

5. 输出缓冲器

两级反相器 G_3、G_4 构成输出缓冲器。其可提高电流驱动能力，且具有隔离作用。

9.3.1.2　CC7555 定时器的逻辑功能

对于比较器 C_1、C_2：当 $U_+ > U_-$ 时，$U_O=1$（高电平）；当 $U_+ < U_-$ 时，$U_O=0$（低电平）。

对基本 RS 触发器，若 $\overline{R}=1$，则：当 $U_{O1}=0$、$U_{O2}=1$ 时，$\overline{Q}=0$，$Q=1$；当 $U_{O1}=1$、$U_{O2}=0$ 时，$\overline{Q}=1$，$Q=0$；当 $U_{O1}=0$、$U_{O2}=0$ 时，$\overline{Q}$、Q 维持原状态。

根据上述原理，CC7555 定时器的功能如表 9-10 所示。

表 9-10　CC7555 功能表

$\overline{R}$	TH	$\overline{TR}$	$OUT(Q)$	D
0	×	×	0	导通
1	$\geqslant\frac{2}{3}V_{DD}$	$\geqslant\frac{1}{3}V_{DD}$	0	导通
1	$<\frac{2}{3}V_{DD}$	$<\frac{1}{3}V_{DD}$	1	截止
1	$<\frac{2}{3}V_{DD}$	$>\frac{1}{3}V_{DD}$	原状态	原状态

9.3.2 555定时器的应用

9.3.2.1 施密特触发器

施密特触发器也称为电平触发器,它具有下述特点:

(1)具有两个稳定状态,且两个稳态的维持和相互转换与输入电压的大小有关。

(2)对于正向增长和负向增长的输入信号,电路有不同的阈值电平,即具有回差特性,其差值称为回差电压。

1. 电路组成

将555定时器的阈值端 TH 与触发端 $\overline{TR}$ 连成一起作为信号输入端即构成施密特触发器,如图9-22(a)所示。

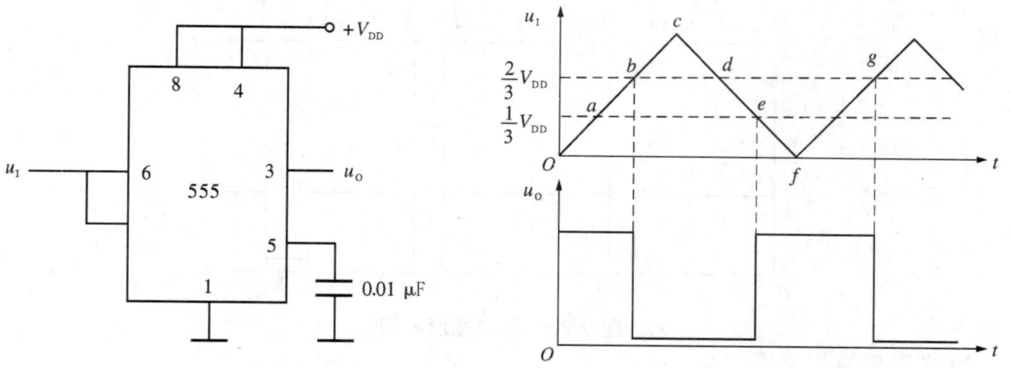

(a)电路图　　(b)波形图

图9-22　555定时器组成的施密特触发器

2. 工作原理

设输入信号 u_I 为三角波,见图9-22(b),在其输出端便可得到矩形脉冲 u_O。工作过程简述如下:

当输入电压 $U_I < 1/3\ V_{DD}$ 时,比较器输出电压 $U_{O1}=0$、$U_{O2}=1$,基本RS触发器置1,$U_O = U_{OH}$,电路处于第一稳态。

当 $1/3V_{DD} < U_I < 2/3V_{DD}$ 时,$U_{O1}=0$、$U_{O2}=0$,基本RS触发器状态不变,$U_O = U_{OH}$。

当 $U_I > 2/3\ V_{DD}$ 以后,$U_{O1}=1$、$U_{O2}=0$,基本RS触发器置0,$U_O = U_{OL}$,电路处于第二稳态。电路的输出电压由1变0时所对应的输入电压值,称为上限阈值电平 U_{T+},$U_{T+} = 2/3V_{DD}$。

输入电压增加到最大后开始下降,当 $1/3V_{DD} < U_I < 2/3\ V_{DD}$ 时,$U_{O1} = U_{O2} = 0$,基本RS触发器状态不变,电路仍处于第二稳态。

当 $U_I < 1/3\ V_{DD}$ 以后,$U_{O1}=0$、$U_{O2}=1$,基本RS触发器置1,$U_O = U_{OH}$,电路返回到第一稳态。电路的输出电压由0变为1时所对应的输入电压值,称为下限阈值电平 U_{T-},$U_{T-} = 1/3V_{DD}$。

上限阈值电平和下限阈值电平大小不同,两者之间有差值,这种现象称为回差,其电压称为回差电压,即 $\Delta U_T = U_{T+} - U_{T-} = 1/3\ V_{DD}$。

如果要调节回差电压的大小,可在 $C-V$ 端外加控制电压。回差电压越大,电路抗干扰能力越强,但触发器灵敏度越低。

3. 应用举例

1) 幅度鉴别

施密特触发器的输出状态取决于输入信号的幅度,因此可用来鉴别信号的幅度。如图 9-23 所示,输入信号为一串幅度不等的脉冲波,当输入脉冲幅度大于 U_{T+} 时,有信号输出,小于 U_{T+} 时,无信号输出。

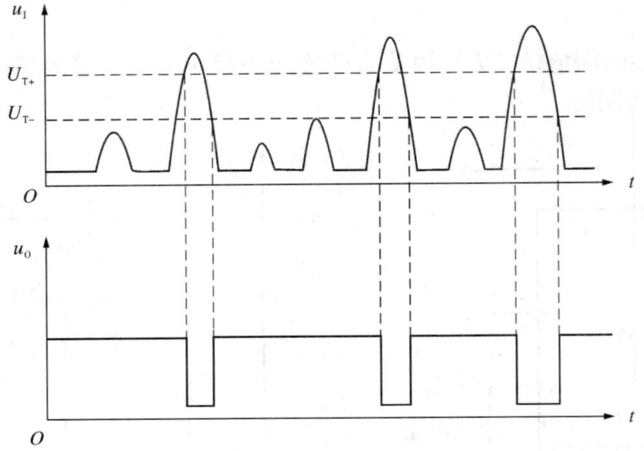

图 9-23 脉冲幅度鉴别

2) 波形变换

施密特触发器广泛用于波形变换。图 9-24 所示是将正弦波转换为矩形波。当输入电压等于和超过 U_{T+} 值时,电路为一种稳态;当输入电压等于和低于 U_{T-} 时,电路翻转为另一种稳态。这样施密特触发器可以很方便地将正弦波、三角波等周期性波形变换成良好的矩形波。

3) 波形的整形

将不规则的波形变换成良好的矩形波称为整形,如图 9-25 所示。输入电压为受干扰的波形,通过施密特触发器变为规则的矩形波。

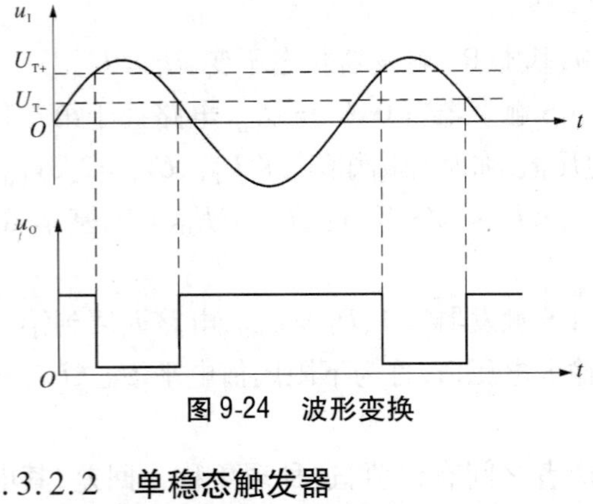

图 9-24 波形变换

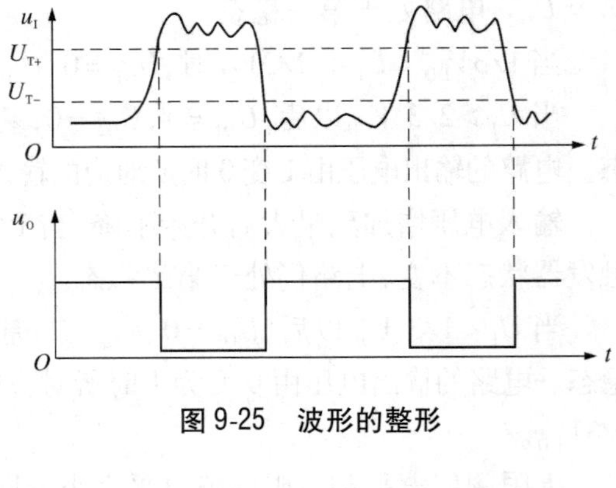

图 9-25 波形的整形

9.3.2.2 单稳态触发器

单稳态触发器不同于前面介绍的双稳态触发器,它具有下述特点:

(1)电路有一个稳态,一个暂稳态。

(2)在外来触发信号作用下,电路由稳态翻转到暂稳态。

(3)暂稳态是一个不能长久保持的状态,经过一段时间后,电路会自动返回到稳态。暂稳态的持续时间取决于电路本身的参数。

1. 电路组成

电路如图9-26(a)所示,R_I和C_I为输入回路的微分环节,R和C为定时元件。

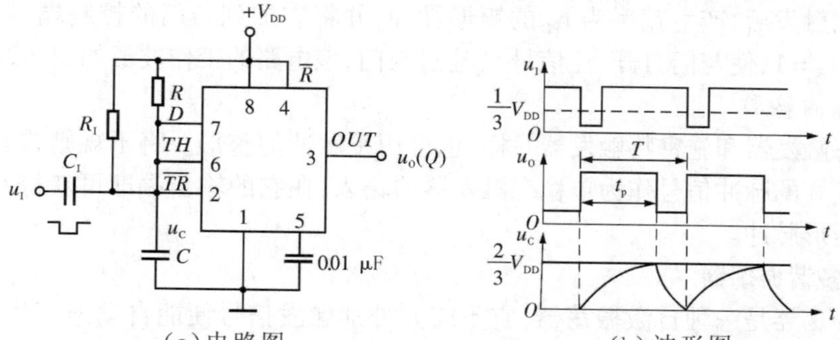

(a)电路图　　(b)波形图

图9-26　555定时器构成的单稳态触发器

2. 工作原理

1)稳态

触发器处于复位状态,定时电容C已放电完毕,u_O和u_C均为低电平。

2)触发翻转

在触发脉冲u_I的作用下,当$u_I < 1/3V_{DD}$时,$u_{O2}=1$,基本RS触发器置1,$u_O=1$,放电管截止,电路进入暂稳态。定时开始。

3)暂稳态

在暂稳态期间,电源经R向电容C充电,充电时间常数$\tau = RC$,u_C按指数规律上升,趋向V_{DD}。

4)自动返回

当u_C上升到$2/3V_{DD}$时,触发器置0,即$Q=0$、$\overline{Q}=1$。放电管V_N导通,C放电,定时结束。暂稳态结束。这时,$u_O=0$。

5)恢复过程

放电管导通后,电容C放电,u_C下降到低电平,Q为0,输出u_O仍维持在低电平,电路返回到稳态。

当第二个触发脉冲到来时,重复上述过程。其工作波形如图9-27(b)所示。输出的脉冲宽度t_P等于定时电容C上电压u_C从零充到$2/3V_{DD}$所需

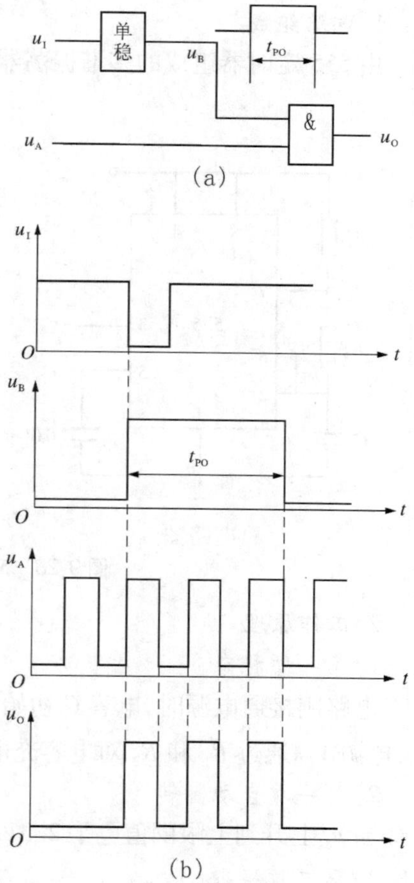

图9-27　单稳态触发器定时作用

的时间。根据 RC 电路过渡过程的公式可求得：$t_p = 1.1RC$。由此可知，调节定时元件，可以改变输出脉冲的宽度。

3. 应用举例

1）定时

单稳态触发器可产生一个宽度为 t_{PO} 的矩形脉冲，利用这个脉冲去控制某电路，使它在 t_{PO} 时间内动作或不动作，从而起到定时作用。例如在图 9-27（a）所示的电路中，单稳态触发器经 u_I 触发后，产生宽度为 t_{PO} 的矩形脉冲，并将它加到与门的控制端，显然只有在 t_{PO} 时间内，$u_B = 1$，使与门打开，让信号 u_A 通过与门，该电路的工作波形如图 9-27（b）所示。

2）脉冲的整形

单稳态触发器和施密特触发器一样，也可用于脉冲的整形。将不规则或因传输干扰而使波形变坏的脉冲信号作为单稳态触发器的输入，在它的输出端即可获得有一定幅度和宽度的矩形脉冲。

9.3.2.3 多谐振荡器

多谐振荡器是一种自激振荡器，它不需要外加触发信号便能自动地产生矩形脉冲。由于波形中含有高次谐波分量，所以叫多谐振荡器。它的特点是：只有两个暂稳态，没有稳定状态。故也称为无稳态触发器。

1. 电路组成

由 555 定时器组成的多谐振荡器电路如图 9-28（a）所示。

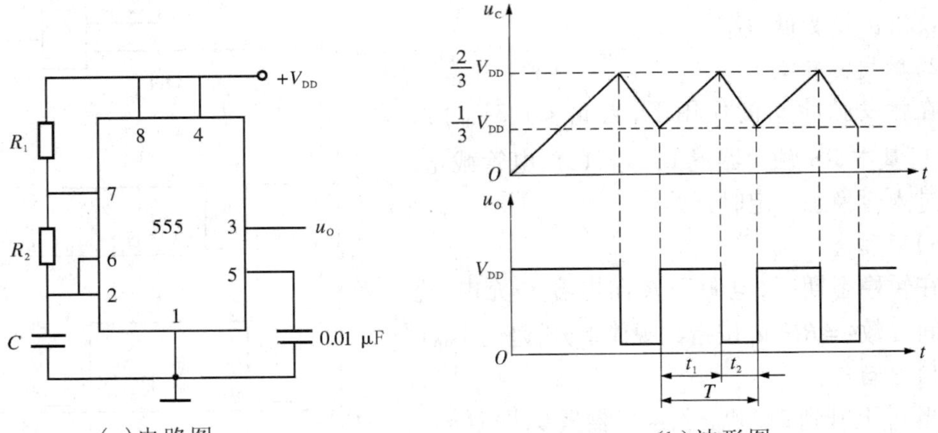

（a）电路图　　（b）波形图

图 9-28　555 定时器组成的多谐振荡器

2. 工作原理

1）第一暂稳态

电路刚接通电源时，电容 C 初始电压为零，触发器置 1，故输出 u_O 为高电平，放电管截止，电源 V_{DD} 通过 R_1 和 R_2 对电容充电，使 u_C 的电位按指数规律上升，构成第一暂稳态。

2）第一次自动翻转

当 u_C 上升到上限阈值电平 $2/3V_{DD}$ 时，触发器置 0，充电结束，电路进入第二暂稳态。

3）第二暂稳态

因触发器置 0，所以放电管导通，电容 C 经 R_2 和放电管开始放电，u_C 按指数规律下降。

当 $u_C < 2/3V_{DD}$时，触发器状态保持不变。

4）第二次自动翻转

当 u_C下降到 $1/3V_{DD}$时，放电结束，输出 u_O变为高电平。同时，放电管截止，电容又开始充电，进入第一暂稳态。以后，电路重复上述振荡过程。工作波形如图 9-28(b)所示。由图可见，由于充电时间常数$\tau_{充}=(R_1+R_2)C$ 大于放电时间常数$\tau_{放}=R_2C$，故 u_O高电平持续时间 t_1大于低电平持续时间 t_2，即 $t_1>t_2$。

3. 脉冲周期和振荡频率的计算

利用三要素（初始值、稳态值和时间常数）法，可求出充、放电时间 t_1、t_2及周期 T。

$t_1=0.7(R_1+R_2)C$，$t_2=0.7R_2C$，所以周期 $T=t_1+t_2=0.7(R_1+2R_2)C$，振荡频率 $f=1/T=1/0.7(R_1+2R_2)C$。

9.4 时序逻辑电路的一般分析方法

时序逻辑电路分析的基本任务是：根据已知的逻辑电路，通过分析求出电路状态 Q 的转换规律以及输出 Z 的变化规律，进而说明该时序逻辑电路的逻辑功能和工作特性。

9.4.1 分析时序逻辑电路的一般步骤

（1）根据给定的时序逻辑电路图写出下列各逻辑方程式：①各触发器的时钟方程，时序电路中各触发器 CP 脉冲的逻辑关系。②各触发器的驱动方程，时序电路中各触发器输入信号之间的逻辑关系。③时序电路的输出方程，时序电路的输出 $Z=f(X,Q)$，若无输出时就不讨论此方程。

（2）求各触发器的状态方程：把驱动方程代入相应触发器的特性方程，即可求出时序电路的状态方程，也就是各个触发器次态输出的逻辑表达式。任何时序电路的状态，都是由组成该时序电路的各个触发器来记忆和表示的。

（3）求出对应状态值：①列状态表。把电路输入和现态的各种可能取值，代入状态方程和输出方程进行计算，求出相应的次态值和输出值。②画状态图。把时序电路每个状态的转换规律用箭头表示出来。③画时序图。把输入、输出信号及各触发器状态的取值与 CP 脉冲在时间上对应关系的波形图画出来。

（4）确定时序逻辑电路的功能：一般情况下，用状态图或状态表就可以反映电路的工作特性。但是，在实际应用中，不同时序电路的输入、输出信号都有确定的物理含义，因此常常需要结合这些信号的物理含义，进一步说明电路的具体功能，或者结合时序图说明时钟脉冲与输入、输出信号及内部变量之间的时间关系。

9.4.2 时序逻辑电路的分析举例

下面按照时序逻辑电路的一般分析步骤分析图 9-29 所示时序电路的逻辑功能。

（1）写出下列各逻辑方程式。

①各触发器的时钟方程

$$CP_0=CP_1=CP_2=CP$$

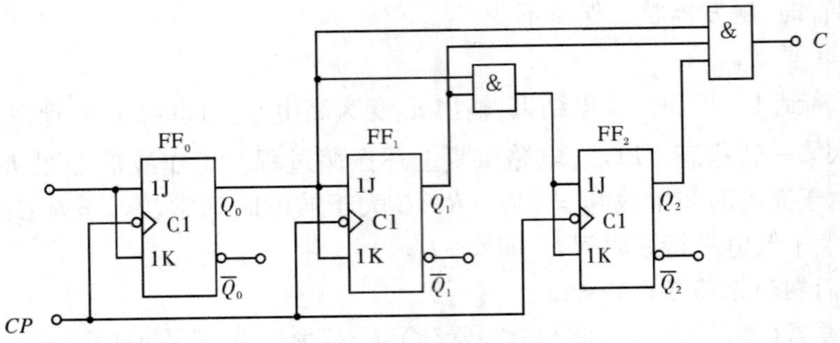

图 9-29　时序电路

②各触发器的驱动方程

$$J_0 = 1 \qquad K_0 = 1$$
$$J_1 = Q_0^n \qquad K_1 = Q_0^n$$
$$J_2 = Q_0^n Q_1^n \qquad K_2 = Q_0^n Q_1^n$$

③输出方程

$$C = Q_0^n Q_1^n Q_2^n$$

(2)求各触发器的状态方程。

JK 触发器的特性方程为

$$Q^{n+1} = J\overline{Q_0^n} + \overline{K}Q^n$$

将驱动方程分别代入特性方程,并进行化简可得到状态方程

$$Q_0^{n+1} = 1 \cdot \overline{Q_0^n} + \overline{1} \cdot Q_0^n = \overline{Q_0^n}$$

$$Q_1^{n+1} = Q_0^n \overline{Q_1^n} + \overline{Q_0^n} Q_1^n$$

$$Q_2^{n+1} = Q_0^n Q_1^n \overline{Q_2^n} + \overline{Q_0^n Q_1^n} Q_2^n = Q_0^n Q_1^n \overline{Q_2^n} + \overline{Q_0^n} Q_2^n + \overline{Q_1^n} Q_2^n$$

(3)求出对应状态值。

①列状态表:将电路输入信号和各触发器原态的所有取值组合代入相应的状态方程及输出方程,得到的状态表如表 9-11 所示。

表 9-11　状态表

CP	Q_2^n	Q_1^n	Q_0^n	Q_2^{n+1}	Q_1^{n+1}	Q_0^{n+1}	C
↓	0	0	0	0	0	1	0
↓	0	0	1	0	1	0	0
↓	0	1	0	0	1	1	0
↓	0	1	1	1	0	0	0
↓	1	0	0	1	0	1	0
↓	1	0	1	1	1	0	0
↓	1	1	0	1	1	1	0
↓	1	1	1	0	0	0	1

②状态图如图 9-30(a)所示,时序图如图 9-30(b)所示。

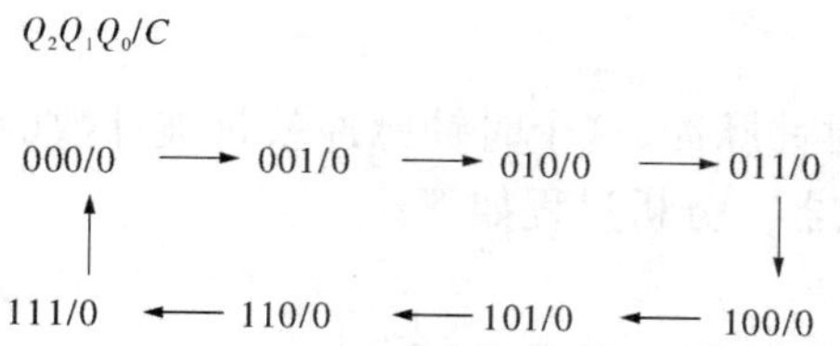

(a)状态图

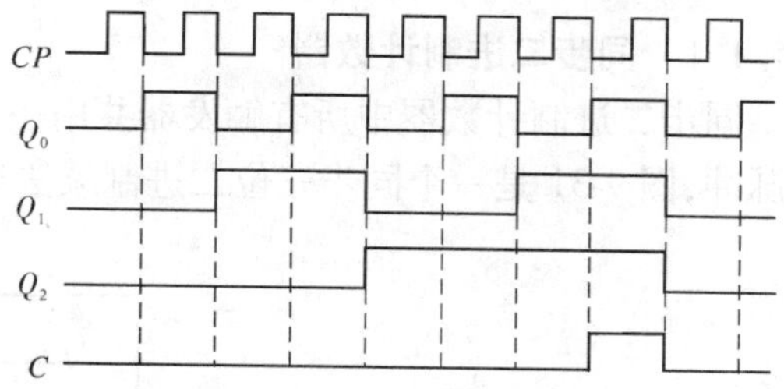

(b)时序图

图 9-30 状态图及时序图

(4)时序逻辑电路的功能。

从时钟方程可知该时序电路为同步时序电路。

由状态图可看出,随着 CP 脉冲的递增,不论电路从输出的哪一个状态开始,触发器输出 $Q_2Q_1Q_0$ 的变化都会进入同一个循环,而且此循环过程包括 8 个状态,并且状态之间是递增变化的。只有当 $Q_2Q_1Q_0=111$ 时,输出 $C=1$;当 $Q_2Q_1Q_0$ 取其他值时,输出 $C=0$,且在一个循环过程中,$C=1$ 只出现一次,所以 C 为进位输出信号。

综上所述,这是一个带进位输出的同步八进制加法计数器电路。

9.5 计数器

计数器的基本功能就是对输入 CP 脉冲的个数进行计数。除计数以外,还可以用做定时、分频、信号产生和执行数字运算等。

计数器种类很多,分类方法也不相同。

(1)按进位模数可把计数器分为二进制计数器和非二进制计数器。所谓进位模数,就是计数器经历独立状态总数,即计数器的进制数。

二进制计数器的模数 N 等于 2^n,非二进制计数器的模数 N 小于 2^n,N 代表计数器的进制数,n 代表计数器中触发器的个数。

(2)按计数器增减趋势可把计数器分为加法计数器、减法计数器和可逆计数器。加法计数器:每来一个计数脉冲,用触发器组成的状态,就按二进制代码规律增加。减法计数器:每来一个计数脉冲,用触发器组成的状态,就按二进制代码规律减少。可逆计数器:计数趋势可按递增规律变化,也可按递减规律变化,由控制端决定。

(3)按计数器 CP 脉冲的输入方式可把计数器分为同步计数器和异步计数器。同步计数器:计数脉冲引至所有触发器的 CP 端,使应翻转的触发器同时翻转。异步计数器:计数脉冲并不引至所有触发器的 CP 端,其中有些触发器的 CP 端接其他触发器的输出,因此所有触发器不是同时翻转的。

9.5.1 同步计数器

9.5.1.1 同步二进制计数器

同步二进制计数器中所有触发器共用一个时钟脉冲，这个时钟脉冲就是被计数的输入脉冲，图 9-31 是一个同步三位二进制减法计数器。分析过程如下：

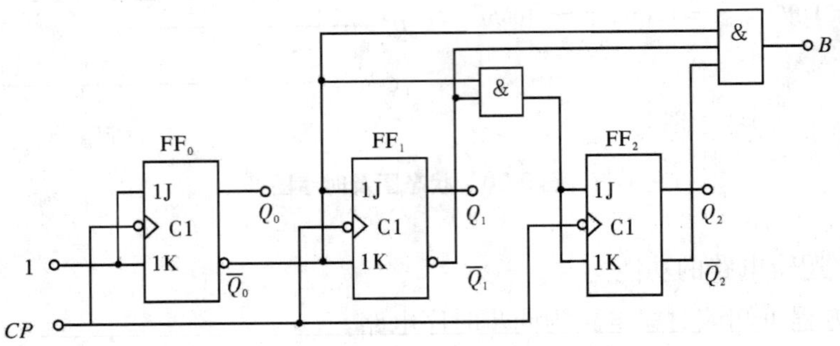

图 9-31 同步三位二进制减法计数器

(1)写相关方程式。

时钟方程

$$CP_0 = CP_1 = CP_2 = CP$$

驱动方程

$$J_0 = 1 \qquad K_0 = 1$$

$$J_1 = \overline{Q_0^n} \qquad K_1 = \overline{Q_0^n}$$

$$J_2 = \overline{Q_0^n}\,\overline{Q_1^n} \qquad K_2 = \overline{Q_0^n}\,\overline{Q_1^n}$$

输出方程

$$B = \overline{Q_0^n}\,\overline{Q_1^n}\,\overline{Q_2^n}$$

(2)求各触发器的状态方程。

JK 触发器的特性方程为

$$Q^{n+1} = J\,\overline{Q^n} + \overline{K}Q^n$$

将驱动方程分别代入特性方程，并进行化简可得到各触发器的状态方程

$$Q_0^{n+1} = 1 \cdot \overline{Q_0^n} + \overline{1} \cdot Q_0^n = \overline{Q_0^n}$$

$$Q_1^{n+1} = \overline{Q_0^n} \cdot \overline{Q_1^n} + \overline{\overline{Q_0^n}} \cdot Q_1^n = \overline{Q_0^n} \cdot \overline{Q_1^n} + Q_0^n Q_1^n$$

$$Q_2^{n+1} = \overline{Q_0^n} \cdot \overline{Q_1^n} \cdot \overline{Q_2^n} + \overline{\overline{Q_0^n}\,\overline{Q_1^n}} \cdot Q_2^n = \overline{Q_0^n} \cdot \overline{Q_1^n} \cdot \overline{Q_2^n} + Q_0^n Q_2^n + Q_1^n Q_2^n$$

(3)求出对应状态值。

状态表如表 9-12 所示。

状态图如图 9-32(a)所示，时序图如图 9-32(b)所示。

表 9-12　同步三位二进制减法计数器状态表

CP	Q_2^n	Q_1^n	Q_0^n	Q_2^{n+1}	Q_1^{n+1}	Q_0^{n+1}	B
↓	0	0	0	1	1	1	1
↓	1	1	1	1	1	0	0
↓	1	1	0	1	0	1	0
↓	1	0	1	1	0	0	0
↓	1	0	0	0	1	1	0
↓	0	1	1	0	1	0	0
↓	0	1	0	0	0	1	0
↓	0	0	1	0	0	0	0

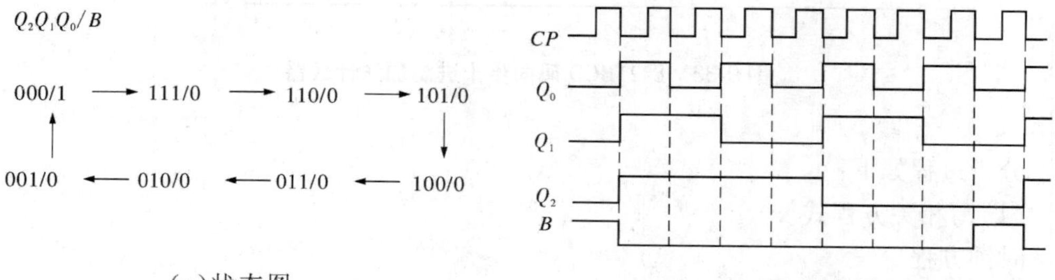

(a)状态图　　(b)时序图

图 9-32　同步三位二进制减法计数器状态图及时序图

(4)归纳分析结果,确定该时序电路的逻辑功能。

从时钟方程可知该时序电路是同步时序逻辑电路。

从状态图可知,随着 CP 脉冲的递增,触发器输出 $Q_2Q_1Q_0$ 的值是递减的,且经过 8 个 CP 脉冲完成一次循环,当 $Q_2Q_1Q_0$ 值为 000 时,产生一个借位脉冲。

综上所述,此电路是一个同步三位二进制(八进制)减法计数器。

9.5.1.2　同步二进制计数器连接规律

仔细观察前面分析的二进制同步加法计数器与减法计数器电路,则不难发现,同步二进制计数器一般由 JK 触发器和门电路构成,由 n 个 JK 触发器构成的二进制计数器,它的计数值为 2^n,各触发器之间的连接规律如表 9-13 所示。

表 9-13　同步二进制计数器的连接规律

时钟信号连接规律	$CP_0 = CP_1 = \cdots = CP_{(n-1)} = CP$　　(n 个触发器)
加法计数器驱动方程	$J_0 = K_0 = 1$ $J_i = K_i = Q_{(i-1)}Q_{(i-2)}\cdots Q_0$　　($1 \leqslant i \leqslant n-1$)
减法计数器驱动方程	$J_0 = K_0 = 1$ $J_i = K_i = \overline{Q_{i-1}} \cdot \overline{Q_{(i-2)}} \cdots \overline{Q_0}$　　($1 \leqslant i \leqslant n-1$)

9.5.1.3 同步十进制计数器

同步十进制计数器是最常用的非二进制计数器，它由 4 个 JK 触发器构成，电路共有 16 个计数状态，但只能取其中的 10 状态表示计数值。使用最多的十进制计数器是按照 8421BCD 码进行计数的电路，图 9-33 是一个 8421BCD 码同步十进制加法计数器。

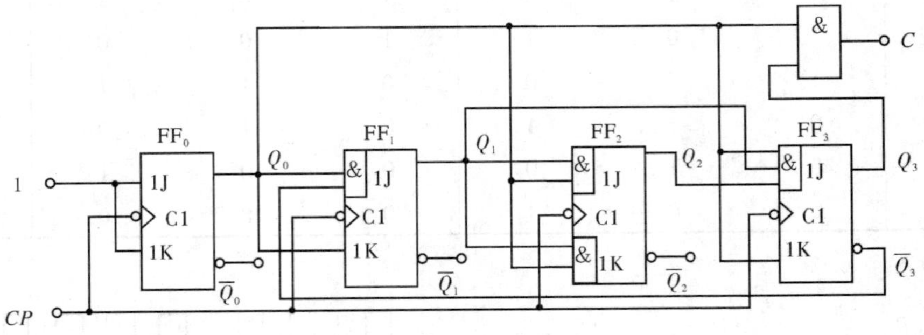

图 9-33 8421BCD 码同步十进制加法计数器

分析过程如下：

(1)写相关方程式。

时钟方程

$$CP_0 = CP_1 = CP_2 = CP_3 = CP$$

驱动方程

$$J_0 = 1 \qquad K_0 = 1$$

$$J_1 = Q_0^n \overline{Q_3^n} \qquad K_1 = Q_0^n$$

$$J_2 = Q_0^n Q_1^n \qquad K_2 = Q_0^n Q_1^n$$

$$J_3 = Q_0^n Q_1^n Q_2^n \qquad K_3 = Q_0^n$$

输出方程

$$C = Q_0^n Q_3^n$$

(2)求各触发器的状态方程。

JK 触发器的特性方程为

$$Q^{n+1} = J\,\overline{Q^n} + \overline{K} Q^n$$

将驱动方程分别代入特性方程，并进行化简可得到各触发器的状态方程

$$Q_0^{n+1} = 1 \cdot \overline{Q_0^n} + \overline{1} \cdot Q_0^n = \overline{Q_0^n}$$

$$Q_1^{n+1} = Q_0^n\, \overline{Q_3^n}\, \overline{Q_1^n} + \overline{Q_0^n} Q_1^n$$

$$Q_2^{n+1} = Q_0^n Q_1^n\, \overline{Q_2^n} + \overline{Q_0^n Q_1^n} Q_2^n = Q_0^n Q_1^n\, \overline{Q_2^n} + \overline{Q_0^n} Q_2^n + \overline{Q_1^n} Q_2^n$$

$$Q_3^{n+1} = Q_0^n Q_1^n Q_2^n\, \overline{Q_3^n} + \overline{Q_0^n} Q_3^n$$

(3)求出对应状态值。

状态表如表 9-14 所示。

表 9-14　同步十进制加法计数器状态表

CP	Q_3^n	Q_2^n	Q_1^n	Q_0^n	Q_3^{n+1}	Q_2^{n+1}	Q_1^{n+1}	Q_0^{n+1}	C
↓	0	0	0	0	0	0	0	1	0
↓	0	0	0	1	0	0	1	0	0
↓	0	0	1	0	0	0	1	1	0
↓	0	0	1	1	0	1	0	0	0
↓	0	1	0	0	0	1	0	1	0
↓	0	1	0	1	0	1	1	0	0
↓	0	1	1	0	0	1	1	1	0
↓	0	1	1	1	1	0	0	0	0
↓	1	0	0	0	1	0	0	1	0
↓	1	0	0	1	0	0	0	0	1

状态图如图 9-34(a)所示,时序图如图 9-34(b)所示。

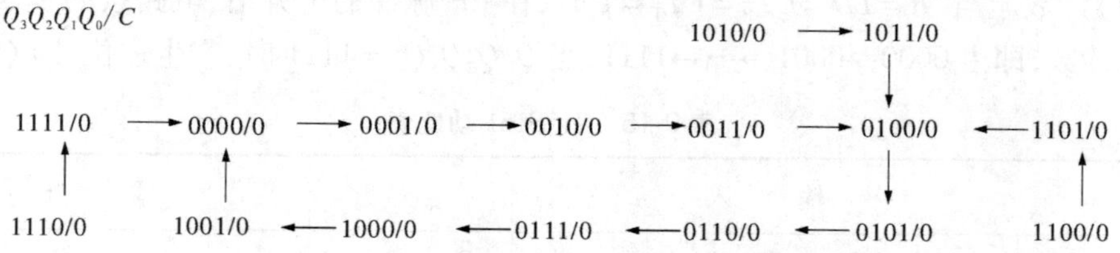

(a)状态图

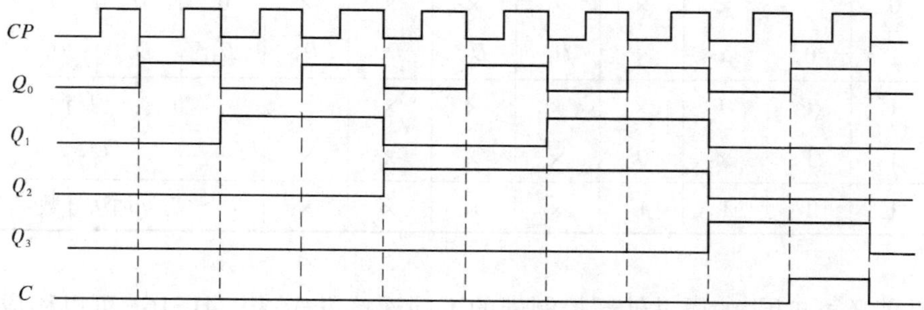

(b)时序图

图 9-34　同步十进制加法计数器的状态图和时序图

(4)归纳分析结果,确定该时序电路的逻辑功能。

从时序图可清楚地看出进位输出信号 C 在 $Q_3^nQ_2^nQ_1^nQ_0^n=1001$ 时产生。来一个计数脉冲后,计数状态变为 0000。从状态图可看出,不管电路从哪一状态开始,都会进入以 8421BCD 编码的同步十进制加法计数状态。

9.5.1.4 **集成同步计数器 74LS161**

74LS161 是集成同步四位二进制加法计数器，它由四级 JK 触发器和若干控制门组成。其管脚的排列如图 9-35 所示，表 9-15 是它的功能表。

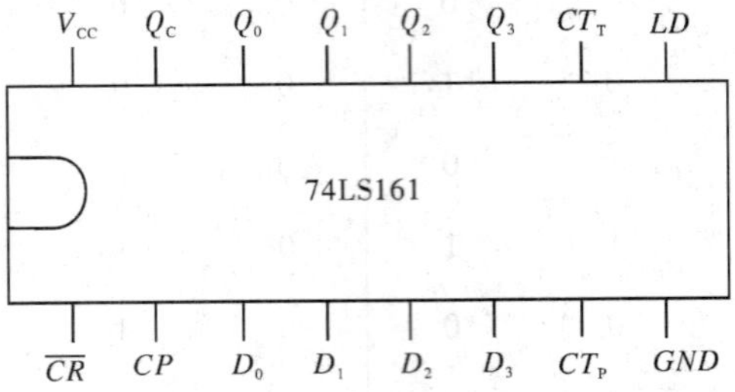

图 9-35 74LS161 管脚排列图

从表 9-15 中可知 74LS161 的功能如下：

(1)异步清零。当清零控制端$\overline{CR}=0$，$Q_3Q_2Q_1Q_0$立即全变为零，与 CP 脉冲无关。

(2)同步预置。当预置端$\overline{LD}=0$，$\overline{CR}=1$ 时，在置数输入端 $D_3D_2D_1D_0$ 预置某个数据，在 CP 脉冲的上升沿，立即实现 $Q_3Q_2Q_1Q_0=D_3D_2D_1D_0$。

(3)保持。当$\overline{CR}=\overline{LD}=1$ 且 $CT_P \cdot CT_T=0$ 时，输出 $Q_3Q_2Q_1Q_0$保持不变。

(4)计数。当$\overline{CR}=\overline{LD}=CT_P=CT_T=1$ 时，在 CP 脉冲的上升沿，电路按同步四位二进制加法计数，即由 0000→0001→…→1111，当 $Q_3Q_2Q_1Q_0=1111$ 时，产生进位，即 $Q_C=1$。

表 9-15 74LS161 功能表

输入									输出			
CP	$\overline{CR}$	$\overline{LD}$	CT_P	CT_T	D_3	D_2	D_1	D_0	Q_3	Q_2	Q_1	Q_0
×	0	×	×	×	×	×	×	×	0	0	0	0
↑	1	0	×	×	D_3	D_2	D_1	D_0	D_3	D_2	D_1	D_0
×	1	1	0	×	×	×	×	×	保持			
×	1	1	×	0	×	×	×	×	保持			
↑	1	1	1	1	×	×	×	×	加法计数			

其功能还可扩展，如通过外部控制端的不同连接方式，用 74LS161 可以构成任意 N 进制计数器。

1. 异步直接清零法

采用异步直接清零法只能取 74LS161 的前 N 个状态作为 N 进制计数器。电路连接的特点是将第 N 个计数值对应的二进制代码中所有"1"的输出端，通过与非门反馈到 74LS161 的清零控制端$\overline{CR}$，当计数到第 N 个数时，使输出回零。

采用异步直接清零法，用 74LS161 构成的同步十进制计数器如图 9-36 所示，电路中，$\overline{LD}=CT_P=CT_T=1$，因为第十个计数值对应的二进制代码为 1010，所以将输出端 Q_3和 Q_1

通过与非门接至 74LS161 的清零端$\overline{CR}$,当计数到 1010 时,计数器立即清零,回到 0000 状态,不过在此十进制计数器中会出现 1010 这个过渡状态。

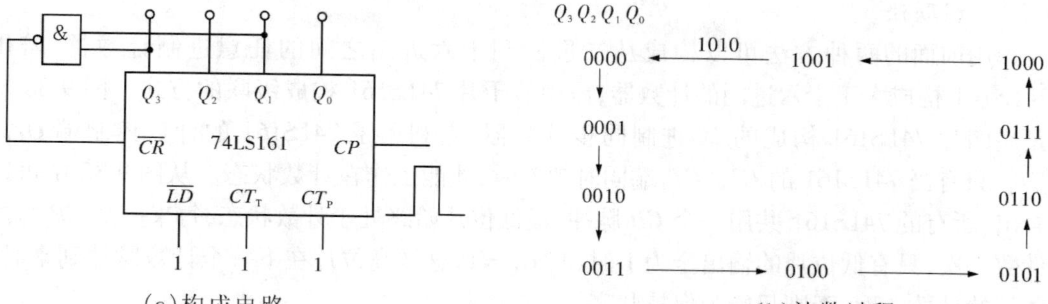

(a)构成电路　　(b)计数过程

图 9-36　直接清零法构成的十进制计数器

2. 同步并行置数法

采用同步并行置数法,可以取 74LS161 中任意 N 个连续的状态作为 N 进制计数器,电路连接的特点是利用芯片的预置端$\overline{LD}$和置数输入端 $D_3D_2D_1D_0$,把计数器的初值先预置在 $D_3D_2D_1D_0$ 端,因$\overline{LD}$是同步预置数端,所以利用计数器第 $N-1$ 个计数值作为反馈信号。当第 N 个计数脉冲到来时,74LS161 的输出状态回到预置初值。

采用同步并行置数法,用 74LS161 构成的同步十进制计数器如图 9-37 所示,可以选前十个状态,也可以选后十个状态,还可以选中间任意连续的十个状态。

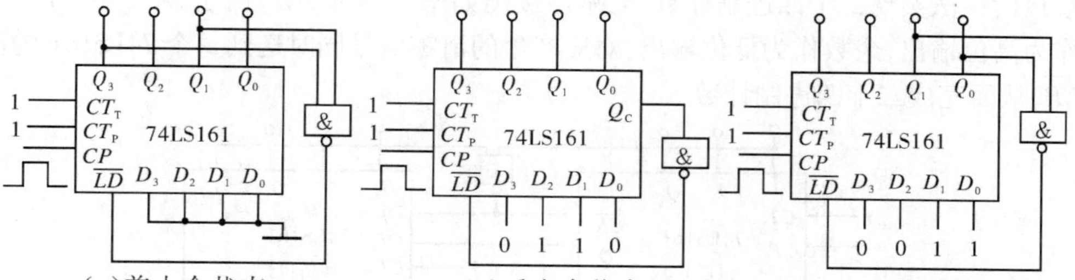

(a)前十个状态　　(b)后十个状态　　(c)中间十个状态

图 9-37　用同步并行置数法构成的十进制计数器

选前十个状态时,当计数到 9 时,74LS161 的输出 $Q_3Q_2Q_1Q_0$ 为 1001,Q_3 和 Q_0 经与非门反馈给同步预置端$\overline{LD}$,使$\overline{LD}=0$,由于置数输入端 $D_3D_2D_1D_0=0000$,当第十个 CP 脉冲到来时,74LS161 的输出 $Q_3Q_2Q_1Q_0$ 为 0000。

选后十个状态时,当计数到 9 时,74LS161 的输出 $Q_3Q_2Q_1Q_0$ 为 1111,且 $Q_C=1$,将 Q_C 反相反馈给同步预置端$\overline{LD}$,使$LD=0$,由于置数输入端 $D_3D_2D_1D_0=0110$,当第十个 CP 脉冲到来时,74LS161 的输出 $Q_3Q_2Q_1Q_0$ 为 0110。

也可以选中间任意的十个状态,假如前三个状态和后三个状态均无效,当计数到 9 时,74LS161 的输出 $Q_3Q_2Q_1Q_0$ 为 1100,Q_3 和 Q_2 经与非门反馈给同步预置端$\overline{LD}$,使$\overline{LD}=0$,

由于置数输入端 $D_3D_2D_1D_0=0011$，当第十个 CP 脉冲到来时，74LS161 的输出 $Q_3Q_2Q_1Q_0$ 为 0011。

3. 级联法

用前面的两种方法可以构成从二进制到十六进制之间的任意进制计数器，若用 74LS161 构成大于十六进制的计数器，需用若干片 74LS161 构成级联的方式。图 9-38 就是用四片 74LS161 构成的 2^{16} 进制同步计数器，它利用了 74LS161 的计数控制端 CT_P、CT_T，只有当 74LS161 的 CT_P、CT_T 端同时为 1 时，才能工作在计数状态。从图 9-38 中可以看出，所有的 74LS161 共用一个 CP 脉冲，最低位片始终处于计数状态，每来一个 CP 脉冲计数一次，只有低位片的输出全为 1 时，其 $Q_C=1$，这样高位片在下一个计数脉冲到来时，才开始计数一次，否则只能为保持状态。

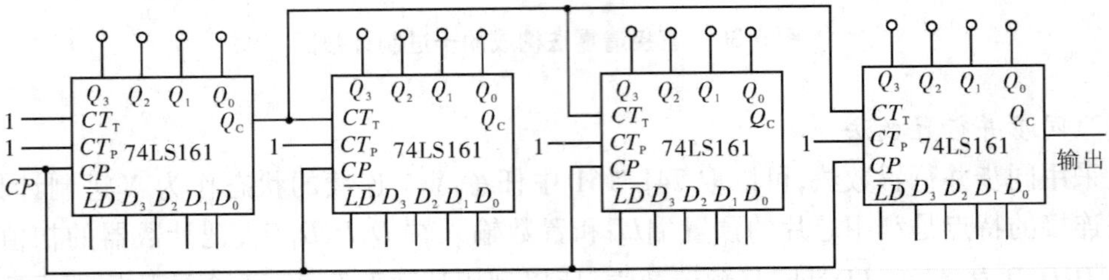

图 9-38　74LS161 级联方式

如果用 74LS161 构成二十四进制计数器，因计数值大于十六，故需要 2 片 74LS161，但多余了过多的计数状态，可利用 74LS161 的计数控制端 CT_P、CT_T 和进位输出端 Q_C，采用直接清零法实现二十四进制计数，电路连接图如图 9-39 所示。由于 $24\div16=1\cdots8$，把商作为高位输出，余数作为低位输出，对应产生的清零信号同时送到每个 74LS161 的清零端 $\overline{CR}$，从而完成二十四进制计数。

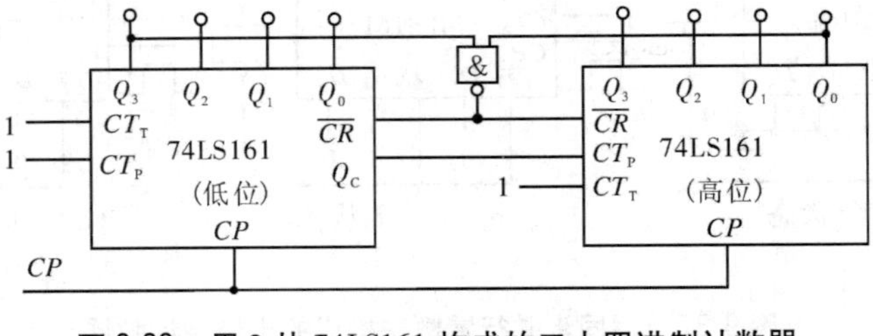

图 9-39　用 2 片 74LS161 构成的二十四进制计数器

9.5.2　异步计数器

9.5.2.1　异步二进制计数器

异步三位二进制加法计数器电路如图 9-40 所示。

分析过程如下：

(1) 写相关方程式。

时钟方程

$$CP_0=CP \qquad CP_1=\overline{Q_0} \qquad CP_2=\overline{Q_1}$$

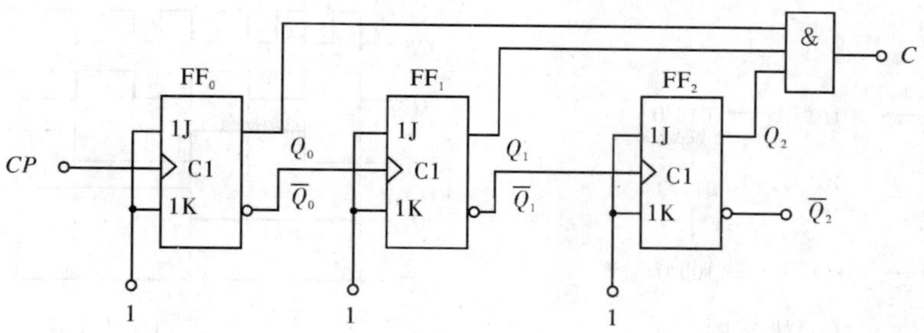

图 9-40　异步三位二进制加法计数器

驱动方程

$$J_0 = 1 \qquad K_0 = 1$$
$$J_1 = 1 \qquad K_1 = 1$$
$$J_2 = 1 \qquad K_2 = 1$$

输出方程

$$C = Q_0^n Q_1^n Q_2^n$$

(2)求各触发器的状态方程。

JK 触发器的特征方程为

$$Q^{n+1} = J\overline{Q^n} + \overline{K}Q^n$$

将对应的驱动方程分别代入特征方程,并进行化简可得到各触发器的状态方程

$$Q_0^{n+1} = 1 \cdot \overline{Q_0^n} + \overline{1} \cdot Q_0^n = \overline{Q_0^n}$$
$$Q_1^{n+1} = 1 \cdot \overline{Q_1^n} + \overline{1} \cdot Q_1^n = \overline{Q_1^n}$$
$$Q_2^{n+1} = 1 \cdot \overline{Q_2^n} + \overline{1} \cdot Q_2^n = \overline{Q_2^n}$$

(3)求出对应状态值。状态表如表 9-16 所示。

表 9-16　异步三位二进制加法计数器状态表

CP	Q_2^n	Q_1^n	Q_0^n	Q_2^{n+1}	Q_1^{n+1}	Q_0^{n+1}	C
↑	0	0	0	0	0	1	0
↑	0	0	1	0	1	0	0
↑	0	1	0	0	1	1	0
↑	0	1	1	1	0	0	0
↑	1	0	0	1	0	1	0
↑	1	0	1	1	1	0	0
↑	1	1	0	1	1	1	0
↑	1	1	1	0	0	0	1

状态图如图 9-41(a)所示,时序图如图 9-41(b)所示。

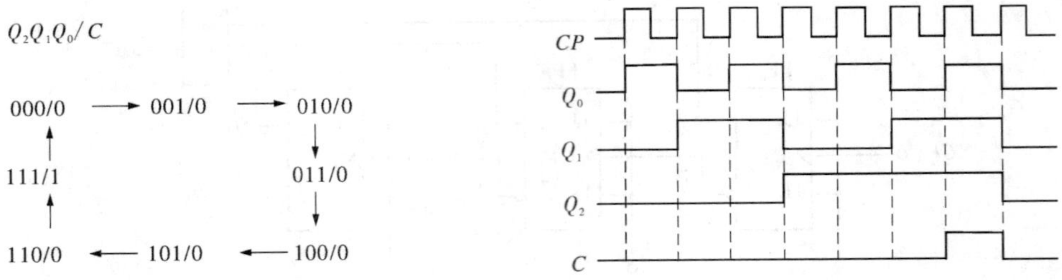

（a）状态图　　　　（b）时序图

图 9-41　异步三位二进制加法计数器状态图及时序图

(4)归纳分析结果，确定该时序电路的逻辑功能。

从时钟方程可知该时序电路为异步时序电路。

从状态图可知随着 CP 脉冲的递增，触发器输出 $Q_2Q_1Q_0$ 的值是递增的，每经过八个 CP 脉冲完成一次循环过程。所以，此电路是一个异步三位二进制加法计数器。

9.5.2.2　异步二进制计数器级间连接规律

用 JK 触发器构成异步 n 位二进制计数器的连接规律如表 9-17 所示。

表 9-17　异步二进制计数器的连接规律

功能	$CP_0 = CP\downarrow$	$CP_0 = CP\uparrow$
	$J_i = K_i = 1(0 \leqslant i \leqslant n-1)$	
加法计数	$CP_i = Q_{(i-1)}(n-1 \geqslant i \geqslant 1)$	$CP_i = \overline{Q_{(i-1)}}(n-1 \geqslant i \geqslant 1)$
减法计数	$CP_i = \overline{Q_{(i-1)}}(n-1 \geqslant i \geqslant 1)$	$CP_i = Q_{(i-1)}(n-1 \geqslant i \geqslant 1)$

与同步二进制计数器比较，异步二进制计数器电路结构相对简单，但异步二进制计数器输出状态的变化需要经过多个触发器的延迟才能稳定下来，触发器的数目越多，延迟时间越长。而同步二进制计数器中的所有触发器只要经过一个触发器的延迟时间就能稳定下来，所以同步计数器的速度比异步计数器快得多。异步计数器在计数过程中还存在过渡状态，容易出现因触发器先后翻转而产生的干扰毛刺，造成计数错误。

9.5.2.3　集成异步计数器 74LS290

74LS290 是一种异步式二－五－十进制集成计数器，它由 4 个 JK 触发器和 2 个与非门组成。它的内部逻辑图和管脚排列如图 9-42 所示。

从逻辑图可看出，它由两个独立的计数器组成，触发器 F_0 构成模 2 计数器，触发器 F_1、F_2、F_3 构成模 5 计数器，将这两个独立的计数器组合起来可组成一个十进制计数器。若将 Q_0 的输出接至 CP_1 端，计数脉冲由 CP_0 输入，则构成 8421BCD 码十进制计数器。若将 CP_0 接至 Q_3 的输出端，计数脉冲由 CP_1 输入，则构成 5421BCD 码的十进制计数器。由 74LS290 构成的二进制、五进制和十进制计数器如图 9-43 所示。

74LS290 的功能如表 9-18 所示。

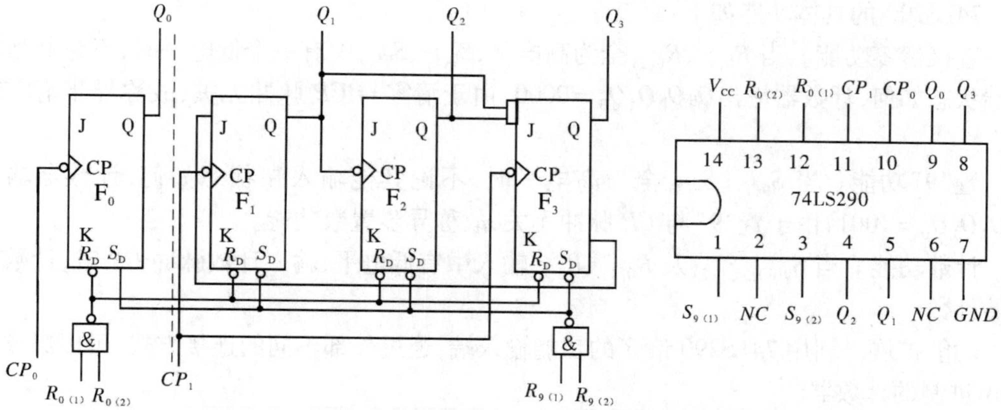

图 9-42　集成计数器 74LS290 的内部逻辑图和管脚的排列

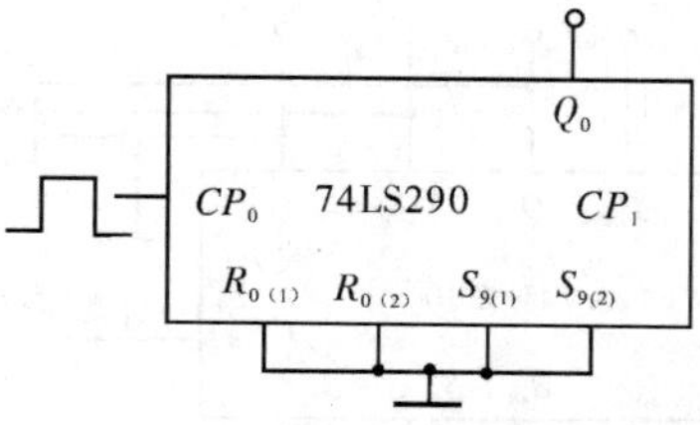

(a)二进制计数器

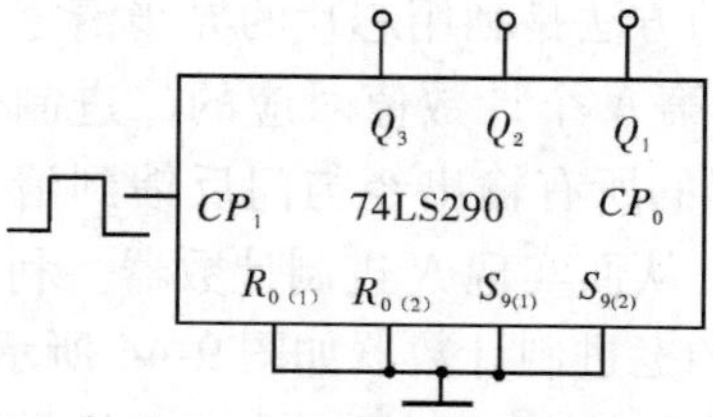

(b)五进制计数器

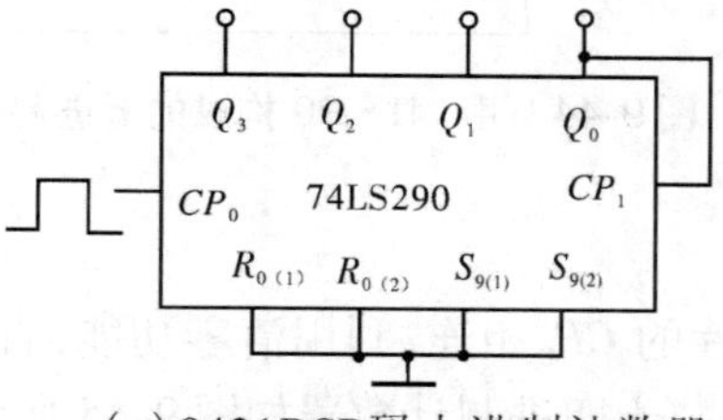

(c)8421BCD码十进制计数器

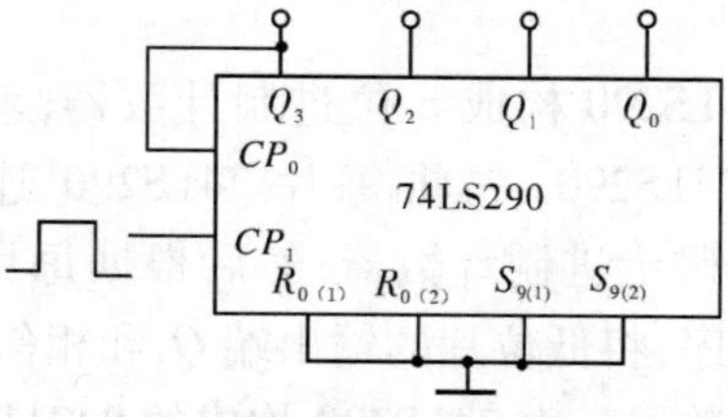

(d)5421BCD码十进制计数器

图 9-43　74LS290 构成的二、五、十进制计数器

表 9-18　74LS290 的功能表

输入						输出			
$S_{9(1)}$	$S_{9(2)}$	$R_{0(1)}$	$R_{0(2)}$	CP_0	CP_1	Q_3	Q_2	Q_1	Q_0
1	1	×	×	×	×	1	0	0	1
0	×	1	1	×	×	0	0	0	0
×	0	1	1	×	×	0	0	0	0
$S_{9(1)} \cdot S_{9(2)} = 0$ $R_{0(1)} \cdot R_{0(2)} = 0$				CP	0	二进制			
				0	CP	五进制			
				CP	Q_0	9421 码十进制			
				Q_3	CP	5421 码十进制			

74LS290 的具体功能如下：

直接清零功能。当 $R_{0(1)}$、$R_{0(2)}$ 全为高电平，$S_{9(1)}$、$S_{9(2)}$ 中有一个低电平时，不论其他输入端状态如何，计数器输出 $Q_3Q_2Q_1Q_0=0000$，由于清零与 CP 脉冲无关，故称异步清零功能。

置“9”功能。当 $S_{9(1)}$、$S_{9(2)}$ 全为高电平时，不论其他输入端状态如何，计数器输出 $Q_3Q_2Q_1Q_0=1001$，由于置“9”与 CP 脉冲无关，故称异步置数功能。

计数功能。当 $S_{9(1)}$、$S_{9(2)}$ 及 $R_{0(1)}$、$R_{0(2)}$ 输入中有低电平，输入计数脉冲 CP 时，计数器开始计数。

功能扩展。利用 74LS290 诸多的功能输入端，通过外部不同的连接方式，可以组成任意 N 进制的计数器。

(1)利用 1 片 74LS290 计数器芯片，可以构成除标准的二、五、十进制以外的任意 1 位 N 进制计数器。

实现的方法是利用芯片的异步清零功能和与门，将第 N 个计数值对应的二进制代码中等于“1”的所有输出经与门反馈到清零端 $R_{0(1)}$、$R_{0(2)}$，从而实现 N 进制计数器。利用此方法构成的七进制计数器如图 9-44 所示。

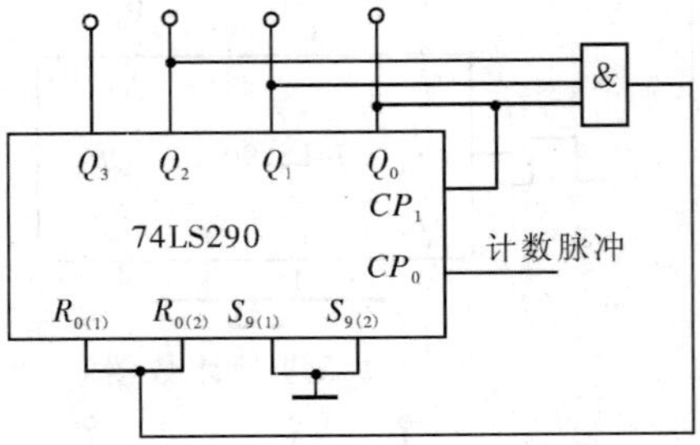

图 9-44　用 74LS290 构成的七进制计数器

(2)利用多片 74LS290 构成多位进制计数器

用 74LS290 构成 n 位进制计数器，就需要 n 片 74LS290，先将每片 74LS290 连成 8421BCD 码十进制计数器，然后根据每片的高低位次序，将低位片的输出端 Q_3 和相邻高位片的 CP_0 相连，利用清零功能，直接实现 n 位进制计数器。由 74LS290 构成的 8421BCD 码二十四进制计数器如图 9-45 所示。

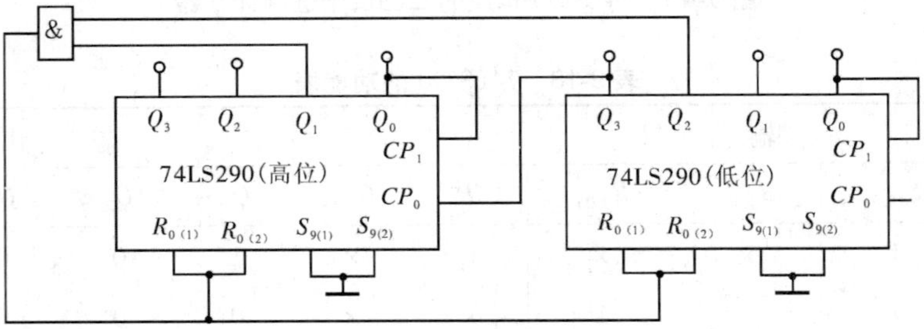

图 9-45　用 74LS290 构成的 8421BCD 码二十四进制计数器

9.5.3　寄存器

寄存器的主要任务是暂时存储二进制数据或者代码，寄存器按功能可分为数据寄存器和移位寄存器。

9.5.3.1　**数据寄存器**

1. 数据寄存器工作原理

数据寄存器最基本的功能是将出现在传输线上的数据存储起来。所有的触发器都能锁存数据，事实上，它们都能构成数据寄存器。每个触发器只能存放一位二进制数码，存放 N 位数码，就应具备 N 个触发器。数据或代码只能并行送入数据寄存器中，需要时也只能并行输出。由 D 触发器组成的 4 位数据寄存器如图 9-46 所示。

图 9-46 中，4 个 D 触发器用于锁存数据，门电路完成数据的输入、输出。下面分析电路的功能和工作原理。

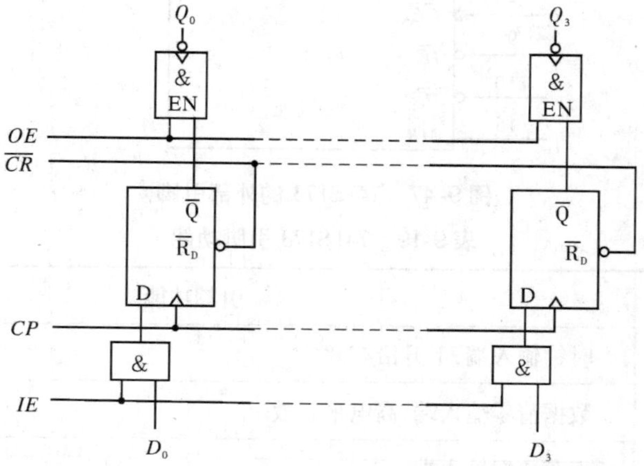

图 9-46　4 位数据寄存器

（1）清零。每个 D 触发器都有一个异步清零端 $\overline{R_D}$，4 个 D 触发器的 $\overline{R_D}$ 端同时与清零输入端 $\overline{CR}$ 相连。当 $\overline{CR}$ 为低电平时，4 个 D 触发器的输出端 $Q_3Q_2Q_1Q_0$ 全为零。

（2）数据选通。在每条数据线与 D 触发器的输入端之间接入一个与门，与门的一个输入端接数据线，另一个输入端接控制线 IE，该控制线的电平决定与门是否导通，由此可以控制是否将数据线上的数据寄存。

（3）数据寄存。D 触发器为上升沿触发，特征方程 $Q^{n+1}=D$，当数据选通信号有效时，在 CP 脉冲的上升沿，实现 $Q_3Q_2Q_1Q_0=D_3D_2D_1D_0$。

（4）三态输出。一般寄存器都有三态输出，当寄存器没有数据输出时，寄存器呈现高阻状态，不影响与寄存器输出端相连的数据线的状态。要实现三态输出需采用三态门。从图 9-46 可以看出，在每个 D 触发器的输出端接一个三态输出的非门，非门的输入端接 D 触发器的 $\overline{Q}$，三态输出控制端接控制线 OE，当 OE 为低电平时，三态门的输出为高阻输出，当 OE 为高电平时，三态门的输出等于 D 触发器的输出。三态门控制端只控制输出端是否为高阻，不影响数据是否写入触发器。

2. 数据寄存器使用方法

下面以 74LS173 数据寄存器为例，介绍基本数据寄存器的功能和使用方法。

（1）74LS173 基本功能。74LS173 的内部结构与图 9-46 相似，内部含有 4 个 D 触发器，组成4 位数据寄存器，它的外部引脚如图 9-47 所示，引脚功能如表 9-19 所示。

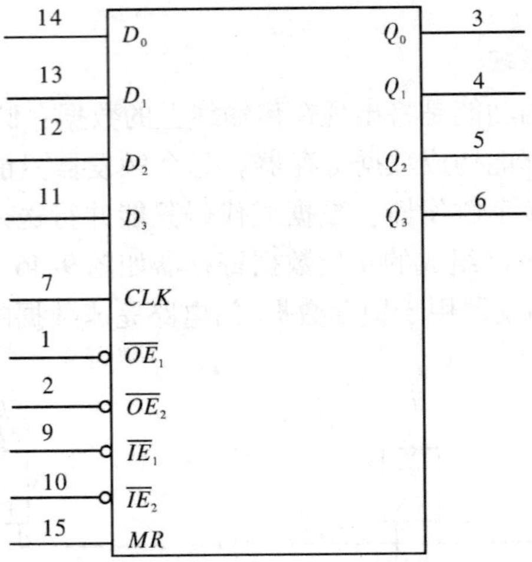

图 9-47　74LS173 的外部引脚

表 9-19　74LS173 引脚功能

引脚符号	引脚功能
CLK	时钟输入端,上升沿有效
MR	数据清零输入端,高电平有效
$D_0 \sim D_3$	寄存数据输入端
$Q_0 \sim Q_3$	寄存数据输出端
$\overline{IE_1}$、$\overline{IE_2}$	数据选通输入端,同时为低电平有效
$\overline{OE_1}$、$\overline{OE_2}$	输出端三态门控制输入端,同时为低电平有效

(2)74LS173 的使用。74LS173 的实际应用电路如图 9-48 所示,实现的功能是通过输入数据线 $D_3 \sim D_0$输入两个 4 位数据 $a_3a_2a_1a_0$和 $b_3b_2b_1b_0$,要求将 $a_3a_2a_1a_0$存入寄存器 U_1,$b_3b_2b_1b_0$存入寄存器 U_2,并能在输出数据线上将两个数据分别取出。

在电路中,两个 74LS173 的数据清零端直接接地,在任何时候对两个寄存器都不能清零。由于$\overline{IE_1}$与$\overline{IE_2}$、$\overline{OE_1}$与$\overline{OE_2}$都是低电平时才能有效,为了控制方便,将两个 74LS173 的$\overline{IE_2}$、$\overline{OE_2}$先接地,只留下$\overline{IE_1}$用于输入数据选通控制,$\overline{OE_1}$用于输出数据选通控制。当输入数据线上出现数据 $a_3a_2a_1a_0$时,输入选通线$\overline{IE_1}$置低电平,在时钟脉冲作用下,数据 $a_3a_2a_1a_0$存入寄存器 U_1,当输入数据线上出现数据 $b_3b_2b_1b_0$时,输入选通线$\overline{IE_1}$置高电平,数据 $b_3b_2b_1b_0$存入寄存器 U_2。当读取 U_1中的数据时,输出数据选通线$\overline{OE_1}$置高电平,读取 U_2中的数据时,输出数据选通线$\overline{OE_1}$置低电平。

9.5.3.2　移位寄存器

移位寄存器除具有数据寄存器的功能外,还能将寄存的数据按一定的方向进行移动。移位寄存器分单向移位寄存器和双向移位寄存器。

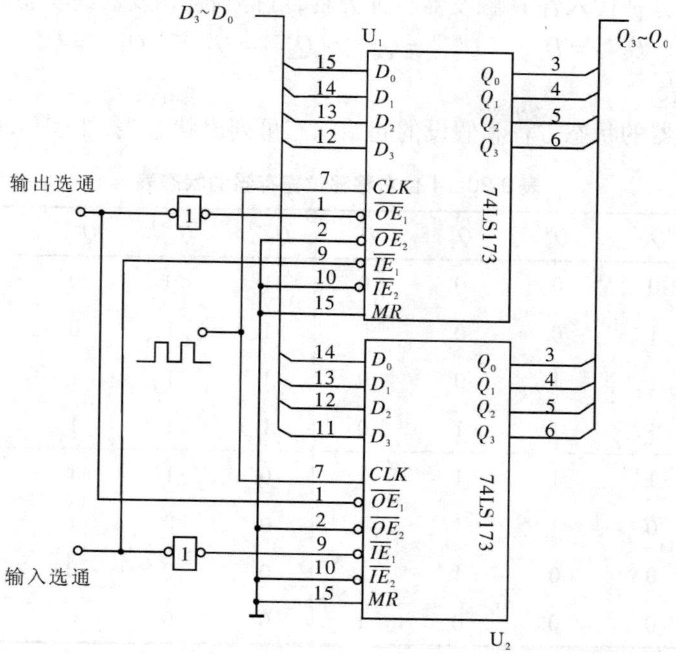

图 9-48　74LS173 的使用

1. 单向移位寄存器

单向移位寄存器中寄存的数据在相邻位之间只能单方向移动。按移动的方向分为左移位寄存器和右移位寄存器。右移位寄存器电路如图 9-49 所示。

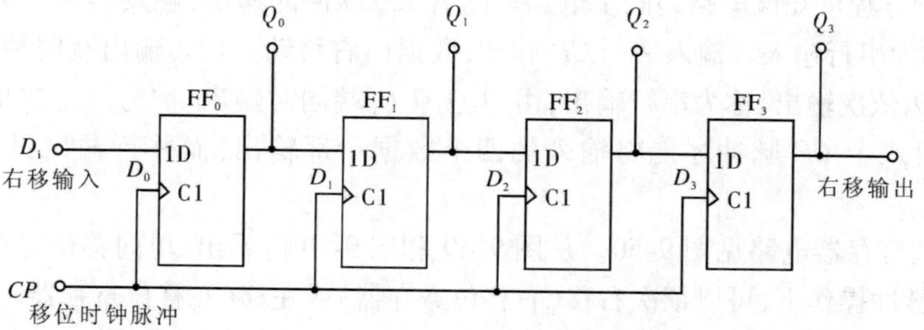

图 9-49　右移位寄存器

功能分析如下：

(1)写相关方程。时钟方程

$$CP_0 = CP_1 = CP_2 = CP_3 = CP$$

驱动方程

$$D_0 = D_i \qquad D_1 = Q_0^n \qquad D_2 = Q_1^n \qquad D_3 = Q_2^n$$

(2)求各触发器的状态方程。

D 触发器的特征方程为

$$Q^{n+1} = D$$

将驱动方程分别代入各 D 触发器特征方程，可得到各触发器的状态方程

$$Q_0^{n+1}=D_i \qquad Q_1^{n+1}=Q_0^n \qquad Q_2^{n+1}=Q_1^n \qquad Q_3^{n+1}=Q_2^n$$

(3)列状态表。

根据各触发器的状态方程和假设的起始状态可列出状态表，如表 9-20 所示。

表 9-20　4 位右移移位寄存器的状态表

D_i	CP	Q_0^n	Q_1^n	Q_2^n	Q_3^n	Q_0^{n+1}	Q_1^{n+1}	Q_2^{n+1}	Q_3^{n+1}	注释
1	↑	0	0	0	0	1	0	0	0	连续输入 4 个 1
1	↑	1	0	0	0	1	1	0	0	
1	↑	1	1	0	0	1	1	1	0	
1	↑	1	1	1	0	1	1	1	1	
0	↑	1	1	1	1	0	1	1	1	连续输入 4 个 0
0	↑	0	1	1	1	0	0	1	1	
0	↑	0	0	1	1	0	0	0	1	
0	↑	0	0	0	1	0	0	0	0	

由表 9-20 可看出，各触发器的初始状态为 0000，当连续输入 4 个 1 时，D_i 经 FF_0 在 CP 上升沿操作下，依次被移入寄存器中。经过 4 个 CP 脉冲寄存器就变成全 1 状态，即 4 个 1 右移输入完毕。再连续输入 0，4 个 CP 脉冲之后，寄存器变成全 0 状态。

(4)确定该电路的逻辑功能。

由时钟方程可知该电路是同步电路。随着 CP 脉冲的递增，触发器输入端依次输入数据 D_i，称为串行输入。输入一个 CP 脉冲，数据向右移动一位。输出有两种方式，数据从最右端 Q_3 依次输出，称为串行输出，由 $Q_3Q_2Q_1Q_0$ 端同时输出，称为并行输出。串行输出需要经过八个 CP 脉冲才能将输入的四个数据全部输出，而并行输出只需四个 CP 脉冲。

左移位寄存器电路见图 9-50。从图 9-49 和图 9-50 可看出，单向移位寄存器中的数码，在 CP 脉冲操作下，可以依次右移（右移位寄存器）或左移（左移位寄存器）。N 位单向移位寄存器可以寄存 N 位二进制数码。N 个 CP 脉冲即可完成串行输入工作，此后可从 $Q_3Q_2Q_1Q_0$ 端获得并行的 N 位二进制数码，再用 N 个 CP 脉冲又可实现串行输出操作。

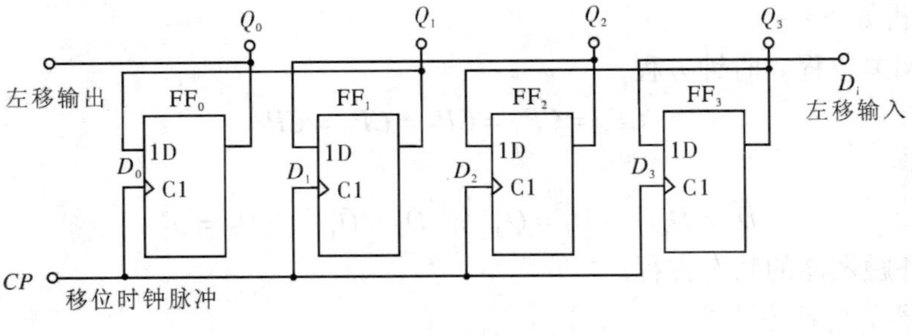

图 9-50　左移位寄存器

2. 双向移位寄存器

可将数据左移又可将数据右移的寄存器称为双向移位寄存器。

把左移和右移移位寄存器组合起来,加上移位方向控制信号,便可方便地构成双向移位寄存器。图 9-51 所示为四位双向移位寄存器,其中 X 是移位方向控制端。当 $X=1$ 时,实现数据左移位寄存功能,D_{SL}是左移串行输入端,Q_3是左移串行输出端。当 $X=0$ 时,实现数据右移位寄存功能,D_{SR}是右移位串行输入端,Q_0是右移串行输出端。具体的双向移位功能,请参考前面的单向移位功能进行分析。

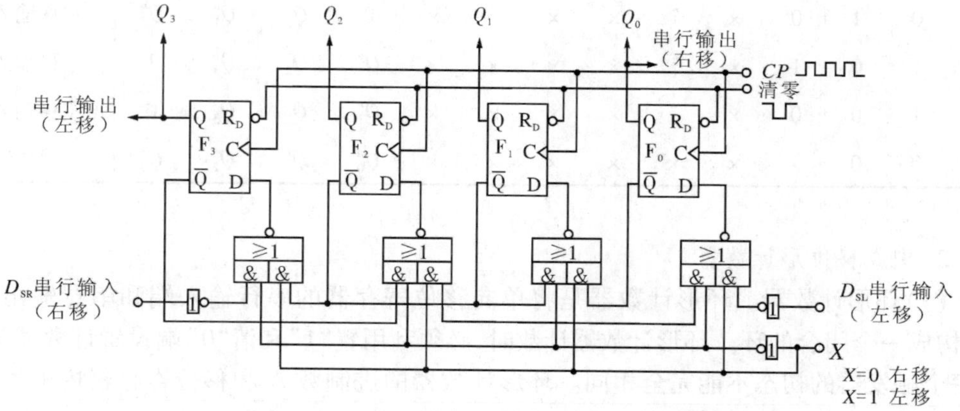

图 9-51 四位双向移位寄存器

3. 集成移位寄存器

集成移位寄存器的种类很多,从电路构成上可分为 TTL 型和 CMOS 型;按移位寄存器的位数可分为四位、八位、十六位等;按数据移动的方向可分为单向和双向两种。

74LS194 是双向四位 TTL 型集成移位寄存器,具有双向移位,串、并行输入,保持数据和清除数据等功能。它的管脚排列如图 9-52 所示。其中,$\overline{CR}$是清零端;M_0、M_1是工作状态控制端;D_{SL}是左移串行数据输入端;D_{SR}是右移串行数据输入端;$D_0 \sim D_3$是并行数据输入端;$Q_0 \sim Q_3$是并行数据输出端;CP 是时钟脉冲。74LS194 的功能如表 9-21 所示。

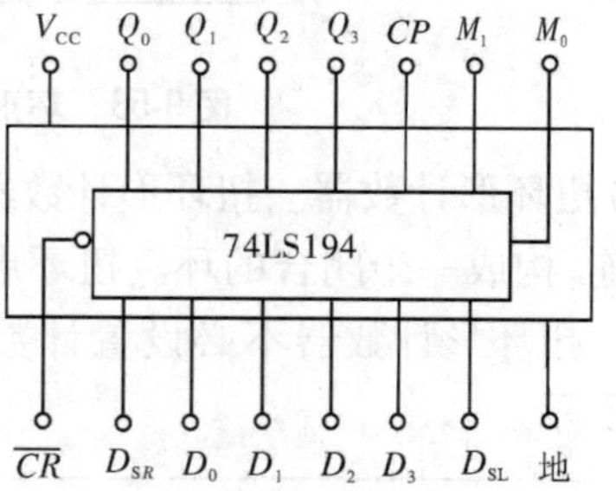

图 9-52 双向四位集成移位寄存器

4. 移位寄存器的应用

1)实现数据的串—并行转换

在数字系统中,数据传送的方式有串行和并行两种,由于移位寄存器的特点,可用移位寄存器作为数字接口,将并行数据串行发送出去,也可将串行数据逐位接收下来,形成并行数据。

表 9-21　74LS194 的功能表

输入										输出				注释
$\overline{CR}$	M_1	M_0	D_{SR}	D_{SL}	CP	D_0	D_1	D_2	D_3	Q_0^{n+1}	Q_1^{n+1}	Q_2^{n+1}	Q_3^{n+1}	
0	×	×	×	×	×	×	×	×	×	0	0	0	0	清零
1	×	×	×	×	0	×	×	×	×	Q_0^n	Q_1^n	Q_2^n	Q_3^n	保持
1	1	1	×	×	↑	D_0	D_1	D_2	D_3	D_0	D_1	D_2	D_3	并行输入
1	0	1	1	×	↑	×	×	×	×	1	Q_0^n	Q_1^n	Q_2^n	右移输入 1
1	0	1	0	×	↑	×	×	×	×	0	Q_0^n	Q_1^n	Q_2^n	右移输入 0
1	1	0	1	×	↑	×	×	×	×	Q_1^n	Q_2^n	Q_3^n	1	左移输入 1
1	1	0	0	×	↑	×	×	×	×	Q_1^n	Q_2^n	Q_3^n	0	左移输入 0
1	0	0	×	×	×	×	×	×	×	Q_0^n	Q_1^n	Q_2^n	Q_3^n	保持

2）构成移位形计数器

（1）环形计数器。环形计数器是将单向移位寄存器的串行输入端和串行输出端相连，构成一个闭合的环。环形计数器计数时，必须利用置“1”和清“0”端设置计数器初态，且每个触发器的初态不能完全相同。环形计数器的进制数 N 和移位寄存器内触发器个数 n 相等。由 4 位移位寄存器构成的环形计数器如图 9-53 所示。

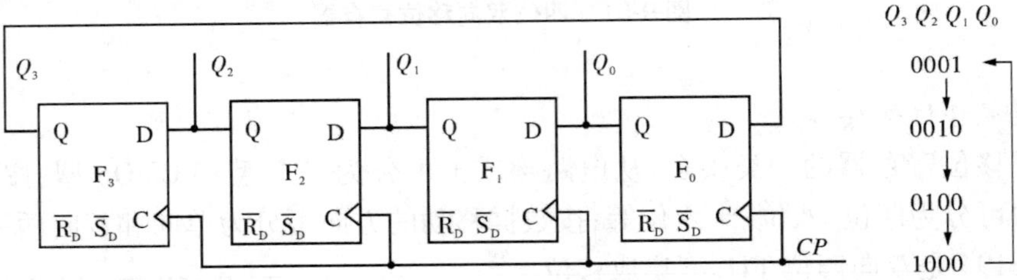

图 9-53　环形计数器的逻辑电路和状态图

（2）扭环形计数器。扭环形计数器是将单向移位寄存器的串行输入端和串行反相输出端相连，构成一个闭合的环。扭环形计数器的进制数 N 是移位寄存器内触发器个数 n 的两倍。扭环形计数器不必设置计数初态，由 4 位移位寄存器构成的扭环形计数器如图 9-54所示。

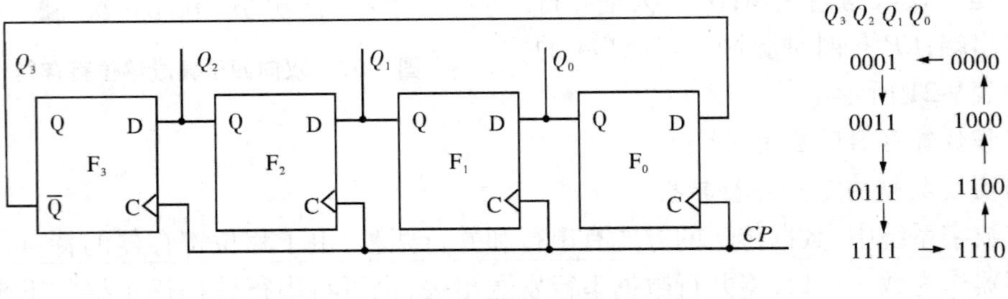

图 9-54　扭环形计数器的逻辑电路和状态图

本章小结

(1)触发器是具有记忆功能的逻辑电路,每个触发器能够存储一位二进制数据,是时序电路的基本单元。

触发器按逻辑功能分类,有RS触发器、JK触发器、D触发器和T触发器。D触发器和T触发器的功能比较简单,JK触发器的逻辑功能最为灵活,它可以作RS触发器使用,也可以转换成D触发器和T触发器。

(2)555定时器是一种模拟电路和数字电路相结合的中规模集成电路。该电路只需要接少量的组容元件就可以构成单稳态触发器和施密特触发器,多用于脉冲产生、整形及定时等。

(3)寄存器和计数器是简单而又最常用的时序逻辑器件。它们在计算机和其他数字系统中的作用往往超过了其自身的功能。寄存器的功能是存储代码,移位寄存器不但可以存储代码,还可以实现数据的串行和并行转换、数据处理及数值的运算。计算器不仅能用于统计输入时钟脉冲的个数,还能用于分频、定时、产生节拍脉冲。

在本章学习过程中,应当掌握常用时序逻辑组件的逻辑功能,熟悉它们的工作原理,了解它们的结构,这样才能更好地应用这些组件实现各类数字电路。

实训11　触发器逻辑功能测试

1. 实训目的

(1)熟悉SN74LS74和SN74LS112集成电路及各脚作用。

(2)熟悉并掌握D触发器、JK触发器的工作原理和功能测试方法。

2. 实训设备及器件

(1)数字电路实验(台)箱1套。

(2)万用表1台。

(3)器件:SN74LS74双D触发器1片,SN74LS112双JK触发器1片。

3. 实训内容与步骤

1)D触发器的逻辑测试

(1)选用SN74LS74双D触发器一片,其引线端排列如图9-55所示。

(2)把第7脚接地,第14脚接电源+5 V,第5脚、第6脚接发光二极管,第3脚接高电平作用孔(产生单脉冲插孔)。

(3)使D_1为下列状态,在CP脉冲作用下,观察Q_1的状态,并将结果填入表9-22中。

表9-22　实验数据表

D_1	CP_1	Q^n	Q^{n+1}	状态变化否
0	↑	“0”		
		“1”		
1	↑	“0”		
		“1”		

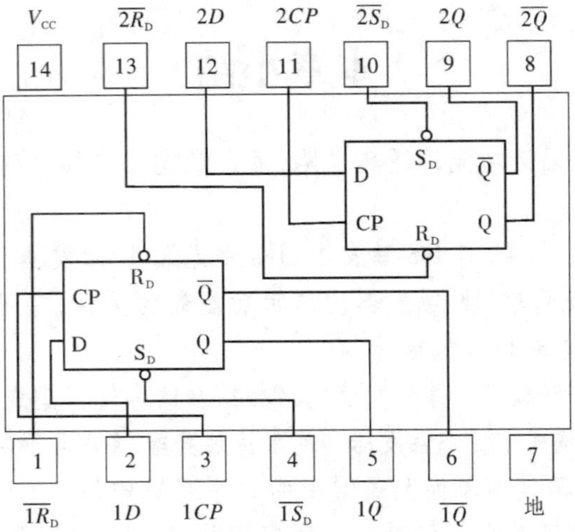

图 9-55　SN74LS74 集成 D 触发器引线脚排列图

2）JK 触发器逻辑测试

（1）选用 SN74LS112 双 JK 触发器，其引线脚排列如图 9-56 所示。

（2）置位、复位功能的测试。将 J、K、CP 端悬空（或为任意状态），将 R_D、S_D 接电平开关 SW_1、SW_2，Q、$\overline{Q}$接发光二极管，操作电平开关，并填写表 9-23 中输出端相对应的状态。

表 9-23　实验结果表

CP	J	K	S_D	$\overline{R_D}$	Q	$\overline{Q}$
×	×	×				
×	×	×				
×	×	×				

注：表中“×”表示为任意状态。

（3）逻辑功能测试。在图 9-56 的基础上，将 J、K 接到电平开关 SW_3、SW_4，将 CP 接逻辑开关 A（单脉冲插孔），如图 9-57 所示。

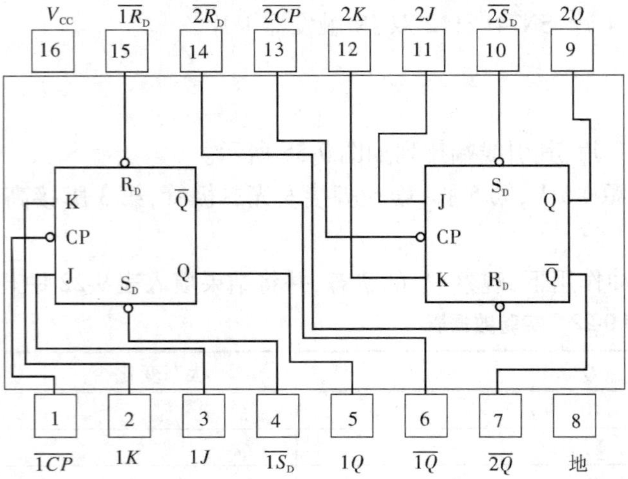

图 9-56　SN74LS112 双 JK 触发器引线脚排列图

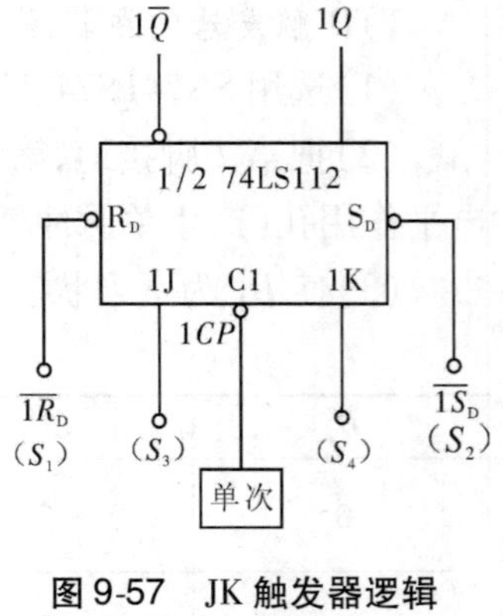

图 9-57　JK 触发器逻辑功能测试图

按表 9-24 操作电平开关和逻辑开关,并填写输出端相应的状态。

表 9-24　数据记录表

J	K	Q^n	Q^{n+1}		
			$CP=0$	$CP\uparrow$	$CP\downarrow$
0	0	0			
		1			
0	1	0			
		1			
1	0	0			
		1			
1	1	0			
		1			

4. 实训要求

(1)复习两种触发器的电路符号、逻辑功能、真值表。

(2)查手册查出实验所用集成电路的外引脚线排列图,熟悉其引脚线位置及各引脚线用途。

5. 实训报告

(1)填写实验中所有表格。

(2)将实验结果与理论中的 D 触发器和 JK 触发器的逻辑功能进行比较。

习　题

9-1　图 9-58(a)所示为由与非门组成的基本 RS 触发器电路,输入信号$\overline{S}$、$\overline{R}$的波形如图 9-58(b)所示。试对应画出 Q、$\overline{Q}$端的波形。

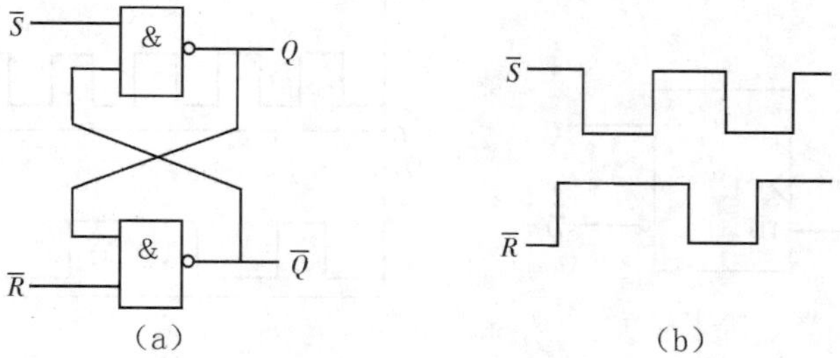

图 9-58　习题 9-1 图

9-2　图 9-59(a)所示为由或非门组成的基本 RS 触发器电路,输入信号 R、S 的波形如图 9-59(b) 所示。试对应画出 Q、$\overline{Q}$端的波形。

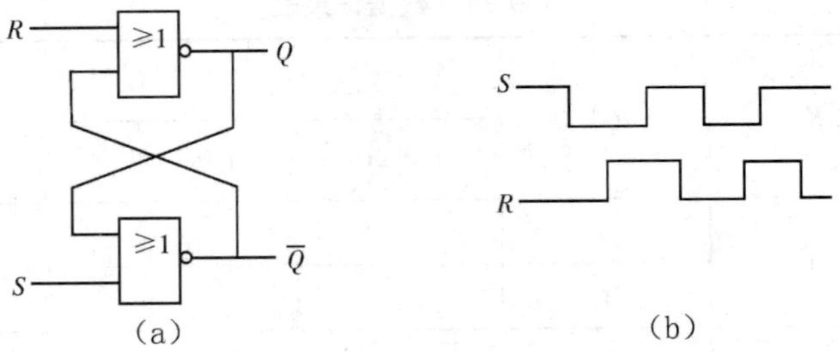

图 9-59 习题 9-2 图

9-3 同步 RS 触发器 R、S 和 CP 的波形如图 9-60 所示,试画出 Q 和$\overline{Q}$端的波形。

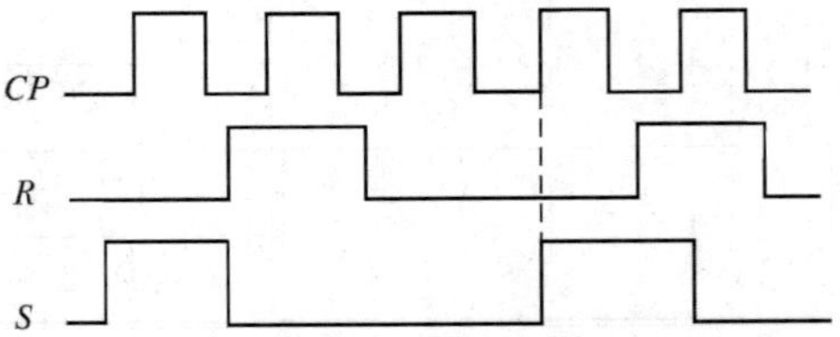

图 9-60 习题 9-3 图

9-4 设一边沿 JK 触发器的初始状态为 0 态,CP、J、K 信号如图 9-61 所示,试画出触发器 Q 端的波形。

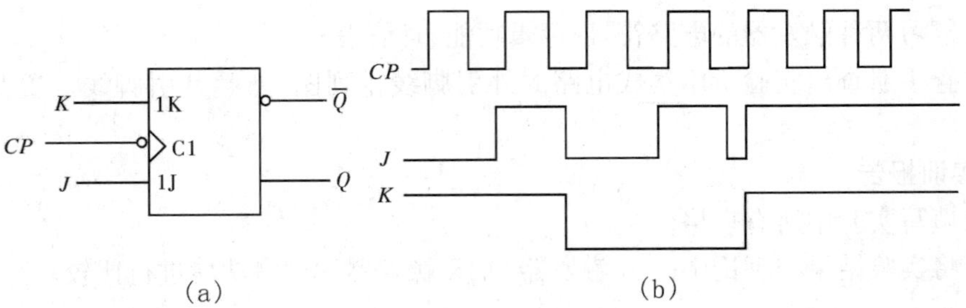

图 9-61 习题 9-4 图

9-5 已知维持阻塞 D 触发器的 D 和 CP 端电压波形如图 9-62 所示,试画出 Q 和$\overline{Q}$端的电压波形。假定触发器的初始状态为 $Q=0$。

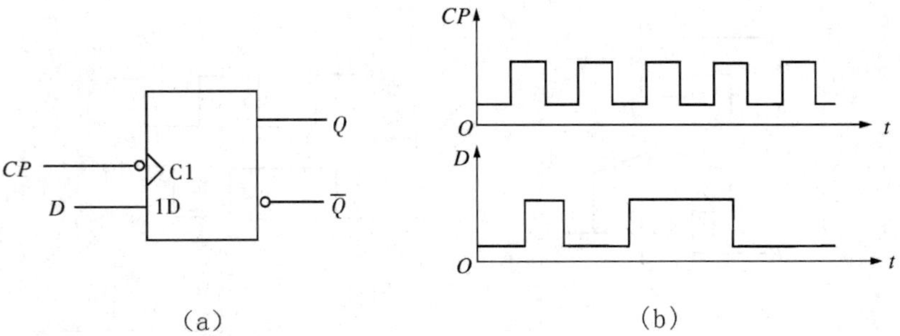

图 9-62 习题 9-5 图

9-6　T 触发器的逻辑符号及 T 和 CP 的波形如图 9-63 所示，试画出 Q 端的波形。

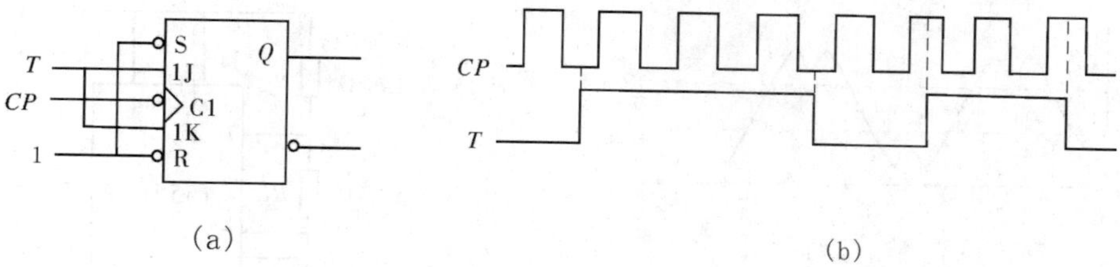

图 9-63　习题 9-6 图

9-7　在图 9-64 所示电路中，JK 触发器和 D 触发器相连接，设两触发器初态均为 0 态，试画出 Q_1 和 Q_2 端波形。

9-8　总结出 JK、D、T、T′四种触发器间的关系。

9-9　图 9-65 是一个触发器的转换电路，试列出其特性方程，并说明它具有什么触发器的逻辑功能。

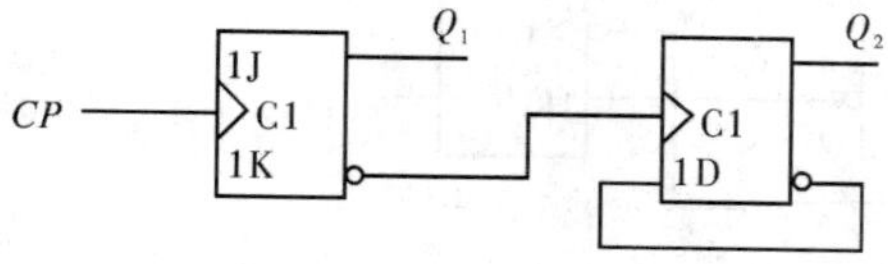

图 9-64　习题 9-7 图

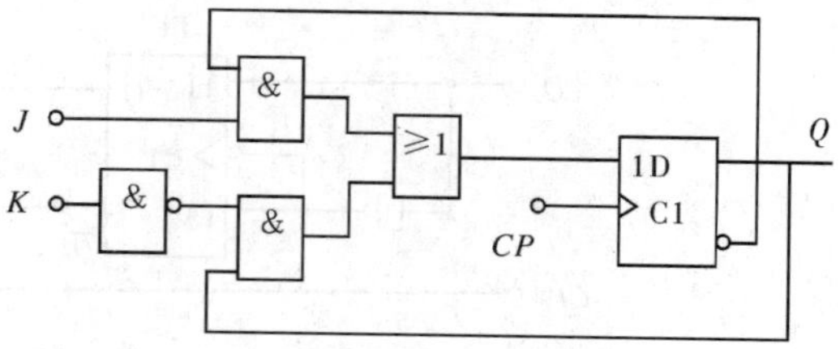

图 9-65　习题 9-9 图

9-10　在图 9-66(a)所示的用 555 集成定时器构成的单稳态触发器中：①$R=50\ \text{k}\Omega$，$C=2.2\ \mu\text{F}$，估算输出脉冲宽度。②U_1 的波形如图 9-66(b)所示，对应画出 U_C、U_O 的波形。

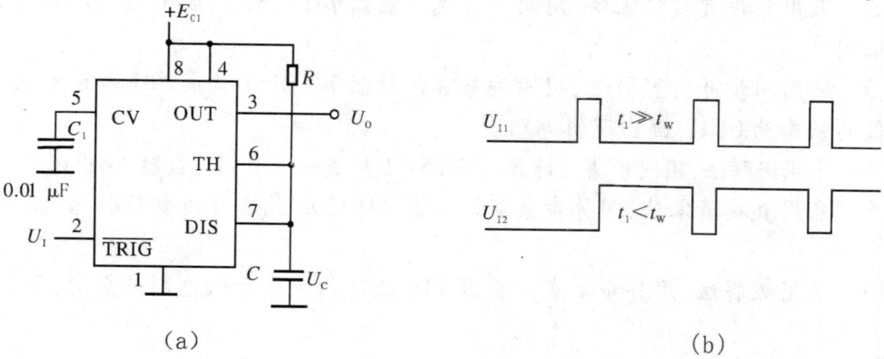

图 9-66　习题 9-10 图

9-11　试用一个 555 集成定时器组成能满足图 9-67 所示的输入 u_I 和输出 u_O 对应关系的电路。

9-12　图 9-68 所示为 555 集成定时器组成的多谐振荡器。试回答下列问题：

(1)说明电容 C 的充电及放电回路及其充电放电时间常数；

(2)估算电路的振荡频率f,画出U_C和U_O的波形。

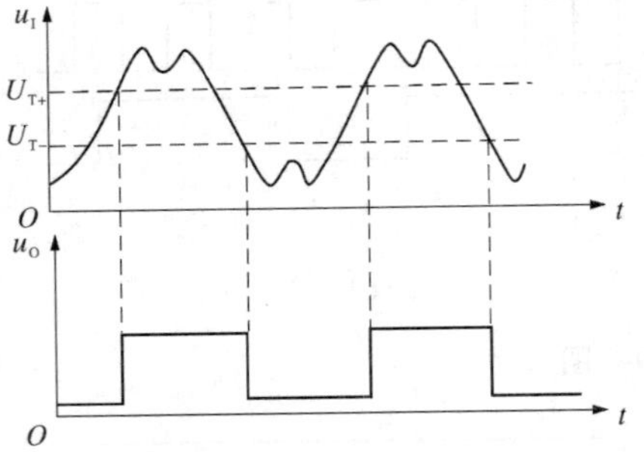

图 9-67　习题 9-11 图

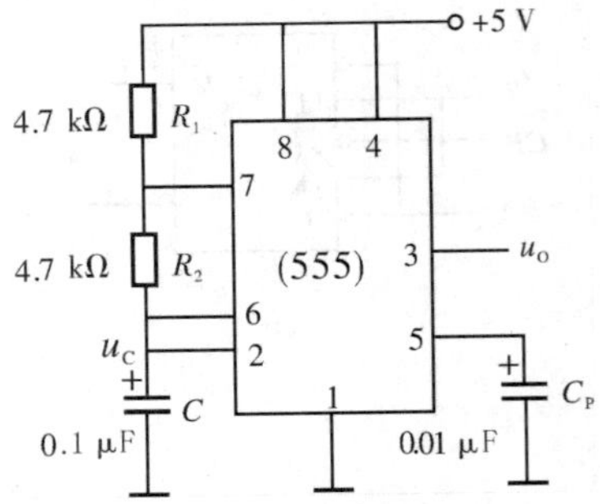

图 9-68　习题 9-12 图

9-13　分析时序逻辑电路的步骤是什么？试分析图 9-69 所示时序电路的逻辑功能。假设电路初态为 000,如果在 CP 的前六个脉冲内,D 端依次输入数据 1,1,0,1,0,1,则电路输出在此六个脉冲内是如何变化的？

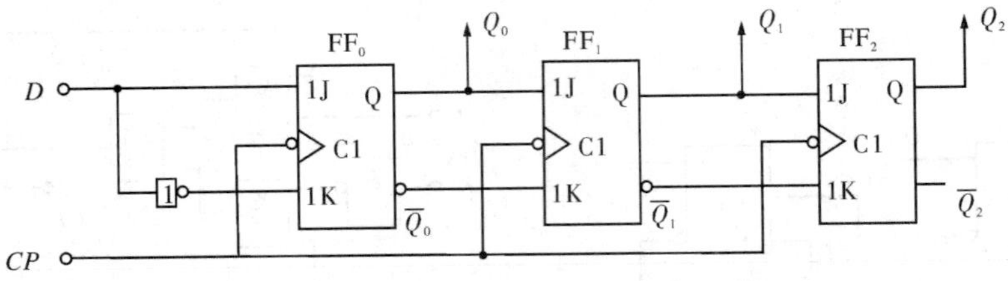

图 9-69　习题 9-13 图

9-14　同步时序电路与异步时序电路有什么区别？试用 JK 触发器分别画出一个上升沿触发的四位二进制的同步加法计数器和异步减法计数器。

9-15　采用异步直接清零法,用同步集成计数器 74LS161 构成十三进制计数器,画出逻辑电路图。

9-16　采用同步并行置数法,用同步集成计数器 74LS161 构成八进制计数器,设第一个计数值的状态为 0101,画出逻辑电路图。

9-17　采用级联法,用同步集成计数器 74LS161 构成一百进制计数器,画出逻辑电路图。

9-18　采用直接清零法,用异步集成计数器 74LS290 构成九进制计数器,画出逻辑电路图。

9-19　采用级联法,用异步集成计数器 74LS290 构成六十六进制计数器,画出逻辑电路图。

9-20　什么是数据寄存器？什么是移位寄存器？

9-21　阐述集成移位寄存器 74LS194 是如何实现左、右移位,并行加载数据、清零等控制的。

9-22　环形计数器电路如图 9-69 所示,设电路初态 $Q_3Q_2Q_1Q_0$ 预置为 1001,随着 CP 脉冲的输入,试分析其输出状态的变化,并画出对应的状态图。

9-23　利用双向四位集成移位寄存器 74LS194,构成环形计数器和扭环形计数器,画出逻辑电路图。

9-24　在图 9-70(a)所示逻辑图中，时钟脉冲 CP 的波形如图 9-70(b)所示，试画出 Q_1 和 Q_2 端的波形。如果时钟脉冲的频率是 4 000 Hz，那么 Q_1 和 Q_2 波形的频率各为多少？设初始状态 $Q_1 = Q_2 = 0$。

9-25　如图 9-71 所示，分析时序电路的逻辑功能，写出电路的驱动方程、状态方程和输出方程，画出电路的状态转换图。

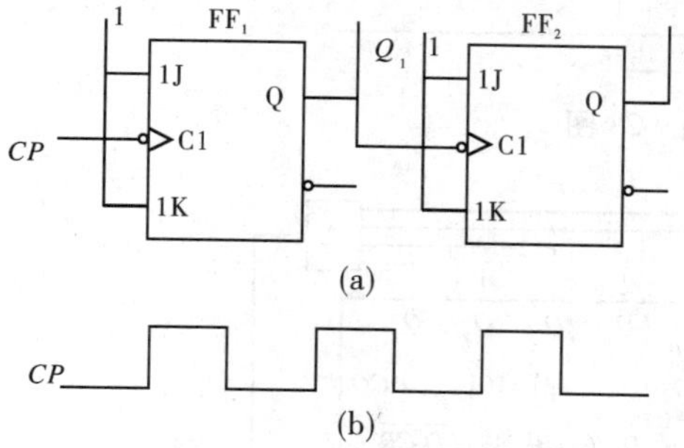

图 9-70　习题 9-24 图

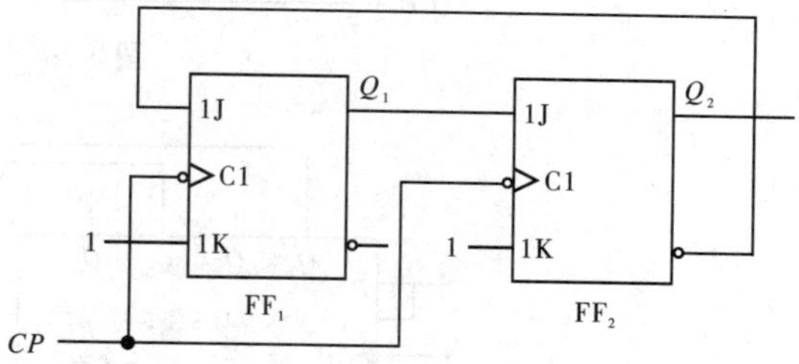

图 9-71　习题 9-25 图

9-26　如图 9-72 所示，分析时序电路的逻辑功能，写出电路的驱动方程、状态方程和输出方程，画出电路的状态转换图。

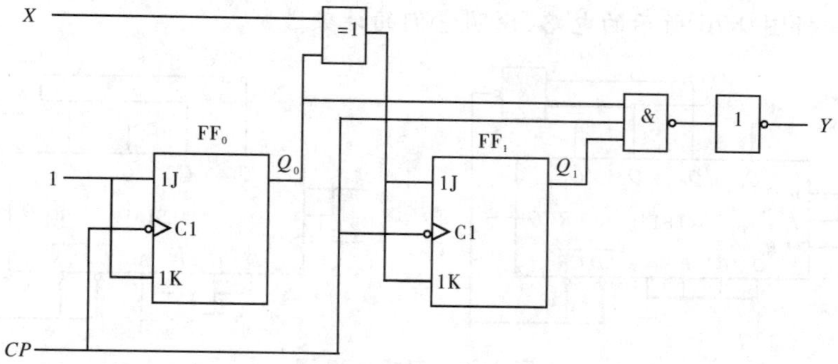

图 9-72　习题 9-26 图

9-27　分析图 9-73 所示电路，说明电路的逻辑功能。

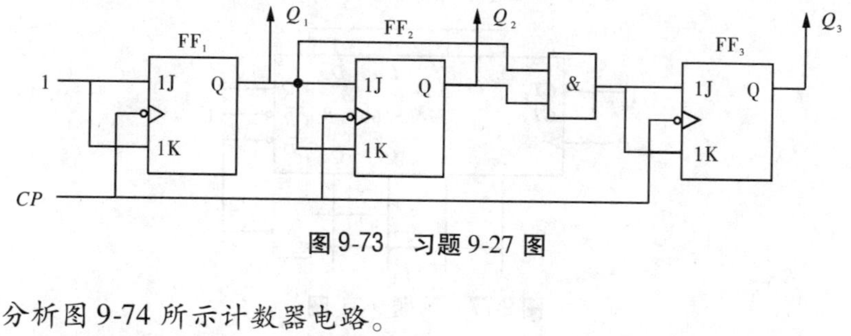

图 9-73　习题 9-27 图

9-28　分析图 9-74 所示计数器电路。

(1)画出状态转换图，指出是几进制计数器。

(2)验证该计数器能否自启动，如果不能请修改电路，使之能自启动。

9-29　由两片 74LS161 组成的同步计数器如图 9-75 所示，试画出状态转换图，指出是几进制计数器。

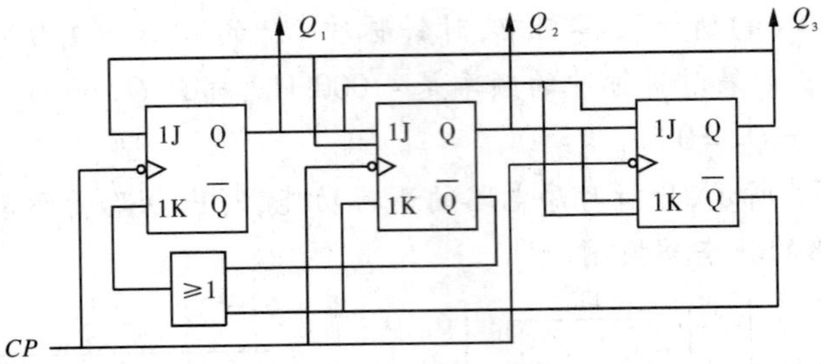

图 9-74　习题 9-28 图

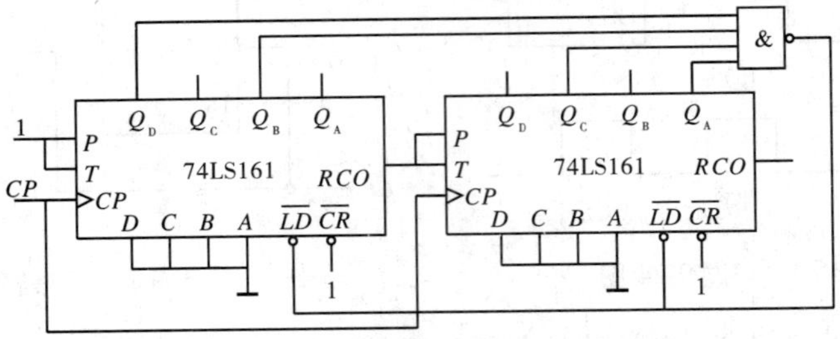

图 9-75　习题 9-29 图

9-30　分析图 9-76 所示的电路，说明它们的计数进制。

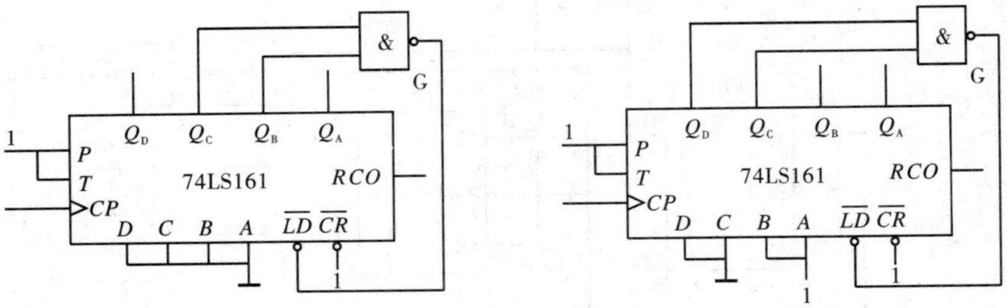

图 9-76　习题 9-30 图

9-31　分析图 9-77 所示电路是由同步十进制加法计数器 CT74LS160 构成的几进制计数器。

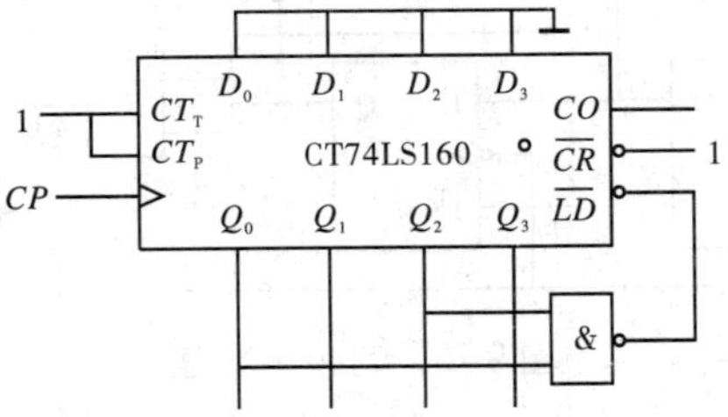

图 9-77　习题 9-31 图

第 10 章　电子线路读图

10.1　读图的方法

前面各章我们介绍了电子电路的几种器件:二极管、稳压管、晶体管、场效应管及各种模拟集成电路,如集成运算放大器、比较器、功率放大器、稳压器等,并分析了由它们组成的各种基本电路,如放大、运算、滤波、比较、波形发生、波形变换、功率放大、稳压电路等。本章综合以前所学知识,结合具体例子介绍如何看懂一个由上述器件及基本电路组成的实际电路,并借此达到复习、巩固、提高的目的,把对电子电路的认识从孤立的单元电路上升到由多个单元电路组成的电子仪表或装置。

读图的目的是要看懂一个电路的原理图。所谓看懂,是指弄清楚电路由哪些部分组成,它们之间的联系和总的功能。如有可能,还可以进一步粗略估算性能指标。电路中各个单元电路的工作原理及功能是分析电路的基础,也是改进电路性能时的依据。下面我们介绍读图的思路及步骤。

10.1.1　读图的一般方法

电子电路的主要任务是对信号进行处理,只是处理的方式(如放大、滤波、变换等)及效果不同而已。因此,读图时,应以处理的信号流向为主要流向,沿信号的主要通路,以基本单元电路为依据,将整个电路分成若干具有独立功能的部分,并进行分析。

10.1.2　读图的步骤

10.1.2.1　了解用途

了解所读图的电子电路用于何处,起什么作用。这对于弄清楚工作原理、各部分的功能及性能指标有指导意义。

10.1.2.2　找出通路

找出信号流向的通路。一般的规律是输入在左方,电源在下方(也可不画出电源)。信号传输的枢纽是有源器件,所有通路可按它们的连接关系来找。通路找出后,电路的主要组成部分就显现出来了。这就是我们分析的重点,其他部分则相对不很重要。

10.1.2.3　化整为零

沿信号的主要通路,按基本单元电路或功能电路,将原理图分成若干具有单一功能的部分,划分的精细程度与读图者掌握电路类型的多少及经验有关。

10.1.2.4　分析功能

划分单元电路后,根据已有的知识,定性分析每个单元电路的工作原理和功能。

10.1.2.5 统观整体

先将各部分的功能用相应的框图表示出来，可用文字、表达式、传输特性、信号波形等方式在框中注出，然后根据它们的关系画成一个整体的框图。有了框图就可以看出各单元电路之间是如何配合来实现电路所具有的功能了。

10.1.2.6 性能估算

这是指对各部分电路性能进行定量估算，并进一步得出整个电路的性能指标，从而可以了解各部分电路对性能的影响，并大致找到应分析指标的主要环节，为调整、维修电路打下基础。如有必要，还可以弄清楚前面未加分析的次要部分的作用及其对电路性能的影响。

至此，电路的基本情况就大致清楚了。需要指出的是，对于不同水平的读图者或不同的电路，所采取的具体步骤可能是很不一样的。上述方法仅供参考。

10.2 读图举例

一个实用的音频放大电路如图10-1所示，我们按照上述方法和步骤进行分析。

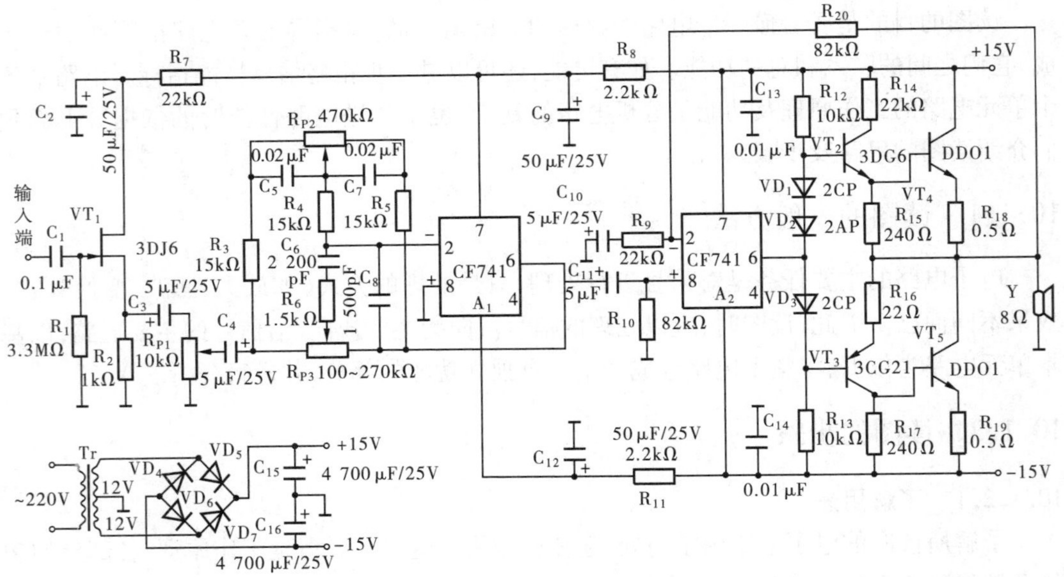

图10-1 音频放大电路原理图

10.2.1 了解用途

这是一个音频放大电路，它的用途是将由收音机、录音机、电唱机输出的信号进行放大，以获得较大的输出功率来推动扬声器。此外，还要求能对其中的高频和低频信号分别进行调节，并能调节音量的大小。

10.2.2 找出通路

既然这是一个放大电路，则信号通路就是从输入端到输出端（接扬声器）之间的放大电路。从左向右看过去，此电路的有源器件为：VT_1（场效应管）、A_1 和 A_2（集成运算放大器)、$VT_2 \sim VT_5$(晶体管),则可大致推断信号是从 VT_1 的栅极输入,经过 VT_1 放大并接到 A_1 的输入端,经 A_1 放大后送到 A_2 再次放大,再送到 $VT_2 \sim VT_5$ 组成的放大电路(这部分很容易看出是准互补功率放大电路),最后送到扬声器。这样信号的通路就大致找出来了。

10.2.3 化整为零

根据上述通路,就能清楚地看出整个电路可以两个耦合电容器(C_4 和 C_{11})为界分成三部分。我们称为输入级(VT_1)、中间级(A_1)和输出级(A_2 和 $VT_2 \sim VT_5$)。

10.2.4 分析功能

现在我们按所分的三部分来进行定性分析。

(1)输入级由结型场效应管组成共漏放大电路,具有输入电阻高、输出电阻小、电压放大倍数接近于 1 等特点。对于像晶体扩音器等高阻抗的信号源,此电路也能获得较大幅度的信号。

(2)中间级这部分的关键是电阻电容元件的选频作用。我们可以看到,输入信号是分成两个支路送到 A_1 级的。一条是经过 R_3、R_{P2}、C_5、R_4 到输入端,并经 C_7、C_5 到输出端形成负反馈;另一条是经 R_{P3}、R_6、C_6 到输入端,并由此经 C_8 到输出端形成负反馈。这两条支路中的电容器容量相差很大。C_5 和 C_7 容量大,对低频信号影响大;C_6 和 C_8 则对高频信号起作用。

对中频段,C_5 和 C_7 可视为短路,C_6 和 C_8 可视为开路,则可得到如图 10-2 所示的等效电路。

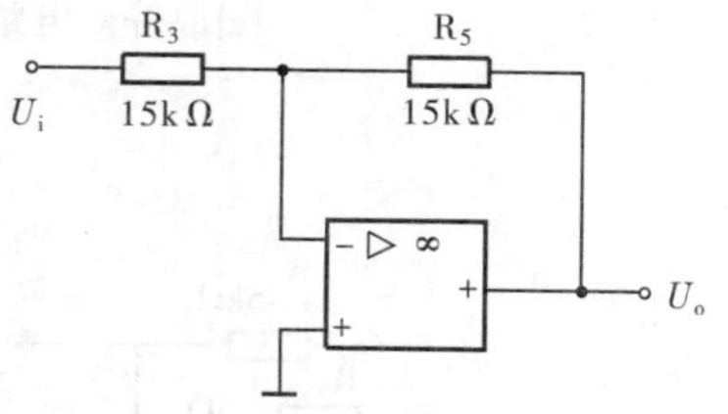

图 10-2　中频等效电路

由于反相的输入电流很小,故 R_4 的压降可忽略,同时 R_{P2} 和 R_{P3} 均不起作用。此时电压放大倍数为 $-R_5/R_3 = -1$。

对于低频段,C_6 和 C_8 可认为是开路,等效电路如图 10-3 所示。调节 R_{P2} 时,在两种极限情况下的等效电路分别如图 10-3(b)和图 10-3(c)所示。由图 10-3(b)可知,信号频率越低,随着容抗的增大,$|A_{ul}|$ 越大;由图 10-3(c)可知,此时的 $|A_{ul}|$ 随信号频率的减小而减小。综合起来看,对于低频信号来说,随着 R_{P2} 动端从左端移到右端(对应的等效电路从图 10-3(b)变到图 10-3(c)),$|A_{ul}|$ 将从大逐渐减小。也就是说,调节 R_{P2} 能改变放大倍数,产生提升或衰减的效果。

高频段时,C_5 和 C_7 可视为短路,等效电路如图 10-4(a)所示。我们先将 R_3、R_4、R_5 组成的 Y 形网络变换成△形网络,如图 10-4(b)所示,则 R'_4 可视为电路的负载,在分析中暂不考虑。我们仍按上面的方法画出当 R_{P3} 动端在最左和最右时的等效电路。则于 R_{P3} 在这两种情况下都可当做负载以及 $C_8 \ll C_6$,故它们的影响均可忽略,由此可以得到等效电路如图 10-5 所示。由此可知,对于高频信号,图 10-5(a)的 $|A_{uh} < 1|$。也就是说,当调节 R_{P3} 的阻值时,能使高音的放大倍数得到提升或衰减。

总的来说,中间级的作用是实现对高低音的控制。

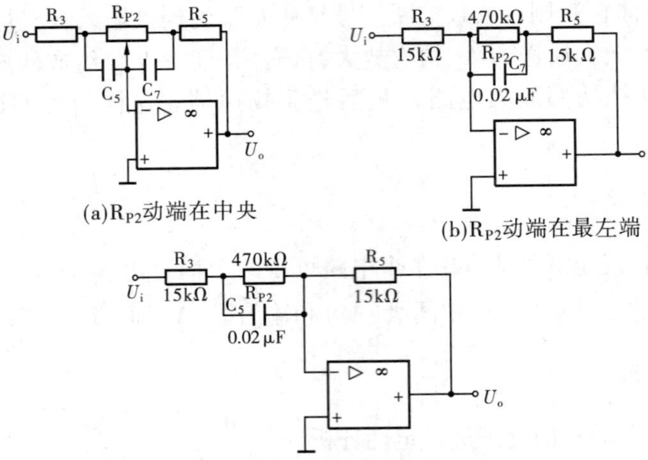

(a)R_{P2}动端在中央

(b)R_{P2}动端在最左端

(c)R_{P2}动端在最右端

图 10-3　低频等效电路

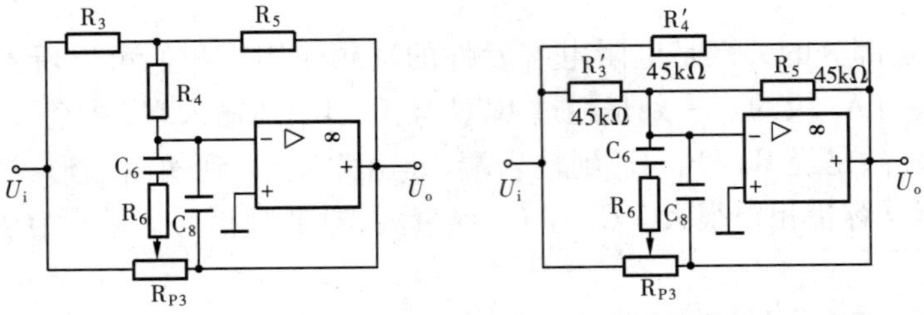

(a)原等效电路

(b)等效变换后的电路

图 10-4　高频等效电路(一)

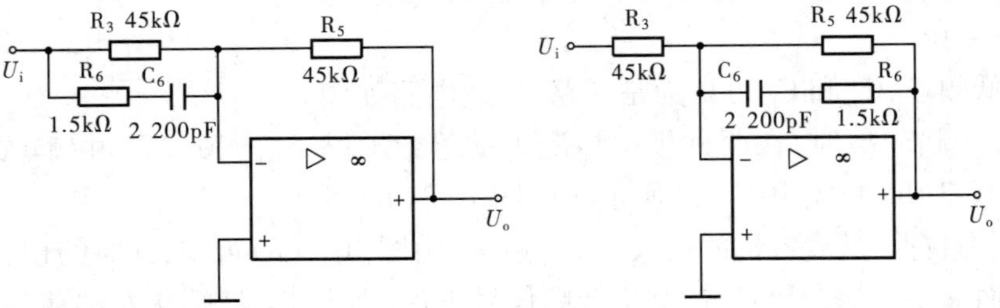

(a)R_{P3}动端在最左端

(a)R_{P3}动端在最右端

图 10-5　高频等效电路(二)

(3)输出级是 OCL 的功率放大电路。我们可按照学过的功率放大电路的分析方法来进行分析。

10.2.5　统观整体

根据以上分析,可以画出框图,如图 10-6 所示。框图中标出了各级别单元的名称和相互联系。

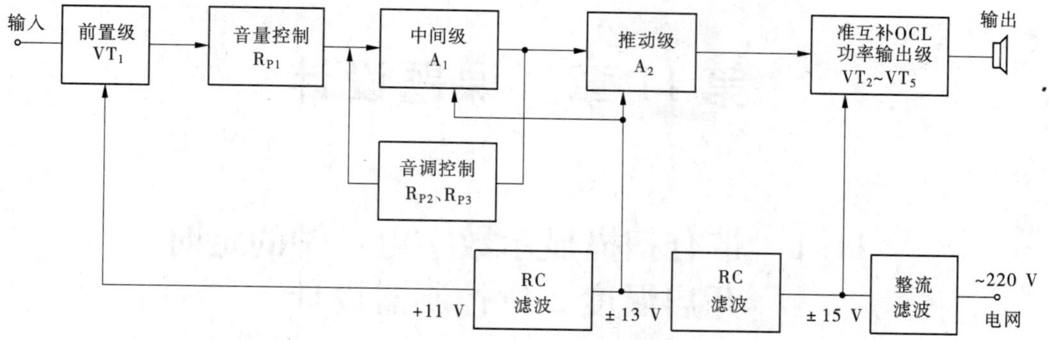

图 10-6　电路原理图框图

10.2.6　性能估算

性能估算在此我们不作介绍，感兴趣的读者可以参阅相关资料。

本章小结

本章介绍了读图的基本方法，并以音调控制的音频放大电路为例，具体说明了读图的一般方法和步骤，即首先应了解用途和主要特点，然后按照找出通路、化整为零、分析功能、统观整体和估算性能指标等步骤进行。虽然电子电路千差万别，但本章介绍的基本方法一般来说是实用的。当然，应根据实际电路的具体情况，灵活应用。此外，还要注意以下几点：

(1)在化整为零、分析各部分功能时，一般应按先易后难、先粗后细的顺序进行。

(2)电子器件品种繁多，更新很快，读图时难免遇到自己不熟悉的器件。出现这种情况时，应查阅有关资料。

本章介绍的读图的一些基本知识，读者在熟悉常用的电子电路和元器件的主要特点、工作原理、分析方法和性能的基础上，应加强实践操作，逐渐积累经验，才能不断提高读图的水平。

习　题

10-1　在图 10-1 所示的音频放大电路中：

(1)若输出功率不够 9.8 W，应在原理电路的基础上采取什么措施来保证？若需要将输出功率增加到 20 W，应采取什么措施？

(2)如果希望增大低频提升值，应采取什么措施？

(3)如果输入电压只有 1 V，要求输出功率仍为 9.8 W，应采取什么措施？

(4)若无 DDO1 型管子，VT_4 和 VT_5 应选什么性能的功率放大管，P_{CM}、$U_{(BR)CEO}$、I_{CM} 各为多大？

(5)根据电路的工作情况，选择合适的整流二极管 VD_4 ~ VD_7。

第 11 章　课题设计

11.1　带有扫描显示数字电子钟的定时开启温度 2 位控制器设计

11.1.1　实际要求

(1)设计具有含总清和校正功能的数字钟。要求计数:A(P)1 ~ 12 或 00 ~ 23;分、秒计数:00 ~ 59。

(2)显示要求:A(或 P)由数码管显示,秒由分各位数码管的 h 点显示,时、分采用 4 位扫描显示。

(3)具有可任意设置时间的定时电路(至分为止),并要求时间到发出定时开启信号,绿色指示灯亮。

(4)具有一个温度 2 位控制电路,当被测温度(模拟为一个电压值)超过上限温度时,执行器启动,红色指示灯亮;当低于下限温度时,执行器停运,红色指示灯灭。

(5)可 CMOS 与 TTL 混合使用。

11.1.2　设计说明

本系统是数字钟各类计时器电路、总清及校时电路、扫描显示电路、任意定时电路及开启温度 2 位控制电路组成的较大的电子电路系统。若对以上各单元功能模块电路的设计、安装和调试已熟悉掌握,系统的设计调试重点则是掌握各模块之间的连接,即信号的来龙去脉、模块间的相互关系、信号时序的先后等。对本电子电路系统全部装接调试成功后,对各功能模块的掌握将会更加深入和牢固。

11.2　设计并制作一个模拟的出租车计价器

11.2.1　设计要求

(1)计价器在车启动 10 s 后,由 0 值翻为起步价 10 元,要求显示 4 位:十元、元、角、分,并以 0.20 元累加计价。

(2)具有模拟里程计及控制电路,要求车起动行驶 3 km 后开始以 2 元/km 累计计价。

(3)到达目的地,计价器保持计价值,并发出打印信号。

(4)若要求计价器具有如下功能:晚 11 点后,自动调整计价值,即起步价为 12 元,并以 4 元/km 计价。电路应作何完善？

11.2.2 设计说明

汽车的里程实际是通过计检测转抽转过的圈数来确定的，本系统中则只能用计数器来模拟里程计，所以可先假设用多少时间来模拟 1 km，之后，才能设计在行驶满 3 km（3 km 以内为起步费）后，以 2 元/km 进行估价。对于晚 11 点后的调价的设计，相当于总线功能，在控制信号变动后自动变化计程价。

参考文献

[1] 马安良,贾力.电子技术[M].北京:中国水利水电出版社,2004.

[2] 杨元挺,唐果南.电子技术技能训练[M].北京:高等教育出版社,2002.

[3] 张龙兴.电子技术基础[M].北京:高等教育出版社,2006.

[4] 金海明.电力电子技术[M].北京:北京邮电大学出版社,2005.

[5] 康华光.电子技术基础[M].5 版.北京:高等教育出版社,2006.

[6] 付植桐.电子技术[M].2 版.北京:高等教育出版社,2004.

[7] 周绍平,李严.电工与电子技术[M].北京:北京交通大学出版社,2008.

[8] 阎石.数字电子技术基础[M].4 版.北京:高等教育出版社,1998.

[9] 清华大学电子学教研组,阎石.数字电子技术基础[M].北京:高等教育出版社,1989.

[10] 周良权,方向乔.数字电子技术基础[M].北京:高等教育出版社,1996.

[11] 李鸿恩,能国奎.数字电子技术[M].重庆:重庆大学出版社,1994.

[12] 何一鸣.电子技术基础教程[M].北京:电子工业出版社,2008.